普通高等教育"十二五"规划教材

大学计算机基础教程
（Windows 7+Office 2010）

主　编　王正才　张　萃

副主编　赵永驰　董晓娜　杨　锐　汤　琳
　　　　汤鸿鸣　陈虹颐　刘　刚　李　敏

中国水利水电出版社
www.waterpub.com.cn

内 容 提 要

本书以教育部 2006 年提出的《关于进一步加强高等学校计算机基础教学的意见暨计算机基础教学要求（试行）》为依据，针对普通高等院校非计算机专业的教学目标和要求，结合我校计算机基础教学改革的需要，同时适应各级考试环境，由我校一线教师精心编写而成。

本书共 10 章，分为基础理论篇和应用实践篇，全面介绍了计算机基础知识、软件技术基础、多媒体技术基础、计算机网络基础、计算机网络安全技术、Windows 7 操作系统、Microsoft Office 2010 组件及常用工具软件介绍。

本书内容安排科学合理，且自成体系，特别注重学生自学能力的培养，并且融入了计算思维的一些思维模式。

本书内容充实、图文并茂、讲解清晰、层层递进、可读性强，既面向非计算机专业低年级学生，也可作为计算机等级考试的参考教材。

图书在版编目（CIP）数据

大学计算机基础教程 / 王正才，张萃主编. -- 北京：
中国水利水电出版社，2014.7（2019.8 重印）
 普通高等教育"十二五"规划教材
 ISBN 978-7-5170-2115-5

Ⅰ. ①大… Ⅱ. ①王… ②张… Ⅲ. ①电子计算机－
高等学校－教材 Ⅳ. ①TP3

中国版本图书馆CIP数据核字(2014)第123241号

策划编辑：寇文杰　　责任编辑：张玉玲　　封面设计：李　佳

书　名	普通高等教育"十二五"规划教材 大学计算机基础教程（Windows 7+Office 2010）
作　者	主　编　王正才　张　萃 副主编　赵永驰　董晓娜　杨　锐　汤　琳 　　　　汤鸿鸣　陈虹颐　刘　刚　李　敏
出版发行	中国水利水电出版社 （北京市海淀区玉渊潭南路1号D座　100038） 网址：www.waterpub.com.cn E-mail：mchannel@263.net（万水） 　　　　sales@waterpub.com.cn 电话：（010）68367658（营销中心）、82562819（万水）
经　售	全国各地新华书店和相关出版物销售网点
排　版	北京万水电子信息有限公司
印　刷	三河市鑫金马印装有限公司
规　格	184mm×260mm　16开本　23.25印张　584千字
版　次	2014年7月第1版　2019年8月第11次印刷
印　数	33001—37500 册
定　价	44.00元

凡购买我社图书，如有缺页、倒页、脱页的，本社营销中心负责调换

版权所有·侵权必究

前　　言

计算机与信息技术的应用已经渗透到大学的所有学科和专业，"大学计算机基础"作为学生进入大学后学习的第一门计算机课程，将为后续课程的学习做好必要的知识准备。

为了拓展学生的视野，使学生在各自的专业中能有效地使用计算机这一工具，教材有意识地引入了计算思维中的一些理念、技术和方法，期望学生能在一个较高的层次上利用计算机来解决学习和生活中的实际问题。计算机基础课程的培养目标是培养学生的应用能力，包括三个层次：操作使用能力、应用开发能力和研究创新能力。本教材以计算机操作使用能力为主要培养目标，同时注意加强理论知识讲授，培养和提高大学生在计算机方面的素养，适应大学计算机基础教学新的形式发展的要求。

本书按照教育部高等学校非计算机专业基础教学委员会提出的大学计算机基础教学要求编写而成，全书共 10 章，内容包括：计算机基础知识、软件技术基础、多媒体技术基础、计算机网络基础、计算机网络安全技术、Windows 7 操作系统、Microsoft Office 2010 组件及常用工具软件介绍。

本书由王正才、张萃任主编，赵永驰、董晓娜、杨锐、汤琳、汤鸿鸣、陈虹颐、刘刚、李敏任副主编，张萃、汤鸿鸣、陈虹颐、杨锐、赵永驰、董晓娜、李琼、汤琳、刘刚、李敏等参与编写。具体编写分工如下：汤琳编写第 1 章和第 4 章，王正才编写第 2 章和第 3 章，赵永驰、陈虹颐编写第 5 章和第 6 章，王正才、刘刚、汤鸿鸣编写第 7 章，董晓娜、杨锐、李琼编写第 8 章，张萃、赵永驰编写第 9 章，汤鸿鸣编写第 10 章。最后由王正才负责组稿和审稿。

在本书编写过程中，编者参阅了国内许多同类优秀教材，在此向这些教材的作者表示感谢。同时，本书得到了学校教务处、数学与计算机科学学院领导和计算机公共教研室一线教师的大力支持，在此向他们表示衷心的感谢。

由于编者水平有限，加之时间仓促，书中不妥和错误之处在所难免，恳请广大读者批评指正。

编　者
2014 年 5 月

目　　录

前言

第一部分　基础理论篇

第1章　计算机基础知识 ································· 1
1.1　计算机的发展及应用 ··························· 1
1.1.1　计算机的产生和发展 ················· 1
1.1.2　计算机的特点和类型 ················· 4
1.1.3　计算机的应用领域 ····················· 5
1.1.4　信息化社会 ······························· 7
1.2　计算机中信息的表示 ··························· 9
1.2.1　计算机中的数制 ························· 9
1.2.2　各计数制间的相互转换 ············· 9
1.2.3　计算机中数据的存储单位 ······· 14
1.2.4　数值的编码表示 ······················· 14
1.2.5　信息数字化 ······························· 15
1.3　计算机系统组成 ································· 18
1.3.1　计算机的硬件系统 ··················· 18
1.3.2　计算机的软件系统 ··················· 19
1.3.3　计算机系统的层次关系 ··········· 19
1.3.4　程序设计语言 ··························· 20
1.3.5　操作系统 ··································· 20
1.4　微型计算机基本配置 ························· 21
1.4.1　微型计算机的硬件配置 ··········· 21
1.4.2　微型计算机的软件配置 ··········· 30

第2章　软件技术基础 ······································ 32
2.1　操作系统 ··· 32
2.1.1　操作系统的概念和基本特征 ··· 32
2.1.2　流行操作系统简介 ··················· 33
2.1.3　操作系统的分类 ······················· 34
2.1.4　操作系统的功能 ······················· 36
2.2　数据结构 ··· 43
2.2.1　数据结构概述 ··························· 44

2.2.2　线性结构 ··································· 45
2.2.3　树结构 ······································· 49
2.2.4　图结构 ······································· 52
2.2.5　线性表的查找 ··························· 54
2.2.6　内排序 ······································· 56
2.3　软件工程 ··· 57
2.3.1　软件工程概述 ··························· 57
2.3.2　软件生存周期 ··························· 59
2.3.3　软件需求分析 ··························· 59
2.3.4　软件设计 ··································· 61
2.3.5　软件集成与复用 ······················· 62
2.3.6　软件测试与维护 ······················· 63
2.4　数据库技术基础 ································· 64
2.4.1　数据库概述 ······························· 64
2.4.2　数据模型 ··································· 68
2.4.3　关系数据库 ······························· 71
2.4.4　数据库设计 ······························· 74

第3章　多媒体技术基础 ································· 78
3.1　多媒体技术 ··· 78
3.1.1　多媒体概述 ······························· 78
3.1.2　多媒体计算机系统 ··················· 84
3.1.3　多媒体数据压缩技术 ··············· 86
3.2　多媒体数据的数字化 ························· 88
3.2.1　文本素材及其数字化 ··············· 88
3.2.2　声音素材及其数字化 ··············· 89
3.2.3　图形图像素材及其数字化 ······· 90
3.2.4　视频素材及其数字化 ··············· 92

第4章　计算机网络基础 ································· 95
4.1　计算机网络概述 ································· 95

4.1.1　计算机网络的形成与发展 95
　　4.1.2　我国网络发展的现状 98
4.2　计算机网络的组成与分类 99
　　4.2.1　计算机网络的组成 99
　　4.2.2　计算机网络的分类方式 100
　　4.2.3　计算机网络的拓扑结构 102
4.3　计算机网络体系结构 103
　　4.3.1　网络体系结构的基本概念 103
　　4.3.2　ISO/OSI 分层体系结构 104
　　4.3.3　TCP/IP 分层体系结构 105
　　4.3.4　TCP/IP 协议及 IP 地址 106
　　4.3.5　IPv6 协议 110
4.4　局域网基础 111
　　4.4.1　局域网概述 111
　　4.4.2　网络的传输介质 111
　　4.4.3　常用的网络设备 113
　　4.4.4　高速局域网 114
　　4.4.5　无线局域网技术 116
4.5　Internet 基础 117
　　4.5.1　Internet 概述 117
　　4.5.2　域名系统和 E-mail 118
　　4.5.3　Internet 的接入 120
4.6　网络的应用 123
　　4.6.1　域名解析服务 123
　　4.6.2　文件传输协议 123
　　4.6.3　万维网服务 124
　　4.6.4　远程登录 126

　　4.6.5　网页设计的 HTML 语言 129
4.7　信息及检索 131
　　4.7.1　网络搜索引擎 131
　　4.7.2　数字图书馆 133
第 5 章　计算机网络安全技术 135
5.1　计算机网络安全技术概述 135
　　5.1.1　计算机网络安全的定义 135
　　5.1.2　计算机网络安全的技术特性及内容 136
　　5.1.3　计算机网络面临的威胁 137
5.2　密码技术 137
　　5.2.1　数据加密技术 137
　　5.2.2　数字签名技术 138
　　5.2.3　信息隐藏技术 138
5.3　计算机网络攻击与入侵技术 138
　　5.3.1　黑客攻击者 139
　　5.3.2　扫描 139
　　5.3.3　Sniffer 140
　　5.3.4　常见的黑客攻击方法 140
5.4　计算机网络病毒及反病毒技术 142
　　5.4.1　计算机病毒 142
　　5.4.2　几种典型的计算机病毒 145
　　5.4.3　计算机病毒的预防与检测 146
　　5.4.4　计算机病毒的处理 147
5.5　计算机常见故障与维护 147
　　5.5.1　计算机硬件与软件 147
　　5.5.2　计算机故障的分类 148
　　5.5.3　故障的判断与处理 149

第二部分　应用实践篇

第 6 章　Windows 7 操作系统 152
6.1　操作系统 152
　　6.1.1　操作系统概述 152
　　6.1.2　操作系统的功能 152
　　6.1.3　操作系统的特性 153
　　6.1.4　操作系统的分类 153
　　6.1.5　操作系统提供的服务 154
6.2　常用操作系统简介 154

　　6.2.1　Windows 的发展 154
　　6.2.2　Linux 操作系统 155
　　6.2.3　ios 5 操作系统 155
　　6.2.4　Android 操作系统 156
6.3　Windows 7 操作系统 156
　　6.3.1　Windows 7 的基本知识 156
　　6.3.2　Windows 7 桌面的基本操作 160
　　6.3.3　程序管理 162

6.3.4	文件和文件夹管理	167
6.3.5	控制面板	173

第 7 章　文字处理软件 Word 2010　185

7.1　Word 2010 概述　185
- 7.1.1　Office 2010 系列组件　185
- 7.1.2　Office 2010 的安装与卸载　187
- 7.1.3　认识 Office 2010　189
- 7.1.4　Word 2010 的特色　191
- 7.1.5　Word 2010 功能区简介　192

7.2　文档的基本操作　200
- 7.2.1　文档视图方式　200
- 7.2.2　创建文档　203

7.3　文本的输入与图片的插入　207
- 7.3.1　定位文本插入点　207
- 7.3.2　输入文本　207
- 7.3.3　插入图片　209

7.4　文档的编辑　211
- 7.4.1　选择文本　212
- 7.4.2　修改文本　213
- 7.4.3　移动文本　213
- 7.4.4　复制文本　214
- 7.4.5　查找和替换文本　214
- 7.4.6　撤消与恢复　215
- 7.4.7　Word 的自动更正功能　216
- 7.4.8　拼写和语法检查　219

7.5　文档排版　221
- 7.5.1　设置字符格式　221
- 7.5.2　设置段落格式　223
- 7.5.3　设置项目符号和编号　225
- 7.5.4　其他重要排版方式　226
- 7.5.5　设置边框和底纹　228
- 7.5.6　页面设置　230

7.6　表格制作　233
- 7.6.1　创建表格　233
- 7.6.2　修改表格　235
- 7.6.3　设置表格格式　237
- 7.6.4　使用排序和公式　240

7.6.5	表格与文本之间的转换	241

7.7　高级排版　241
- 7.7.1　样式的使用　242
- 7.7.2　长文档的编辑　242
- 7.7.3　邮件合并　245

7.8　文档的保护与打印　249
- 7.8.1　防止文档内容的丢失　249
- 7.8.2　保护文档的安全　250
- 7.8.3　打印文档　253

第 8 章　电子表格软件 Excel 2010　258

8.1　Excel 基本操作　259
- 8.1.1　工作簿、工作表与单元格　261
- 8.1.2　编辑单元格　261
- 8.1.3　单元格数据的输入　262
- 8.1.4　修饰单元格　265
- 8.1.5　工作表操作　268

8.2　公式的应用　269
- 8.2.1　公式的组成　269
- 8.2.2　公式的输入　269
- 8.2.3　公式的复制　270
- 8.2.4　单元格地址的引用　270

8.3　函数的使用　274
- 8.3.1　函数的组成与输入　274
- 8.3.2　常用函数　276
- 8.3.3　财务和统计函数的应用　278
- 8.3.4　查找函数的使用　281

8.4　图表的使用　284
- 8.4.1　建立图表　284
- 8.4.2　编辑图表　286

8.5　数据处理　290
- 8.5.1　数据清单　291
- 8.5.2　排序　291
- 8.5.3　筛选数据　293
- 8.5.4　数据分类汇总　296
- 8.5.5　数据透视表　297

第 9 章　演示文稿软件 PowerPoint 2010　303

9.1　PowerPoint 使用基础　303

9.1.1 PowerPoint 简介 303
9.1.2 PowerPoint 的启动和退出 303
9.1.3 PowerPoint 的窗口组成 304
9.1.4 PowerPoint 的视图 306
9.2 演示文稿的创建和保存 308
9.2.1 演示文稿的创建 308
9.2.2 演示文稿的保存 312
9.3 幻灯片的编辑 312
9.3.1 演示文稿的基本操作 312
9.3.2 幻灯片中对象的添加 314
9.3.3 幻灯片中对象的格式设置 319
9.4 幻灯片外观的设置 320
9.4.1 母版的设置 320
9.4.2 设计模板的设置 324
9.4.3 更改幻灯片版式 326
9.4.4 更改幻灯片背景 326
9.4.5 更改内置主题颜色 328
9.5 制作多媒体演示文稿 329
9.5.1 在幻灯片中插入声音 329
9.5.2 在幻灯片中插入视频 330
9.5.3 幻灯片内的动画设置 331
9.5.4 幻灯片间的动画设置 334
9.5.5 在幻灯片中插入动画文件 334
9.5.6 在幻灯片中添加超级链接 337
9.6 演示文稿的播放 339
9.6.1 设置演示文稿的放映方式 339
9.6.2 设置"排练计时" 341
9.6.3 设置"录制幻灯片演示" 341
9.6.4 演示文稿的播放方式 342
9.7 演示文稿的打印与打包 342
9.7.1 演示文稿的打印 342
9.7.2 演示文稿的打包 343

第 10 章 常用工具软件介绍 346
10.1 压缩和解压缩工具 346
10.1.1 WinZip 346
10.1.2 WinRAR 350
10.2 图形图片浏览工具 351
10.3 电子阅读工具 353
10.4 影音播放软件 354
10.4.1 Winamp 5.24 354
10.4.2 RealPlayer 10 356
10.4.3 Windows Media Player 10 356
10.4.4 狸窝全能视频转换器 357
10.5 下载工具 358
10.6 系统维护工具 359

# 第一部分　基础理论篇

第1章　计算机基础知识

学习目标

- 了解计算机的发展及应用。
- 了解计算机中信息的表示与存储单位。
- 了解计算机系统组成与微机基本配置。

电子计算机是 20 世纪人类最伟大的发明之一。随着计算机的广泛应用，人类社会生活的各个方面都发生了巨大的变化。特别是微型计算机技术和网络技术的高速发展，使计算机逐渐走进了家庭，正改变着人们的生活方式，成为生活和工作中不可缺少的工具，掌握计算机的使用方法也成为人们必不可少的技能。本章主要介绍计算机的基础知识，包括计算机的发展、分类、应用和组成，以及计算机中信息的表示与运算等。

1.1　计算机的发展及应用

1.1.1　计算机的产生和发展

1. 计算机的产生

世界上第一台电子数字计算机诞生于 1946 年，取名为 ENIAC（埃尼阿克）。ENIAC 是 Electronic Numerical Integrator and Calculator（电子数字积分计算机）的缩写。这台计算机主要是由美国宾夕法尼亚大学莫尔电气工程学院的 J.W.Mauchly（莫奇莱）和 J.P.Eckert（埃克特）为解决弹道计算问题而主持研制的。ENIAC 计算机（如图 1-1 所示）使用了 18000 多个电子管、10000 多个电容器、7000 个电阻、1500 多个继电器，耗电 150 千瓦，重量达 30 吨，占地面积为 170 平方米。它的运算速度为 5000 次/秒。

图 1-1　世界第一台计算机 ENIAC

1944 年 7 月，美籍匈牙利科学家冯·诺依曼博士在莫尔电气工程学院参观了正在组装的 ENIAC 计算机，并在此之后构思了一个更完整的计算机体系方案。1946 年，他撰写了一份《关于电子计算机逻辑结构初探》的报告。该报告第一次提出了"存储程序"这个全新的概念，奠定了存储程序式计算机的理论基础，确立了现代计算机的基本结构，后来这种结构被称为冯·诺依曼体系结构。这份报告是人类计算机发展史上一个重要的里程碑，根据冯·诺依曼提出的改进方案，科学家们研制出第一台具有存储程序功能的计算机——EDVAC。EDVAC 由运算器、控制器、存储器、输入设备和输出设备 5 部分组成，使用二进制进行运算操作。指令和数据事先被存储到计算机中，计算机则按照存入的程序自动执行指令。

EDVAC 的问世使冯·诺依曼提出的存储程序的思想和结构设计方案成为现实。时至今日，现代电子计算机仍然被称为冯·诺依曼计算机。

2. 计算机的发展阶段

从 1946 年美国研制成功世界上第一台电子数字计算机至今，按计算机所采用的电子器件来划分，计算机的发展已经历了以下四个阶段：

（1）第一阶段大约为 1946 年至 1957 年，计算机所采用的电子器件是电子管（如图 1-2 所示）。这种计算机的体积十分庞大，成本很高，可靠性低，运算速度慢。第一代计算机的运算速度一般为每秒几千次至几万次。软件方面仅仅初步确定了程序设计的概念，但尚无系统软件可言。软件主要使用机器语言，使用者必须用二进制编码的机器语言来编写程序。其应用领域仅限于军事和科学计算。

（2）第二阶段大约为 1958 年至 1964 年，计算机所采用的电子器件是晶体管（如图 1-3 所示），这类计算机的体积缩小，重量减轻，成本降低，容量扩大，功能增强，可靠性大大提高。主存储器采用磁芯存储器，外存储器开始使用磁盘，并提供了较多的外部设备。它的运算速度提高到每秒几万次至几十万次。使用者能够用接近自然语言的高级程序设计语言方便地编写程序。应用领域也扩大到数据处理、事务管理和工业控制等方面。

图 1-2　电子管 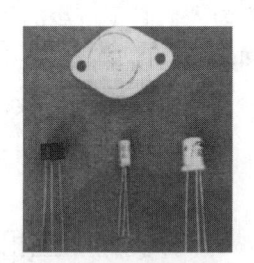　　　　　　　　　　图 1-3　晶体管

（3）第三阶段大约为 1965 年至 1970 年，计算机所采用的电子器件是小规模集成电路和中规模集成电路（如图 1-4 所示）。计算机的体积大大缩小，成本进一步降低，耗电量更省，可靠性更高，功能更加强大。其运算速度已达到每秒几十万次至几百万次。内存容量大幅度增加。在软件方面，出现了多种高级语言，并开始使用操作系统。操作系统使计算机的管理和使用变得更加方便。此时，计算机已广泛应用于科学计算、文字处理、自动控制与信息管理等方面。

（4）第四阶段从 1971 年起到现在，计算机全面采用大规模集成电路（Large Scale Integrated Circuit，LSI）和超大规模集成电路（Very Large Scale Integrated Circuit，VLSI）作为电气器件，如图 1-5 所示。计算机的存储容量、运算速度和功能都有极大的提高，提供的硬件和软件更加丰富和完善。在这个阶段，计算机开始向巨型和微型两极发展，出现了微型计算机。微型计算机的出现使计算机的应用进入了突飞猛进的发展时期，特别是微型计算机与多媒体技术的结合将计算机的生产和应用推向了新的高潮。

现在，大多数计算机仍然是冯·诺依曼型计算机，而人们也正试图突破冯·诺依曼设计思想，并且取得了一些进展，如数据流计算机、智能计算机等，此类计算机统称为非冯·诺依曼型计算机。

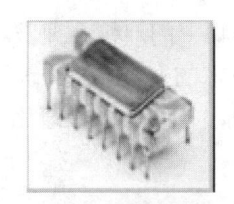

图1-4 集成电路　　　　　　　　图1-5 大规模集成电路

（5）第五阶段：智能计算机。

当前我们使用的第四代计算机虽然已具有某些"智能"，但是与人脑相比还显得相当"愚蠢"。比如第四代计算机不能进行联想、推理和学习等普通的智能活动，也不能理解人的语义。因此为适应未来社会信息化的要求，20世纪80年代初，日本、欧美等国家提出了第五代计算机的概念，并着手研究。第五代计算机是把信息采集、存储、处理、通信同人工智能结合在一起的智能计算机系统。它能进行数值计算和面向知识处理，具有形式化推理、联想、学习和解释的能力，能够帮助人们进行判断、决策、开拓未知领域和获得新的知识，并通过自然语言（声音、文字）或图形图像实现人－机之间的信息交换。其基本结构通常由问题求解与推理、知识库管理和智能化人机接口三个基本子系统组成。

3. 微型计算机的发展

微型计算机诞生于20世纪70年代。人们通常把微型计算机叫做PC（Personal Computer）机或个人电脑。微型计算机体积小，安装和使用十分方便。一台微型计算机的逻辑结构同样遵循冯·诺依曼体系结构，由运算器、控制器、存储器、输入设备和输出设备五大部分组成。其中运算器和控制器（CPU）被集成在一个芯片上，称为微处理器。微处理器的性能决定着微型计算机的性能。世界上生产微处理器的公司主要有Intel、AMD、IBM等几家。

下面详细了解一下Intel公司微处理器的发展历程。

1971年，当时Intel公司推出了世界上第一台微处理器4004。它是用于计算器的4位微处理器，含有2300个晶体管。利用这种微处理器组成了世界上第一台微型计算机MCS-4。Intel公司于1972年推出了8008，1973年推出了8080，它们的字长为8位。

1978年和1979年，Intel公司先后推出了8086和8088芯片，它们都是16位微处理器，内含29000个晶体管，时钟频率为4.77MHz，地址总线为20位，可使用1MB内存。1981年8月，IBM公司宣布IBM PC微机面世。第一台IBM PC采用Intel公司的8088微处理器，并配置了微软公司的MS-DOS操作系统。IBM稍后又推出了带有10MB硬盘的IBM PC/XT。IBM PC和IBM PC/XT成为20世纪80年代初世界微机市场的主流产品。

1982年，Intel 80286问世。它是一种标准的16位微处理器。IBM公司采用Intel 80286推出了微型计算机IBM PC/AT。

1985年，Intel公司推出32位微处理器80386。1989年，Intel 80486问世。它是一种完全32位的微处理器。

1993年，Intel公司推出了新一代微处理器Pentium（奔腾）。虽然它仍然属于32位芯片（32位寻址，64位数据通道），但具有RISC，拥有超级标量运算、双五级指令处理流水线，再配上更先进的PCI总线，使性能大为提高。Intel在Pentium处理器中引进多种新的设计思想，使微处理器的性能提高到一个新的水平。2000年11月，Intel推出Pentium 4（奔腾4）芯片，使个人电脑在网络应用以及图像、语音和视频信号处理等方面的功能得到了新的提升。

2006年，Intel公司发布了全新双核英特尔至强处理器5100系列。双核处理器（Dual Core

Processor）是指在一个处理器上集成两个运算核心，使得同频率的双核处理器对比单核处理器性能要高30%～50%左右，从而提高计算能力。随着电子技术的发展，微处理器的集成度越来越高，运行速度成倍增长。微处理器的发展使微型计算机高度微型化、快速化、大容量化和低成本化。

4. 计算机的发展趋势

未来的计算机将朝巨型化、微型化、网络化与智能化的方向发展。

（1）巨型化（或功能的巨型化）。

巨型化是指高速运算、大存储容量和强功能的巨型计算机，其运算能力一般在每秒百亿次以上，内存容量在几百兆字节以上。巨型计算机主要用于尖端科学技术和军事国防系统的研究开发。

巨型计算机的发展集中体现了计算机科学技术的发展水平，推动了计算机系统结构、硬件和软件的理论与技术、计算数学、计算机应用等多个科学分支的发展。

（2）微型化（或体积的微型化）。

微型化是指计算机更加小巧、价廉、软件丰富、功能强大。随着超大规模集成电路的进一步发展，个人计算机（PC机）将更加微型化。膝上型、书本型、笔记本型、掌上型、手表型等微型化个人电脑将不断涌现，推动计算机的普及和应用。

（3）网络化（或资源的网络化）。

网络化是指利用通信技术和计算机技术把分布在不同地点的计算机互联起来，按照网络协议相互通信，以达到所有用户都可共享软件、硬件和数据资源的目的。现在，计算机网络在交通、金融、企业管理、教育、邮电、商业等各行各业中得到广泛的应用。

（4）智能化（或处理的智能化）。

智能化就是要求计算机能模拟人的感觉和思维能力，也是第五代计算机要实现的目标。智能化的研究领域很多，其中最有代表性的领域是专家系统和机器人。目前已研制出的机器人可以代替人从事危险环境的劳动，运算速度为每秒约十亿次的"深蓝"计算机在1997年战胜了国际象棋世界冠军卡斯帕罗夫。

1.1.2 计算机的特点和类型

1. 计算机的特点

计算机能进行高速运算，具有超强的记忆（存储）功能和灵敏准确的判断能力。计算机具有以下基本特点：

（1）运行高度自动化。由于计算机能够存储程序，一旦向计算机发出指令，它就能自动快速地按指定的步骤完成任务。计算机能够高度自动化运行是区别于其他计算工具的主要标签。

（2）有记忆能力。计算机能把大量数据、程序存入存储器，进行处理和计算，并把结果保存起来。一般计算器只能存放少量数据，而计算机却能存储大量的数据和信息且不易丢失。随着计算机的快速发展和广泛应用，它们的存储容量会越来越大。

（3）运算速度快。运算速度是计算机性能高低的重要指标之一。通常计算机以每秒完成基本加法指令的数目来表示运行速度。目前计算机的运行速度可达到百亿次/秒，并且会越来越快。

（4）计算精度高。由于计算机内部采用二进制数字进行运算，可以满足各种计算精度的要求。例如，利用计算机计算出的圆周率π值可以精确到小数点后200万位以上。

（5）可靠性高。随着大规模和超大规模集成电路的发展，计算机的可靠性也大大提高，计算机连续无故障运行的时间可达数月，甚至数年。

2. 计算机的类型

计算机可分为模拟计算机和数字计算机两大类。

模拟计算机的主要特点是：参与运算的数值由不间断的连续量表示，其运算过程是连续的。模拟计算机由于受元器件质量影响，其计算精度较低、应用范围较窄，目前已很少生产。

数字计算机的主要特点是：参与运算的数值用断续的数字量表示，其运算过程按数字位进行计算。数字计算机由于具有逻辑判断等功能，是以近似人类大脑的"思维"方式进行工作，所以又被称为"电脑"。

数字计算机按用途又可分为专用计算机和通用计算机。

专用计算机与通用计算机在效率、速度、配置、结构复杂程度、造价和适应性等方面是有区别的。

专用计算机针对某类问题能显示出最有效、最快速和最经济的特性，但是它的适应性较差，不适于其他方面的应用。

通用计算机适应性很强、应用面很广，但其运行效率、速度和经济性依据不同的应用对象会受到不同程度的影响。

通用计算机按其规模、速度和功能等又可分为巨型机、大型机、中型机、小型机、微型机及单片机。这些类型之间的基本区别通常在于其体积大小、结构复杂程度、功率消耗、性能指标、数据存储容量、指令系统和设备、软件配置等的不同。

一般来说，巨型计算机的运算速度很高，可达每秒执行几亿条指令，数据存储容量很大，规模大、结构复杂、价格昂贵，主要用于大型科学计算。它也是衡量一个国家科学实力的重要标签之一。单片机则只由一片集成电路制成，其体积小、重量轻，结构十分简单。性能介于巨型机和单片机之间的就是大型机、中型机、小型机和微型机，它们的性能指标和结构规模则相应地依次递减。

1.1.3 计算机的应用领域

计算机的应用已经渗透到社会的各行各业，正在改变着传统的工作、学习和生活方式，推动着社会的发展。下面详细介绍一下计算机的主要应用领域。

1. 科学计算

科学计算是指利用计算机来完成科学研究和工程技术中提出的数学问题的计算。在现代科学技术工作中，科学计算问题是大量的和复杂的。利用计算机的高速计算、大存储容量和连续运算的能力，可以实现人工无法解决的各种科学计算问题。

例如，建筑设计中为了确定构件尺寸，通过弹性力学导出一系列复杂方程，长期以来由于计算方法跟不上而一直无法求解。而计算机不但能求解这类方程，而且引起弹性理论上的一次突破，出现了有限单元法。

2. 数据处理

数据处理是指对各种数据进行收集、存储、整理、分类、统计、加工、利用、传播等一系列活动的统称。据统计，80％以上的计算机主要用于数据处理，这类工作量大面宽，决定了计算机应用的主导方向。

数据处理从简单到复杂已经历了以下3个发展阶段：

- 电子数据处理（Electronic Data Processing，EDP），它是以文件系统为手段实现一个部门内的单项管理。
- 管理信息系统（Management Information System，MIS），它是以数据库技术为工具实现一个部门的全面管理，以提高工作效率。
- 决策支持系统（Decision Support System，DSS），它是以数据库、模型库和方法库为基础，帮助管理决策者提高决策水平，改善运营策略的正确性与有效性。

目前，数据处理已广泛地应用于办公自动化、企事业计算机辅助管理与决策、情报检索、图书管理、电影电视动画设计、会计电算化等各行各业。信息正在形成独立的产业，多媒体技术使信息展现在人们面前的不仅是数字和文字，还有声情并茂的声音和图像信息。

3. 辅助技术

计算机辅助技术包括 CAD、CAM 和 CAI 等。

（1）计算机辅助设计（Computer Aided Design，CAD）。

计算机辅助设计是利用计算机系统辅助设计人员进行工程或产品设计，以实现最佳设计效果的一种技术。它已广泛地应用于飞机、汽车、机械、电子、建筑和轻工等领域。例如，在电子计算机的设计过程中，利用 CAD 技术进行体系结构模拟、逻辑模拟、插件划分、自动布线等，从而大大提高了设计工作的自动化程度。又如，在建筑设计过程中，可以利用 CAD 技术进行力学计算、结构计算、绘制建筑图纸等，这样不但提高了设计速度，而且可以大大提高设计质量。

（2）计算机辅助制造（Computer Aided Manufacturing，CAM）。

计算机辅助制造是利用计算机系统进行生产设备的管理、控制和操作的过程。例如，在产品的制造过程中，用计算机控制机器的运行，处理生产过程中所需的数据，控制和处理材料的流动，以及对产品进行检测等。使用 CAM 技术可以提高产品质量，降低成本，缩短生产周期，提高生产率和改善劳动条件。

将 CAD 和 CAM 技术集成，实现设计生产自动化，这种技术被称为计算机集成制造系统（CIMS）。它的实现将真正做到无人化工厂。

（3）计算机辅助教学（Computer Aided Instruction，CAI）。

计算机辅助教学是利用计算机系统使用课件来进行教学。课件可以用著作工具或高级语言来开发制作，它能引导学生循序渐进地学习，使学生轻松自如地从课件中学到所需要的知识。CAI 的主要特色是交互教育、个别指导和因人施教。

4. 过程控制

过程控制又叫实时控制，是利用计算机及时采集检测数据，按最优值迅速地对控制对象进行自动调节或自动控制。采用计算机进行过程控制，不仅可以大大提高控制的自动化水平，而且可以提高控制的及时性和准确性，从而改善劳动条件、提高产品质量及合格率。因此，计算机过程控制已在机械、冶金、石油、化工、纺织、水电、航天等部门得到广泛的应用。

例如，在汽车工业方面，利用计算机控制机床、控制整个装配流水线，不仅可以实现精度要求高、形状复杂的零件加工自动化，而且可以使整个车间或工厂实现自动化。

5. 人工智能

人工智能（Artificial Intelligence）是计算机模拟人类的智能活动，诸如感知、判断、理解、学习、问题求解和图像识别等。现在人工智能的研究已取得不少成果，有些已开始走向实用阶段。例如能模拟高水平医学专家进行疾病诊疗的专家系统、具有一定思维能力的智能机器人等。

6. 网络应用

计算机技术与现代通信技术的结合构成了计算机网络。计算机网络的建立，不仅解决了一个单位、一个地区、一个国家中计算机与计算机之间的通讯，各种软硬件资源的共享，也大大促进了国际间的文字、图像、视频和声音等各类数据的传输与处理。

总之，计算机已经应用到人类生活、生产及科学研究的各个领域中，以后的应用还将更深入、更广泛，其自动化程度也将会更高。由于计算机深入到了人类生活的各个领域，目前很难完全概括计算机在各方面的应用。

应该指出，计算机的广泛应用对人类文明起到了巨大的推动作用，同时也有一些负面影响或挑战，主要表现在以下3个方面：

- 对人（自然人或法人）的隐私构成威胁。电子数据极易复制，即使对隐私采用了密码保护，但高速而自动运行的计算机为猜测电子密码提供了工具，连美国国防部计算机网络都曾有中学生非法闯入。因此，凡是在网络上的数据（包括密码）都有泄密的可能。此外，软件的缺陷所造成的"后门"也有可能被利用来盗取隐私。
- 计算机及计算机网络可能传播一些不健康的信息，对青少年的健康成长造成危害。
- 导致一些职业疾病，如颈椎病、心脑血管疾病、心理疾病等；导致环境污染，主要是在生产计算机的过程中会对环境造成污染，同时废旧计算机也会对环境造成污染。

1.1.4　信息化社会

1. 信息高速公路

1991年，美国国会通过了由参议员阿尔·戈尔（Al·Gore）提出的"高性能计算法案"（The High Performance Computing Act），后来也称为"信息高速公路（Infornation Superhighway）法案"。1993年9月，他代表美国政府发表了"国家信息基础设施行动日程（National Information Infrastructure:Agenda for Action）"，即"美国信息高速公路计划"，或称NII计划。按照这一日程，美国计划在1994年把100万户家庭联入高速信息传输网，至2000年联通全美的学校、医院和图书馆，最终在10～15年内（即2010年以前）把信息高速公路的"路面"——大容量的高速光纤通信网延伸到全美9500万个家庭。NII计划宣布后，不仅得到美国国内大公司的普遍支持，也受到世界各国（首先是日本和欧盟国家）的高度重视。许多发展中国家（包括中国）也在研究NII计划，并且制订和提出本国的对策。网络系统是NII计划的基础。Internet已把全世界190多个国家和地区的几千万台计算机及几千万的用户连接在一起，网上的数据信息量每月以10%以上的速度递增。仅以电子邮件（Electronic Mail或E-mail）为例，每天就有几千万人次使用Internet的E-mail信箱，发送电子邮件的用户只需把信件内容及收信人的E-mail地址按照规定送入联网的计算机，E-mail系统就会自动把信件通过网络传送到目的地。收信的用户如果定时联网，即可在自己的E-mail信箱中看到任何人发送给自己的邮件。NII计划的提出给未来的信息社会勾画出了一个清晰的轮廓，而Internet的扩大运行也给未来的全球信息基础设施提供了一个可供借鉴的原型。人人向往的信息社会已不再是一个带有理想色彩的空中楼阁。

我国政府于1994年开始建设我国的信息高速公路。当时主要规划了四大网络：中国科学院领导的中国科技网（CSTNET）、国家教委（教育部）领导的中国教育科研网（CERNET）、邮电部领导和投资的中国公用计算机互联网（ChinaNET）、电子工业部领导的中国金桥信息网

（ChinaGBN）。这些网络基本包含了我国主要的信息消费和生产者，并与全球的互联网连接在一起。

全球的信息高速公路建设一般都包含以下 5 个基本要素：
- 信息高速通道。这是一个能覆盖全国的以光纤通信网络为主的，辅以微波和卫星通信的数字化大容量、高速率的通信网。
- 信息资源。将学校、政府、科研院所、新闻单位、工农商等企事业单位的数据库连接起来，通过通信网络为用户提供各类资源，包括新闻、影视、书籍、报刊、博客、计算机软件、计算机硬件等。
- 信息处理与控制。主要是指通信网络上的高性能计算机和服务器、高性能个人计算机和工作站对信息在输入/输出、传输、存储、交换过程中的处理和控制。
- 信息服务对象。使用多媒体的、智能化的用户界面与各种应用系统用户进行相互通信，可以通过通信终端享受丰富的信息资源，满足各自的需求。
- 信息高速公路的法律法规。主要是知识产权的保护、个人隐私的保护、网络的安全保障、信息内容的社会道德规范等。

2. 信息化社会

人类在经历了农业化社会、工业化社会后，正在进入信息化社会。生活在信息化社会中的人们以更快更便捷的方式获得并传递人类创造的一切文明成果。信息化社会是人类社会从工业化阶段发展到以信息为标签的一个新阶段。信息化与工业化不同，信息化不是关于物质和能量的转换过程，而是关于时间和空间的转换过程。在信息化这个新阶段里，人类生存的一切领域，在政治、商业，甚至个人生活中，都是以信息的获取、加工、传递和分配为基础。有人对信息化社会归纳出 4 个基本特征：知识的生产成为主要的生产形式；光电和网络代替工业时代的机械化生产；信息技术正在取消时间和距离的概念；信息和信息交换遍及各个地方。在信息化社会中，信息技术是重要的产业支柱。信息技术（Information Technology，IT）就是以电子计算机为基础的多学科的信息处理技术。它包括电子计算机技术、卫星通信技术、激光技术等。

3. 计算机文化

"计算机文化"一词最早出现于 1981 年在瑞士洛桑召开的第三次世界计算机教育会议上。当时"计算机文化"的含义是指人们是否掌握了计算机的基本知识和某种程序设计语言。而现在的"计算机文化"是指人类社会的生存方式因使用计算机而发生根本性变化而产生的一种崭新的文化形态，这种崭新的文化形态可以体现为：
- 计算机理论及其技术对自然科学、社会科学的广泛渗透表现的丰富文化内涵。
- 计算机的软硬件设备作为人类所创造的物质设备丰富了人类文化的物质设备品种。
- 计算机应用介入人类社会的方方面面，从而创造和形成的科学思想、科学方法、科学精神、价值标准等成为一种崭新的文化观念。

衡量"计算机文化"素质高低的依据通常是指在计算机方面最基本的知识和最主要的应用能力。目前大多数计算机教育专家的意见是，最能体现"计算机文化"的知识结构和能力素质的应该是与信息获取、信息分析与信息加工有关的基础知识和实际能力。这种能力并非某单一学科、某单一教学方法能够培养出来的，但是计算机及计算机网络的应用是这种能力的基础。

1.2 计算机中信息的表示

1.2.1 计算机中的数制

1. 进位计数制

日常生活中，人们最熟悉的是十进制，但是在计算机中会接触到二进制、八进制、十进制和十六进制，无论是哪种进制，其共同之处是它们都是进位计数制。

按照一定进位方法进行计数的数制称为进位计数制，简称进制。R 进制数的基数为 R，能用到的数字符号个数为 R 个，即 0，1，2，…，R-1。

2. 二进制、八进制、十六进制

计算机中经常用到二进制、八进制、十进制和十六进制，它们的基本符号如表 1-1 所示。

表 1-1 几种进位计数制

进制	计数原则	基本符号
二进制	逢二进一	0，1
八进制	逢八进一	0，1，2，3，4，5，6，7
十进制	逢十进一	0，1，2，3，4，5，6，7，8，9
十六进制	逢十六进一	0，1，2，3，4，5，6，7，8，9，A，B，C，D，E，F

注：十六进制的数符 A~F 分别对应十进制的 10~15。

1.2.2 各计数制间的相互转换

十进制数转换成 R 进制数的规则是：整数部分"除 R 取余"，小数部分"乘 R 取整"；而将 R 进制数转换成十进制数的规则是"按权位展开"。

1. 十进制数转换成二进制数

（1）整数部分。

把十进制整数转换成二进制整数采用"除 2 取余"，即：将十进制数除以 2，得到一个商数和余数；再将其商数除以 2，又得到一个商数和余数；依此类推，直到商数等于 0 为止。每次所得的余数（0 或 1）就是对应二进制数的各位数字。在最后得到二进制数时，将第一次得到的余数作为二进制数的最低位，最后一次得到的余数作为二进制数的最高位。

【例 1-1】将十进制整数 54 转换成二进制数。

```
2 | 54  ……… 余数为 0  ← 二进制数的最低位
2 | 27  ……… 余数为 1      ↑ 倒
2 | 13  ……… 余数为 1      | 序
2 |  6  ……… 余数为 0      | 取
2 |  3  ……… 余数为 1      | 余
2 |  1  ……… 余数为 1  ← 二进制数的最高位
     0  ……… 商数为 0，转换结束。
```

因此，十进制数 54 的二进制数是 110110。

【例 1-2】 将十进制整数 115 转换成二进制数。

```
2 | 115    ……  余数为 1  ← 二进制数的最低位
2 |  57    ……  余数为 1           ↑
2 |  28    ……  余数为 0           倒
2 |  14    ……  余数为 0           序
2 |   7    ……  余数为 1           取
2 |   3    ……  余数为 1           余
2 |   1    ……  余数为 1  ← 二进制数的最高位
      0    ……  商数为 0，转换结束。
```

因此，十进制数 115 的二进制数为 1110011。

(2) 小数部分。

把十进制小数转换成二进制小数的方法是"乘 2 取整"，即对十进制小数乘 2 得到的数分为整数和小数两部分，取出整数就是转换的结果；再用 2 乘以去掉整数后的小数部分，又得到一个由整数和小数组成的新数，取其整数部分；如此不断重复，直到小数部分为 0 或达到精度要求为止。第一次得到的整数为最高位，最后一次得到的为最低位。

【例 1-3】 将十进制数 0.8125 转换成二进制数。

```
0.8125×2=1.625    取整数 1  | 高
0.625×2=1.25      取整数 1  |
0.25×2=0.5        取整数 0  |
0.5×2=1.0         取整数 1  ↓ 低   （小数部分为 0，转换结束）
```

因此，十进制数 0.8125 转换成二进制数为 0.1101。

2. 十进制数转换成八进制数

将十进制整数转换成八进制数采用"除 8 取余"。八进制数计数的原则是"逢八进一"，因此在八进制数中不可能出现数字符号 8 和 9。

【例 1-4】 将十进制数 59 转换成八进制数。

```
8 | 59    ……  余数为 3
8 |  7    ……  余数为 7
     0    ……  商数为 0，转换结束。
```

因此，十进制数 59 转换成八进制数是 73。

【例 1-5】 将十进制数 203 转换成八进制数。

```
8 | 203   ……  余数为 3
8 |  25   ……  余数为 1
8 |   3   ……  余数为 3
      0   ……  商数为 0，转换结束。
```

因此，十进制数 203 转换成八进制数是 313。

3. 十进制数转换成十六进制数

将十进制整数转换成十六进制整数采用"除 16 取余"。十六进制数计数的原则是"逢十六进一"，在十六进制数中，用 A 表示 10，B 表示 11，C 表示 12，D 表示 13，E 表示 14，F 表示 15。

【例 1-6】将十进制数 91 转换成十六进制数。

```
16 | 91      ……………  余数为 11，即 B
16 |  5      ……………  余数为 5
        0    ……………  商数为 0，转换结束。
```

因此，十进制数 91 转换成十六进制数是 5B。

【例 1-7】将十进制数 305 转换成十六进制数。

```
16 | 305     ……………  余数为 1
16 |  19     ……………  余数为 3
16 |   1     ……………  余数为 1
        0    ……………  商数为 0，转换结束。
```

因此，十进制数 305 转换成十六进制数是 131。

4. 将二进制数转换成八进制数与十六进制数

（1）将二进制数转换成八进制数。

将一个二进制整数转换为八进制数的方法是：将该二进制数从右向左每三位分成一组，组间用逗号分隔，每一组代表一个 0～7 之间的数。

表 1-2 所示为二进制数与八进制数的对应关系。

表 1-2 进制的对应关系

二进制数	八进制数
000	0
001	1
010	2
011	3
100	4
101	5
110	6
111	7

【例 1-8】将二进制数 1100101 转换成八进制数。

```
001, 100, 101
 ↓    ↓    ↓
 1    4    5
```

因此，二进制数 1100101 转换成八进制数是 145。

【例 1-9】将二进制数 11110100 转换成八进制数。

```
011, 110, 100
 ↓    ↓    ↓
 3    6    4
```

因此，二进制数 11110100 转换成八进制数是 364。

（2）将二进制数转换成十六进制数。

将一个二进制整数转换为十六进制数的方法是：将该二进制数从右向左每四位分成一组，组间用逗号分隔，每一组代表一个 0~9、A、B、C、D、E、F 之间的数。

表 1-3 所示为二进制数与十六进制数的对应关系。

表 1-3 二进制数与十六进制数的对应关系

二进制数	十六进制数	二进制数	十六进制数
0000	0	1000	8
0001	1	1001	9
0010	2	1010	A
0011	3	1011	B
0100	4	1100	C
0101	5	1101	D
0110	6	1110	E
0111	7	1111	F

【例 1-10】将二进制数 10111001010 转换成十六进制数。

　　　　0101，1100，1010
　　　　 ↓　　 ↓　　 ↓
　　　　 5　　 C　　 A

因此，二进制数 10111001010 转换成十六进制数是 5CA。

【例 1-11】将二进制数 100111111111 转换成十六进制数。

　　　　1001，1111，1111
　　　　 ↓　　 ↓　　 ↓
　　　　 9　　 F　　 F

因此，二进制数 100111111111 转换成十六进制数是 9FF。

5. 二进制数、八进制数、十六进制数转换成十进制数

将 R 进制数转换成十进制数的方法是"按权位展开"，通式为：

$(a_n a_{n-1} \ldots a_2 a_1 a_0 . b_1 b_2 \ldots b_n)_R = a_n \times R^n + a_{n-1} \times R^{n-1} + \ldots + a_2 \times R^2 + a_1 \times R^1 + a_0 \times R^0 + b_1 \times R^{-1} + b_2 \times R^{-2} + \ldots + b_n \times R^{-n}$

【例 1-12】将二进制数 110111 转换成十进制数。

$(110111)_2 = 1 \times 2^0 + 1 \times 2^1 + 1 \times 2^2 + 0 \times 2^3 + 1 \times 2^4 + 1 \times 2^5$
　　　　　$= 1+2+4+0+16+32 = (55)_{10}$

因此，二进制数 110111 转换成十进制数为 55。

【例 1-13】将二进制数 101010101 转换成十进制数。

$(101010101)_2 = 1 \times 2^0 + 1 \times 2^2 + 1 \times 2^4 + 1 \times 2^6 + 1 \times 2^8$
　　　　　　$= 1+4+16+64+256 = (341)_{10}$

因此，二进制数 101010101 转换成十进制数为 341。

【例 1-14】将八进制数 405 转换成十进制数。

$(405)_8=5×8^0+0×8^1+4×8^2=5+0+256=(261)_{10}$

因此，八进制数 405 转换成十进制数为 261。

【例 1-15】将十六进制数 B31 转换成十进制数。

$(B31)_{16}=1×16^0+3×16^1+11×16^2=1+48+2816=(2865)_{10}$

因此，十六进制数 B31 转换成十进制数为 2865。

【例 1-16】将十六进制数 BCD 转换成十进制数。

$(BCD)_{16}=13×16^0+12×16^1+11×16^2=13+192+2816=(3021)_{10}$

因此，十六进制数 BCD 转换成十进制数为 3021。

6. 二进制数的逻辑运算

逻辑运算是指对因果关系进行分析的一种运算。逻辑运算的结果并不表示数值大小，而是表示一种逻辑概念，若成立用真或 1 表示，若不成立用假或 0 表示。二进制数的逻辑运算有"与"、"或"、"非"、"异或"和"同或"等，常见的是前三种。

（1）"与"运算（AND）。

"与"运算又称逻辑乘，用符号"?"或"∧"来表示。运算规则如下：

0∧0 = 0   0∧1 = 0   1∧0 = 0   1∧1 = 1

即两个参与运算的数的对应码位中有一个数为 0，则运算结果为 0，只有两码位对应的数都为 1，结果才为 1。

【例 1-17】求二进制数 101101 与 1010 的逻辑与运算。

```
  101101
∧ 001010      ←—— 左端对齐，若数位不等高端补 0。
  001000
```

二进制数 101101 与 1010 的逻辑与运算结果为二进制数 1000。

（2）"或"运算（OR）。

"或"运算又称逻辑加，用符号"+"或"∨"表示。运算规则如下：

0∨0 = 0   0∨1 = 1   1∨0 = 1   1∨1 = 1

即两个参与运算的数的相应码位只要有一个数为 1，则运算结果为 1，只有两码位对应的数均为 0，结果才为 0。

【例 1-18】求二进制数 101101 与 1010 的逻辑或运算。

```
  101101
∨ 001010      ←—— 左端对齐，若数位不等高端补 0。
  101111
```

二进制数 101101 与 1010 的逻辑或运算结果为二进制数 101111。

（3）"非"运算（NOT）。

"非"运算实现逻辑否定，即进行求反运算，用符号"−"表示。运算规则如下：

−0 = 1   −1 = 0

注意"非"运算只是针对一个数所进行的"运算"，这与前面的"与"和"或"运算不同。

【例 1-19】求二进制数 101101 的逻辑非运算。

```
−101101
 010010
```

二进制数 101101 的逻辑非运算结果为二进制数 10010。

1.2.3 计算机中数据的存储单位

计算机中数据和信息常用的单位有位、字节和字长。

1. 位（bit）

计算机采用二进制，运算器运算的是二进制数，控制器发出的各种指令也表示成二进制数，存储器中存放的数据和程序也是二进制数，在网络上进行数据通信时发送和接收的还是二进制数。显然，在计算机内部到处都是由 0 和 1 组成的数据流。

计算机中最小的数据单位是二进制的一个数位，简称位（bit），它可以表示两种状态：0 和 1，计算机中最直接、最基本的操作就是对二进制位的操作。

2. 字节（Byte）

字节简写为 B，为了表示人读数据中的所有字符（字母、数字和各种专用符号，大约有 128～256 个），需要 7 位或 8 位二进制数。因此，人们采用 8 位为 1 个字节，1 个字节由 8 个二进制数位组成。

字节是表示存储空间大小的最基本的容量单位，也被认为是计算机中最小的信息单位。8 个二进制位为一个字节。除用字节为单位表示存储容量外，通常还用到 KB（千字节）、MB（兆字节）、GB（千兆字节或吉字节）、TB（太字节）、PB（拍字节）、EB（艾字节）等单位来表示存储器（内存、硬盘、软盘等）的存储容量或文件的大小。所谓存储容量指的是存储器中能够包含的字节数。

存储容量单位之间的换算关系为：

1B=8bits
1KB=1024B
1MB=1024KB
1GB=1024MB
1TB=1024GB
1PB=1024TB
1EB=1024PB

3. 字长

在计算机中作为一个整体被存取、传送、处理的二进制数字符串叫做一个字或单元，每个字中二进制位数的长度称为字长。一个字由若干个字节组成，不同计算机系统的字长是不同的，常见的有 8 位、16 位、32 位、64 位等，字长越长，计算机一次处理的信息位就越多，精度就越高，字长是计算机性能的一个重要指标。

1.2.4 数值的编码表示

在计算机内表示数值的时候，以最高位作为符号位，最高位为 0 表示数值为正，为 1 表示数值为负。表示数值可以采用不同的编码方法，最常见的有三种：原码、反码和补码。

1. 原码

最高位作为符号位来表示数的符号：最高位为 0 代表正数，最高位为 1 代表负数，其余各位代表数值本身的绝对值。例如：

+10 的原码是：00001010（最高位 0 表示该数为正）

-10 的原码是：10001010（最高位 1 表示该数为负）

为简化起见，这里假设用一个字节（8 个二进制位）表示整数。如果用两个字节存放一个整数，情况是一样的，只是把+10 表示成 00000000 00001010 而已。

+0 的原码是：00000000

-0 的原码是：10000000

显然，+0 和-0 表示的是同一个数 0，而在计算机内却有两种不同的表示。由于 0 的表示方法不唯一，不适合计算机的运算，所以在计算机内部一般不使用原码来表示数。

2. 反码

正数的反码与原码相同，如+10 的反码也是 00001010；而负数的反码是原码除符号位外（仍为 1）各位取反。例如：

-10 的反码是：11110101

+0 的反码是：00000000

-0 的反码是：11111111

同样，0 的表示方法不唯一，所以在计算机内部一般也不使用反码来表示数。

3. 补码

正数的补码与原码相同，如+10 的补码同样是 00001010；而负数的补码是除最高位仍为 1 外，其余各位求反，最后再加 1。例如：

-10 的原码是 10001010，求反（除最高位外）后得到 11110101，再加 1，结果是 11110110。或者说，负数的补码是其反码加 1。

+0 的补码是：00000000

-0 的补码是：11111111

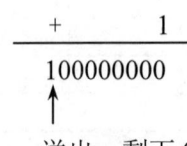

```
        +        1
       _____
        100000000
        ↑
   溢出，剩下 00000000
```

所以，用补码形式表示数值 0 时是唯一的，都是 00000000。

现在计算机通常都是以补码的形式存放，因为采用补码形式不仅数值表示唯一，而且能将符号位与其他位进行统一加以处理，为硬件实现提供了方便。

1.2.5　信息数字化

1. 计算机中的二进制

上面已经提到，计算机内部是一个二进制的数字世界，一切信息的存取、处理和传送都是以二进制编码形式进行的。二进制只有 0 和 1 这两个数字符号，0 和 1 可以表示器件的两种不同的稳定状态，即用 0 表示低电平，用 1 表示高电平。二进制是计算机信息表示、存储、传输的基础。在计算机中，对数字、文字、符号、图形、图像、声音和动画都是采用二进制来表示。计算机采用二进制，好处是运算器电路在物理上很容易实现、运算简便、运行可靠、逻辑计算方便。

2. 英文字符编码——ASCII 码

ASCII（American Standard Code for Information Interchange）编码是在计算机系统中使用得最广泛的信息编码。它本为美国信息交换标准代码，现在已被国际标准化组织 ISO 认定为国际标准。ASCII 码使用指定的 7 位或 8 位二进制数组合来表示 128 或 256 种可能的字符。标准 ASCII 码使用 7 位二进制数来表示所有的大写和小写字母、数字 0～9、标点符号，以及在美式英语中使用的特殊控制字符。目前许多基于 x86 的系统都支持使用扩展（或"高"）ASCII 码。扩展 ASCII 码允许将每个字符的第 8 位用于确定附加的 128 个特殊符号字符、外来语字母和图形符号。7 位 ASCII 码表如表 1-4 所示。

表 1-4　ASCII 码

后 4 位 $B_3b_2b_1b_0$ \ 前 3 位 $b_6b_5b_4$	000	001	010	011	100	101	110	111
0000	NUL	DLE	SP	0	@	P	`	p
0001	SOH	DC1	!	1	A	Q	a	q
0010	STX	DC2	"	2	B	R	b	r
0011	ETX	DC3	#	3	C	S	c	s
0100	EOT	DC4	$	4	D	T	d	t
0101	ENQ	NAK	%	5	E	U	e	u
0110	ACK	SYN	&	6	F	V	f	v
0111	BEL	ETB	'	7	G	W	g	w
1000	BS	CAN	(	8	H	X	h	x
1001	HT	EM	)	9	I	Y	i	y
1010	LF	SUB	*	:	J	Z	j	z
1011	VT	ESC	+	;	K	[	k	{
1100	FF	FS	,	<	L	\	l	|
1101	CR	GS	-	=	M	]	m	}
1110	SO	RS	.	>	N	↑	n	~
1111	SI	VS	/	?	O	↓	o	Del

3. BCD 码

B 为二进制，C 为 Coded（编码），D 为十进制，故 BCD 的含义为用二进制编码十进制，是计算机内十进制数的一种编码方法，标准为四位二进制数编码一位十进制数。表 1-5 所示为十进制数 0～9 所对应的 BCD 码值。

表 1-5　BCD 码

十进制	BCD 码	十进制	BCD 码
0	0000	5	0101
1	0001	6	0110
2	0010	7	0111
3	0011	8	1000
4	0100	9	1001

4. 汉字编码

汉字编码是为汉字设计的一种便于输入计算机的代码。由于电子计算机现有的输入键盘与英文打字机键盘完全兼容，因而如何输入非拉丁字母的文字（包括汉字）便成了多年来人们研究的课题。

(1) GB 国标码。

我国制定了"中华人民共和国国家标准信息交换汉字编码",简称国标码,代号 GB2312－80。该编码集中收录了汉字和图形符号 7445 个,其中一级汉字 3755 个、二级汉字 3008 个、图形符号 682 个。

按照 GB2312－80 的规定,采用双 7 位编码,高位置 1 保存在两个字节内。所有收录的汉字及图形符号组成一个 94×94 的矩阵,即有 94 行和 94 列。这里每一行称为一个区,每一列称为一个位。因此,它有 94 个区(01～94),每个区内有 94 个位(01～94)。区码与位码组合在一起称为区位码,它可准确确定某一汉字或图形符号。例如,"学"字的区号为 49,位号为 07,它的区位码即为 4907,用 2 个字节的二进制数表示为:00110001 00000111。

(2) 汉字交换码。

汉字交换码是指不同的具有汉字处理功能的计算机系统之间在交换汉字信息时所使用的代码标准。区位码无法用于汉字通信,因为它可能与通信使用的控制码(00H～1FH,即 0～31)发生冲突。ISO2022 规定每个汉字的区号和位号必须分别加上 32(即二进制数 00100000),经过这样的处理而得。

代码称为国标交换码,简称交换码,因此"学"字的国标交换码计算为:

```
   00110001      00000111
 +00100000     +00100000
 ─────────     ─────────
   01010001      00100111
```

(3) 汉字机内码。

汉字机内码是汉字在信息处理系统内部最基本的表达形式,是供计算机系统内部进行汉字的存储、处理、传输统一使用的代码。为了与 ASCII 码相区分,将国标交换码两个字节的最高位都置为 1。这种高位为 1 的双字节汉字编码即为 GB2312 汉字的机内码,简称为内码。

例如"学"字的机内码为:11010001 10100111。

(4) 汉字的字形码。

为了将汉字在显示器或打印机上输出,把汉字按图形符号设计成点阵图,就得到了相应的点阵代码,称为汉字的字形码。例如,汉字"你"的点阵代码如图 1-6 所示。

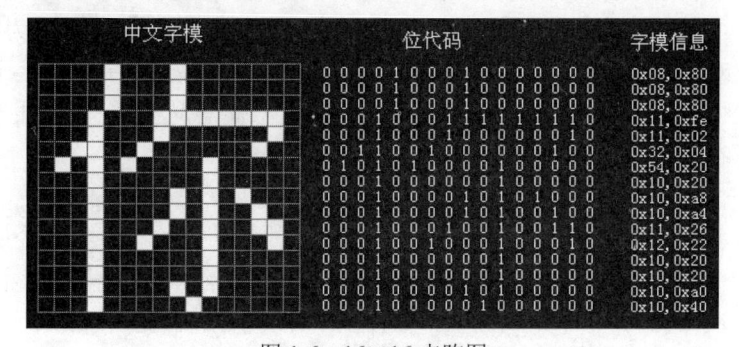

图 1-6 16×16 点阵图

5. 多媒体信息

多媒体一词是由英文 Multimedia 直译而来,即能被计算机处理的多种信息媒体,包括文本、图形、图像、声音、动画、视频等。各种多媒体信息通常按照规定的格式存储在数据文件中。

1.3 计算机系统组成

一个完整的计算机系统是由硬件（Hardware）系统和软件（Software）系统两大部分组成的。

计算机硬件是指系统中可以触摸到的设备实体，即构成计算机的有形的物理设备，是计算机工作的基础，像冯·诺依曼计算机中提到的五大组成部件都是硬件。硬件按照特定的方式组织成硬件系统，协调工作。

计算机软件是指在硬件设备上运行的各种程序和文档。如果计算机不配置任何软件，计算机硬件无法发挥其作用。只有硬件没有软件的计算机称为裸机。硬件与软件的关系是相互配合共同完成其工作任务。

1.3.1 计算机的硬件系统

一个计算机系统的硬件逻辑上是由运算器、控制器、存储器、输入设备和输出设备五大部分组成的，如图1-7所示。

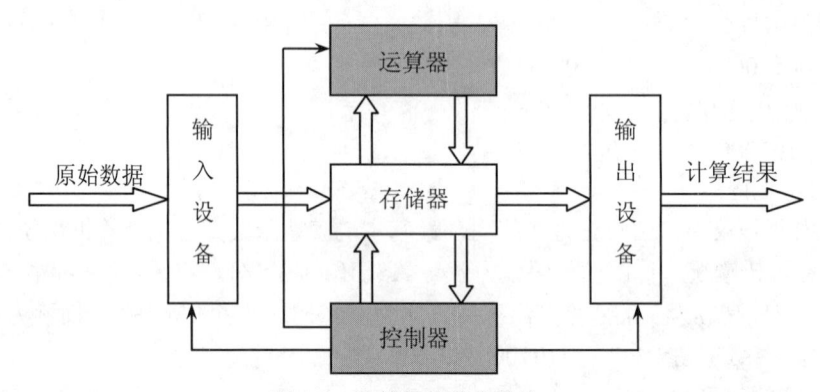

图1-7 计算机的基本结构

1. 运算器

运算器是计算机中执行各种算术和逻辑运算操作的部件。运算器由算术逻辑单元（ALU）、累加器、状态寄存器、通用寄存器组等组成。算术逻辑运算单元的基本功能为加、减、乘、除四则运算，与、或、非、异或等逻辑操作，以及移位、求补等操作。计算机运行时，运算器的操作和操作种类由控制器决定。运算器处理的数据来自存储器，处理后的结果数据通常送回存储器或暂时寄存在运算器中。

2. 控制器

控制器是计算机的指挥中心，负责决定执行程序的顺序，给出执行指令时机器各部件需要的操作控制命令，由程序计数器、指令寄存器、指令译码器、时序产生器和操作控制器组成，是发布命令的"决策机构"，即完成协调和指挥整个计算机系统的操作。

运算器和控制器合称为中央处理器（CPU）。

3. 存储器

存储器（Memory）是计算机系统中的记忆设备，用来存放程序和数据。计算机中的全部信息，包括输入的原始数据、计算机程序、中间运行结果和最终运行结果都保存在存储器中。

它根据控制器指定的位置存入和取出信息。存储器分为主存储器（或称内存储器，简称内存）和辅助存储器（或称外存储器，简称外存）。

4. 输入设备

输入设备是用来把计算机外部的程序、数据等信息送入到计算机内部的设备。常用的输入设备有键盘、鼠标、光笔、扫描仪、数字化仪、麦克风等。

5. 输出设备

输出设备负责将计算机的内部信息传递出来（称为输出），或在屏幕上显示，或在打印机上打印，或在外部存储器上存放。常用的输出设备有显示器和打印机等。

1.3.2 计算机的软件系统

1. 软件的概念

软件是指计算机程序及其有关文档。程序是指"为了得到某种结果可以由计算机等具有信息处理能力的装置执行的代码化指令序列"，而文档指的是"用自然语言或者形式化语言所编写的文字资料和图表，用来描述程序的内容、组成、设计、功能规格、开发情况、测试结果及使用方法，如程序设计说明书、流程图、用户手册等"。

2. 软件的分类

计算机的软件系统一般分为系统软件和应用软件两大部分。

（1）系统软件。系统软件是指负责管理、监控和维护计算机硬件和软件资源的一种软件。系统软件用于发挥和扩大计算机的功能及用途，提高计算机的工作效率，方便用户的使用。系统软件主要包括操作系统、程序设计语言及其处理程序（如汇编程序、编译程序、解释程序等）、数据库管理系统、系统服务程序，以及故障诊断程序、调试程序、编辑程序等工具软件。

（2）应用软件。应用软件是指利用计算机和系统软件为解决各种实际问题而编制的程序。常见的应用软件有科学计算程序、图形与图像处理软件、自动控制程序、情报检索系统、工资管理程序、人事管理程序、财务管理程序，以及计算机辅助设计与制造、辅助教学软件等。

1.3.3 计算机系统的层次关系

计算机系统中的硬件系统和软件系统是按照一定的层次关系进行组织的。硬件处于最内层，然后是软件系统中的操作系统。操作系统是系统软件中的核心，它把用户和计算机硬件系统隔离开来，用户对计算机的操作一律转化为对系统软件的操作，所有其他软件（包括系统软件与应用软件）都必须在操作系统的支持和服务下才能运行。操作系统外是其他系统软件，最外层为用户程序。各层完成各层的任务，层间定义接口。这种层次关系为软件的开发、扩充和使用提供了强有力的手段。计算机系统的层次结构如图1-8所示。

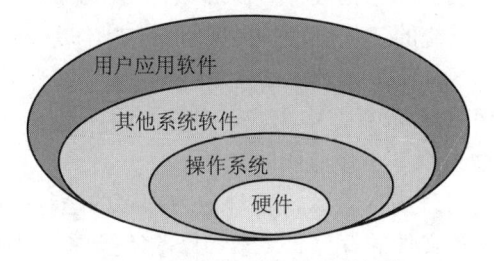

图1-8 计算机系统的层次结构

1.3.4 程序设计语言

为了让计算机解决实际问题，使计算机按人的意图进行工作，人们主要通过用计算机能够"懂"得的语言和语法格式编写程序并提交计算机执行来实现。编写程序所采用的语言就是程序设计语言。程序设计语言一般分为机器语言、汇编语言和高级语言。

1. 机器语言

机器语言是直接用二进制代码指令表达的计算机语言，指令是用 0 和 1 组成的一串代码，它们有一定的位数，并分成若干段，各段的编码表示不同的含义，例如某台计算机字长为 16 位，即由 16 位二进制数组成一条指令或其他信息。16 个 0 和 1 可组成各种排列组合，通过线路变成电信号，让计算机执行各种不同的操作。机器语言程序的优点是：程序可被机器直接执行，不需要任何翻译，程序执行效率高；缺点是：由于机器指令数目太多，且都是二进制代码，所以用机器语言编写的程序难于辨认、难于记忆、难于调试、难于修改，不易移植。

计算机只能接受以二进制形式表示的机器语言，所以任何非机器语言程序最终都要翻译成由二进制代码构成的机器语言程序，机器才能执行这些程序。

2. 汇编语言

汇编语言是面向机器的程序设计语言。汇编语言是一种功能很强的程序设计语言，也是利用计算机所有硬件特性并能直接控制硬件的语言。使用汇编语言编写的程序机器不能直接识别，要由一种程序将汇编语言翻译成机器语言，这种起翻译作用的程序叫汇编程序，汇编程序是系统软件中的语言处理系统软件。汇编语言编译器把汇编程序翻译成机器语言的过程称为汇编。

3. 高级语言

机器语言和汇编语言都是面向机器的语言，而高级语言是面向问题的语言。高级语言与具体的计算机硬件无关，其表达方式接近于人们对求解过程或问题的描述方法，容易理解、掌握和记忆。用高级语言编写的程序的通用性和可移植性好。目前，世界上有上百种计算机高级语言。用高级语言编写的程序通常称为源程序。计算机不能直接执行源程序。用高级语言编写的源程序必须被翻译成二进制代码组成的机器语言后，计算机才能执行。高级语言源程序有编译和解释两种执行方式。

解释执行：是对计算机程序解释一行执行一行的程序执行方式，典型的是 BASIC 语言。

编译执行：是将计算机程序先全部编译为低级语言后再执行的程序执行方式，如 C 语言。

1.3.5 操作系统

操作系统（Operating System，OS）是直接运行在"裸机"上的最基本的系统软件，其他软件都必须在操作系统的支持下才能运行。操作系统是由早期的计算机管理程序发展而来的，目前已成为计算机系统各种资源（包括硬件资源和软件资源）的统一管理、控制、调度和监督者，由它合理地组织计算机系统的工作流程，提供用户与操作系统之间的软件接口。其主要功能如下：

- 进程管理（即处理机管理）：在多用户、多任务的环境下，主要是对 CPU 进行资源的分配调度，有效地组织多个作业同时运行。
- 存储管理：主要是管理内存资源，合理地为程序的运行分配内存空间。
- 文件管理：有效支持文件的存储、检索和修改等操作，解决文件的共享、保密与保护问题。

- 设备管理：负责外部设备的分配、启动和故障处理，让用户方便地使用外设。
- 作业管理：提供使用系统的良好环境，使用户能有效地组织自己的工作流程。

操作系统可以增强系统的处理能力，使系统资源得到有效利用，为应用软件的运行提供支撑环境，让用户方便地使用计算机。操作系统是最底层的系统软件，是计算机软件的核心和基础。所有其他软件（包括系统软件和应用软件）都必须在它的支持和服务下运行。

操作系统可分为单用户操作系统、批处理操作系统、分时操作系统、实时操作系统、网络操作系统、分布式操作系统 6 种类型。

1.4 微型计算机基本配置

人们所见到的微机产品是一个涉及多生产厂家的产品。一般来说，计算机的品牌是最后组装企业的品牌，如联想、方正、戴尔。它们的许多关键部件都是采购于其他专业生产厂家。与我们自己组装微机不同的是品牌机的配件质量、配件间的匹配、配件间的磨合（计算机业称为老化）都经过专业技术人员的设计、把关和处理。品牌机有相对完善的售后服务。但就微机的性价比而言，自己组装计算机的性价比要高得多。

1.4.1 微型计算机的硬件配置

一台微型计算机的硬件系统主要由中央处理器（CPU）、主版、机箱、存储器、输入设备和输出设备组成，如图 1-9 所示。

笔记本电脑由于体积很小，携带非常方便，越来越受到用户的喜爱。其形状很像一个笔记本，如图 1-10 所示。

图 1-9　个人电脑　　　　　　　图 1-10　笔记本电脑

1. 中央处理器——CPU

CPU 是 Central Processing Unit 的缩写，又称为微处理器。CPU 主要由运算器和控制器组成，是微型计算机硬件系统中的核心部件。计算机所发生的全部动作都受 CPU 的控制，CPU 品质的高低通常决定了一台计算机的档次。

CPU 性能的主要参数包括字长、主频、外频、缓存、接口、工作电压等几方面。

- 主频：也叫时钟频率，单位是 MHz，用来表示 CPU 的运算速度。主频是衡量 CPU 性能的一个重要指标，但不代表 CPU 的整体性能。Core i5-650 的主频可达 3.2GHz。
- 外频：是 CPU 的基准频率，单位是 MHz。目前 Core i5-650 CPU 的外频已达到 733MHz 以上。CPU 的工作主频是通过倍频系数乘以外频得到的。
- 字长：CPU 在单位时间内（同一时间）能一次处理的二进制数的位数叫字长。目前，微型计算机主要使用 64 位机。

- 缓存：缓存是可以进行高速存取的存储器，又称 Cache，用于内存和 CPU 之间的数据交换。缓存大小也是 CPU 的重要指标之一。

世界上生产 CPU 芯片的公司主要有 Intel、AMD 和 VIA 等。Intel 公司是目前世界上最大的 CPU 芯片制造商，AMD 是唯一能与 Intel 竞争的 CPU 生产厂家。

Intel 公司的 Core i5 系列产品外形如图 1-11 所示。AMD 公司的产品主要有 AMD A10-6800K、AMD A8-5600K 和 AMD 速龙 II X4 等。

图 1-11　Intel 生产的 Core i5 系列芯片

由我国科研人员自主硬性研发的、具有自主知识产权的通用 CPU "龙芯 1 号"于 2002 年 9 月问世，其指令系统采用 MIPSIII 32 位指令兼容模式，当时最高主频达 266MHz，相当于 Pentium II。而"龙芯 2 号"也已于 2003 年底进入测试阶段，其采用 64 位总线，7～10 级流水线结构，性能超过 Pentium II。龙芯 3A 是首款国产商用 4 核处理器，其工作频率为 900MHz～1GHz。龙芯 3A 的峰值计算能力达到 16GFLOPS。龙芯 3B 是首款国产商用 8 核处理器，主频达到 1GHz，支持向量运算加速，峰值计算能力达到 128GFLOPS，具有很高的性能功耗比。

2. 主板

主板，又叫主机板（mainboard）、系统板（systemboard）和母板（motherboard），安装在机箱内，是微机最基本的也是最重要的部件之一。主板一般为矩形电路板，上面安装了组成计算机的主要电路系统，一般有 BIOS 芯片、I/O 控制芯片、键盘和面板控制开关接口、指示灯插接件、扩充插槽、主板及插卡的直流电源供电接插件等元件，如图 1-12 所示。

图 1-12　主板外形图

3. 内存储器

内存储器简称内存（又称主存），通常安装在主板上。内存与运算器和控制器直接相连，能与 CPU 直接交换信息，其存取速度极快。在计算机中，通常把 CPU 和内存储器的组合称为主机。内存分为随机存储器（RAM）和只读存储器（ROM）两部分。

RAM（Random Access Memory）的存储单元可以进行读写操作。目前有静态随机存储器（SRAM）和动态随机存储器（DRAM）。SRAM 的读写速度快，但价格高昂，主要用于高速缓存存储器（Cache）。DRAM 相对于 SRAM 而言，读写速度较慢，价格较低廉，因而用作大容量存储器。

ROM（Read Only Memory）是一种只能读出不能写入的存储器，其中的信息被永久地写入，不受断电的影响，即在关掉计算机的电源后，ROM 中的信息也不会丢失。因此，它常用于永久地存放一些系统重要而且是固定的程序和数据。

为了提高速度并扩大容量，内存必须以独立的封装形式出现，这就是"内存条"概念。内存条的外形如图 1-13 和图 1-14 所示。衡量内存条性能的最主要指标是内存速度和内存容量。其中单条内存容量一般为 2GB、4GB 或 8GB。内存条类型主要有 DDR2 和 DDR3。目前市场上的主流是 DDR3 系列产品，主流品牌有 Kingston 公司的 DDR3 1600 和威刚公司的 DDR3 1600。

图 1-13　Kingston 内存条　　　　图 1-14　威刚内存条

4. 外存储器

微型计算机中常用的外存储器有软盘、硬盘、光盘、优盘、移动硬盘、磁带等。

（1）软盘。

软盘是个人计算机中最早使用的可移动介质。软盘的读写是通过软盘驱动器完成的。软盘驱动器能接收可移动式软盘，常用的是容量为 1.44MB 的 3.5 英寸软盘。软盘和软盘驱动器的外形如图 1-15 和图 1-16 所示。3.5 英寸的软盘驱动器一直是小型和微型计算机的必备外存储器，但随着优盘的普及，软盘已逐渐淡出市场。

图 1-15　软盘的正面与背面　　　　图 1-16　软盘驱动器

（2）硬盘。

硬盘存储容量大，比软盘存取速度快，是计算机的主要存储媒介之一，由一个或多个铝制或玻璃制的碟片组成，这些碟片外覆盖有铁磁性材料。绝大多数硬盘都是固定硬盘，被永久性地密封固定在硬盘驱动器中。

硬盘的主要技术参数包括单碟容量、转速、接口类型等。目前常见的硬盘产品中单碟容量可达 500GB、1000GB、2000GB 和 3000GB，主流的转速为 7200rpm，接口类型为 SATA 3.0。

市场上品牌硬盘有西捷（Seagate）、西部数据（Western Digital，WD）和 HGST 等。硬盘外形如图 1-17 所示。

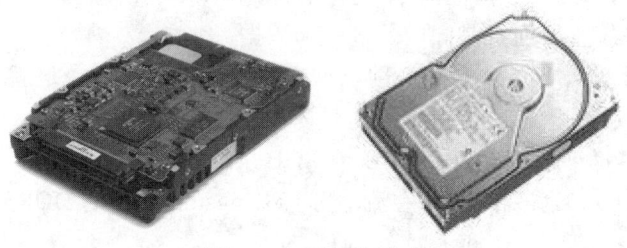

图 1-17　硬盘外形图

（3）光盘、光盘驱动器与刻录机。

1）光盘。

光盘（Optical Disk）是一种利用激光技术存储信息的装置。目前计算机系统常用的光盘有三类：只读型光盘、一次写入型光盘和可抹型（可擦写型）光盘。

- 只读型光盘（Compact Disk-Read Only Memory，CD-ROM）：是一种小型光盘只读存储器。它的特点是只能写一次，而且是在制造时由厂家用冲压设备把信息写入的。写好后信息将永久保存在光盘上，用户只能读取，不能修改和写入。其容量为 700MB 左右。
- 一次写入型光盘（Write Once Read Memory，WO）：可由用户写入数据，但只能写一次，写入后不能擦除修改。
- 可抹型光盘：有磁光盘与相变型两种。可擦写光盘可反复使用，保存时间长，具有可擦性、高容量和随机存取等优点，但速度较慢，一次投资较高。

现在使用数字化视频光盘（Digital Video Disk，DVD）作大容量存储器的也越来越多，一张可写入 DVD（DVD Recordable，DVD-R）盘片的容量约在 4.7GB 左右，可容纳数张 CD 盘片存储的信息。目前已有双倍存储密度的 DVD 光盘面世，其容量为普通 DVD 盘片存储容量的 2 倍左右。

作为继 DVD 之后的下一代光盘格式之一的蓝光光碟（Blue-ray Disc，BD）常用于存储高品质的影音以及高容量的数据存储。蓝光光碟是采用波长 405 纳米（nm）的蓝色激光光束来进行读写操作，一个单层的蓝光光碟的容量为 25GB。

2）光盘驱动器。

- CD-ROM 驱动器：对于不同类型的光盘盘片，所使用的读写驱动器也有所不同。普通 CD-ROM 盘片一般采用 CD-ROM 驱动器来读取其中存储的数据。CD-ROM 驱动器只能从光盘上读取信息，不能写入，要将信息写入光盘，必须使用光盘刻录机（CD Writer）。CD-ROM 驱动器的主要性能指标有速度和数据传输率等。CD-ROM 光驱最初的速度为 150KB/s，这个速度为"单速"。以后迅速发展为多倍速，目前速度常见的为 52X。CD-ROM 光盘和光盘驱动器的外形如图 1-18 所示。

图 1-18　CD-ROM 光盘和光盘驱动器外形图

- DVD-ROM 驱动器：要读取 DVD 盘片中存储的信息，则要求使用 DVD-ROM 驱动器，这是因为其存储介质和数据的存储格式与 CD 盘片不一样。DVD 光盘驱动器外形与 CD-ROM 光盘驱动器外形类似，市场上的主要品牌有华硕、三星、先锋等。
- BD-ROM 驱动器：蓝光光驱，既能读取蓝光光盘，又能向下兼容 DVD、VCD、CD 等格式。市场上的主要品牌为索尼、华硕和明基等。

用 DVD 驱动器也可以读取 CD 盘片中存储的数据。要将数据写入到 DVD 盘片中，要由专门的 DVD 刻录机来完成。另外有一种集 CD 盘片的读写、DVD 盘片的读取功能于一体的新型光盘驱动器，被称为"康宝（Combo）"，可读取 CD、DVD 盘片中的信息，还可用来刻录 CD 盘片。还有一种既能读取 CD、DVD 和 BD 盘片中的信息，又能刻录 DVD 盘片的光盘驱动器，被称为蓝光康宝。

3）刻录机。

刻录机能方便地将计算机中的资料制作成光盘，以利于保存。刻录机分为 CD 刻录机、DVD 刻录机和蓝光刻录机。目前市面上的 CD 刻录机只有一种类型，不存在规格兼容性问题。DVD 刻录机的规格尚未统一，常见的有 DVD-RAM、DVD-RW、DVD+RW 三种规格。刻录机外形与相应的光盘驱动器类似，主流品牌产品有索尼、明基、华硕等。

（4）优盘。

优盘（OnlyDisk，也称 U 盘）是一种基于 USB 接口的无需驱动器的微型高容量移动存储设备，它以闪存作为存储介质（故也可称为闪存盘），通过 USB 接口与主机进行数据传输。优盘可用于存储任何格式的数据文件和在计算机间方便地交换数据，它是目前流行的一种外形小巧、携带方便、能移动使用的移动存储产品。优盘的容量从 2GB 到 256GB 可选，采用 USB 接口，可与主机进行热拔插操作，接口类型包括 USB 2.0 和 USB 3.0 两种。USB 3.0 的传输速度快于 USB 2.0。使用优盘需要安装其专用的驱动程序，目前 Windows 2000 以上的版本都包含了常见品牌 U 盘的驱动程序，系统可以自动识别并进行安装。优盘没有机械读写装置，避免了移动硬盘容易碰伤、跌落等原因造成的损坏。从安全上讲，它具有写保护，部分款式优盘具有加密等功能，令用户使用更具个性化。优盘外形如图 1-19 所示。

图 1-19　优盘外形图

（5）MP3 播放器。

MP3 是一种音频压缩技术，用 MP3 形式存储的音乐叫做 MP3 音乐，能播放 MP3 音乐的机器就叫做 MP3 播放器。现在的 MP3 播放器除支持 MP3 文件外，还能支持其他一些音乐文件格式，如 WMA 等。它通常包括声音处理芯片、存储器、显示器和耳机。MP3 外形如图 1-20

所示。市场上常见的品牌有三星、索尼、爱国者等。

图 1-20　MP3 外形图

（6）MP4 播放器。

MP4 播放器是一个能够播放 MPEG-4 文件的设备，它可以叫做 PVP（Personal Video Player，个人视频播放器），也可以叫做 PMP（Portable Media Player，便携式媒体播放器）。现在对 MP4 播放器的功能没有具体界定，虽然不少厂商都将它定义为多媒体影音播放器，但它除了观看电影的基本功能外还支持音乐播放和图片浏览，甚至部分产品还可以上网，并且由于其体积小巧、便于携带，因此越来越受到人们的青睐。MP4 外形如图 1-21 所示。市场上比较知名的品牌有爱可视、爱国者、苹果等，其中法国厂商爱可视于 2002 年生产出了全球第一款硬盘 MP4 播放器。

图 1-21　MP4 外形图

（7）数码伴侣。

数码伴侣其实就是大容量的便携式数码照片存储器，并且在存储的过程中无需计算机支持，可以直接与数码相机连接进行数据的传输与存储，也可以作为移动硬盘使用。数码伴侣外形如图 1-22 所示。市场上产见的品牌有爱国者、力杰、驰能、清华紫光等。

图 1-22　数码伴侣外形图

5．机箱

机箱从表面上看是主机的外壳，但从机箱所起的作用来看，可以说它是主机的骨架，机箱一般包括外壳、支架、面板上的各种开关、指示灯等。外壳用钢板和塑料结合制成，硬度高，主要起保护机箱内部元件的作用；支架主要用于固定主板、电源和各种驱动器。机箱从其形式上常见的有两大类：立式（塔式）和卧式。立式又有大立式与小立式之分，卧式有大、小、厚、扁（薄）的区别。不论什么形式，其构成基本是一致的，外表看到的构件是薄铁板等硬质材料压制成的外壳、面板和背板，面板上有电源开关、复位开关等基本功能键，还有由电源灯、硬盘灯等组成的状态显示板，用于表明微机的运行状态，此外还可以看到商标以及软（光）驱的入口、栅条状的通风口等。背板上可以看到许多由活动铁条遮挡的槽口以及通风口等，主机与外电源、输入/输出设备连接的线缆多从背板的槽口接入。机箱外形如图 1-23 所示。

图 1-23　机箱外形图

6. 输入设备

输入设备负责将外面的信息送入计算机中。微机中常用的输入设备包括：键盘、鼠标、触摸屏、麦克风、光笔、扫描仪和数码相机等。随着多媒体技术的发展，新的输入设备层出不穷，如语音输入设备、手写输入设备等。

（1）键盘。键盘是最常用的输入设备之一，由一组开关矩阵组成，包括数字键、字母键、符号键、功能键、控制键等。每一个按键在计算机中都有它唯一的代码。当按下某个键时，键盘接口将该键的二进制代码送入计算机主机中，并将按键字符显示在显示器上。当快速大量输入字符，主机来不及处理时，先将这些字符的代码送往内存的键盘缓冲区，然后再从该缓冲区中取出进行分析处理。键盘接口电路多采用单片微处理器，由它控制整个键盘的工作，如上电时对键盘的自检、键盘扫描、按键代码的产生、发送及与主机的通讯等。键盘外形如图 1-24 所示。

图 1-24　键盘外形图

（2）鼠标器。鼠标器（Mouse）简称鼠标，是一种手持式屏幕坐标定位设备，它是适应菜单操作的软件和图形处理环境而出现的一种输入设备，特别是在现今流行的 Windows 图形操作系统环境下应用鼠标器方便快捷。按照连接方式不同可分为有线鼠标和无线鼠标，按照接口不同可分为 USB 接口鼠标、PS/2 接口鼠标和 USB+PS/2 双接口鼠标，按照工作方式不同可分为机械鼠标、光电鼠标、激光鼠标、蓝影鼠标等。近年来又出现了如游戏棒、跟踪球等新式鼠标。鼠标外形如图 1-25 所示。

图 1-25　鼠标外形图

（3）触摸屏。触摸屏是一种先进的输入设备，使用方便。用户通过手指触摸屏幕来选择相应的菜单项，即可操作计算机。触摸屏是一种覆盖了一层塑料的特殊显示屏，在塑料层后是不可见的红外线光束。触摸屏主要在公共信息查询系统中广泛使用，如百货商店、信息中心、学校、酒店、饭店等场所。

（4）扫描仪。扫描仪是一种能捕获图像并将之转换成计算机可以显示、编辑、存储和输出的信息的数字化输入设备。照片、文本页面、图纸、美术图画、照相底片、菲林软片，甚至是纺织品、标牌面板、印制板样品等三维对象都可作为扫描对象，其原始的线条、图形、文字、照片、平面实物都将被提取和转换成可以编辑和存储的数据。扫描仪外形如图1-26所示。

图1-26 扫描仪外形图

扫描仪经常和OCR联系在一起，OCR是"光学字符识别"的意思。没有OCR的时候，扫描进来的所有东西（包括文字在内）都以图形格式存储，不能对其中包含的单个文字进行编辑。但在采用了OCR以后，系统可以实时分辨出单个文字，并以纯文本格式保存下来，以后便可像普通文档那样进行编辑了。市场上的扫描仪有EPP、SCSI和USB三种接口。USB接口的扫描仪使用非常广泛。

（5）数码相机。数码相机产生于20世纪50年代，是一种电子成像技术产品。通过数码相机拍摄的照片被直接保存为图片文件，可直接在计算机中观看，也可通过打印机输出，可以方便地进行后期处理和保存。随着数码技术的发展，数码相机拍摄的图像画面质量已经非常接近传统相机。目前市场上的数码相机可分为家用和专业两类，家用数码相机具有功能实用、体积小巧、价格适中等特点，专业数码相机是为了满足用户的较高要求而设计的，价格一般较贵，用户可以根据自己的实际情况进行选购。数码相机外形如图1-27所示。

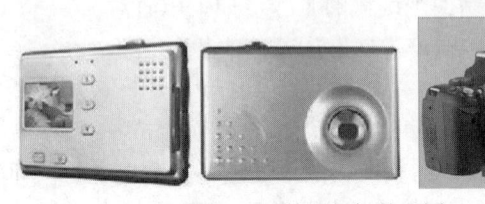

图1-27 数码相机外形图

衡量数码相机性能的指标一般包括像素、镜头性能、变焦倍数等，目前市场上流行的数码相机品牌有索尼、佳能、奥林巴斯、三星等。

（6）数码摄像机。数码摄像机又称DV，是一种可以拍摄动态视频的数码产品。早期的数码摄像机一般采用Mini磁带，随着数码技术的发展，现在的主流数码摄像机一般将拍摄的视频直接以文件形式保存在DVD光盘或硬盘上。数码摄像机也分为家用和专业两类，家用数码摄像机具有功能实用、体积小巧、操作简便、价格适中等特点，专业数码摄像机一般价格较贵，能满足用户的较高要求。数码摄像机外形如图1-28所示。市场上常见的数码摄像机品牌有索尼、松下、JVC等。

（7）摄像头。

摄像头作为一种常见的视频输入设备，被广泛地运用于视频会议、远程医疗、实时监控等方面。由于其具有价格低的特点，现在的应用非常广泛。目前市场上常见的摄像头品牌繁多，外形各异，用户可以根据自己的喜好选择。摄像头外形如图1-29所示。

图 1-28　数码摄像机外形图

图 1-29　摄像头外形图

7. 输出设备

输出设备是对计算机中用于数据输出的所有部件的总称，包括显示器、打印机、音箱、绘图仪等。

（1）显示器。显示器（Display）是计算机必备的输出设备，常用的有阴极射线管显示器、液晶显示器、LED 显示器、3D 显示器和等离子显示器。其中液晶显示器是当前微机的主流显示器，其因功耗小、无辐射等多种优点越来越受到用户的青睐。显示器外形如图 1-30 所示。

图 1-30　CRT 显示器、液晶显示器和等离子显示器

显示器屏幕上所显示的字符或图形是由一个个像素（Pixel）组成的。像素的大小直接影响显示的效果，像素越小，显示结果越细致。假设一个屏幕水平方向可排列 1920 个像素，垂直方向可排列 1080 个像素，则称该显示器的分辨率为 1920×1080。显示器分辨率越高，其清晰度越高，显示效果越好。

（2）打印机。打印机是计算机系统的主要输出设备之一，它将计算机的运算结果或中间结果以人所能识别的数字、字母、符号和图形等依照规定的格式印在纸上。打印机的种类很多，按打印元件对纸是否有击打动作分为击打式打印机和非击打式打印机；按打印字符结构分为全形字打印机和点阵字符打印机；按一行字在纸上形成的方式分为串式打印机和行式打印机；按所采用的技术分为针式、柱形、球形、喷墨式、热敏式、激光式、静电式、磁式、发光二极管式等打印机。

针式打印机打印的字符和图形是以点阵的形式构成的。它的打印头由若干根打印针和驱动电磁铁组成。打印时使相应的针头接触色带击打纸面来完成。目前使用较多的是 24 针打印机。针式打印机的主要特点是价格便宜、使用方便，但打印速度较慢、噪音大。

激光打印机（如图 1-31 所示）是激光技术和电子照相技术的复合产物。激光打印机的技术来源于复印机，但复印机的光源是用灯光，而激光打印机用的是激光。由于激光光束能聚焦成很细的光点，因此激光打印机能输出分辨率很高且色彩很好的图形。激光打印机正以速度快、分辨率高、无噪音等优势逐步进入微机外设市场，但价格稍高。

喷墨打印机（如图 1-32 所示）是直接将墨水喷到纸上来实现打印。喷墨打印机价格低廉、打印效果较好，很受用户欢迎，但喷墨打印机使用的纸张要求较高，墨盒消耗较快。

图 1-31　激光打印机　　　　　　　图 1-32　喷墨打印机

（3）绘图仪。绘图仪是能按照人们的要求自动绘制图形的设备。它可将计算机的输出信息以图形的形式输出，主要可绘制各种管理图表、统计图、大地测量图、建筑设计图、电路布线图、各种机械图、计算机辅助设计图等。最常用的是 X-Y 绘图仪。现代的绘图仪已具有智能化的功能，它自身带有微处理器，可以使用绘图命令，具有直线和字符演算处理以及自检测等功能。绘图仪一般还可选配多种与计算机连接的标准接口。绘图仪外形如图 1-33 所示。

（4）音箱。音箱是将音频信号还原成声音信号的一种装置，包括箱体、喇叭单元、分频器、吸音材料 4 部分。按照发声原理及内部结构不同，音箱可分为倒相式、密闭式、平板式、号角式、迷宫式等几种类型，其中最主要的形式是密闭式和倒相式。音箱外形如图 1-34 所示。

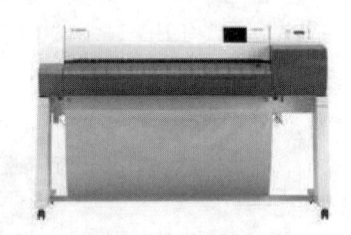

图 1-33　绘图仪

图 1-34　音箱外形图

1.4.2　微型计算机的软件配置

微型计算机可配置的软件种类丰富。操作系统是必备的软件，目前最普遍使用的是微软公司推出的 Windows 操作系统。办公自动化是微型计算机一项最基础的应用，办公自动化软件中使用最普遍的是微软公司的 Microsoft Office 套件。同时，为了针对用户不同的学习、工作、娱乐的需要，微型机上还可以安装各类专门性软件。

除此之外，为了更方便、更快捷地操作计算机，充分发挥计算机的功能，往往要用到另外一类软件——工具软件。工具软件种类繁多，很多工具软件的功能和操作都很类似，实现同一种功能的软件可能就有几十种。按照用途一般可分为文本工具类、图形图像工具类、多媒体工具类、压缩工具类、磁盘光盘工具类、网络应用工具类、系统安全工具类、翻译汉化工具类、系统工具类等。这些工具软件一般体积较小，功能相对单一，且多数为共享软件和免费软件，可在一些官方网站或普通网站上下载。

本章小结

　　本章主要介绍了计算机的产生、发展及应用，重点阐述了计算机中信息的表示方法，另外还介绍了计算机系统的组成。

　　自第一台计算机 ENIAC 问世以来，计算机的发展经历了从电子管计算机时代、晶体管计算机时代、集成电路计算机时代、超大规模集成电路计算机时代到智能计算机时代共 5 个阶段。

　　计算机中常用的数由二进制、八进制、十进制和十六进制来表示，其中十进制数转换成 R 进制数采用的方法是"除 R 取整"，R 进制数转换成十进制数的方法是"按权位展开"。

　　ASCII 码是在计算机系统中使用得最广泛的信息编码，在我国，汉字编码主要是采用 GB 国标码。

　　计算机系统由硬件系统和软件系统两部分组成，其中软件系统又分系统软件和应用软件两大部分，硬件系统则由运算器、控制器、存储器、输入设备和输出设备五大部分组成。

第 2 章　软件技术基础

学习目标

- 了解操作系统的基本概念和基本功能。
- 掌握算法的基本概念。
- 掌握基本数据结构及其操作。
- 掌握基本排序和查找算法。
- 掌握逐步求精的结构化程序设计方法。
- 掌握软件工程的基本方法，具有初步应用相关技术进行软件开发的能力。
- 掌握数据的基本知识，了解关系数据库的设计。

软件技术就是研究软件工程的技术实现问题，而软件的实现需要把软件设计的结果转换成用某种程序设计语言编写的源代码。由此可见，作为一个软件工程师，不仅要掌握编写软件源代码的程序设计语言，还要全面掌握软件技术知识。

本章介绍软件技术的四大内容：操作系统、数据结构、软件工程和数据库系统。

2.1　操作系统

操作系统是计算机系统中最重要最基本的系统软件，任何其他软件都必须在操作系统的支持下才能运行。

2.1.1　操作系统的概念和基本特征

1. 操作系统的概念

操作系统（Operating System，OS）是计算机系统的核心，它负责控制和管理整个计算机系统的软硬件资源，使计算机系统的所有资源最大限度地发挥作用，并为用户提供一个方便、灵活、安全、可靠的人机交互工作环境。

2. 操作系统的基本特征

现代操作系统普遍采用多道程序设计技术，所谓多道程序设计技术是指为了提高计算机软硬件资源的利用率，允许在内存中同时安排多个作业（用户软件程序），各个作业共享系统资源，以并发的方式各自向前推进。由于多道程序共存于内存且交替执行，有的程序正在计算，有的程序正在输入输出，于是 CPU 利用率、I/O 设备利用率、内存利用率都大大提高。

多道程序设计技术的引入使得操作系统具有如下基本特征：

（1）并发性（concurrence）。并发性是指两个或两个以上的事件或活动在同一时间间隔内发生。操作系统是一个并发系统，并发性是它的重要特征，操作系统的并发性指它应该具有处理和调度多个程序同时执行的能力。多个 I/O 设备同时在输入输出；设备 I/O 和 CPU 计算同时进行；内存中同时有多个系统和用户程序被启动交替、穿插地执行，这些都是并发性的例子。发挥并发性能够消除计算机系统中部件和部件之间的相互等待，有效地改善系统资源的利用率，改进系统的吞吐率，提高系统效率。

（2）共享性（sharing）。共享性是操作系统的另一个重要特性。共享是指操作系统中的资源（包括硬件资源和信息资源）可被多个并发执行的进程共同使用，而不是被一个进程所独占。根据资源的属性不同，共享分为：

- 互斥共享：一段时间只允许一个用户使用的资源，如打印机。
- 并发访问：一段时间内可由多个进程同时使用某个资源。

共享性和并发性是操作系统的两个最基本特性，它们互为依存。一方面，资源的共享是因为程序的并发执行而引起的，若系统不允许程序并发执行，自然也就不存在资源共享问题。另一方面，若系统不能对资源共享实施有效管理，必然会影响到程序的并发执行，甚至程序无法并发执行，操作系统也就失去了并发性，导致整个系统效率低下。

（3）虚拟性（virtual）。虚拟性是指操作系统中的一种管理技术，它是把物理上的一个实体变成逻辑上的多个对应物，或把物理上的多个实体变成逻辑上的一个对应物的技术。例如 CPU 分时系统的时间片、一个物理硬盘通过分区划分为多个逻辑硬盘等。操作系统的作用就是对用户屏蔽物理细节，而提供给用户一个简洁、易用的逻辑接口。

（4）异步性（asynchronism）。异步性也称随机性。在多道程序设计环境下，由于各用户程序（进程）各自独立地向前推进，而对系统软硬件资源的争夺、对 CPU 的争用导致各程序的执行顺序和每个程序的执行时间都是不确定的。

2.1.2 流行操作系统简介

1. DOS 操作系统

DOS 的全称是磁盘操作系统（Disk Operating System），是一种单用户、普及型微机操作系统，主要用于以 Intel 公司的 86 系列芯片为 CPU 的微机及其兼容机，曾经风靡了整个 80 年代。

DOS 由 IBM 公司和 Microsoft 公司开发，包括 PC-DOS 和 MS-DOS 两个系列。20 世纪 80 年代初，IBM 公司决定涉足 PC 机市场，并推出 IBM-PC 个人计算机。1980 年 11 月，IBM 公司和 Microsoft 公司正式签约委托 Microsoft 为其即将推出的 IBM-PC 机开发一个操作系统，这就是 PC-DOS，又称 IBM-DOS。1981 年，Microsoft 推出了 MS-DOS 1.0 版，两者的功能基本一致，统称 DOS。DOS 1.0 版于 1981 年随 IBM PC 微型机一起推出，此后的十多年里，随着微机的发展，DOS 也不断更新改进，直到 1994 年推出了最后的版本 DOS 6.22。

2. Windows 操作系统

Windows 操作系统是 Microsoft 公司在 1985 年 11 月发布的第一代窗口式多任务系统，它使 PC 机开始进入了图形用户界面（GUI）时代。1987 年底，Microsoft 公司又推出了 MS Windows 2.x 版，整台计算机的性能有了较大提高，此外它还提供了众多的应用程序。1990 年，Microsoft 公司推出了 Windows 3.0 版，它的功能进一步加强，而且提供了数量相当多的 Windows 应用软件。随后，Windows 发表了 3.1 版，而且推出了相应的中文版。1995 年，Microsoft 公司推出了 Windows 95。在此之前的 Windows 都是由 DOS 引导的，也就是说它们还不是一个完全独立的系统，而 Windows 95 是一个完全独立的系统，并在很多方面做了进一步改进，还集成了网络功能和即插即用功能，是一个全新的 32 位操作系统。1998 年，Microsoft 公司推出了 Windows 95 的改进版 Windows 98，Windows 98 的一个最大的特点就是把微软的 Internet 浏览器技术整合到了操作系统中，使访问 Internet 资源就像访问本地硬盘一样方便，从而更好地满足了人们越来越多的访问 Internet 资源的需要。在 Windows 98 之后微软公司又推出了 Windows 2000，Windows 2000 分为专业和服务器两个版本。Windows XP 在 2001 年 10 月 25 日发布，2004 年 8 月 24 日发布最新的升级包 Windows XP Service Pack 2。微软的 Windows Vista 于 2007 年 1 月 30 日发售。Windows Vista 增加了许多功能，尤其是系统的安全性和网络管理功能。2009 年 10 月 22 日，微软公司推出了 Windows 7 操作系统。

3. UNIX 操作系统

UNIX 操作系统是一个通用的交互型分时操作系统。它最早由美国电报电话公司贝尔实验室的 Kenneth Lane Thompson 和 Dennis MacAlistair Ritchie 于 1969 年在 DEC 公司的小型系列机 PDP-7 上开发成功，1971 年被移植到 PDP-11 上。1973 年 Ritchie 在 BCPL（Basic Combined Programming Language，M.Richard 于 1969 年开发）语言基础上开发出 C 语言，这对 UNIX 的发展产生了重要作用，用 C 语言改写后的第 3 版 UNIX 具有高度易读性、可移植性，为迅速推广和普及走出了决定性的一步。70 年代中后期 UNIX 源代码的免费扩散引起了很多大学、研究所和公司的兴趣，大众的参与对 UNIX 的改进、完善、传播和普及发挥了重要作用。

UNIX 取得成功的最重要原因是系统的开放性，公开源代码，用户可以方便地向 UNIX 系统中逐步添加新功能和工具，这样可使 UINX 越来越完善，能提供更多服务，成为有效的程序开发支撑平台。它是目前唯一可以安装和运行在从微型机、工作站直到大型机和巨型机上的操作系统。

4. 自由软件和 Linux 操作系统

自由软件（Free Software 或 Freeware）是指遵循通用公共许可证（General Public License，GPL）规则，保证您有使用上的自由和获得源程序并自己修改的自由，有复制和推广的自由，也可以有收费的自由的一种软件。自由软件之父 Richard Stallman 先生将自由软件划分为若干等级：自由之 0 级是指对软件的自由使用；自由之 1 级是指对软件的自由修改；自由之 2 级是指对软件的自由获利。

Linux 属于自由软件，是由芬兰籍科学家 Linus Torvalds 于 1991 年编写完成的一个操作系统内核，当时他还是芬兰首都赫尔辛基大学计算机系的学生，在学习操作系统课程中，自己动手编写了一个操作系统原型，从此，一个新的操作系统诞生了。Linus 把这个系统放在 Internet 上，允许自由下载，许多人对这个系统进行了改进、扩充、完善，做出了关键性贡献。Linux 由最初一个人写的原型变化成在 Internet 上由无数志同道合的程序高手们参与的一场运动。

1998 年，Linux 已在构建 Internet 服务器上超越了 Windows NT。许多计算机大公司如 IBM、Intel、Oracle、Sun、Compaq 等都大力支持 Linux 操作系统，各种成名软件纷纷移植到 Linux 平台上，运行在 Linux 下的应用软件越来越多，Linux 的中文版也已开发出来，Linux 已经开始在中国流行，同时也为发展我国的自主操作系统提供了良好条件。

2.1.3 操作系统的分类

按用户使用的操作环境和功能特征的不同，操作系统大致可分为 7 种类型，下面就来详细介绍。

1. 简单操作系统（Single User OS）

它是计算机初期所配置的操作系统，如 IBM 公司的磁盘操作系统 DOS 和微型计算机的操作系统 CP/M 等。这类操作系统的主要功能是操作命令的执行、文件服务、支持高级程序设计语言编译程序和控制外部设备等。

2. 批处理操作系统（Multi-Batch Processing OS）

批处理是指用户将需要执行的多个程序、数据和作业说明一起送到计算机中，由操作系统对各个作业的运行进行调度，当一个作业由于等待输入输出操作而让处理机出现空闲时，系统自动进行切换，处理另一个作业。因此它提高了资源利用率。

3. 分时操作系统（Time Shared OS）

多个用户对系统的资源进行时间上的分享，具体实现是将 CPU 的时间划分成一个一个的时间片，按某种策略分配给各个用户的进程使用，每个用户都像独占了 CPU 一样。分时操作系统具有以下特点：

- 多路性：同时响应多个终端用户的服务请求。
- 交互性：各终端用户可以通过终端、键盘、鼠标等输入输出设备与系统交互，控制作业的运行，得到系统的服务。
- 独立性：用户各自独立地使用计算机。

4. 实时操作系统（Real Time OS）

系统能及时响应随机发生的外部事件，并能在最短的时间内完成对事件的处理。实时操作系统具有以下特点：

- 及时响应：实时任务必须在指定的时限内响应或完成。
- 交互功能：实时系统要求满足用户的实时交互要求。
- 高可靠性：实时系统往往用于工业、国防等对实时性要求高的场合，如温度控制、卫星发射等。因此，系统的高可靠性远比系统性能更重要。

5. 网络操作系统（Network OS）

计算机网络是将地理上分布的各数据处理系统或计算机系统互联，实现资源共享、信息交换和协作完成任务。网络操作系统是管理计算机网络，为用户提供网络资源共享、系统安全及多种网络应用服务的操作系统。网络操作系统的基本特点是处理上的分布，也就是功能和任务上的分布以及系统管理的分布。网络对用户是不透明的，用户能够感知并选择访问其中某结点上的资源。

6. 分布式操作系统（Distributed OS）

分布式计算机系统的资源分布于系统的不同计算机上，能并行地处理用户的各种需求，有较强的容错能力。分布式系统要求一个统一的操作系统，以实现系统操作的统一性，其基本特点是处理上的分布，也就是功能和任务上的分布及系统管理的统一。分布式系统对用户是透明的，用户面对的是一个统一的操作系统，他无法也不必知道系统的内部实现。

7. 嵌入式操作系统（Embedded Operation System，EOS）

嵌入式操作系统是一种实时的支持嵌入式系统应用的操作系统，它负责嵌入系统的全部软硬件资源的分配、调度和控制。嵌入式操作系统在系统实时高效性、硬件的相关依赖性、软件固态化、应用的专用性等方面具有较为突出的特点，在通信、汽车、仪表、航空、军事、电子产品等领域都可以看到嵌入式系统的应用。例如，家用电器产品中的智能功能、智能手机等就是嵌入式系统的应用。常见的嵌入式操作系统有：嵌入式 Linux、Windows CE、Windows XP Embedded 等。

2.1.4 操作系统的功能

操作系统的主要功能是处理机管理、存储管理、文件系统管理、设备管理和作业管理。

1. 处理机管理

中央处理器（Central Processing Unit，CPU）是计算机系统中最重要的硬件资源，其处理信息的速度要比存储器的存取速度和外部设备的工作速度快得多，只有协调好它们之间的关系才能充分发挥 CPU 的作用。操作系统可以使 CPU 按预先规定的优先顺序和管理原则轮流地为外部设备和用户服务，或在同一段时间内并行地处理多项任务，以达到资源共享，从而使计算机系统的工作效率得到最大的发挥。

在一个允许多道程序同时执行的系统里，操作系统会根据一定的策略将处理器交替地分配给系统内等待运行的程序。一道等待运行的程序只有在获得了处理器后才能运行。一道程序在运行中若遇到某个事件，例如启动外部设备而暂时不能继续运行下去，或一个外部事件的发生等，操作系统就要来处理相应的事件，然后将处理器重新分配。

为了描述和管理多道程序设计环境下的各并发程序，引入了进程的概念。进程，是操作系统中资源分配的基本单位，也是系统调度的基本单位。进程与程序相比，有建立、调度、撤消的过程，称为进程生命期，是一个动态的概念。

（1）进程的概念。

进程是可并发执行的程序在给定数据集合上的一次执行过程，是系统进行资源分配和调度的一个独立的基本单位和实体，是指执行一个映像程序的总环境。

（2）进程的特征。

- 动态性：进程是程序执行的一次动态过程，具有生命期。一个进程要经历创建、调度、撤消三个过程。
- 并发性：使程序能与其他程序并发执行，这是引入进程的目的。
- 独立性：进程是系统分配资源、独立运行的基本单位，各进程间相互独立。
- 异步性：各进程各自独立地、按不可预知的速度向前推进。

（3）进程结构。

进程由进程控制块（PCB）、程序、数据集合三部分组成。进程控制块是系统感知、管理和调度进程的唯一依据。

（4）进程的三种基本状态及相互转换。

由于各进程轮流占用 CPU 运行，且运行过程中由于对资源的争夺、等待外部 I/O 操作的完成等，使得进程在不同的时刻可能处于不同的状态：就绪状态、执行状态、阻塞状态。

基本状态是指进程的当前行为。进程具有三种基本状态，并可以在一定的条件下相互转换。图 2-1 所示是进程三种基本状态的转换示意图。

- 就绪状态：进程已获得除 CPU 以外的所有资源。系统中处于就绪的进程可以有多个，往往以链表形式构成就绪队列，等待 CPU 调度。
- 执行状态：正执行，即当前进程独占 CPU，正执行其所属程序。
- 阻塞状态：又称为等待状态，指进程等待某个事件的发生而暂时不能运行的状态。例如，两个进程同时申请某个资源，则未占用该资源的进程处于等待状态，必须待该资源被释放后才可使用，或者某进程等待 I/O 外部设备读入数据等。

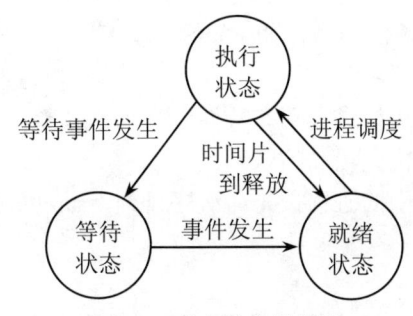

图 2-1　进程状态转换图

设计算机系统中有 N 个进程，则在就绪队列中进程的个数至多为 N–1 个。

当一个进程已具备运行条件时，就进入就绪队列中等待系统调度；一旦被处理机调度就进入执行状态；一个正在执行的进程可能因分配给它的时间片用完，或需要申请新的系统资源（如需等待用户击键），而被剥夺对 CPU 的占用，就会由执行状态转为阻塞状态。三种基本状态的转换由操作系统的进程调度完成。

（5）进程调度。

进程调度又称为处理机调度。在多道程序系统中，有多个进程争夺处理机。进程调度的任务是协调和控制各进程对 CPU 的使用，它直接影响 CPU 利用率及系统性能。

在下列情况下会出现进程调度：

- 正在执行的进程已运行完毕。
- 正在进行的进程由于等待某种条件的发生（如 I/O 请求）。
- 分时系统执行进程的时间片已用完。
- 就绪队列中出现高优先级的进程申请使用 CPU 等。

1）进程调度的方式。

- 剥夺方式：有高优先级的进程出现立即剥夺正在执行的进程，将 CPU 转让给高优先级的进程。
- 非剥夺方式：一旦把 CPU 分配给某个进程，该进程将一直占有 CPU，直到时间片到或进程进入等待状态时才让出 CPU。

2）进程调度的算法。

进程调度算法主要考虑两个重点指标：一是周转时间，即进程第一次进入就绪队列到进程执行完毕的时间；二是响应时间，也就是从提交请求到计算机做出响应的时间间隔。

- 先来先服务（FCFS）调度算法：就绪进程按先后次序排成队列，按先来先服务的方式调度，是一种非剥夺式调度算法，容易实现，但是服务质量差、等待时间长、周转时间长。
- 最短 CPU 运算期优先算法（SCBF）：最先调度 CPU 处理时间短的进程。
- 时间片轮转算法（RR）：主要用于分时系统，按公平服务原则将 CPU 时间划分为一个个时间片，一个进程被调度后执行一个时间片，当时间片用完后强迫让出 CPU 而排到就绪队列的末尾，等待下一次调度。
- 最高优先级算法（HPF）：该算法的核心是确定进程的优先级，即进程调度每次都将 CPU 分配给就绪队列中具有最高优先级的进程，这在多道程序系统中被广泛采用。
- 多级队列反馈法：是一种综合的调度算法，基本做法是：
  ➢ 先按优先级分别设置 N 个就绪队列。高优先级队列时间片短，低优先级队列时间片长，以满足不同类型作业（如终端交互命令需要高响应度、长时间运算需要长时间片）的需要。
- 各个进程的优先级按进程动态特性进行动态调整，并调整所在优先级队列。
- 系统总是先调度优先级高的队列。
- 同一优先级队列中的进程按先后次序排列，一般以时间片或先来先服务算法进行调度。

（6）进程通信机制。

并发执行的进程需要进行信息交换，以便协调一致地完成指定的任务，这种联系是通过交换一定数量的信息来实现的。它分为：
- 低级通信方式：传递控制信息（如进程同步、互斥）。
- 高级通信方式：大批量数据的交换。

1）临界资源。

系统中有些资源可以供多个进程同时使用，而有些资源则一次只允许一个进程使用，我们把一次只允许一个进程使用的资源称为临界资源。很多物理设备如打印机、磁带机等都属于临界资源。

并不只是硬件资源才可以成为临界资源。多个协作进程之间共享的栈、数据区、公共变量等同样可以成为互斥访问的临界资源。

2）同步。

若干进程为完成一个共同任务而相互合作，一个进程会由于等待另一进程的某个事件而阻塞自己，直到其他协调进程给出协调信号后方被唤醒而继续执行。在同步方式下，进程间交换的是少量的控制信息。

3）互斥。

互斥是指进程间争夺独占资源。当一个进程获得某独占资源（如 CPU、I/O 设备等）后，其他申请该资源的进程必须等待，直到独占该资源的进程释放该资源为止。

实现上述同步、互斥、通信关系的机制就叫做进程通信机制。

4）同步机制应遵循的准则。

为能既避免竞争，又保证并发进程执行的正确有效，同步机制应遵循以下四个原则：
- 空闲让进：临界区中没有进程时，应允许申请进入临界区的进程进入。
- 忙则等待：临界区中只能有进程，只要临界区中有进程，其他进程不能进入。
- 有限等待：申请进入临界区的进程经过有限时间的等待总能够进入临界区。
- 让权等待：临界区外的进程不得阻塞其他进程进入临界区。

5）常用的同步互斥方式。
- 信号量机制：这是第一个成功的进程同步与互斥机制。信号量是表示资源的物理量，其值只能由 P、V 操作（增加、减少操作）改变；根据用途的不同，又分为公用信号量和私有信号量。公用信号量一般用于互斥，私有信号量一般用于同步。按值的不同，又分为整型信号量和信号量集。整型信号量的值可以为 0，表示已无可用资源；可以为正值，表示可以使用的资源数量；也可以为负值，表示有一个或多个因等待该资源而被阻塞的进程。
- 管程：系统中的资源被用数据抽象地表示出来，代表共享资源的数据及在其上操作的一组过程就构成了管程。管程机制将用户从复杂的 P、V 操作中解放出来，而交由高级语言编译程序完成，实现了临界区互斥的自动化。但支持管程的高级语言不多，限制了它的使用。

6）高级通信。

常用的通信方式有以下3种：

- 消息缓冲区通信：又称为直接通信，是利用内存公共信息缓冲区来实现信息网的信息交换，它每次传递的信息有限。
- 管道通信：利用管道文件进行数据通信，管道的读写操作必须同步和互斥，以保证通信的正确性，具有传输数据量大，但通信速度慢等特点。
- 信箱通信：以传递、接收、回答信件为通信的基本方式，即发送进程中建立一个与接收进程相连接的邮箱。发送进程把消息送进邮箱，接收进程从邮箱中取出消息，从而完成进程网信息交换。发送和接收没有处理时间上的限制。

（7）死锁。

死锁的定义是：若干进程彼此互相等待对方所拥有且不放弃的资源，结果谁也无法控制继续进行下去所需要的全部资源而永远等待下去的现象。死锁对计算机正常运行危害极大，但死锁是随机的、不可避免的现象。对付死锁的方法有3种：死锁预防、死锁避免、死锁的检测解除。

1）产生死锁的原因。

- 争夺共享资源而引起的死锁。
- 进程推进顺序不当而引起的死锁。

2）产生死锁的必要条件。

死锁产生的根本原因是共享资源。死锁的产生有4个必要条件：

- 互斥条件（即独占）：进程对资源的占用是独占方式的，其他进程若想申请被其他进程占用的资源，必须等待占用者自行释放资源。
- 不剥夺条件：在进程未使用完之前，始终不放弃对资源的占有。
- 环路条件：进程A等待进程B释放资源X←→进程B等待进程C释放资源Y←→进程C等待进程A释放资源Z。三个进程相互等待，形成环路，谁都无法获得资源并运行。
- 部分分配条件：进程申请新资源的同时仍继续占有已分配给它的资源。

3）死锁的预防。

只要破坏了死锁的4个必要条件之一，就可以有效地预防死锁。例如，采用资源的静态预分配策略，破坏部分分配条件；允许进程剥夺使用其他进程占有的资源，破坏不剥夺条件；采用资源顺序（线性）使用法，破坏环路条件等。

4）死锁的避免。

在进程申请系统资源时，系统按某种算法判断分配后系统是否安全，也就是保证是否存在一个资源分配序列，当按此序列分配时，各进程能依次执行完毕并释放资源。若安全则分配，否则不予分配。一种避免死锁的典型算法是银行家算法。

5）死锁的检测和解除。

系统定时运行死锁的检测程序，判断系统是否已出现死锁，称为死锁检测。

解除死锁的方法有撤消进程法和资源剥夺法。即强行将死锁的进程撤消，或强行剥夺死锁进程的资源，以打破僵持，使系统能够继续运转下去。

2. 存储器管理

存储器管理就是根据用户程序的要求为用户分配主存储区域。当多个程序共享有限的内存资源时，操作系统就按某种分配原则为每个程序分配内存空间，使各用户的程序和数据彼此隔离，互不干扰及破坏；当某个用户程序工作结束时，要及时收回它所占的主存区域，以便再装入其他程序。另外，操作系统利用虚拟内存技术把内外存结合起来，共同管理。

- 内存分配：为实现多道程序共享内存而进行的内存的动态分配、动态回收，包含管理内存分配表、制定分配策略、确定内存区域的划分方式等。
- 内存空间共享：包括共享内存资源和共享内存区域信息。
- 存储保护：为了避免内存中多道程序之间的相互干扰，必须对内存中的程序、数据和信息进行保护。
- 地址映射：在多道程序系统中程序装入内存前通常为逻辑地址，编址从 0 开始。为保证程序的执行，操作系统需要为它分配一个合适的存储空间，并将程序执行时要访问的地址空间中的逻辑地址变换成内存空间中对应的实际物理地址。这种地址的转换过程称为地址映射或重定位。
- 内存扩充：利用外存空间来逻辑扩充内存，也就是把暂时不用的程序、数据调至外存的某特定区域。这个区域被作为系统的逻辑内存使用。

内存管理技术有两个重要因素：一个是进程是否在内存中连续装入，另一个是是否必须将整个进程完整装入。由此形成了不同的存储管理技术。

（1）要求进程完整装入内存的情况。

- 内存连续分配下的管理技术有：固定分区管理、可变分区管理。
- 内存不连续分配下的管理技术有：分页管理、分段管理、段页式管理等。

（2）虚拟存储器技术。

- 虚拟页式（请求页式）管理。
- 虚拟段式（请求段式）管理。
- 虚拟段页式管理。

在虚拟存储技术下，由于是部分不连续装入内存，所以进程地址空间可以远远大于实际的物理地址空间，每个进程只需要很少的页面（或段）即可正常执行。

3. 设备管理

设备管理负责管理计算机系统中除中央处理器和主存储器以外的其他硬件资源，是系统中最具有多样性和变化性的部分，也是系统的重要资源。操作系统对设备的管理主要体现在两个方面：一方面它提供了用户与外设的接口，用户只需通过键盘命令或程序向操作系统提出申请，则操作系统中的设备管理程序实现外部设备的分配、启动、回收和故障处理；另一方面，为了提高设备的效率和利用率，操作系统还采取了缓冲技术和虚拟设备技术，尽可能使外设与处理器并行工作，以解决快速 CPU 与慢速外设的矛盾。

（1）设备分类。

按工作特性，设备可分为输入输出设备和存储设备两类。

从资源分配的角度可将设备分为：

- 独占设备：如打印机、终端等。一个作业用完后，另一个才可以使用。
- 共享设备：允许多个作业同时使用的设备，如磁盘等。
- 虚拟设备：用虚拟设备管理技术，如 SPOOLing（Simultaneous Periphery Operations On Line，外围设备同时联机操作），把独占设备变为逻辑上的共享设备，以提高设备利用率。

（2）设备组成。设备包括机械部分的设备本身和设备控制器。计算机通过设备控制器控制设备完成输入输出操作。

（3）设备管理的任务。
- 向用户提供使用外设的方便接口。
- 充分发挥设备的效率，提高 CPU 与设备之间、设备与设备之间的并行工作程度。

（4）数据传送控制方式。设备与 CPU 间数据传送的常用方式有中断控制方式、DMA 方式和通道方式 3 种。

（5）缓冲技术。为了解决外设与 CPU 速度的匹配问题，减少中断次数和 CPU 的中断处理时间，引入了暂存数据的缓冲技术。其基本思想是：在内存中开辟一个或多个专用的区域，作为 CPU 与 I/O 设备之间信息传输的集散地。

按划分数量的多少，缓冲区可以分为单缓冲区、双缓冲区、多缓冲区和缓冲池几种。

（6）SPOOLing 技术。SPOOLing 技术是一个资源转换技术，将独占设备改造成共享设备。方法是：在磁盘中设置输入输出缓冲区（分别称为输入井、输出井），用一个系统进程模拟输入管理机，一个系统进程模拟输出管理机。例如，进程打印数据是将进程输出的数据快速放入输出井中，然后进程可以去做其他的事情；当输出管理进程等打印设备空闲时，再从输出井慢速传送到打印机中。由此实现了高速 CPU 与低速打印机之间的并行工作，提高了 I/O 系统效能。

（7）设备分配的方式。设备分配分为：静态分配和动态分配。
- 静态分配：在进程执行之初就分配，一直不变，直到进程结束才归还。这种方案简单、安全，但低效。
- 动态分配：在进程执行中，根据进程需要动态申请和分配资源，动态归还。这种方案设备利用率高，但如果分配不当可能导致死锁。

（8）设备独立性。用户在使用设备时，使用的是一个简洁、方便的逻辑设备接口，而不涉及物理设备细节。操作系统的设备管理功能提供从逻辑设备到具体物理设备的映射，这就是设备独立性。

设备独立性使得设备管理具有更好的适应性，用户程序的升级、扩充等不受影响。

（9）设备管理的相关软件。设备管理软件按层次划分如下：

1）设备无关层。
- 用户 I/O 程序：一般体现为库函数、库例程。
- 设备无关软件：如缓冲区管理、逻辑设备到物理设备的映射等。

2）设备相关层。
- 设备驱动程序：主要负责接收和分析从设备分配转来的信息，并根据设备分配的结果结合具体物理设备特性启动设备，完成具体的输入输出工作。
- I/O 中断处理程序：当设备完成输入输出任务后，一般通过中断通知操作系统，I/O 中断处理程序就是处理来自设备的中断，启动相关的设备驱动程序。

4. 文件管理

（1）文件系统。文件系统是指操作系统中负责管理和存放文件信息的软件机构，它向用户提供了一种简便、统一的存取和管理信息的方法。文件系统的功能包括：
- 文件存储空间（外存）的管理。
- 文件名到文件存储空间的映射，实现文件"按名存取"。
- 实现对文件的各种操作。
- 支持文件的共享。

- 提供文件的保护与保密措施。

可以从两个角度看待文件组织：从用户角度看文件的逻辑结构，可分成无结构的流式文件和有结构的记录式文件，对文件的存取分为顺序存取和随机存取；从实现的角度看，文件的物理结构可分为连续文件、链接文件和索引文件，后二者都可非连续存放。

（2）文件目录。文件目录是文件系统的关键数据结构，是由文件说明索引组成的用于文件检索的特殊文件。每个项目是一个文件控制块（FCB），它记录了文件说明和控制信息。文件目录分为：

- 一级目录：整个目录组织是一个线性结构，系统中的所有文件都建立在一张目录表中。它主要用于单用户操作系统。
- 二级目录：在根目录下，每个用户对应一个目录（第二级目录）；在用户目录下是该用户的文件，而不再有下级目录。它适用于多用户系统，各用户可有自己的专用目录。
- 多级目录：也称为树状目录（Tree-like）。在文件数目较多时，便于系统和用户将文件分散管理，适用于较大的文件系统管理。目录级别太多时会增加路径检索时间。

文件存储空间的管理是实现连续空间或非连续空间的分配，常用的管理方法有：位示图、空闲文件目录表和空闲块链接法。

（3）文件共享与保护。文件访问权限按访问类型可分为：读（Read）、写（Write）、执行（Execute）和删除（Delete）等。文件的共享与文件的保护保密是同一个问题的两个方面，实质上是有条件的共享。

5. 作业管理

作业管理的任务是为用户提供一个使用系统的良好环境，使用户能有效地组织自己的工作流程。用户要求计算机处理某项工作称为一个作业，一个作业包括程序、数据、解题的控制步骤。用户一方面使用作业管理提供的"作业控制语言"来书写自己控制作业执行的操作说明书；另一方面使用作业管理提供的"命令语言"与计算机资源进行交互活动，请求系统服务。

（1）作业的概念。

作业，即用户在计算机系统中完成一个任务的过程。一个作业由 3 部分组成，即程序、数据、作业说明书。其中，作业说明书体现了用户对作业的控制意图。

一个作业从进入系统到退出系统一般要经过提交、后备、执行、完成这 4 个状态。其状态及转换如图 2-2 所示。

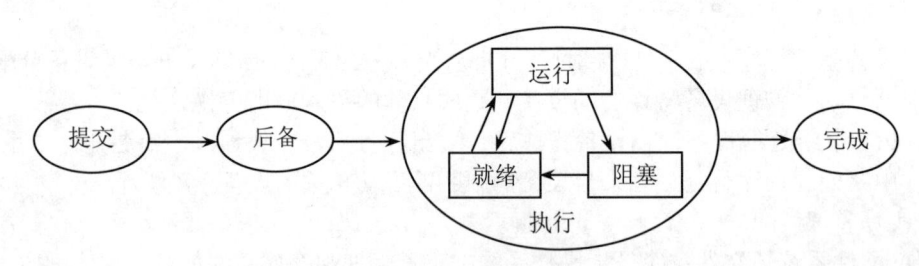

图 2-2　作业状态转换图

- 提交状态：一个作业通过用户由输入设备进入输入系统的过程，称为提交状态。
- 后备状态：作业提交后，由系统为该作业建立作业控制块（Job Control Block，JCB），并把它插入后备作业队列中，等待作业调度程序的调度。
- 执行状态：后备状态的作业被作业调度选中，并且分配了必要的资源，由作业调度程序建立相应的进程,这一状态称为执行状态。
- 完成状态:当作业执行结束后,进入作业完成状态。此时,由作业调度程序对该作业进行善后处理,主要表现为撤消作业的作业控制块,并回收此作业占用的系统资源,最后将作业的结果输出到外设之中。

(2)作业调度的概念。

作业调度就是按一定的算法从后备队列中选择一个作业送入内存执行,并在作业完成后处理善后工作的过程。

作业调度程序的功能如下:
- 记录进入系统的各个作业情况,作业一旦进入系统,系统即为该作业分配作业控制块JCB。
- 按规定的调度策略从后备作业中挑选一些作业投入运行。
- 为选中的作业做执行准备。作业从后备状态进入执行状态,需要建立相应的进程,分配进程所需的内存资源、外设资源,这些都交给调度程序。
- 善后工作处理。当作业因某种原因退出或执行完毕后,作业调度程序回收作业原先占用的资源,撤消进程及JCB,并输出结果。

(3)作业调度的基本算法。
- 先来先服务(FCFS)算法:先来先服务作业调度算法是一种较简单的作业调度算法,即每次调度是从后备作业队列中选择一个最先进入该队列的作业,将它调入内存,分配资源、创建相应的进程,放入进程就绪队列准备运行。FCFS算法利于长作业,不利于短作业。
- 短作业优先调度算法(SJF):短作业优先调度算法是指操作系统在进行作业调度时以作业长短作为优先级进行调度。该调度算法可以照顾到实际上占作业总数绝大部分的短作业,使它们能比长作业优先调度执行。这时后备作业队列按作业优先级由高到低顺序排列,当作业进入后备队列时要按该作业优先级放置到后备队列相应的位置。实践证明,该调度算法的性能是最好的,单位时间的作业吞吐量最大,但也存在缺点,即对长作业极为不利。
- 响应比高者优先调度算法:响应比= (作业等待时间+作业执行时间)/作业执行时间,响应比优先即算出的响应比最高的先执行。

(4)用户接口。

操作系统为用户提供了两个接口:
- 各种命令接口:用户利用这些操作命令来组织和控制作业的执行或管理计算机系统。
- 系统调用:编程人员使用系统调用来请求操作系统提供服务,例如申请和释放资源、控制程序的执行过程。

2.2 数据结构

在计算机的系统软件和应用软件中都要用到各种数据结构,因此要进行高质量的程序设计和软件开发,仅掌握几种计算机语言而缺乏数据结构方面的知识是不行的,难以应付各种复杂的问题。

现实世界的事物及其相互关系是十分复杂的,数据元素之间的相互关系往往无法用数学方程式来描述。因此,解决此类问题的关键已不再是数学分析和计算方法,更重要的是设计出合适的数据结构，才能有效地解决问题。为了能够用计算机分析、解决各种各样的问题，就必须研究客观事物以及它们的逻辑联系在计算机内的表达、存储的模型，研究建立在这个模型之上的相应运算、处理的实现。

2.2.1　数据结构概述

数据是描述客观事物并能为计算机加工处理的符号的集合。数据元素是数据的基本单位，即数据集合中的个体。有些情况下也把数据元素称为结点、记录等。一个数据元素可由一个或多个数据项组成。数据项是有独立含义的数据最小单位，有时也把数据项称为域、字段等。

数据结构（Data Structure）是指数据元素的组织形式和相互关系，一般包括以下三方面的内容：

（1）数据的逻辑结构。

数据的逻辑结构从逻辑上抽象地反映数据元素间的结构关系，它与数据在计算机中的存储表示方式无关。因此，数据的逻辑结构可以看做是从具体问题抽象出来的数学模型。

数据的逻辑结构有两大类：

- 线性结构：线性结构的逻辑特征是有且仅有一个始端结点和一个终端结点，并且除两个端结点外的所有结点都有且仅有一个前趋结点和一个后继结点。线性表、堆栈、队列、数组、串等都是线性结构。
- 非线性结构：非线性结构的逻辑特征是一个结点可以有多个前趋结点和后继结点。如树形结构、图等是非线性结构。

（2）数据的物理结构。

数据的物理结构是逻辑结构在计算机存储器里的映像，也称为存储结构。

数据的存储结构可用以下4种基本存储方法体现：

- 顺序存储方法：把逻辑上相邻的结点存储在物理位置上相邻的存储单元里，结点之间的逻辑关系由存储单元的邻接关系来体现，由此得到的存储结构称为顺序存储结构。
- 链式存储方法：不要求逻辑上相邻的结点在物理位置上也相邻，结点之间的逻辑关系是由附加的指针字段表示的，由此得到的存储结构称为链式存储结构。
- 索引存储方法：在存储结点信息的同时，还建立附加的索引表。索引表中的每一项称为索引项。索引项由关键字和地址组成，关键字是能唯一标识一个结点的那些数据项，而地址一般是指示结点所在存储位置的记录号。
- 散列存储方法：根据结点的关键字直接计算出该结点的存储地址。

用不同的存储方法对同一种逻辑结构进行存储映像，可以得到不同的存储结构。4种基本的存储方法也可以组合起来对数据逻辑结构进行存储映像。

（3）数据的运算。

数据的运算是指对数据施加的操作。虽然它是定义在数据的逻辑结构上的，但运算的具体实现要在物理结构上进行。数据的每一种逻辑结构都有一个运算的集合,常用的运算有检索、插入、删除、更新、排序等。

因为数据的运算是通过算法描述的，所以算法分析是数据结构中重要的内容之一。通俗地讲，一个算法就是一种解题的方法。

1）算法的特点。算法具有以下特点：

- 有穷性：一个算法的执行步骤必须是有限的。

- 确定性：算法中的每一个操作步骤的含义必须明确。
- 可行性：算法中的每一个操作步骤都是可以执行的。
- 输入：一个算法一般都要求有一个或多个输入量（个别的算法不要求输入量）。这些输入量是算法所需的初始数据。
- 输出：一个算法至少产生一个输出量，它是算法对输入量的执行结果。

2）算法的描述。算法可以用文字、符号或图形描述。常用的描述方法有：
- 自然语言：用人的语言描述，该方法易于理解，但容易出现歧义。
- 流程图：用一组特定的几何图形来表示算法，这是最早的算法描述工具。
- N-S 图：用矩形框描述算法，一个算法就是一个矩形框。
- 伪代码：用介于高级语言和人的自然语言之间的文字、符号来描述算法，可以十分容易地转化为高级语言程序。
- PAD 图：全称为问题分析图，使用树形结构描述算法。

3）算法性能分析。求解同一个问题可以有多种不同的算法，那么如何衡量一个算法的好坏呢？首先，算法应是正确可行的；其次，通常还要考虑如下三方面的问题：
- 执行算法所耗费的时间。
- 执行算法所占用的存储空间。
- 算法是否易于理解、易于编码、易于调试。

在研究算法时，主要考虑算法的时间特性。

一般将语句的重复执行次数作为算法的时间变量。设算法解决的问题的规模为 n，例如学生总数、被分析数据的个数、矩阵的规模等。将一条语句重复执行的次数称为该语句的执行频度，一个算法中所有语句执行频度之和就称为该算法的运行时间。很多情况下无法准确也没有必要精确计算出运行时间，而只需求出它关于问题规模 n 的一个相对的数量级即可，该数量级就称为该算法的时间复杂度，记为 $O(1)$、$O(n)$、$O(n^2)$ 等，例如：

```
for i = 1 to n
    y= y + 1 ;              &&语句频度：n
    for  j=0   to   2*n-1
      x= x + 1              &&语句频度：n* (2*n+1)
    endfor
endfor
```

本程序段的时间复杂度是：$O(n^2)$。

一般地，常用的时间复杂度有如下关系：

$O(1) \leqslant O(\log_2 n) \leqslant O(n) \leqslant O(n\log_2 n) \leqslant O(n^2) \leqslant O(a^n)$ （$a>1$）

2.2.2 线性结构

线性表是数据结构中最简单且最常用的一种数据结构。其基本特点是：数据元素有序并有限。线性结构的数据元素可排成一个线性队列：

$a_1, a_2, a_3, a_4, \ldots, a_n$

其中，a_1 为起始元素，a_n 为终点元素，a_i 为索引号为 i 的数据元素。要注意，a_i 只是一个抽象的符号，其具体含义要视具体情况而定。n 定义为表的长度，当 $n=0$ 时称为空表。除首元素外，每个元素有且仅有一个前趋；除尾元素外，每个元素有且仅有一个后继。

线性表的主要基本操作有以下几种：

- Setnull：初始化（置空表）。
- Length：求表长。
- Locate：查找具有特定字段值的结点。
- Insert：将新结点插入到某个指定的位置。
- Delete：删除某个指定位置上的结点。

1. 顺序表

当线性表采用顺序存储结构时称为顺序表。在顺序表中，数据元素按逻辑次序依次放在一组地址连续的存储单元里。由于逻辑上相邻的元素存放在内存的相邻单元里，所以顺序表的逻辑关系蕴含在存储单元的邻接关系中。在高级语言中，可以直接用数组实现。

设顺序表中的每个元素占用 k 个存储单元，索引号为 1 的数据元素 a_1 的内存地址为 $loc(a_1)$，则索引号为 i 的数据元素 a_i 的内存地址为：

$loc(a_i)=loc(a_1)+(i-1)\times k$

显然，顺序表中每个元素的存储地址是该元素在表中的索引号的线性函数。只要知道某元素在顺序表中的索引号，就可以确定其在内存中的存储位置。所以说，顺序表的存储结构是一种随机存取结构。

顺序表的特点如下：
- 物理上相邻的元素在逻辑上也相邻。
- 可随机存取。
- 存储密度大，空间利用率高。

对顺序表可进行插入、删除等操作，但运算效率低，需要大量的数据元素移位。

（1）插入运算。

顺序表的插入运算是指在表的第 i 个（$1\leq i\leq n+1$）位置上插入一个新结点 y。若插入位置 $i=n+1$，即插入到表的末尾，那么只要在表的末尾增加一个结点即可；但是若 $1\leq i\leq n$，则必须将表中第 i 个到第 n 个结点向后移动一个位置，共需移动 $n-i+1$ 个结点。插入过程中需要的顺序表 $a(n)$ 说明如下：

```
maxsize = <常数>        &&该常数应大于 n
dimension list ( maxsize )
alenth = n              &&表长
```

在 $a(n)$ 中第 i 位插入新元素 y 的过程如下：

```
if i>=1 and i<=alenth+1
    for k = n to i step-1
        a ( k+1) = a ( k )
    endfor
    alenth = alenth + 1
endif
```

在有 n 个元素的顺序表的第 i 个位置上插入一个元素需要移动 $n-i+1$ 个元素。如果在第 i 个位置上插入一个元素的概率是 P_i，且在每个位置上插入概率相等，都是 $1/(n+1)$，则插入时的平均移动次数为：

$$M = \frac{1}{n+1}\sum_{i=1}^{n}(n-i+1) = \frac{n}{2}$$

因此，顺序表上插入运算的平均时间复杂度是 O(n)。

（2）删除运算。

顺序表的删除运算是指将表的第 i 个（1≤i≤n）结点删去。当 i=n 时，即删除表尾结点时，操作较为简单；但 1<i≤n-1 时，则必须将表中第 i+1 个到第 n 个共 n–i 个结点向前移动一个位置。在 $a(n)$ 中删除第 i 个元素的过程说明如下：

```
if i>=1 and i<=alenth
    for k = i to n
        a ( k+1) = a (k)
    endfor
    alenth = alenth-1
endif
```

在有 n 个元素的顺序表的第 i 个位置删除一个元素需要移动 n–i 个元素。如果在第 i 个位置上删除一个元素的概率是 P_i，且在每个位置上删除的概率相等，都是 1/n，则删除时的平均移动次数为：

$$M = \frac{1}{n}\sum_{i=1}^{n}(n-i) = \frac{n-1}{2}$$

因此，顺序表上删除运算的平均时间复杂度也是 O(n)。

2. 单链表

采用顺序表的运算效率较低，需要移动大量的数据元素。而采用链式存储结构的链表是用一组任意的存储单元来存放线性表的数据元素。这组存储单元既可以是连续的，也可以是不连续的，甚至可以是零星分布在内存中的任何位置上，从而可以大大提高存储器的使用效率。

在线性链表中，每个元素结点除存储自身的信息外，还要用指针域额外存储一个指向其直接后继的信息（即后继的存储位置：地址）。对链表的访问总是从链表的头部开始，是根据每个结点中存储的后继结点的地址信息顺链进行的。当每个结点只有一个指针域时，称为单链表，如图 2-3 所示。

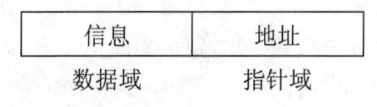

信息	地址
数据域	指针域

图 2-3 单链表的数据结点

一个以 L 为头指针的单链表如图 2-4 所示。

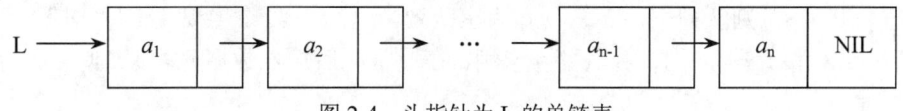

L → a_1 → a_2 → … → a_{n-1} → a_n NIL

图 2-4 头指针为 L 的单链表

单链表中，插入删除一个数据元素，仅仅需要修改该结点的前一个和后一个结点的指针域，非常简便，但要访问表中的任一元素，都必须从头指针开始顺链查找，无法随机访问。

优点：插入、删除操作时移动的元素少。

缺点：所有的操作都必须顺链操作，访问不方便。

将顺序表与链表进行比较，可以看出：

- 顺序存储的访问是随机访问,而链式存储的访问是顺链进行的顺序访问。
- 顺序存储插入、删除平均移动一半元素,效率不高,而链式存储插入、删除效率高。
- 顺序存储空间利用率高,链式存储需要额外增加地址指针的存储,增加空间耗费。

3. 栈与队列

栈与队列是两种特殊的线性表,即它们的逻辑结构与线性表相同,只是其插入、删除运算仅限制在线性表的一端或两端进行。

(1) 栈。

栈是仅限于在表的一端进行插入和删除运算的线性表,通常称插入、删除的这一端为栈顶,另一端称为栈底。当表中没有元素时称为空栈。一摞盘子的情形就是栈的生动形态。

栈的特点:后进先出(LIFO——Last In,First Out)。

如入栈顺序为 1,2,3,4,5,则出栈顺序为 5,4,3,2,1。

栈的基本运算有以下 5 种:
- setnnll(s):置空栈,将栈 s 置成空栈。
- empty(s):判空栈,这是一个布尔函数,若栈 s 为空栈,返回值为"真",否则返回值为"假"。
- push(s,x):进栈,又称压栈,在栈 s 的顶部插入(亦称压入)元素 x。
- pop(s):出栈,若栈 s 不空,则删除(亦称弹出)顶部元素 x。
- top(s):取栈顶,取栈顶元素,并不改变栈中的内容。

由于栈是运算受限的线性表,因此线性表的存储结构对栈也适用。所以,栈也可以分成采用顺序结构的顺序栈和采用链结构的链栈。
- 顺序存储的顺序栈:利用一组地址连续的存储单元依次存放从栈底到栈顶的若干数据元素。
- 链式存储的链栈:链栈是运算受限的单链表,其插入和删除操作仅限制在表头位置上进行。链栈中每个数据元素用一个结点表示,栈顶指针作为链栈的头指针。

(2) 队列。

队列是一种操作受限的线性表,它只允许在线性表的一端进行数据元素的插入操作,而在另一端才能进行数据元素的删除操作。允许插入的一端称为队尾,允许删除的另一端称为队头。日常生活中的排队就是队列的实例。

队列的特点:先进先出(FIFO——First In,First Out)。

同栈的操作类似,队列的基本操作也有 5 种:
- SETNULL(q):置空队列,将队列 q 初置为空。
- EMPTY(q):判队列空,若队列 q 为空队列,返回"真",否则返回"假"。
- ENTER(q,x):入队列,若队列 q 未满,在原队尾后加入数据元素 x,使 x 成为新的队尾元素。
- DELETE(q):出队列,若队列 q 不空,则将队列的队头元素删除。
- GETHEAD(q):取队头元素,若队列 q 不空,则返回队头数据元素,但不改变队列中的内容。

队列也可以分成采用顺序结构的顺序队列和采用链结构的链队列。

队列的顺序存储结构同栈一样,可以用一组地址连续的空间存放队列中的元素。

① 顺序队列的实现。

Queuesize：顺序队列最大元素个数。
qu(queuesize)：顺序队列。
front：顺序队列首指针，初值=0。
rear：顺序队列尾指针，初值=0。
② 顺序队列队空条件：
　　front=rear
③ 顺序队列队满条件：
　　rear=queuesize

规定 front 始终指向队首元素的前一个单元，rear 始终指向队尾元素。考察经过若干次出队、入队后，front=i，rear=queuesize，此时，按队满条件 rear=queuesize，队列已满，但实际上仍有 i 个空间可用，这种现象称为假溢出。

为了克服"假溢出"现象，从逻辑上将顺序队列设想为一个环，将 qu(1)紧接在 qu(queuesize)后面，这样，当 front 或 rear 增加到 queuesize+1 时，就变成了 1，因而只要有空间，就不会溢出。可以用求余运算实现这种转换。

④ 入队时 rear 指针的变化：
　　rear=rear%queuesize+1
⑤ 出队时 front 指针的变化：
　　front=front%queuesize+1
⑥ 此时队空条件仍为：
　　rear=queuesize
⑦ 队满条件也变成了：
　　rear=queuesize
⑧ 为了区分队空与队满，特规定队满条件为：
　　front=(rear+1)%queuesize

这样，在 queuesize 个单元中，将只有 queuesize-1 个单元可用，但由此克服了假溢出，方便了编程。

队列的链式存储结构：利用带头结点的单链表作为队列的链式存储结构。此时，一个队列需要指向队头和队尾的两个指针才能唯一确定。

2.2.3 树结构

1. 树的概念

树是一个或多个结点元素组成的有限集合 T，且满足条件如下：
- 有且仅有一个结点没有前趋结点，称为根结点（root）。
- 除根结点外，其余所有结点有且只有一个直接前趋结点。
- 包括根结点在内，每个结点可以有多个直接后继结点。

图 2-5 所示为一个树结构的示例。

下面看一下树结构的重要术语与概念。

叶子：没有后继结点的结点称为叶子（或终端结点），如图中的 D、E、F、G、H、I、J。

分支结点：非叶子结点称为分支结点。

结点的度：一个结点的子树数目就称为该结点的度。如图中的结点 B 的度为 2，结点 C 的度为 3，结点 D、J 的度为 0。

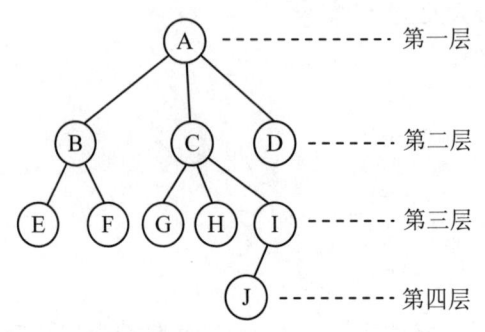

图 2-5 树结构示意图

树的度：树中各结点的度的最大值称为该树的度，如图 2-5 所示的树的度为 3。
子结点：某结点子树的根称为该结点的子结点。
父结点：相对于某结点的子树的根，称为该结点的子树的父结点。
兄弟：具有同一父结点的子结点称为兄弟。
如图 2-5 中结点 C 是结点 G、H、I 的父结点，结点 G、H、I 是结点 C 的子结点，结点 J 是结点 I 的子结点，结点 G、H、I 互为兄弟。
结点的层次：根结点的层数是 1，其他任何结点的层数等于它的父结点的层数加 1。
树的深度：一棵树中，结点的最大层数就是树的深度。图 2-5 所示的树的深度为 4。
有序树和无序树：如果一棵树中结点的各子树从左到右是有序的，即若交换了某结点各子树的相对位置，则构成了不同的树，就称这棵树为有序树；反之，则称为无序树。
森林：森林是 n 棵树的集合（n≥0），任何一棵树，删去根结点，就变成了森林。对树中的每个结点来说，其子树的集合就是一个森林。

2. 二叉树

二叉树结构也是非线性结构中重要的一类，它是有序树，不是树的特殊结构。在二叉树中，每个结点最多只有两棵子树，一个是左子树，一个是右子树。二叉树有 5 种基本形态：它可以是空二叉树，根可以有空的左子树或空的右子树，或左、右子树皆为空，如图 2-6 所示。必须注意一般树与二叉树的概念不同。树至少有一个结点，而二叉树可以是空；其次，二叉树是有序树，其结点的子树要区分为左子树和右子树，既使某结点只有一棵子树的情况下，也要明确指出该子树是左子树还是右子树，而树则无此区分。

图 2-6 中，图（a）为空二叉树；图（b）为仅有一个根结点的二叉树；图（c）为根的左子树非空，根的右子树为空的二叉树；图（d）为根的右子树非空，根的左子树为空的二叉树；图（e）为根的左、右子树皆为非空的二叉树。

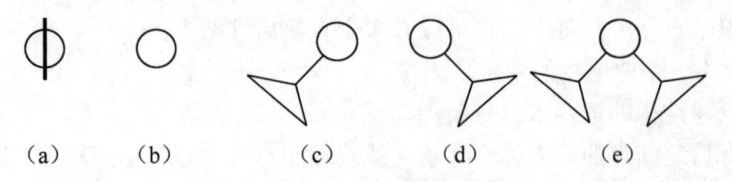

图 2-6 二叉树的 5 种基本形态

二叉树的重要性质：

性质1：在二叉树的第 i 层上至多有 $2*i-1$ 个结点（i>0）。
性质2：深度为 k 的二叉树至多有 2^k-1 个结点（k>0）。

满二叉树和完全二叉树是两种特殊形式的二叉树。一棵深度为 k 且有 2^k-1 个结点的二叉树称为满二叉树。满二叉树的特点是每一层上的结点数都达到最大值，2^k-1 个结点是深度为 k 的二叉树所能具有的最大结点个数。

若一棵二叉树至多只有最下面的两层上的结点的度数可以小于2，并且最下一层上的结点都集中在该层最左边的若干位置上，则此二叉树称为完全二叉树。显然，满二叉树是完全二叉树，但完全二叉树不一定是满二叉树，如图2-7所示。

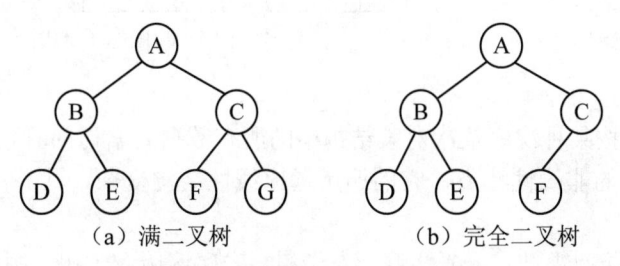

（a）满二叉树　　　　　（b）完全二叉树

图2-7　满二叉树与完全二叉树

3. 二叉树的存储结构

（1）顺序存储。

对完全二叉树而言，可用顺序存储结构实现其存储，该方法是把完全二叉树的所有结点按照自上而下，自左向右的次序连续编号，并顺序存储到一片连续的存储单元中，在存储结构中的相互位置关系即反映出结点之间的逻辑关系。如用一维数组 Tree 来表示完全二叉树，则数组元素 Tree(i)对应编号为 i 的结点。

对于一般二叉树，可以增加虚拟结点以构造完全二叉树，同样可以顺序存储。

例如，图2-8中的二叉树在一维数组中保存为：

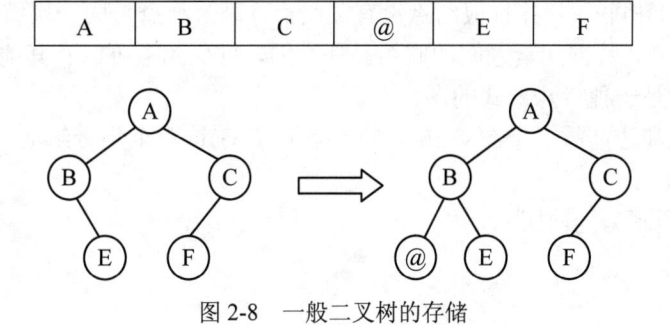

| A | B | C | @ | E | F |

图2-8　一般二叉树的存储

（2）链式存储。

顺序存储容易造成空间浪费，且具有顺序存储结构固有的缺点：添加、删除伴随着大量结点的移动。对于一般的二叉树，较好的方法是用二叉链表来表示。表中每个结点都具有三个域：左指针域 Lchild、数据域 Data、右指针域 Rchild。其中，指针 Lchild 和 Rchild 分别指向当前结点的左孩子和右孩子。结点的形态如下：

| Lchild | Data | Rchild |

对图 2-9 所示的二叉树，其二叉链表如图 2-10 所示。

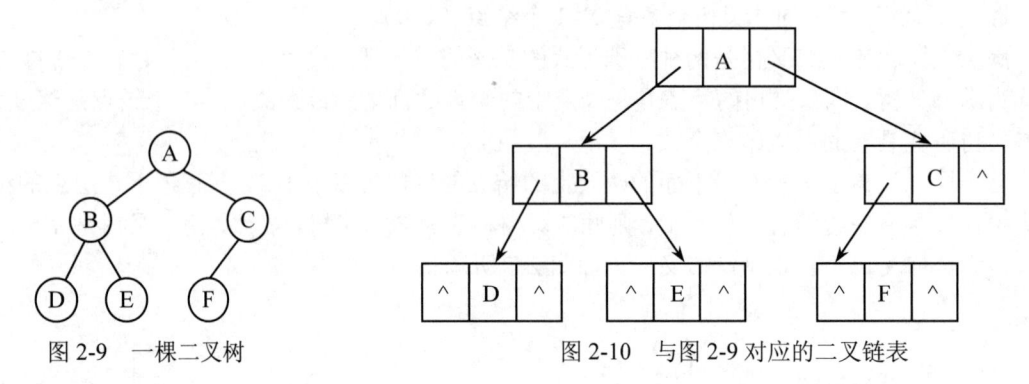

图 2-9　一棵二叉树　　　　　图 2-10　与图 2-9 对应的二叉链表

4．二叉树的遍历

所谓遍历，是指按某种次序依次对某结构中的所有数据元素访问且仅访问一次。

由于二叉树结构的非线性特点，它的遍历远比线性结构复杂，其算法都是递归的。有以下 3 种遍历方式：

- 先序遍历：访问根结点，先序遍历左子树，先序遍历右子树。例如对图 2-9 所示的二叉树，先序遍历序列为：A B D E C F。
- 中序遍历：中序遍历左子树，访问根结点，中序遍历右子树。例如对图 2-9 所示的二叉树，中序遍历序列为：D B E A F C。
- 后序遍历：后序遍历左子树，后序遍历右子树，访问根结点。例如对图 2-9 所示的二叉树，后序遍历序列为：D E B F C A。

2.2.4　图结构

1．图的概念

图是一种重要的、比树更复杂的非线性数据结构。在树结构中，某结点只能与其上层的一个结点（父结点）相联系，并且根结点没有父结点，每个结点与同一层结点间没有任何横向联系；而在图结构中，数据元素之间的联系是任意的，每个元素可以和其他元素相联系，从这个意义上来讲，树是一种特殊形式的图。

图包括一些点和边，故一个图 G 由点 V(G) 和边 E(G) 这两个集合组成。

（1）无向图 G_1。

图 2-11（a）所示为无向图 G_1：

$G_1=(V_1,E_1)$

$V_1=\{1,2,3,4,5\}$

$E_1=\{(1,2),(1,3),(3,4),(4,5)\}$

在无向图中，边没有方向：(1,3) 也可写成 (3,1)。

（2）有向图 G_2。

图 2-11（b）所示为有向图 G_2：

$G_2=(V_2,E_2)$

$V_2=\{1,2,3,4,5,6\}$

$E_2=\{<1,2>,<2,1>,<2,3>,<2,4>,<3,5>,<5,6>,<6,3>\}$

(a) 无向图 G₁   (b) 有向图 G₂

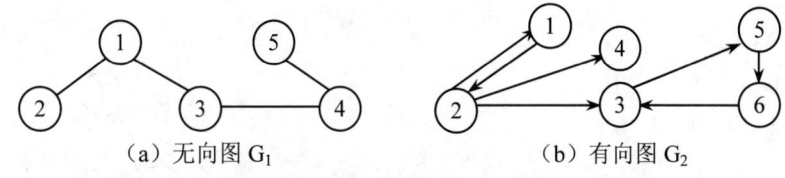

图 2-11 图的表示形式

在有向图中，边有方向：<2,4>不能写成<4,2>。

（3）与图相关的一些术语和概念。

邻接点：有边相连的点。

在无向图中，互邻的两边侧互为邻接点，若有(V₂,V₃)，则 V₃ 和 V₂ 互为邻接点。

在有向图中，若有<V₂,V₃>，则 V₃ 为 V₂ 的邻接点，但 V₂ 不一定是 V₃ 的邻接点，除非也存在<V₃,V₂>。

顶点的度：与每个顶点相连的边数。

在无向图中，顶点的度是以该顶点为一个端点的边的条数。

在有向图中，有入度（进的边数）和出度（出的边数）之分。在图 2-11（b）中，顶点 2 的入度为 1，出度为 3。

路径：某一顶点到达另一顶点所经过的顶点序列。两个顶点之间可以有多条路径。

路径上的边的数目称为路径的长度。如图 2-11（a）中，顶点 1 到顶点 5 的路径为(1,3,4,5)，长度为 3。

网络：如果图 G(V,E)中每一条边都赋有反映这条边的某种特性的数值，则称此图为一个网络（如图 2-12 所示），称与边相关的数值为该边的权。

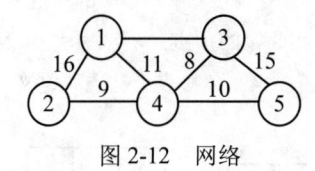

图 2-12 网络

2. 图的存储结构

这里仅介绍两种图的存储结构：邻接矩阵和邻接表。

（1）邻接矩阵。

基本思想：一个图由顶点集合、边集合（顶点偶对集合，反映顶点间关系）组成，因此图的计算机存储只要解决这两个集合的表示即可。

设 G=(V,E)是有 n（n≥1）个顶点的无向图，则：

① 一维数组 V[n] ={顶点集合}。

② G 的邻接矩阵是一个二维数组 A[i,j]：

$$A[i,j] = \begin{cases} 1 & (V_i,V_j) \in E \\ 0 & (V_i,V_j) \notin E \end{cases}$$

【例 2-1】一个无向图如图 2-13 所示，则：

$V = \{v_1, v_2, v_3, v_4, v_5\}$

$$A[i,j] = \begin{pmatrix} 0 & 1 & 1 & 0 & 0 \\ 1 & 0 & 0 & 0 & 0 \\ 1 & 0 & 0 & 1 & 0 \\ 0 & 0 & 1 & 0 & 1 \\ 0 & 0 & 0 & 1 & 0 \end{pmatrix}$$

图 2-13　一个无向图

特点：
- 邻接矩阵是一种静态存储结构。
- 当图动态改变时，需要改变邻接矩阵的大小，效率低。
- 矩阵大小与顶点个数相符，与边（弧）数目无关，易产生稀疏矩阵，造成空间浪费。

（2）邻接表。

为了克服邻接矩阵的不足，可以采用动态的链式存储结构来保存图信息，这就是邻接表。其基本思想是：

① 对每一个顶点建立一个单链表。
② 第 i 个单链表中存放顶点 i 的所有邻接顶点。
③ 第 i 个单链表的头结点中存放顶点 i 的信息 V_i。

邻接表中每个结点的定义如图 2-14 所示，图 2-15 所示为一个有向图及其邻接表的关系图。

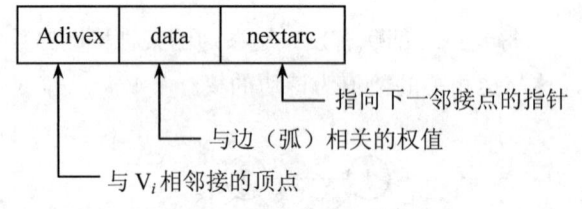

Adivex | data | nextarc

- 指向下一邻接点的指针
- 与边（弧）相关的权值
- 与 V_i 相邻接的顶点

图 2-14　邻接表中结点的定义

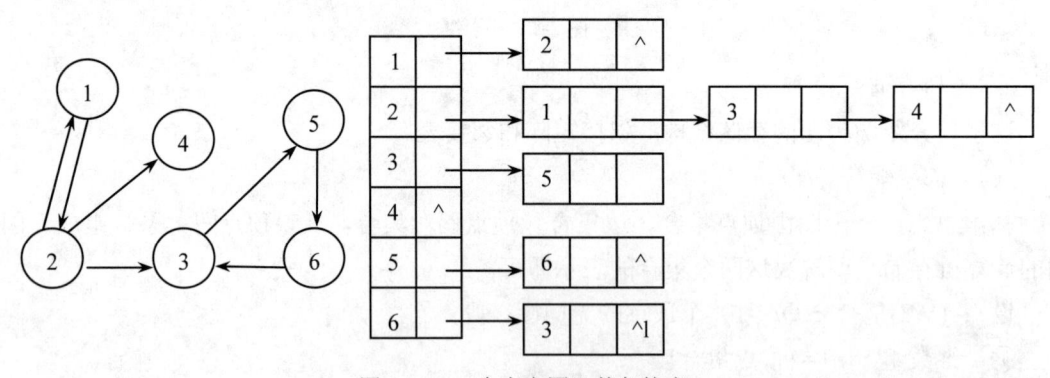

图 2-15　一个有向图及其邻接表

2.2.5　线性表的查找

在数据结构中，数据的基本单位是数据元素，数据元素通常表现为记录、结点、顶点等。一个数据元素由若干个数据项（或称为域）组成，用以区别数据元素集合中各个数据元素的数据项称为关键字（Key）。

所谓查找（Search），又称检索，就是在一个含有 n 个数据元素的集合中，根据一个给定的值 k，找出其关键字值等于给定值 k 的数据元素。若找到，则查找成功，输出该元素或该元素在集合中的位置；否则查找失败，此时或者输出查找失败信息，或者将给定值作为数据元素插入到集合中适当的位置。

线性表的查找，常用的有如下 3 种方法：
- 顺序查找。
- 二分法查找。
- 分块查找。

1. 顺序查找

从第 1 个数据元素开始，逐个把数据元素的关键字值与给定值比较，若找到某数据元素的关键字值与给定值相等，则查找成功；若遍历整个线性表都未找到，则查找失败。

【例 2-2】在所给的线性表中查找：

| 23 | 78 | 16 | 34 | 54 | 12 | 98 | 64 | 30 |

① 找：54。

查找成功，查找长度为 5。

② 找：19。

查找失败，查找长度为 9。

容易推导出，在长度为 n 的线性表中进行查找的平均查找长度为：$(n+1)/2$。

2. 二分法查找

当顺序存储的线性表已经按关键字有序时，可以使用二分法查找。二分法查找的基本思路是：由于查找表中的数据元素按关键字有序（假设为增序），则查找时不必逐个顺序比较，而先与中间数据元素的关键字比较。若相等，则查找成功；若不等，即把给定值与中间数据元素的关键字值比较，若给定值小于中间数据元素的关键字值，则在前半部分进行二分查找，否则在后半部分进行二分查找。这样，每进行一次比较，就将查找区间缩短为原来的一半。

容易证明，在长度为 n 的有序顺序表中进行二分查找的查找次数不超过 $\lfloor \log 2n+1 \rfloor$ 次。因此，二分法查找具有效率高的特点。

【例 2-3】对下面顺序存储的线性表进行二分查找（线性表长度 n=7）：

| 序号： | 1 | 2 | 3 | 4 | 5 | 6 | 7 |
| 线性表： | 3 | 7 | 15 | 27 | 54 | 98 | 124 |

若找 27：	次数	查找区域	中间结点序号	对应的元素值	状态
	1	[1,7]	(1+7)/2=4	27	查找成功
若找 98：	次数	查找区域	中间结点序号	对应的元素值	状态
	1	[1,7]	(1+7)/2=4	27	小于 98，
	2	[5,7]	(5+7)/2=6	98	查找成功

3. 分块查找

分块查找是介于顺序查找与二分法查找之间的一种查找方法，又称索引顺序查找。它的基本思想是：

分块——将数据划分为若干数据块，数据在块内无序，但块间有序。也就是说，第一块内的最大数据比后继所有块内的所有数据都小（假设按数据递增有序），后面的每一块内的所有数据都大于它前面的所有块的最大数据，同时又小于后继所有块内的所有数据。

查找——分以下两步进行：

①块间：建立一个各块最大关键字值表，将待查数据在该表中按二分法或顺序查找进行，通过块间查找确定数据所在的块。用二分法可以提高块间查找的效率。

②块内：在块内按顺序查找方式直接查找元素。

由于块间查找用了二分法，所以整个算法的效率要比顺序查找高，但事先要将数据进行分块，这在一定程度上增加了额外的时间开销。

【例2-4】分块查找。待查序列为：22 13 30 54 65 50 73 69 86，查找关键字值为50的元素。

（1）将该序列等分为三块：

{ 22 13 30 }　　{ 54 65 50 }　　{ 73 69 86 }

（2）建立一个顺序的各块最大关键字值表：

30 65 86

（3）根据待查的关键字在各块最大关键字值表中进行查找，确定数据可能在的块。

在[30 65 86]中查找50，由于30<50<65，确定数据在第二块中。

（4）在第二块中顺序查找关键字为50的元素，找到。

2.2.6 内排序

排序又称为分类，它是数据处理中经常使用的一种运算，是将一组数据元素（记录）按其排序码进行递增或递减的运算操作。排序分内排序和外排序。

- 内排序：整个排序运算在内存中进行。
- 外排序：对外存储器中的数据进行排序操作。

1. 选择排序

每一轮排序中，将第 i 个元素与从序列第 $i+1$ 到 n 的 $n-i+1$（$i=1, 2, \cdots, n-1$）个元素中选出的、值最小的一个元素进行比较，若该最小元素比第 i 个元素小，则将两者交换。i 从 1 开始，重复此过程，直到 $i=n-1$。

简单地说，通过交换位置，选最小的放在第一，次小的放在第二，依此类推，直到元素序列的最后为止。

【例2-5】选择排序（线性表长度 $n=8$）。

初始序列：	<u>49</u>	{38	65	97	76	<u>13</u>	27	**49**}
（1）	13	<u>38</u>	{65	97	76	49	<u>27</u>	**49**}
（2）	13	27	65	{97	76	49	<u>38</u>	**49**}
（3）	13	27	38	97	{76	<u>49</u>	65	**49**}
（4）	13	27	38	49	76	{97	65	**49**}
（5）	13	27	38	49	**49**	97	{<u>65</u>	76}
（6）	13	27	38	49	**49**	65	97	{<u>76</u>}
（7）	13	27	38	49	**49**	65	76	97

以第一、二步为例：49 与 13 比较后互换，38 与 27 比较后互换……以后各步依此类推。

注意，上述序列中有两个元素具有相同关键字值49，经过排序，原来排在后面的一个49仍然排在后面。当相同关键字值经过排序仍保持原来先后位置时，称所用的排序方法是稳定的；

反之，若相同关键字值经排序后发生位置交换，则所用的排序方法是不稳定的。选择排序是一种稳定的排序方法。

2. 冒泡排序

冒泡排序需要进行 $n–1$ 轮的排序过程。

第一轮：从 a_1 开始，两两比较 a_i、a_{i+1}（$i=1, 2, …, n–1$）的大小，若 $a_i>a_{i+1}$，则交换 a_i 与 a_{i+1}。当第一轮完成时，最大元素将被交换到最后一位（第 n 位）。

第二轮：仍然从 a_1 开始，两两比较 a_i、a_{i+1}（$i=1, 2, …, n–2$）的大小，注意此时的处理范围从第一轮的整个序列 n 个数据元素比较 $n–1$ 次（$i=1, 2, …, n–1$）变成了 $n–1$ 个数据元素比较 $n–2$ 次（$i=1, 2, …, n–2$）。当第二轮完成时，最大元素将被交换到次后一位（第 $n–1$ 位）。

……

第 $n-1$ 轮：只需比较最初两个元素，就完成了整个线性表的排序。

【例 2-6】冒泡排序过程（线性表长度 $n=7$）。

```
初始状态：       [65  97   76   13   27   49   58]
第一轮（i=1…6） [65  76   13   27   49   58]  97
第二轮（i=1…5） [65  13   27   49   58]  76   97
第三轮（i=1…4） [13  27   49   58]  65   76   97
第四轮（i=1…3） [13  27   49]  58   65   76   97
第五轮（i=1…2） [13  27]  49   58   65   76   97
第六轮（i=1）   [13] 27   49   58   65   76   97
```

2.3 软件工程

2.3.1 软件工程概述

软件工程的概念起源于 20 世纪 60 年代末期出现的"软件危机"。软件危机提高了人们对软件开发重要性的认识。随着社会对软件需求的增长，计算机软件专家加强了对软件开发和维护的规律性、理论、方法和技术的研究，从而形成了一门介于软件科学、系统工程和工程管理学之间的边缘性学科，称之为软件工程学。软件的工程化生产也逐步形成软件产业。

1. 软件

软件是程序的完善和发展，是经过严格的正确性检验和实际试用，并具有相对稳定的文本和完整的文档资料的程序。这些文档资料包括功能说明、算法说明、结构说明、使用说明和维护说明等。

2. 软件开发经历的三个阶段

（1）程序设计时期（1946 年至 20 世纪 60 年代中期）。这个时期的程序设计被视为个人的神秘技巧，程序员个人以个体手工方式，凭个人经验和编程技术独立地进行软件设计。在这个阶段中，只有程序，没有软件的概念。这个时期称为程序设计时期。

（2）程序系统时期（20 世纪 60 年代中期至 20 世纪 70 年代中期）。随着计算机技术的发展，需要多人分工合作来开发软件，出现了"软件作坊"，产生了"软件"概念。由于软件生产在质量和数量上的高要求，软件的日趋庞大、日趋复杂，与软件工作者手工作坊式的生产方式之间产生了深刻的矛盾，使得许多软件产品不可维护，最终导致出现了严重的"软件危机"。这个时期称为程序系统时期。

（3）软件工程时期（1970年至今）。从20世纪70年代中期至今，是计算机软件发展的第三个时期。这个时期软件产业已经兴起，软件作坊已经发展为软件公司，甚至是跨国公司。软件的开发不再是"个体化"或"手工作坊"式的开发方式，而是以工程化的思想作指导，用工程化的原则、方法和标准来开发和维护软件，使得软件开发的成功率大大提高，其质量也有了很大的保证，实现了软件的产品化、系列化、标准化、工程化。这个时期，称为软件工程时期。

3. 软件危机

由于软件本身是一个逻辑实体，而不是一个物理实体，因此软件是非实物性的和不可见的。而软件开发本身又是一个"思考"的过程，很难进行管理。开发人员以"手工作坊"的开发方式来开发软件，完全是按各自的爱好和习惯进行的，没有统一的标准和规范可以遵循。因而，在软件开发过程中，人们遇到了许多困难。有的软件开发彻底失败了；有的软件虽然开发出来了，但运行结果极不理想，如程序中包含着许多错误，每次错误修改之后又会出现一批新的错误。这些软件有的因无法维护而不能满足用户的新要求，最终失败了；有的虽然完成了，但比原计划推迟了好几年，而且成本大大超出了预算。

软件开发的高成本与软件产品的低质量之间的尖锐矛盾终于导致了软件危机的发生。具体来说，软件危机主要有以下几方面的表现：

- 软件的复杂性越来越高，"手工作坊"式的软件开发方式已无法满足要求。
- 对软件开发的成本和进度统计不准，实际费用超过预算。
- 开发周期过长。
- 软件质量难以保证，常被怀疑。
- 缺乏良好的软件文档。
- 软件维护难度极大。
- 软件开发效率远跟不上计算机发展的需求。
- 用户往往对软件不满意。

为摆脱软件危机，北大西洋公约组织成员国在1968年和1969年两度召开会议，商讨解决"软件危机"的对策。会议总结了软件开发中失败的经验与教训，吸收了机械工程和土木工程设计中成熟而严密的工程设计思想，首次提出了"软件工程"的概念，认为计算机软件的开发也应像工程设计一样，进行规范性的开发，走"工程化"的道路，以按照预期进度和经费完成软件生产计划，提高软件生产效率和可靠性。"软件工程"出现以后，人们围绕着实现软件优质高产的目标进行了大量的理论研究和实践，逐渐形成了"软件工程学"这一新型学科。

4. 软件工程学概述

（1）软件工程学的研究对象。软件工程学研究如何应用一些科学理论和工程技术来指导软件系统的开发与维护，使其成为一门严格的工程学科。

（2）软件工程学的基本目标。软件工程学的基本目标在于研究一套科学的工程方法，设计一套方便实用的工具系统，以达到在软件研制生产中投资少、效率高、质量优的目的。

（3）软件工程学的三要素。软件工程学的三个基本要素是方法、工具和管理。

（4）软件生命周期（Software Life Cycle）。一个软件项目从问题提出、定义、开发、使用、维护，直至被废弃，要经历一个漫长的时期，通常把这个时期称为软件生命周期。

软件工程学是研究软件的研制和维护的规律、方法和技术的学科。贯穿于这一学科的基本线索是软件生命周期学说（也叫软件生存周期），它将告诉软件研制者与维护者"什么时候做什么、怎么做"。

2.3.2 软件生存周期

软件工程学将软件的生命周期分解为几个阶段，每个阶段的任务都相对独立、简单，便于不同的人员分工协作，每个阶段都有明确的要求、严格的标准与规范，以及与开发软件完全一致的高质量的文档资料，从而保证软件开发工程结束时有一个完整准确的软件配置交付使用。目前划分软件生命周期的方法有很多，软件规模、种类、开发方式、开发环境、开发方法等都影响软件生命周期阶段的划分。划分软件生命周期阶段应遵循的一条基本原则是各阶段的任务应尽可能相对独立，以降低每个阶段的复杂程度，简化不同阶段之间的联系，利于软件开发工程管理。

一般情况下，软件生命周期由软件定义、软件开发、软件维护三个时期组成。每个时期又分为若干个阶段。下面介绍软件生存周期的主要模型。

1. 瀑布模型（1976年由B.W.Boehm提出）

软件生存周期分为计划、开发、运行三个时期，每个时期又分为若干阶段。各阶段的工作顺序展开后，就像自上而下的瀑布，故称为瀑布模型。

按瀑布模型，一个完整的软件开发过程分为如下几个阶段：
- 计划：分析用户需求，分析软件系统追求的目标，分析开发系统的可行性等。
- 开发：包括设计和实现两个任务，其中设计包括需求分析和设计两个阶段，实现包括编程和测试两个阶段。
- 运行：主要任务是为了软件维护和修改问题。

2. 快速原型

在瀑布模型中，由于系统分析人员和用户在专业上的差异，计划时期可能会造成不完全和不正确的情况发生。为解决此矛盾，提出了使用快速原型模型。其基本思想是：首先建立一个能反映用户主要需求的原型，用户通过使用该原型来提出对原型的修改意见；再按用户意见对原型进行改进；经多次反复后，最后建立起符合用户需求的新系统。

2.3.3 软件需求分析

软件定义又称为系统分析。这个时期的任务是确定软件开发的总目标，确定软件开发工程的可行性，确定实现工程目标应该采用的策略和必须完成的功能，估计完成该项工程需要的资源和成本，制定出工程进度表。

软件定义可进一步划分为三个阶段，即问题定义、可行性研究和需求分析。

1. 问题定义

问题定义阶段必须考虑的问题是"做什么"。

正确理解用户的真正需求是系统开发成功的必要条件。软件开发人员与用户之间的沟通必须通过系统分析员对用户进行访问调查，扼要地写出对问题的理解，并在有用户参加的会议上认真讨论，澄清含糊不清的地方，改正理解不正确的地方，最后得到一份双方都认可的文档。在文档中，系统分析员要写明问题的性质、工程的预期目标以及工程的规模。问题定义阶段是软件生命周期中最短的阶段。

2. 可行性研究

可行性研究要研究问题的范围，并探索这个问题是否值得去解决，以及是否有可行的解决办法。可行性研究的结果是部门负责人做出是否继续这项工程决定的重要依据。可行性论证的内容包括：
- 技术可行性。
- 经济可行性。
- 操作可行性。

可行性论证是分析员在收集资料的基础上，经过分析，明确工程软件项目的目标、问题域、主要功能和性能要求，确定应用软件的支撑环境以及费用、制作和时间限制等方面的约束条件，并用高层逻辑模型（通常用数据流图）对各种可能方案进行可行性分析及成本/效益分析。如果该项目在技术和经济上均可行，可明确地写出开发任务的全面要求和细节，形成软件计划任务书，作为本阶段的工作总结。

软件计划任务书包括：
- 软件项目目标。
- 主要功能、性能。
- 系统的高层逻辑模型（数据流图）。
- 系统界面。
- 可供使用的资源。
- 进度安排和成本预算。

3. 需求分析

需求分析即系统分析，通常采用系统模型定义系统。在可行性分析的基础上，需求分析的主要任务是：明确用户要求软件系统必须满足的所有功能、性能和限制，也就是解决软件"做什么"的问题。

系统分析员和用户密切配合，充分交流信息，得出经过用户确认的系统逻辑模型。系统的逻辑模型通常是用数据流图、数据字典和简要的描述表示系统的逻辑关系。

需求分析只是原理性方案的设计。在这一阶段的工作中，为清晰地揭示问题的本质，往往略去具体问题中的一些次要因素，只将功能关系抽象为反映该问题的系统模型。

系统逻辑模型是以后设计和实现目标系统的基础，必须准确而完整地体现用户的要求。

（1）需求说明书。

需求分析阶段应提交的文档是需求说明书。需求说明书的主要内容包括：
- 概述。
- 需求说明：功能说明、性能说明。
- 数据描述：数据流图、数据字典、接口说明。
- 运行环境：设备要求、支持的软件等。

（2）结构化分析方法（Structured Analysis）。

结构化分析方法是需求分析的最常用方法，简称 SA 方法，它与设计阶段的结构化设计方法（SD）一起联合使用，能够较好地实现一个软件系统的研制。

SA 方法的基本手段是通过分解与抽象建立三个模型：数据模型、功能模型、行为模型，以说明软件需求，并得到准确的软件需求规格说明。

SA 方法采用的基本方法为图形法，使用以下一些分析工具：
- 数据流图（DFD）：描述系统中数据流程的图形工具。
- 数据字典（DD）：放置数据流图中包含的所有元素的定义。

- 结构化语言：结构化语言是介于自然语言和形式化语言之间的一种类自然语言，它吸收了形式化语言的精确严格与自然语言的简单易懂的特点，通常由顺序、选择和重复三种控制结构构成，适用于简单逻辑加工关系的描述。
- 判定表：判定表用于简洁而无歧义地描述加工逻辑规则。一张判定表通常由 4 个部分组成：左上部列出所有的条件，左下部为所有可能的操作，右上部是各种条件组合的一个矩阵，右下部是对应于每种条件组合应用的操作。

（3）SA 方法中导出的分析模型。
- 数据字典：核心，对系统所有数据对象的描述。
- 实体－关系图：数据对象间的关系，是系统的数据模型。
- 数据流图：数据的流动和处理，是功能建模基础。
- 状态转换图：系统各种行为模式（状态）及其转换，是行为建模的基础。

2.3.4 软件设计

软件开发是实现前一个时期定义的软件，它包含总体设计、详细设计、编码、测试 4 个阶段。

1. 总体设计

总体设计，也叫概要设计或初步设计。这个阶段必须回答的是"概括地说，应该如何解决这个问题"。最后得到软件设计说明书。

总体设计的目标是采用结构化分析的成果——由数据模型、功能模型、行为模型描述的软件需求，按一定的设计方法，完成数据设计、体系结构设计、接口设计和过程设计。

总体设计应遵循的一条主要原则就是程序模块化的原则。总体设计的结果通常以层次图或结构图来表示。

采用传统软件工程学中的结构化设计技术或面向数据流的系统化设计方法来完成。总体设计阶段的表示工具有层次图、HIPO 图等。

2. 详细设计

总体设计阶段以比较抽象、概括的方式提出了问题的解决方法。详细设计阶段的任务是把解法具体化，也就是回答"应该怎样具体地实现这个系统"。

详细设计即模块设计。它是在算法设计和结构设计的基础上，针对每个模块的功能、接口和算法定义，设计模块内部的算法过程及程序的逻辑结构，并编写模块设计说明。

详细设计阶段的方法有：
- 结构化程序设计技术：如果一个程序的代码仅仅通过顺序、选择和循环这 3 种控制结构进行连接，并且每个代码块只有一个入口和出口，则称此程序为结构化的。主要工具有：程序流程图（程序框图）、方框图（N-S 图）、问题分析题（PAD 图）、伪码语言（PDL 语言）等。
- 面向数据结构的设计方法：适用于信息具有清楚的层次结构的应用系统开发。
- 面向对象的程序设计方法（Object Oriented Programming，OOP）：是 20 世纪 80 年代以来广泛采用的程序设计方法，以对象、类描述客观事物，以事件驱动。近年来又逐步融入了可视化、所见即所得的新风格。

3. 编码设计与单元测试

这个阶段的任务是根据详细设计的结果，选择一种适合的程序设计语言，把详细设计的结果翻译成程序的源代码。

每编写完一个模块，都要对模块进行测试，即单元测试，以便尽早发现程序中的错误和缺陷。

4．综合测试

模块编码及测试完成后，需要根据软件结构进行组装，并进行各种综合测试。软件测试中，测试计划、测试方案、测试用例报告及测试结果是软件配置的一部分，应以正式的文档形式保存下来。

综合测试的目标是产生一个可用的软件文本，修订和确认软件的使用手册。

2.3.5　软件集成与复用

1．软件集成

软件集成是 3 种较实用的快速原型技术（动态高级语言开发、数据库编程、组件和应用集成）中的一种。快速原型技术强调的是交付的速度，而非系统的性能、可维护性和可靠性。

如果系统中许多部分都可以复用而且不需要重新进行设计和实现，那么系统开发的时间就会缩短。许多原型中的功能模块可以以极低的成本来实现，如果用户对这些较熟悉，就不需要花费额外的时间去学习这些功能。

2．软件复用

可复用的软件与快速构造原型关系很密切。一堆可复用的模块单独看可能是无用的，但快速构造的原型系统就是靠它们连接起来而得到的。

对建立软件目标系统而言，复用就是利用早先开发的对建立新系统有用的信息来生产新系统。它是一项活动，而不是一个对象。

（1）软件复用的条件。

- 必须有简单而清晰的界面。
- 它们应当有高自包含性，即尽量不依赖其他模块或数据结构。
- 它们应具有一些通用的功能。当然，还应有好的文档，所有模块的接口、功能和错误条件描述应遵守一定的规范。

（2）软件复用的范围。

- 复用数据：指程序不做任何修改，甚至输入输出数据的格式也无需改动，就可以从一个环境移到另一个环境中使用。
- 复用模块：可复用模块的概念是指单个函数，它们不需要逐行编码就可以连接到一个程序中去。
- 复用结构：有效的复用应有一个结构上的考虑，而不仅是将模块连接在一起。
- 复用设计：软件设计与实现是两个不同的阶段。若对于同一个设计，可以采用不同的实现方法，则这样的设计就是可复用的。
- 复用规格说明：在基本需求不改变或某一新问题与过去的某一软件在某个抽象层次上属于同一类的情况下，原规格说明仍可使用或参照使用。

（3）软件复用技术。

软件复用技术可分为两大类：合成技术和生成技术。

- 合成技术：在合成技术中，构件（Building Blocks）是复用的基石。构件方法以抽象数据类型为理论基础，借用了硬件中集成电路芯片的思想，即将功能细节与数据结构隐藏封装在构件内部,有着精心设计的接口。构件在开发中像芯片那样使用,它们可以组装成更大的构件。构件可以是某一函数、过程、子程序、数据类型、算法等可复用软件成分的抽象,利用构件来构造软件系统,有较高的生产率和较短的开发周期。
- 生成技术:生成技术利用可复用的模式(Patterns),通过生成程序产生一个新的程序或程序段,产生的程序可以看成是模式的实例。可复用的模式有两种不同的形式:代码模式和规则模式。前者的例子是应用生成器,可复用的代码模式就存在于生成器自身。通过特定的参数替换,生成抽象软件模块的具体实体。后者的例子是变换系统,它利用变换规则集合。其变换方法中通常采用超高级的规格说明语言形式化地给出软件的需求规格说明,利用程序变换系统(有时要经过一系列变换)把用超高级规格说明语言编写的程序转化成某种可执行语言的程序。这种超高级语言抽象能力高、逻辑性强、形式化好,便于软件使用者维护。

2.3.6 软件测试与维护

(1)测试的定义。

为了发现程序中的错误而执行程序的过程。

(2)测试的目的。

尽可能揭露和发现程序中隐藏的错误,好的测试方案是尽可能发现尚未发现的错误的测试方案;成功的测试是发现了至今为止尚未发现的错误的测试。因此,一般不由软件编写者测试程序,而由其他人组成的一个测试小组来进行。而且,就算是经过了最严密的测试,仍可能存在未发现的错误。总之,测试只能发现错误,不能证明程序中没有错误。

(3)基本测试方法。

- 黑盒测试(功能测试):在程序接口进行的测试,根据规格说明书检查程序接口,而不考虑程序的内部结构和实现过程。
- 白盒测试(结构测试):按照程序的内部逻辑实现来测试程序,了解程序的每条通路是否都按预定要求正确实现。

(4)测试策略。

测试过程必须分步进行。

- 单元测试:着重测试每个单独模块,以确保其作为一个单元功能是正确的。单元测试大量使用白盒测试,检查模块的控制结构。
- 集成测试:把模块装配(集成)为一个完整的软件包,在装配的同时进行测试。集成测试主要使用黑盒测试技术,要同时解决程序验证和程序构造两个问题。

(5)软件维护。

软件维护的任务是使软件能够持久地满足用户的需求。具体地说,当软件在使用过程中发现错误时,能及时地改正;当用户在使用过程中提出新要求时,能按要求进行更新;当系统环境改变时,能对软件进行修正,以适应新的环境。

维护可分为4类:纠错性维护、适应性维护、完善性维护和预防性维护。

纠错性维护是对软件在使用过程中发现的错误进行诊断和改正;适应性维护是为了让软件适应新的环境(如操作系统的改变、支撑环境的改变等)而进行的修改;完善性维护是为了改进和扩充软件的功能而进行的修改;预防性维护是为将来的维护活动所做的准备。每一项维护都要以正式文档的形式记录下来,作为软件配置的一部分。

2.4 数据库技术基础

数据库技术是 20 世纪 60 年代开始逐步发展起来的数据管理技术，是计算机科学中的一个重要分支，数据库系统也是计算机应用系统中的主要应用之一。在生活中，数据库系统无处不在，例如学校的教务系统、人事管理系统等都是数据库应用系统。

数据库可以形象地理解为数据的仓库，在这个仓库中，数据是按照一定的格式存放的，而这个仓库建设在计算机的大容量的存储器上。数据库技术就是研究如何利用计算机组织、存储、维护和处理数据，从而高效地获取有价值的数据，以便为各种决策活动提供依据。

2.4.1 数据库概述

1. 数据与数据处理

（1）数据与信息。

数据是反映客观事物属性的记录，是描述或表达信息的具体表现形式，是信息的载体。在计算机领域，数据泛指一切可被计算机接受和处理的符号，例如字符、数字、图形、图像、声音等。数据可分为数值型数据（如成绩、价格、数量等）和非数值型数据（如姓名、出生日期、专业、照片、影像等）。数据可以被收集、存储、处理（加工、分类、计算等）、传播和使用。

信息是经过加工处理并对人类客观行为产生影响的数据表现形式。信息是客观事物属性的反映。信息是有用的数据，是通过数据符号来传播的。

信息与数据既有联系又有区别。数据反映了信息的内容，而信息又依靠数据来表达；用不同的数据形式可以表示同样的信息，但信息并不随它的数据形式的不同而改变。例如，电视台通过声音和图像这种数据形式播出一个新闻，也同时通过网络以文字这种数据形式传播这一新闻。人们就从声音、图像和文字这几种不同的数据形式中得到这个新闻信息。尽管声音、图像和文字这几种数据形式不一样，但这一新闻信息内容是一样的。由此可见，信息是数据的内涵，是对客观现实世界的反映，而数据是信息的具体表现形式。

（2）数据处理。

在许多情况下，信息和数据并不是截然分开的，因为有些信息本身就是数据化的，数据本身又是一种信息。计算机进行数据交换也可以说是信息交换，进行数据处理也指信息处理。

所谓数据处理，是指利用计算机将各种类型的数据转换成信息的过程。它包括对数据的采集、整理、存储、分类、排序、加工、检索、维护、统计和传输等一系列处理过程。数据处理的目的是从大量的、原始的数据中获得人们所需要的资料并提取有用的数据成分，从而为人们的工作和决策提供必要的数据基础和决策依据。

2. 数据管理技术

数据管理是指对数据进行组织、存储、分类、检索和维护等数据处理的技术，是数据处理的核心。随着计算机硬件技术和软件技术的发展，计算机数据管理的水平不断提高，管理方式也发生了很大的变化。数据管理技术的发展主要经历了人工管理、文件系统管理和数据库系统管理 3 个阶段。

（1）人工管理阶段。

人工管理阶段始于 20 世纪 50 年代，出现在计算机应用于数据管理的初期。这个时期的计算机主要用于科学计算。从硬件看，由于当时没有磁盘作为计算机的存储设备，数据只能存放于卡片、纸带、磁带上。在软件方面,既无操作系统,也无专门管理数据的软件,数据由计算或处理它的程序自行携带。

在数据的人工管理阶段存在的主要问题是:
- 数据不能独立,需要根据程序的修改而变动。在程序修改后,数据的格式、类型也随之变化,以适应处理它的程序。
- 数据不能长期保存。数据被包含在程序中,程序运行结束后,数据和程序一起从内存中释放。
- 没有专门进行数据管理的软件。人工管理阶段不仅要设计数据的处理方法,而且要说明数据在存储器中的存储地址。应用程序和数据是相互结合且不可分割的,各程序之间的数据不能相互传递,数据不能被重复使用。因而这种管理方式既不灵活,也不安全,编程效率低。
- 一组数据对应于一个程序,一个程序中的数据不能被其他程序利用,数据无法共享,从而导致程序和程序之间有大量重复的数据存在。

人工管理阶段程序与数据之间的关系如图 2-16 所示。

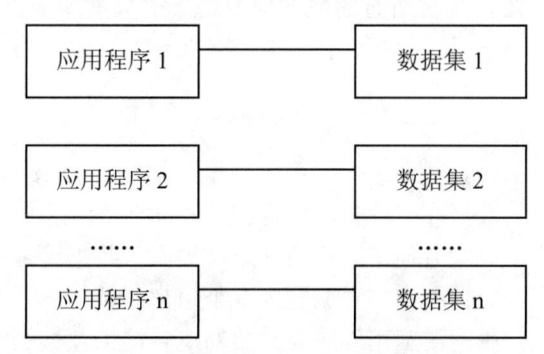

```
应用程序 1 —— 数据集 1
应用程序 2 —— 数据集 2
  ……           ……
应用程序 n —— 数据集 n
```

图 2-16 人工管理阶段程序与数据之间的关系

(2)文件系统管理阶段。

在 20 世纪 60 年代,计算机软硬件技术得到快速发展。硬件方面有了磁盘、磁鼓等大容量且能长期保存数据的存储设备;软件方面有了操作系统。操作系统中有专门的文件系统用于管理外部存储器上的数据文件,数据与程序分开,数据能长期保存。

在文件系统管理阶段,把有关的数据组织成一个文件,这种数据文件能够脱离程序而独立存储在外存储器上,由一个专门的文件系统对其进行管理。在这种管理方式下,应用程序通过文件系统对数据文件中的数据进行加工处理。数据文件相对应用程序具有一定的独立性。与早期人工管理阶段相比,使用文件系统管理数据的效率和数量都有很大提高,但仍存在以下问题:
- 数据没有完全独立。虽然数据和程序被分开,但所设计的数据依然是针对某一特定的程序,所以无论是修改数据文件还是程序文件二者都要相互影响。也就是说,数据文件仍然高度依赖于其对应的程序,不能被多个程序所共享。
- 存在数据冗余。文件系统中的数据没有合理和规范的结构,使得数据的共享性极差,哪怕是不同程序使用部分相同的数据,数据结构也完全不同,也要创建各自的数据文件。这便造成了数据的重复存储,即数据的冗余。
- 数据不能被集中管理。文件系统中的数据文件没有集中的管理机制,数据的安全性和完整性都不能得到保障。各数据之间、数据文件之间缺乏联系，给数据处理造成不便。文件系统管理阶段程序与数据之间的关系如图 2-17 所示。

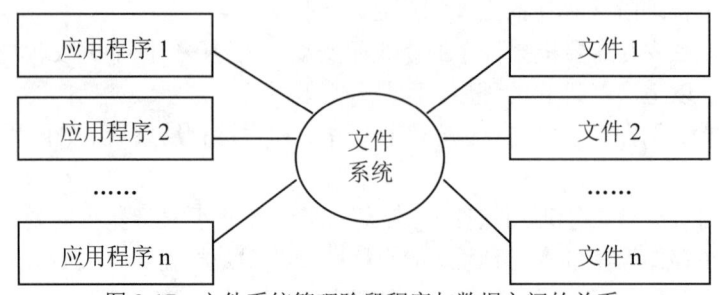

图 2-17　文件系统管理阶段程序与数据之间的关系

（3）数据库系统管理阶段。

由于文件系统管理数据存在缺陷，迫切需要一种新的数据管理方式。始于 20 世纪 60 年代末的新型的数据库技术，把数据组成合理结构，进行集中、统一管理。到了 20 世纪 80 年代，随着计算机的普遍应用和数据库系统的不断完善，数据库系统在全世界范围内得到广泛的应用。

在数据库系统管理阶段，是将所有的数据集中到一个数据库中，形成一个数据中心，实行统一规划，集中管理，用户通过数据库管理系统（DataBase Management System，DBMS）来使用数据库中的数据。

数据库系统的主要特点：

- 实现了数据的结构化。数据库采用了特定的数据模型组织数据。数据库系统把数据存储于有一定结构的数据库文件中，实现了数据的独立和集中管理，克服了人工管理和文件管理的缺陷，大大方便了用户的使用，提高了数据管理的效率。
- 实现了数据共享。数据库中的数据能为多个用户服务。
- 实现了数据独立。用户的应用程序与数据的逻辑结构及数据的物理存储方式无关。
- 实现了数据统一控制。数据库系统提供了各种控制功能，保证了数据的并发控制、安全性和完整性。数据库作为多个用户和应用程序的共享资源，允许多个用户同时访问。并发控制可以防止多用户并发访问数据时产生的数据不一致性；安全性可以防止非法用户存取数据；完整性可以保证数据的正确性和有效性。

在数据库系统阶段，应用程序和数据完全独立，应用程序对数据管理和访问更加灵活。一个数据库可以为多个应用程序共享，使得程序的编制效率大大提高，减少了数据冗余，实现了数据资源共享，提高了数据的完整性、一致性和数据的管理效率。

数据库系统阶段程序与数据之间的关系如图 2-18 所示。

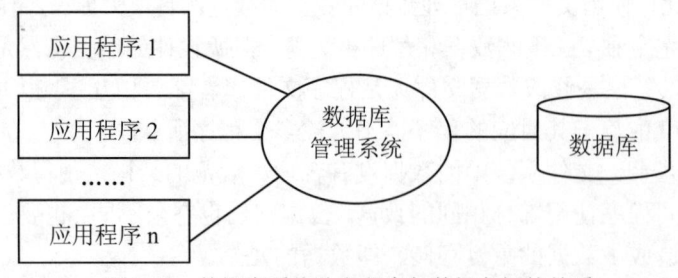

图 2-18　数据库系统阶段程序与数据之间的关系

3. 数据库系统的组成与结构

（1）数据库系统的组成。

数据库系统（Data Base System，DBS）是指计算机系统引入数据库后的系统构成，是一个具有管理数据库功能的计算机软硬件综合系统。具体地说，它主要包括计算机硬件、操作系统、数据库、数据库管理系统和建立在该数据库之上的相关软件、数据库管理员及用户等组成部分。数据库系统具有数据的结构化、共享性、独立性、可控冗余度，以及数据的安全性、完整性和并发控制等特点。

- 硬件系统：数据库系统的物理支持，包括主机、显示器、外存储器、输入/输出设备等。
- 软件系统：包括系统软件和应用软件。系统软件包括支持数据库管理系统运行的操作系统（如 Windows 2000）、数据库管理系统（如 Visual FoxPro 6.0）、开发应用系统的高级语言及其编译系统等；应用软件是指在数据库管理系统基础上，用户针对实际问题自行开发的应用程序。
- 数据库：数据库系统的管理对象，为用户提供数据的信息源。
- 数据库管理员：负责管理和控制数据库系统的主要维护管理人员。
- 用户：数据库的使用者，可以利用数据库管理系统软件提供的命令访问数据库并进行各种操作。用户包括专业用户和最终用户。专业用户即程序员，是负责开发应用系统程序的设计人员；最终用户是对数据库进行查询或通过数据库应用系统提供的界面使用数据库的人员。

（2）数据库管理系统。

数据库管理系统（DBMS）是负责数据库的定义、建立、操纵、管理和维护的一种计算机软件，是数据库系统的核心部分。数据库管理系统是在特定操作系统的支持下进行工作的，它提供了对数据库资源进行统一管理和控制的功能，使数据结构和数据存储具有一定的规范性，提高了数据库应用的简明性和方便性。DBMS 为用户管理数据提供了一整套命令，利用这些命令可以实现对数据库的各种操作，如数据结构的定义，数据的输入、输出、编辑、删除、更新、统计和浏览等。

数据库管理系统通常由以下几个部分组成：

- 数据定义语言（Data Definition Language，DDL）及其编译和解释程序，主要用于定义数据库的结构。
- 数据操纵语言（Data Manipulation Language，DML）或查询语言及其编译和解释程序，提供了对数据库中数据的存取、检索、统计、修改、删除、输入、输出等基本操作。
- 数据库运行管理和控制例行程序，是数据库管理系统的核心部分，用于数据的安全性控制、完整性控制、并发控制、通信控制、数据存取、数据库转储、数据库初始装入、数据库恢复和数据的内部维护等。这些操作都是在该控制程序的统一管理下进行的。
- 数据字典（Data Dictionary，DD），提供了对数据库数据描述的集中管理规则。对数据库的使用和操作可以通过查阅数据字典来进行。

（3）数据库应用系统。

数据库应用系统（Data Base Application System，DBAS）是在 DBMS 支持下针对实际问题开发出来的数据库应用软件。一个 DBAS 通常由数据库和应用程序两部分组成，它们都需要在 DBMS 支持下开发。

由于数据库的数据要供不同的应用程序共享，因此在设计应用程序之前首先要对数据库进行设计。数据库的设计是以"关系规范化"理论为指导，按照实际应用的报表数据，首先定义数据的结构，包括逻辑结构和物理结构，然后输入数据形成数据库。开发应用程序也可采用"功能分析→总体设计→模块设计→编码调试"等步骤来实现。

（4）数据库系统结构。

数据库系统结构是数据库的一个总的框架。目前，市场上流行的数据库系统软件产品多样，支持不同的数据模型，使用不同的数据库语言和应用系统开发工具，建立在不同的操作系统之上，但绝大多数数据库库系统在总的结构上都具有三级结构的特点，即物理数据层（内部级）、概念数据层（概念级）、逻辑数据层（外部级）。数据库的三个层次反映了观察数据库的三种不同角度。

- 物理数据层：是数据库的最内层，是物理存储设备上实际存储的数据的集合。这些数据是原始数据，是用户加工的对象，由内部模式描述的指令操作处理的位串、字符和字组成。
- 概念数据层：是数据库的中间一层，是数据库的整体逻辑表示，指出了每个数据的逻辑定义及数据间的逻辑联系，是存储记录的集合。它所涉及的是数据库所有对象的逻辑关系，而不是它们的物理情况，是数据库管理员概念下的数据库。
- 逻辑数据层：是用户所看到和使用的数据库，表示了一个或一些特定用户使用的数据集合，即逻辑记录的集合。

数据库不同层次之间的联系是通过不同映射进行转换的。

2.4.2 数据模型

数据模型是对现实世界数据特征的抽象，是用来描述数据的一组概念和定义。数据模型按不同的应用层次可以划分为概念数据模型和逻辑数据模型两类。概念数据模型又称为概念模型，是一种面向客观世界、面向用户的模型，主要用于数据库设计。而逻辑数据模型常称为数据模型，是一种面向数据库系统的模型，主要用于数据库管理系统的实现。

1. 概念数据模型中的常用术语

信息世界中的基本概念包括实体、属性、码、域、实体型、实体集。

实体：客观存在并可相互区分的事物称为实体。它是信息世界的基本单位。实体既可以是人，也可以是物；既可以是实际对象，也可以是抽象对象；既可以是事物本身，也可以是事物与事物之间的联系。例如一个学生、一个教师、一门课程、一支笔、一棵树、一个机构等都是实体。

属性：描述实体的特性称为属性。一个实体可由若干个属性来刻画。属性的组合表征了实体。例如铅笔有商标、软硬度、颜色、价格、生产厂家等属性；学生有学号、姓名、性别、出生日期、籍贯、专业、是否三好生、联系方式等属性。

实体型：用实体名及其属性名集合来抽象和刻画同类实体称为实体型。例如学生以及学生的属性名集合构成了学生实体型，可以简记为：学生（学号，姓名，性别，出生日期，籍贯，专业，是否团员）；铅笔实体型可以简记为：铅笔（商标，软硬度，颜色，价格，生产厂家）。

实体集：同类型的实体的集合称为实体集。例如全体学生就是一个实体集。

2. 实体之间的联系

两个实体间的联系可以分为以下 3 类：

- 一对一联系（1:1）。如果对于实体集 A 中的每一个实体，实体集 B 中至多有一个实体与之联系，反之亦然，则称实体集 A 与实体集 B 具有一对一联系。例如，在学校里，一个班级只有一个正班长，而一个班长只在一个班中任职，则班级与班长之间具有一对一联系。又如职工和工号的联系是一对一的，每一个职工只对应于一个工号，不可能出现一个职工对应于多个工号或一个工号对应于多名职工的情况。

- 一对多联系（1:n）。如果对于实体集 A 中的每一个实体，实体集 B 中有 n 个实体（n≥0）与之联系；反之，对于实体集 B 中的每一个实体，实体集 A 中至多只有一个实体与之联系，则称实体集 A 与实体集 B 有一对多联系。考查系和学生两个实体集，一个学生只能在一个系里注册，而一个系有很多学生，所以系和学生是一对多联系。又如单位的部门和职工的联系是一对多的，一个部门对应于多名职工，多名职工对应于同一个部门。

- 多对多联系（n:m）。如果对于实体集 A 中的每一个实体，实体集 B 中有 n 个实体（n≥0）与之联系；反之，对于实体集 B 中的每一个实体，实体集 A 中也有 m 个实体（m≥0）与之联系，则称实体集 A 与实体集 B 具有多对多联系。例如，一门课程同时有若干个学生选修，而一个学生可以同时选修多门课程，则课程与学生之间具有多对多联系。又如在单位中，一个职工可以参加若干个项目的工作，一个项目可有多个职工参加，则职工与项目之间具有多对多联系。

实体型之间的一对一、一对多、多对多联系不仅存在于两个实体型之间，也存在于两个以上的实体型之间。同一个实体集内的各实体之间也可以存在一对一、一对多、多对多的联系，称为自联系。

3. 数据模型

客观事物的普遍联系性决定了作为事物属性记录符号的数据与数据之间也存在着一定的联系。具有联系性的相关数据总是按照一定的组织关系排列，从而构成一定的结构，对这种结构的描述就是数据模型。数据模型是数据库系统中用于提供信息表示和操作手段的结构形式。简单地说，数据模型是指数据库的组织形式，它决定了数据库中数据之间联系的方式。在数据库系统设计时，数据库的性质是由系统支持的数据模型来决定的。不同的数据模型以不同的方式把数据组织到数据库中。

常见的数据模型有 3 种：层次模型、网状模型和关系模型。如果数据库中的数据是依照层次模型进行存储，该数据库称为层次数据库；如果是依照网状模型进行存储，该数据库称为网状数据库；如果是依照关系模型进行存储，该数据库称为关系数据库。

（1）层次模型。

层次模型是数据库系统最早使用的一种模型。层次模型表示数据间的从属关系结构，它是以树型结构表示实体（记录）与实体之间联系的模型。层次模型的主要特征是：

- 层次模型像一棵倒立的树，仅有一个无双亲的根结点。
- 根结点以外的子结点，向上仅有一个父结点，向下有若干子结点。

层次数据模型只能直接表示一对多（包括一对一）的联系，但不能表示多对多联系。例如学校的行政机构、企业中的部门编制（如图 2-19 所示）等都是层次模型。支持层次模型的数据库管理系统称为层次数据库管理系统。

（2）网状模型。

网状模型是一种比较复杂的数据模型，它是以网状结构表示实体与实体之间联系的模型。网状模型可以表示多个从属关系的层次结构，也可以表示数据间的交叉关系，是层次模型的扩展。网状模型的主要特征是：
- 有一个以上的结点无双亲。
- 至少有一个结点有多个双亲。

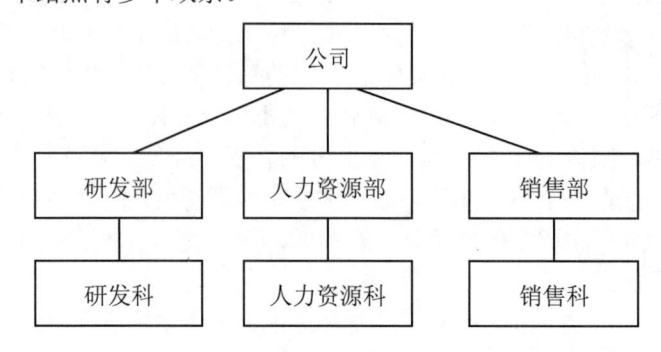

图 2-19　企业中的部门编制层次模型

网状数据模型的结构比层次模型更具普遍性，它突破了层次模型的两个限制，即允许多个结点没有双亲结点、允许结点有多个双亲结点。此外，它还允许两个结点之间有多种联系。因此网状数据模型可以更直接地描述现实世界。图 2-20 给出了一个简单的网状模型。

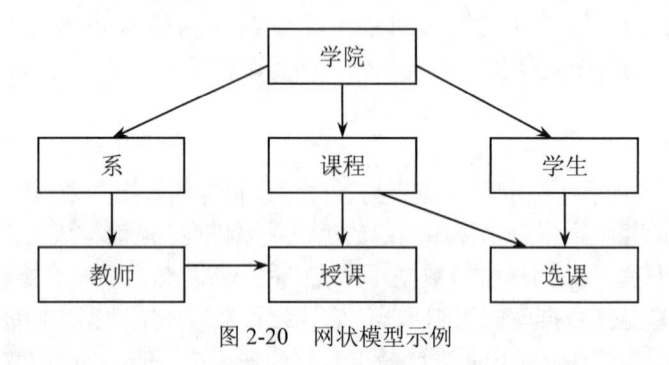

图 2-20　网状模型示例

网状模型是以记录为结点的网络结构。支持网状数据模型的数据库管理系统称为网状数据库管理系统。

（3）关系模型。

关系模型是一种以关系（二维表）的形式表示实体与实体之间联系的数据模型。关系模型不像层次模型和网状模型那样使用大量的链接指针把有关数据集合到一起，而是用一张二维表来描述一个关系。

关系模型的主要特点有：
- 关系中的每一分量不可再分，是最基本的数据单位。
- 关系中每一列的分量是同属性的，列数根据需要而设，且各列的顺序是任意的。
- 关系中每一行由一个个体事物的诸多属性构成，且各行的顺序可以是任意的。
- 一个关系是一张二维表，不允许有相同的列（属性），也不允许有相同的行（元组）。

表 2-1 所示是一个员工信息表。在二维表中，每一行称为一个记录，用于表示一组数据项；表中的每一列称为一个字段或属性，用于表示每列中的数据项。表中的第一行称为字段名，用于表示每个字段的名称。

关系模型对数据库的理论和实践产生了极大的影响，它与层次模型和网状模型相比有明显的优势，是目前最流行的数据库模型。支持关系模型的数据库管理系统称为关系数据库管理系统。Visual FoxPro 采用的数据模型是关系模型，因此它是一个关系数据库管理系统。

表 2-1 员工信息表

职工号	姓名	性别	出生年月	部门编号	工作时间	职务	党员	备注	文化程度
201210001	章德馨	女	10/23/1984	D001	07/01/2008	职员	F	memo	大学本科
201210002	柳齐宝	男	08/12/1984	D002	01/15/2005	经理	T	memo	硕士
201210003	周如松	男	01/02/1985	D001	07/01/2008	职员	F	memo	硕士
201210004	马新文	男	07/24/1984	D003	07/01/2008	职员	F	memo	大学本科
201210005	钱多多	女	05/12/1984	D004	03/01/2005	经理	F	memo	大学本科
201210006	李杰	男	12/12/1983	D004	03/01/2007	职员	F	memo	硕士
201210007	刘欣然	男	11/07/1983	D001	01/15/2010	职员	T	memo	硕士
201210008	赵梦如	女	09/30/1984	D001	07/01/2008	职员	F	memo	大学本科
201210009	柳德华	男	02/15/1985	D002	07/01/2007	职员	F	memo	大学本科
201210010	苏俊怡	女	03/18/1983	D002	03/01/2009	职员	F	memo	大学本科

2.4.3 关系数据库

关系数据库是依照关系模型设计的数据库。一个关系数据库由若干个关系组成，在用户角度，每个关系又是由若干个元组（记录）组成，每个元组（记录）由若干个数据项组成。一个关系的逻辑结构就是一张二维表。这种用二维表的形式表示实体和实体间联系的数据模型称为关系数据模型。

1. 关系术语

关系是建立在数学集合概念基础之上的，是由行和列表示的二维表。

关系：一个关系就是一张二维表，每个关系有一个关系名。在关系数据库中，一个关系就称为一张数据表。

元组：二维表中水平方向的行称为元组，每一行是一个元组。在关系数据库中，一行称为一个记录。

属性：二维表中垂直方向的列称为属性，每一列有一个属性名。在关系数据库中，一列称为一个字段。

域：二维表中属性的取值范围。

关键字：指表中的某个属性或属性组合，其值可以唯一确定一个元组。在关系数据库中，具有唯一性取值的字段称为关键字。

候选关键字：关系中能够成为关键字的属性或属性组合可能不是唯一的。凡在关系中能够唯一区分、确定不同元组的属性或属性组合，称为候选关键字。

主关键字：在候选关键字中选定一个作为关键字，称为该关系的主关键字。关系中主关键字是唯一的。

外部关键字：关系中某个属性或属性组合并非关键字，但却是另一个关系的主关键字，称此属性或属性组合为本关系的外部关键字。关系之间的联系是通过外部关键字实现的。

关系模式：是对关系的描述，一个关系模式对应一个关系的结构。其格式为：

关系名（属性名1，属性名2，属性名3，…，属性名n）

例如，员工信息表的关系模式描述如下：

教师信息表（教师号，姓名，性别，出生年月，部门编号，职务，职称，党员，备注）

2. 关系表之间的关联关系

关系数据库中，每个数据表中的数据如何收集、如何组织，这是一个很重要的问题。因此，要求数据库的数据要实现规范化，形成一个组织良好的数据库。

所谓规范化是指关系数据库中的每一个关系都必须满足一定的规范要求。关系规范化就是将一个不十分合理的关系模型转化为一个最佳的数据关系模型，它是围绕范式而建立的。根据满足规范的条件不同，可以划分为6个范式等级：第一范式（1NF）、第二范式（2NF）、第三范式（3NF）、修正的第三范式（BCNF）、第四范式（4NF）和第五范式（5NF）。关系规范化的各个范式有各自不同的原则要求。通常在解决一般性问题时，只要把数据表规范到第三个范式标准就可以满足需要。

第一范式要求：在一个关系中消除重复字段，且各字段都是不可分的基本数据项。这是任何一个关系数据库必须满足的要求。

第二范式要求：若关系模型属于第一范式，则关系中所有非主属性完全依赖主关键字段。

第三范式要求：若关系模型属于第二范式，则关系中所有非主属性直接依赖主关键字段。

数据的规范化逐步消除了数据依赖关系中不合适的部分，使得依赖于同一个数据模型的数据达到有效的分离。每一张数据表具有独立的属性，同时又依赖于共同关键字。

如果将上述数据表收集的这些数据集中在一个表中，显然会使表中的数据字段太宽、数据量大、结构复杂，使数据可能重复出现，数据的输入、修改和查找都很麻烦，并造成数据存储空间的浪费。而在关系数据库中，通过数据库管理系统可将这些相关的数据表存储在同一个数据库中，将两数据表中具有相同值的字段名之间建立关联关系。如将员工信息表中的"职工号"字段与工资表中的"职工号"字段建立关联关系；将工资表中的"职工号"字段与工作记录表中的"职工号"字段建立关联关系。这样就使每个数据表具有了独立性，又使每个数据表保持了一定的关联关系。

3. 关系运算

（1）传统的集合运算。

进行并、差、交、积集合运算的两个关系必须具有相同的关系模式，即结构相同。

并：两个相同结构的关系R和S的"并"记为R∪S，其结果是由R和S的所有元组组成的集合。

差：两个相同结构的关系R和S的"差"记为R–S，其结果是由属于R但不属于S的元组组成的集合。差运算的结果是从R中去掉S中也有的元组。

交：两个相同结构的关系R和S的"交"记为R∩S，它们的交是由既属于R又属于S的元组组成的集合。交运算的结果是R和S的共同元组。

广义笛卡尔积：两个分别为n目和m目的关系R和S的广义笛卡尔积是一个(n+m)列的元组的集合。元组的前n列是关系R的一个元组，后m列是关系S的一个元组。若R有k1个元组，S有k2个元组，则关系R和关系S的广义笛卡尔积有k1×k2个元组，记为R×S。

（2）专门的关系运算。

在关系数据库中，经常需要对关系进行特定的关系运算操作。基本的关系运算有3种：选择、投影和连接。

- 选择：选择运算是从关系中找出满足条件的记录。选择运算是一种横向的操作，它可以根据用户的要求从关系中筛选出满足一定条件的记录。这种运算可以改变关系表中的记录个数，但不影响关系的结构。
- 投影：投影运算是从关系中选取若干个字段组成一个新的关系。投影运算是一种纵向的操作，它可以根据用户的要求从关系中选出若干字段组成新的关系。其关系模式所包含的字段个数往往比原有关系少，或者字段的排列顺序不同。因此投影运算可以改变关系中的结构。
- 连接：连接运算是将两个关系通过共同的属性名（字段名）连接成一个新的关系。连接运算可以实现两个关系的横向合并，在新的关系中反映出原来两个关系之间的联系。

选择和投影运算都属于单目运算，对一个关系进行操作；而连接运算属于双目运算，对两个关系进行操作。

4. 关系的完整性

数据库系统在运行的过程中，由于数据输入错误、程序错误、使用者的误操作、非法访问等各方面的原因，容易产生数据错误和混乱。为了保证关系中数据的正确和有效，需要建立数据完整性的约束机制来加以控制。

关系的完整性是指关系中的数据及具有关联关系的数据间必须遵循的制约条件和依存关系，以保证数据的正确性、有效性和相容性。关系的完整性主要包括实体完整性、域完整性和参照完整性。

（1）实体完整性。

实体是关系描述的对象。一行记录是一个实体属性的集合。在关系中用关键字来唯一地标识实体，关键字也就是关系模式中的主属性。实体完整性是指关系中的主属性值不能取空值（NULL），且不能有相同值，以保证关系中的记录的唯一性。若主属性取空值，则不可区分现实世界中存在的实体。例如，学生的学号、职工的职工号一定都是唯一的，这些属性都不能取空值。

（2）域完整性。

域完整性约束也称为用户自定义完整性约束。它是针对某一应用环境的完整性约束条件，主要反映了某一具体应用所涉及的数据应满足的要求。

域是关系中属性值的取值范围。域完整性是对数据表中字段属性的约束，它包括字段的值域、字段的类型及字段的有效规则等约束，它是由确定关系结构时所定义的字段的属性所决定的。在设计关系模式时，定义属性的类型、宽度是基本的完整性约束。进一步的约束可保证输入数据的合理有效，如性别属性只允许输入"男"或"女"，其他字符的输入则认为是无效输入，拒绝接受。Visual FoxPro 命令中的 VALID 语句可进行这方面的约束。

（3）参照完整性。

参照完整性是对关系数据库中建立关联关系的数据表之间数据参照引用的约束，也就是对外关键字的约束。准确地说，参照完整性是指关系中的外关键字必须是另一个关系的主关键字有效值，或者是 NULL。

在实际的应用系统中，为减少数据冗余，常设计几个关系来描述相同的实体，这就存在关系之间的引用参照，也就是说一个关系属性的取值要参照其他关系。

2.4.4 数据库设计

数据库设计（Database Design）是指对于一个给定的应用环境，构造最优的数据库模式，建立数据库及其应用系统，使之能够有效地存储数据，满足各种用户的应用需求（信息要求和处理要求）。在数据库领域内，常常把使用数据库的各类系统统称为数据库应用系统。

数据库设计是建立数据库及其应用系统的技术，是信息系统开发和建议中的核心技术。由于数据库应用系统的复杂性，为了支持相关程序运行，数据库设计就变得异常复杂，因此最佳设计不可能一蹴而就，而只能是一种"反复探寻，逐步求精"的过程，也就是规划和结构化数据库中的数据对象以及这些数据对象之间关系的过程。

1. 概念模型的常用表示方法——实体联系方法（E-R 图）

实体—联系方法是 P.S.Chen 于 1976 年提出的，该方法直接从现实世界抽象出实体型及其实体间的联系，并用实体—联系图（E-R 图）来表示数据模型。在 E-R 图中用方框表示实体；用菱形表示联系，用实线将其与相应的实体连接起来，并在实线边上标上联系的类型；用椭圆表示属性，并用实线将其与相应的实体连接起来。而对于某些联系，其自身也会有某些属性，同实体与属性的连接方式类似，用实线将联系与其属性连接起来。如图 2-21 所示为学生和课程及相互间的多对多联系。

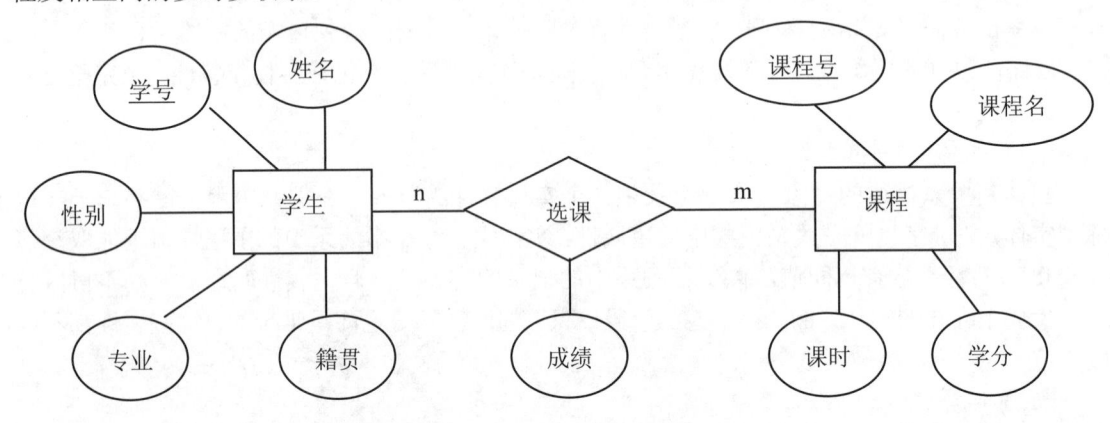

图 2-21 学生和课程及相互间的多对多联系

2. 数据库设计步骤

数据库设计的方法有很多，各种不同的设计方法对数据库划分也各不相同。如新奥尔良方法将数据库设计分为需求分析、概念设计、逻辑设计和物理设计 4 个步骤；也有的将数据库设计分为需求分析、概念结构设计、逻辑结构设计、物理设计、数据库实施、数据库运行和维护 6 个步骤，下面我们就该设计方法来介绍数据库设计步骤。

（1）需求分析。

需求分析是数据库设计的起点和基础，也是其他设计阶段的依据。其主要任务是调查和分析用户的业务活动和数据的使用情况，弄清所用数据的种类、范围、数量以及它们在业务活动中交流的情况，确定用户对数据库系统的使用要求（信息需求、处理需求、安全性和完整性需求等要求）和各种约束条件等，以数据流图和数据字典等书面形式形成用户需求规约。

（2）概念结构设计。

在需求分析之后，就需要进行概念结构的设计了。概念结构设计对用户要求描述的现实世界（可能是一个学校、一家企业或一个机构等），通过对其中数据的分类、聚集和概括，建立抽象的概念数据模型。这个概念模型应反映现实世界各部门的信息结构、信息流动情况、信息间的互相制约关系以及各部门对信息存储、查询和加工的要求等。这一阶段需要做的工作是将需求分析后得到的数据信息进行进一步抽象为能反映用户观点的概念模型，常采用的手段就是实体－联系模型（E-R 模型）。

概念结构设计第一步先明确现实世界各部门所含的各种实体及其属性、实体间的联系以及对信息的制约条件等，从而给出各部门内所用信息的局部描述（在数据库中称为用户的局部视图），形成局部 E-R 模型，一个局部 E-R 模型是应用系统的一个子系统（局部应用）。第二步再将前面得到的多个用户的局部 E-R 模型集成为一个全局 E-R 模型，即用户要描述的现实世界的概念数据模型。在集成为一个全局 E-R 模型时需要检查并消除局部 E-R 模型间的冲突（主要有 3 类：属性冲突、命名冲突、结构冲突），同时还需要检查并消除数据冗余。

（3）逻辑结构设计。

数据库的逻辑结构设计主要工作是将现实世界的概念数据模型设计成数据库的一种逻辑模式，即适应于某种特定数据库管理系统（DBMS）所支持的逻辑数据模式。与此同时，可能还需要为各种数据处理应用领域产生相应的逻辑子模式。这一步设计的结果就是所谓的"逻辑数据库"。

一般来说，选择怎样的 DBMS 存放数据，是由系统分析员和用户（一般是企事业单位的高级管理人员）决定的，在具体选择时，主要考虑有构建数据库的难易程度、DBMS 产品的性能和价格、所设计的应用系统的功能复杂度、可移植及可扩展度等诸多因素。目前，主流的 DBMS 产品主要有 SQL Server、Oracle、DB2、Sybase、Access、MySQL 等。

将逻辑结构设计后形成的 E-R 模型在逻辑结构设计中转换为关系模型，一般的转换规则主要有：

- 将一个实体集转换成为一个关系模型。例如图 2-21 中，学生和课程及相互间的多对多联系中的学生实体集可以转换为学生（<u>学号</u>，姓名，性别，专业，籍贯），课程实体集可以转换为课程（<u>课程号</u>，课程名，学时，学分）。
- 将一对一或一对多的联系转换为一端实体的一个属性或转换为一个关系模型。
- 将多对多的联系转换为一个关系模型。例如图 2-21 中，学生和课程及相互间的多对多联系中的选课联系可以转换为选课（<u>学号</u>，<u>课程号</u>，成绩）。

（4）物理设计。

数据库的物理设计是指为给定的一个逻辑数据模型选择最合适应用环境的物理结构。关系数据库的物理结构主要是指数据的存取方法和存储结构。

根据特定数据库管理系统所提供的多种存储结构和存取方法等依赖于具体计算机结构的各项物理设计措施，对具体的应用任务选定最合适的物理存储结构（包括文件类型、索引结构和数据的存放次序与位逻辑等）、存取方法和存取路径等。这一步设计的结果就是所谓的"物理数据库"。

对于得到的物理数据库还需要进一步进行评价，评价主要考虑时间和空间效率、维护代价、用户的需求等方面，根据这些方面的因素对已有的物理设计方案进行调整或选择一个较优的设计方案为最终设计方法。

（5）数据库实施。

数据库实施阶段的主要任务是根据数据库的逻辑结构设计和物理设计的结果，在实际的计算机系统中建立数据库的结构、载入数据、测试程序、对数据库应用系统进行试运行等。

- 数据库数据的载入和应用程序的编制调试。数据的载入是指根据数据库逻辑结构设计和物理设计的结果将原始数据存放到数据库中去,数据的载入过程主要要做的工作有:利用 DBMS 提供的命令建立数据库的结构(模式、外模式、内模式等),对于关系数据库而言就是创建数据库,建立数据库中所包含的各个基本表、试图和索引等;将原始数据装入数据库,这个过程非常复杂,因为新旧系统数据结构和组织方式及格式不相同,在装入前必须对旧系统的数据格式、结构进行转换以适应新系统,然后才能输入到新数据库中去;应用程序的编制调试是与输入的载入同时进行的工作。编制的应用程序在对数据进行访问、更新、控制的过程中需要用到嵌入式 SQL 来实现。
- 数据库的试运行。在所有的程序模块都通过了调试之后,需要将这些模块联合起来进行调试,这一过程称为数据库的试运行。数据库的试运行过程中,需要测试程序的各项功能是否正确、系统性能是否符合用户需求、找出引发问题的原因,为进一步调试提供依据。

(6) 数据库的运行与维护。

经过了数据库的试运行后,系统性能已达到用户的要求,并且系统已处于一个较为稳当的状态,这时系统就可以正式投入运行了。数据库系统投入运行后,需要对数据库做经常性的维护工作,这个任务一般由数据库的系统管理员 DBA 来完成。维护工作主要有:

- 数据库的备份及恢复。DBA 需要定期对数据库进行备份,这样可以在数据库系统遭到破坏时及时对数据进行恢复。
- 数据库的安全性及完整性控制。DBA 需要根据应用的实际需求及时调整数据库的安全性及完整性策略。
- 数据库性能的监督、分析及改造。DBA 需要密切关注系统性能的变化,监视系统的运行状态,并对监测的数据进行必要的分析,以不断改进系统性能。
- 数据库的重组织和重构建。数据库系统在运行的过程中,随着时间的推移,频繁更新数据的操作会对系统的性能及存取效率产生较大的影响,这时就需要 DBA 对数据库重新进行组织,即按原设计要求重新安排数据存储位置、回收垃圾数据、减少指针链等,以提高数据的访问、存取效率和系统性能。另外数据库系统应用环境的变化、不断出现的新的应用需求使正在运行的系统渐渐不能满足需求,这时需要对原系统进行局部调整,增加(或删除)一些关系(或某些关系的某些属性),这个过程就是数据库的重构。当然,当应用环境或需求发生较大变化后,旧系统就会逐渐被淘汰,这时需要重新设计新系统以满足需求。

本章小结

本章主要介绍了计算机软件基础所涉及到的四门学科的基础理论和基本知识,包含了操作系统、数据结构、软件工程和数据库系统的相关内容。操作系统是加在裸机上的第一层软件,它是系统应用程序和用户程序与硬件之间的接口,而且是整个计算机系统的核心,起着控制和管理的中心作用。操作系统可分为批处理系统、分时系统、实时系统、单用户交互系统、网络操作系统、分布式操作系统。操作系统的功能可被划分为处理机管理、存储器管理、设备管理、文件管理、作业管理五大部分。

数据的逻辑结构也称为数据结构，它抽象地反映数据元素间的逻辑关系。数据的逻辑结构有 3 种基本数据结构：线性表、树和图。这 3 种基本数据结构又分为线性结构（线性表）和非线性结构（树和图）。数据的逻辑结构在计算机存储设备中的映象称为数据的存储结构（也称为物理结构），最常用的两种方式是：顺序存储结构和链接存储结构。大多数据结构的存储表示都采用其中的一种方式或两种方式的结合。

软件工程是从工程角度来研究软件开发的方法和技术，它的主要内容有：软件工程方法学、软件工程环境和软件工程管理等多个分支。软件的生存周期划分为若干个阶段（如需求定义、软件设计、编程、测试、运行维护等），每个阶段有相对独立的任务。

数据结构用于描述数据元素及元素间的相互关系。数据结构的概念一般包括三方面内容：数据之间的逻辑关系、数据在计算机中的存储方式、在这些数据上定义的运算的集合。

数据库系统主要讨论了数据与信息的联系和区别、数据管理技术的发展过程、数据库系统的组成、数据库管理系统的主要功能，并且重点介绍了数据库建立和数据库查询的方法，也对结构化查询语言与 SQL 作了简要介绍，最后对数据之间关系的描述和数据库模型、关系数据库等作了讨论。

第3章 多媒体技术基础

学习目标

- 了解多媒体的基本概念。
- 掌握多媒体计算机系统结构。
- 了解多媒体压缩技术。
- 了解多媒体信息数字化。

自20世纪80年代以来,随着电子技术和大规模集成电路技术的发展,计算机技术、广播电视技术和通信网络技术这三大领域相互渗透融合、相互促进,从而形成了一门新的技术,即多媒体技术。多媒体技术能使计算机具有综合处理声音、文字、图形、图像和视频等信息的能力,因此成为当前最受信息领域关注的热点之一。

3.1 多媒体技术

3.1.1 多媒体概述

1. 基本概念

(1)媒体。

在日常生活中,被称为媒体的东西有许多,如蜜蜂是传播花粉的媒体、苍蝇是传播病菌的媒体。但准确地说,这些所谓的"媒体"是传播媒体,并非我们所说的多媒体中的"媒体",因为这些传播媒体传播的都是某种物质实体,而文字、声音、图像、图形这些都不是物质实体,它们只是客观事物某种属性的表面特征,是一种信息表示方式。我们在计算机和通信领域所说的媒体(Media)就是人与人之间实现信息交流的中介,简单地说,就是信息的载体,也称为媒介,并不是一般的媒介和媒质。

(2)多媒体。

多媒体的英文单词是Multimedia,它由media和multi两部分组成。一般理解为多种媒体的综合,也就是文本、声音、图像、图形、动画、视频等多种媒体的直接结合和综合使用。通过这种方式,我们就可以在听到优美动听的音乐的同时,看到精致唯美的图片,欣赏美轮美奂的影音动画。

(3)多媒体技术。

多媒体技术不是各种信息媒体的简单复合,它是一种把文本、图形、图像、动画和声音等多种信息类型综合在一起,并通过计算机进行综合处理和控制,能支持完成一系列交互式操作的信息技术。多媒体代表数字控制和数字媒体的汇合,多媒体技术的发展改变了计算机的使用领域,其广泛应用于工业生产管理、学校教育、公共信息咨询、商业广告、军事指挥与训练、建筑规划设计，甚至家庭生活与娱乐等领域。

由于多媒体系统需要将不同的媒体数据表示成统一的结构码流，然后对其进行变换、重组和分析处理，以进行进一步的存储、传送、输出和交互控制，多媒体技术的应用突破了传统的单靠键盘和显示器以字符的形式交流信息的模式。多媒体技术发展到今天，跟许多技术的进步，如数据压缩技术、大规模集成电路（VLSI）制造技术、大容量的光盘存储器（CD-ROM）、实时多任务操作系统等紧密相关。因为这些技术取得了突破性的进展，多媒体技术才得以迅速地发展，而成为像今天这样具有强大的处理声音、文字、图像等媒体信息的能力的高科技技术。所以，多媒体技术可以说是包含了当今计算机领域内最新的硬件和软件技术，它将不同性质的设备和信息媒体集成为一个整体，并以计算机为中心综合地处理各种信息。现在所说的多媒体，通常并不单单指多媒体信息本身，主要是指处理和应用它的一套软硬件技术。因此，通常所说的"多媒体"只是多媒体技术的同义词。

多媒体技术具有以下几个主要特点：

- 集成性：能够对信息进行多通道统一获取、存储、组织与合成。
- 控制性：多媒体技术是以计算机为中心，综合处理和控制多媒体信息，并按人的要求以多种媒体形式表现出来，同时作用于人的多种感官。
- 交互性：交互性是多媒体应用有别于传统信息交流媒体的主要特点之一。传统信息交流媒体只能单向地、被动地传播信息，而多媒体技术可以实现人对信息的主动选择和控制。
- 非线性：多媒体技术的非线性特点将改变人们传统循序性的读写模式。以往人们的读写方式大都采用章、节、页的框架，循序渐进地获取知识，而多媒体技术将借助超文本链接（Hyper Text Link）的方法，把内容以一种更灵活、更具变化的方式呈现给读者。
- 实时性：当用户给出操作命令时，相应的多媒体信息都能够得到实时控制。
- 信息使用的方便性：用户可以按照自己的需要、兴趣、任务要求、偏爱和认知特点来使用信息，任取图、文、声等信息表现形式。
- 信息结构的动态性："多媒体是一部永远读不完的书"，用户可以按照自己的目的和认知特征重新组织信息，增加、删除或修改节点，重新建立链。

2. 多媒体技术的应用与发展

（1）多媒体技术的发展。

多媒体技术的发展是非常迅速的，让我们来看看这中间几个具有代表性的时刻。

1984年，美国苹果（Apple）公司开创了用计算机进行图像处理的先河，在世界上首次使用位图（Bitmap）概念对图像进行描述，从而实现对图像进行简单的处理、存储、传送等。苹果公司对图像进行处理的计算机是该公司自行研制和开发的"苹果计算机"（Apple），其操作系统名为 Macintosh，所以也有人把"苹果"计算机直接叫做 Macintosh 计算机。在当时，Macintosh 操作系统首次采用了先进的图形用户界面，体现了全新的 Windows（窗口）概念和 Icon（图标）程序设计理念，并且建立了新型的图形化人机接口标准（比微软要早）。

1985年，美国 Commodore 公司将世界上首台多媒体计算机系统展现在世人面前，该计算机系统被命名为 Amiga，并在随后的 Comdex'89 展示会上展示了该公司研制的多媒体计算机系统 Amiga 的完整系列。

同年，计算机硬件技术有了较大的突破，为解决大容量存储的问题，激光只读存储器

CD-ROM 问世，为多媒体数据的存储和处理提供了理想的条件，并对计算机多媒体技术的发展起到了决定性的推动作用。在这一时期，CDDA（Compact Disk Digital Audio）技术也已经趋于成熟，使计算机具备了处理和播放高质量数字音响的能力。这样，在计算机的应用领域中又多了一种媒体形式，即音乐处理。

1986 年 3 月，荷兰 PHILIPS（菲利普）公司和日本 SONY（索尼）公司共同制定了 CD-I（Compact Disc Interactive）交互式激光盘系统标准，使多媒体信息的存储规范化和标准化。CD-I 标准允许在一片直径 5 英寸的激光盘上存储 650MB 的数字信息量。1987 年 3 月，RCA 公司制定了 DVI（Digital Video Interactive）技术标准，该技术标准在交互式视频技术方面进行了规范化和标准化，使计算机能够利用激光盘以 DVI 标准存储静止图像和活动图像，并能存储声音等多种信息模式。DVI 标准的问世，使计算机处理多媒体信息具备了统一的技术标准。同年，美国 Apple（苹果）公司开发了 HyperCard（超级卡），该卡安装在苹果计算机中，使该型计算机具备了快速、稳定地处理多媒体信息的能力。

1990 年 11 月，美国 Microsoft（微软）公司和包括荷兰 PHILIPS 公司在内的一些计算机技术公司成立了"多媒体个人计算机市场协会（Multimedia PC Marketing Council）"。该协会的主要任务是对计算机的多媒体技术进行规范化管理和制定相应的标准。该协会制定了多媒体计算机的"MPC 标准"。该标准对计算机增加多媒体功能所需的软硬件规定了最低标准的规范、量化指标以及多媒体的升级规范等。1991 年，多媒体个人计算机市场协会提出 MPC1 标准。从此，全球计算机业界共同遵守该标准所规定的各项内容，促进了 MPC 的标准化和生产销售，使多媒体个人计算机成为一种新的流行趋势。

1993 年 5 月，多媒体个人计算机市场协会公布了 MPC2 标准。该标准根据硬件和软件的迅猛发展状况做了较大的调整和修改，尤其对声音、图像、视频和动画的播放做了新的规定。此后，多媒体个人计算机市场协会演变成多媒体个人计算机工作组（Multimedia PC Working Group）。

1995 年 6 月，多媒体个人计算机工作组公布了 MPC3 标准。该标准为适合多媒体个人计算机的发展，又提高了软件、硬件的技术指标。更为重要的是，MPC3 标准制定了视频压缩技术 MPEC 的技术指标，使视频播放技术更加成熟和规范化，并且指定了采用全屏幕播放、使用软件进行视频数据解压缩等项技术标准。

同年，由美国 Microsoft（微软）公司开发的功能强大的 Windows 95 操作系统问世，使多媒体计算机的用户界面更容易操作，功能更为强劲。随着视频音频压缩技术日趋成熟，高速的奔腾系列 CPU 开始武装个人计算机，个人计算机市场已经占据主导地位，多媒体技术得到了蓬勃发展。国际互联网络 Internet 的兴起也促进了多媒体技术的发展，更新更高的 MPC 标准相继问世。

目前，多媒体技术的发展趋势是逐渐把计算机技术、通信技术和大众传播技术融合在一起，建立更广泛意义上的多媒体平台，实现更深层次的技术支持和应用，使之与人类文明水乳交融。

（2）多媒体技术的应用。

近年来，多媒体技术得到了迅速的发展，应用领域也在不断扩大，这是社会需求与科学技术发展相结合的结果。多媒体技术的发展也带动了其他一些技术的应用，这些技术同样又促进了多媒体技术的发展。多媒体技术为我们人类提供了多种交流表达信息的方式，正在逐渐或已经进入政府部门、军队、学校、科研机构、公司企业以至家庭，并将广泛应用于管理、教育、培训、公共服务、广告、文艺、出版等领域。

多媒体技术的发展使一些原来相对独立发展的产业和行业（如计算机、电视、通信、出版和娱乐等）开始相互渗透和结合，从而产生了一些全新的产业和应用领域。多媒体技术与多媒体系统的应用多种多样、丰富多彩。从科学研究、商业管理、工业生产一直到家庭娱乐，几乎涉及人类社会生产、生活的各个领域，并且正在不断发展和开拓新的应用领域。目前的多媒体系统大多数还是单机使用的，但实际应用已经提出了把多媒体技术与通信、网络相结合的需求，这就是所谓的"分布式"多媒体技术，它结合了计算机的交互性、通信的分布性和电视的真实性，因此将向我们提供全新的信息服务。下面将从几个方面介绍一些多媒体技术的应用领域，并且举出几个具体的应用例子。

1）传统教育行业中的应用。

目前的教科书出版商已经开始转入基于 CD-ROM 的教科书出版。电子教科书的出现，我们可以通过计算机辅助，而得到伴随"交互式指导"的形象化教材。打开计算机，学生们面对的是一本本"活"书。儿童教育因为教材更加生动、有趣、活泼而增加了参与感。

多媒体辅助教学与多媒体教学软件在课堂教学中被越来越广泛地应用。多媒体辅助教学 CAI 是指利用计算机帮助教师进行教学或用计算机进行教学的广阔应用领域，它是计算机科学、教育学、心理学等多门学科交叉形成的一门综合性的新兴学科。它既是计算机的一个应用领域，又代表一种新的教育技术和教育方式。多媒体教学软件是一种根据教学目标设计的表现特定的教学内容，反映一定教学策略的计算机教学系统。它可以用于存储、传递和处理教学信息，能让学生进行交互操作，并对学生的学习作出评价的教学媒体。

多媒体技术也可以用于职工培训、训练甚至军事训练。比如通过图、文、声并茂的形式对工人和销售人员进行培训，可以使他们更快地掌握作业技巧和种种作业规范。一些大型工厂甚至出版通用于全厂各个岗位工人和行政管理人员的多媒体统一行动守则，这样做将使工厂的管理更有章法，也不会因为人为因素使某些作业达不到标准规范的作业要求。

2）普通大众生活中的应用。

多媒体技术同样也广泛作用于普通大众的生活中，电子出版物的出现正悄然改变人们的阅读习惯。而电子出版物正是多媒体技术在出版行业中应用的产物。多媒体的应用同样也使图书馆的工作发生了巨大的变化。多媒体技术的应用使得图书馆典藏将由传统的以纸质书刊为主逐渐向以光盘或其他高密度介质发行的电子图书等多媒体馆藏过渡；信息检索系统不仅具有多媒体形式的信息，而且以非线性的结构组织信息，并为读者提供友好的使用界面；传统的图书馆信息服务开辟了新的天地，典藏媒体的多样化使信息服务多样化成为可能。

城市中各类无人信息咨询站悄然出现，也是多媒体技术应用的典型。这些咨询站的出现，为人们的出行、购物、信息查询等提供了方便。

在商业运营中，广告和销售服务是成功的重要条件。形象、生动的多媒体技术在这方面可以大有作为，主要体现在商品展示、多媒体产品操作手册、销售演示等方面。

在医学教育领域中，交互式多媒体系统可以帮助医生和其他医务人员改进诊断和治疗技能。多媒体技术可以提供非常逼真的病人症状模拟，供医生练习处理和治疗病人的疾患，而无需麻烦真正的病人。处在现代医疗卫生中心的医生可以通过多媒体通信网为边远地区的病人提供医疗服务。

多媒体技术将改变我们未来的家庭生活。信息技术领域的多媒体技术和信息高速公路等将丰富现在的家庭生活，集电视、电话、录像、计算机等功能于一体的多媒体技术已日趋成熟，用多媒体计算机可以收看电视、录像，可以打电话，发传真。多媒体技术在家庭中的应用将使人们在家上班成为现实。

随着多媒体通信和视频图像传输数字化技术的发展，及个人计算机和网络的结合，使多媒体会议系统成为多媒体技术最重要的一个应用领域，其效果和使用方便程度比传统的电话会议优越得多。

3）虚拟现实技术（VR）。

VR 是 Virtual Reality 的缩写，中文意思就是虚拟现实，概念是在 20 世纪 80 年代初提出来的，其具体是指借助计算机及最新传感器技术创造的一种崭新的人机交互手段。1992 年美国国家科学基金资助的交互式系统项目工作组的报告中对 VR 提出了较系统的论述，并确定和建议了未来虚拟现实环境领域的研究方向。可以认为，虚拟现实技术综合了计算机图形技术、计算机仿真技术、传感器技术、显示技术等多种科学技术，它在多维信息空间上创建一个虚拟信息环境，能使用户具有身临其境的沉浸感，具有与环境完善的交互作用能力，并有助于启发构思。所以说，沉浸－交互－构想是 VR 环境系统的三个基本特性。虚拟技术的核心是建模与仿真。当前，VR 已不仅仅被关注于计算机图像领域，它已涉及更广的领域，如电视会议、网络技术和分布计算技术，并向分布式虚拟现实发展。

近年来，虚拟现实技术的应用已大步走进工业、建筑设计、教育培训、文化娱乐等方面，它正在逐渐改变着我们的生活。在科技开发上，虚拟现实可缩短开发周期，减少费用。例如克莱斯勒公司 1998 年初便利用虚拟现实技术，在设计某两种新型车上取得突破，首次使设计的新车直接从计算机屏幕投入生产线，也就是说完全省略了中间的试生产。更重要的是，虚拟现实技术已经和理论分析、科学实验一起成为人类探索客观世界规律的三大手段。用它来设计新材料，可以预先了解改变成分对材料性能的影响。在材料还没有制造出来之前便知道用这种材料制造出来的零件在不同受力情况下是如何损坏的。在商业上，虚拟现实常被用于推销。例如建筑工程投标时，把设计的方案用虚拟现实技术表现出来，便可把业主带入未来的建筑物里参观，如门的高度、窗户朝向、采光多少、屋内装饰等，都可以感同身受。它同样可用于旅游景点以及功能众多、用途多样的商品推销。因为用虚拟现实技术展现这类商品的魅力，比单用文字或图片宣传更加有吸引力。在医疗上，虚拟现实技术的应用大致上有两类：一是虚拟人体，也就是数字化人体，这样的人体模型医生更容易了解人体的构造和功能；二是虚拟手术系统，可用于指导手术的进行。在军事上，利用虚拟现实技术模拟战争过程已成为省时、省力、节约经费的研究战争、培训指挥员的方法。随着虚拟现实技术的发展，模拟实验环境，在不进行核试验的情况下，也能不断改进核武器。在教育上，主要有三方面应用：一是虚拟校园，模拟立体的校园实景，虽然目前大多数虚拟校园仅仅实现了校园场景的浏览功能，但虚拟现实技术提供的立体的浏览方式、全新的媒体表现形式都具有非常鲜明的特点；二是虚拟教学，利用简易型虚拟现实技术表现某些系统（自然的、物理的、社会的）的结构和动态，为学生提供一种可供他们体验和观测的环境，填补了一些课堂中无法实现的实验环境的缺陷；三是虚拟培训，虚拟现实技术的沉浸性和交互性，使学生能够在虚拟学习环境中扮演一个角色，全身心地投入学习，这非常有利于学生的技能训练。例如西南交通大学开发的 TDS-JD 机车驾驶模拟装置可模拟列车起动、运行、调速、停车的全过程，可向司机反馈列车运行过程中的重要信息，使学生无需到实地即可接受技能训练。

4）流媒体技术。

流媒体（Streaming Media）技术是当前十分流行的多媒体技术，发端于美国，又称流式媒体,是一种新的媒体传送方式。所谓流媒体技术就是把连续的影像和声音信息经过压缩处理后放到网站服务器上,让用户一边下载一边观看、收听,而不需要等整个压缩文件下载到自己的计算机上才可以观看的网络传输技术。该技术先在使用者端的计算机上创建一个缓冲区,在播放前预先下一段数据作为缓冲,在网络实际连线速度小于播放所耗费的速度时,播放程序就会取用一小段缓冲区内的数据,这样可以避免播放的中断,也使得播放品质得以保证。

在实际生活中,流媒体技术广泛应用于娱乐、电子商务、远程培训、视频会议、远程教育、远程医疗、电视台重大节目直播等互联网信息服务的方方面面,它的应用给网络信息交流带来革命性的变化,突破了网站媒体一直以来以文字、图片方式传递信息的局限性。在教育行业中,流媒体技术帮助远程教育消除了距离的阻碍,将需要传递的各种信息,如视频、音频、文本、图片等从教师端传递到远程的学生端,使身在不同地域的学生都能享受到同等的教育。除去实时教学以外,使用流媒体中的 VOD(视频点播)技术辅助教学,达到因材施教、交互式教学的目的,给传统的教学模式带来了很大的冲击。在广电行业中,流媒体直播技术使实时广播电视节目网络化得以实现。随着宽带网的不断普及和流媒体技术的不断改进,互联网直播各种体育赛事、重大事件、电视节目等已毫无压力。在航空探测中,从数据的及时反馈、图像的按时传回到太空行走过程的电视直播等,越来越多的项目中需要依赖流媒体技术。最近,运用 ViewGoodWebTable 系统的"远望 5 号"测量船,在海面上监测"嫦娥一号"卫星的运行轨道,给"嫦娥一号"下达指令,指示"嫦娥"不断变轨,使其按照固定轨道顺利运行。WebTable 系统支持视频和桌面多路实时同步直播,独创 KeyBuffer 技术,使广域网时延最短只有 0.1s,满足庞大关注人群的收视需求。WebTable 系统清晰度高、实时性强,并发能力与抗干扰能力更是首屈一指,成功帮助"嫦娥一号"顺利进行探月工程,为流媒体技术在航空探测中的应用树立了里程碑。

3. 媒体的类型

按照国际电信联盟的定义,媒体有以下 5 种:感觉媒体、表示媒体、显示媒体、存储媒体和传输媒体。感觉媒体指的是用户接触信息的感觉形式,如视觉、听觉和触觉等;表示媒体指的是信息的表示和表现形式,如图形、声音和视频等;显示媒体是表现和获取信息的物理设备,如显示器、打印机、扬声器、键盘和摄像机等;存储媒体是存储数据的物理设备,如磁盘、光盘、硬盘等;传输媒体是传输数据的物理设备,如电缆、光缆、电磁波等。一般说来,如不特别强调,我们所说的媒体指的就是表示媒体,因为作为多媒体系统来说,处理的主要还是各种各样的媒体表示和表现,其他的媒体类型也都要在多媒体系统中研究,但方法比较单一。

主要的表示媒体有以下几种:

(1)视觉类媒体。

- 位图图像:我们将所观察到的图像按行列进行数字化,将图像的每一点都数字化为一个值,所有的这些值就组成了位图图像。位图图像是所有视觉表示方法的基础。
- 图形:图形是图像的抽象,它反映了图像上的关键特征,例如点、线、面等。图形的表示不直接描述图像的每一点,而是描述产生这些点的过程和方法,即用矢量来表示。
- 符号:符号中也包括文字和文本。由于符号是我们人类创造出来表示某种含义的,所以它与使用者的知识水平有关,是比图形更高一级的抽象。必须具有特定的知识,才能解释特定的符号,才能解释特定的文本(例如语言),符号的表示是用特定值来表示的。
- 视频:视频又称为动态图像,是一组图像按照时间的有序连续表现。视频的表示与图像序列、时间关系有关。

- 动画：动画也是动态图像的一种。与视频不同的是，动画采用的是计算机产生出来的图像或图形，而不像视频采用直接采集的真实图像。动画包括二维动画、三维动画、真实感三维动画等多种形式。
- 其他：其他类型的视觉媒体形式，如用符号表示的数值、用图形表示的某种数据曲线、数据库的关系数据等。

（2）听觉类媒体。
- 波形声音：就是自然界中所有的声音，是声音数字化的基础。
- 语音：语音也可以表示为波形声音，但波形声音表示不出语言、语音学的内涵。语音是对讲话声音的一次抽象。
- 音乐：音乐与语音相比更规范一些，是符号化了的声音。但音乐不能对所有的声音进行符号化。乐谱是符号化声音的符号组，表示比单个符号更复杂的声音信息内容。

（3）触觉类媒体。
- 指点：包括间接指点和直接指点。通过指点可以确定对象的位置、大小、方向和方位，执行特定的过程和相应的操纵。
- 位置跟踪：为了与系统交互，系统必须了解参与者的身体动作，包括头、眼睛、手、四肢等部位的位置与运动方向，系统将这些位置与运动的数据转变为特定的模式，对相应的动作进行表示。
- 力反馈与运动反馈：这与位置跟踪正好相反，是由系统向参与者反馈运动及力的信息，如触觉刺激、反作用力（例如推门时的门重感觉）、运动感觉（例如摇晃、振动）及温度等环境信息。这些媒体信息的表现必须借助于一定的电子、机械的伺服机构才能实现。

4. 常见的多媒体数据文件格式

多媒体数据、程序均以文件的形式存储在计算机中。常见的多媒体数据文件格式有：
- 文档文件：DOCX、XLSX、PPTX、WPS、TXT 等。
- 音频文件：WAV、MP3、MP4、RA、RM、M3U、MPA、VOC、MID 等。
- 图形图像文件：BMP、GIF、JPG、TIF、PSD、DRW 等。
- 影像文件：MPG、MOV、AVI、RM 等。
- 动画文件：GIF、SWF、FLI、DL 等。

3.1.2 多媒体计算机系统

多媒体系统不只是单一的一门技术，而是多种信息技术的集成，是把多种技术综合应用到一个计算机系统中，实现信息输入、信息处理、信息输出等多种功能。一个完整的多媒体系统由多媒体硬件和多媒体软件两部分构成。

多媒体硬件系统主要包括计算机硬件、声音/视频处理器、多种媒体输入/输出设备、信号转换装置、通信传输设备、接口装置等。其中，最重要的是根据多媒体技术标准而研制生成的多媒体信息处理芯片和板卡、光盘驱动器等。多媒体软件系统主要包括多媒体操作系统、媒体处理系统工具、用户应用软件等。

1. 多媒体计算机

多媒体计算机一般指多媒体个人计算机（Multimedia Personal Computer，MPC），是一种能够对文本、声音、图像、视频等多种媒体信息进行综合处理，并对它们建立逻辑关系，使之成为一个交互式系统的计算机。1985 年出现了第一台多媒体计算机,其主要功能是可以把音频视频、图形图像和计算机交互式控制结合起来,进行综合的处理。

2. 多媒体计算机的硬件设备

CD-ROM、声卡和视频采集卡是配置多媒体计算机的关键设备。

(1) CD-ROM 驱动器与光盘。

CD-ROM 驱动器又称光驱,是多媒体计算机的基本配置之一,如图 3-1 和图 3-2 所示。激光头是光驱的心脏,也是最精密的部分。它主要负责数据的读取工作,因此在清理光驱内部的时候要格外小心。CD-ROM 驱动器读取速度是指光存储产品在读取 CD-ROM 光盘时所能达到的最大光驱倍速。因为是针对 CD-ROM 光盘,所以该速度是以 CD-ROM 倍速来标称,不是采用 DVD-ROM 的倍速标称。目前 CD-ROM 所能达到的最大 CD 读取速度是 56 倍速;DVD-ROM 读取 CD-ROM 速度方面要略低一点,达到 52 倍速的产品还比较少,大部分为 48 倍速;COMBO 产品基本都达到了 52 倍速。对于 50 倍速的 CD-ROM 驱动器理论上的数据传输率应为 150×50=7500KB/s。

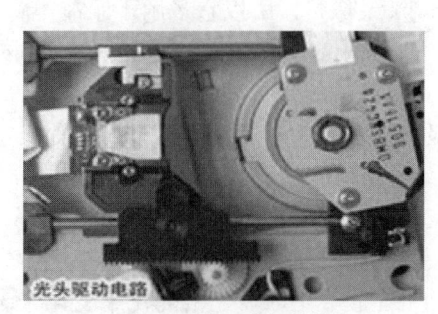

图 3-1　光驱　　　　　　　　　图 3-2　光驱内部结构

由于软盘的容量小,光盘凭借大容量得以广泛使用。我们听的 CD 是一种光盘,看的 VCD 也是一种光盘。CD 光盘的最大容量大约是 650MB,DVD 盘片单面 4.7GB(双面 8.5GB),蓝光光盘则比较大,其中 HD DVD 单面单层 15GB、双层 30GB,BD 单面单层 25GB、双面 50GB。

(2) 声卡。

声卡(Sound Card)也叫音频卡(港台地区称之为声效卡)。声卡是多媒体技术中最基本的组成部分,是实现声波/数字信号相互转换的一种硬件,如图 3-3 所示。声卡的基本功能是把来自话筒、磁带、光盘的原始声音信号加以转换,输出到耳机、扬声器、扩音机、录音机等声响设备,或通过音乐设备数字接口(MIDI)使乐器发出美妙的声音。

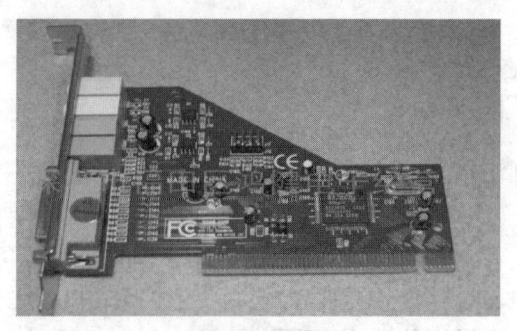

图 3-3　声卡

声卡是计算机进行声音处理的适配器。它有三个基本功能：一是音乐合成发音功能；二是混音器（Mixer）功能和数字声音效果处理器（DSP）功能；三是模拟声音信号的输入和输出功能。声卡处理的声音信息在计算机中以文件的形式存储。声卡工作应有相应的软件支持，包括驱动程序、混频程序（mixer）和 CD 播放程序等。

声卡可以把来自话筒、收录音机、激光唱机等设备的语音、音乐等声音变成数字信号交给计算机处理，并以文件形式存盘，还可以把数字信号还原成为真实的声音输出。声卡尾部的接口从机箱后侧伸出，上面有连接麦克风、音箱、游戏杆和 MIDI 设备的接口。

（3）视频采集卡。

视频采集卡是将模拟摄像机、录像机、LD 视盘机、电视机输出的视频信号等输出的视频数据或者视频音频的混合数据输入计算机，并转换成计算机可辨别的数字数据存储在计算机中，成为可编辑处理的视频数据文件，如图 3-4 所示。

按照其用途可分为广播级视频采集卡、专业级视频采集卡、民用级视频采集卡，它们档次的高低主要是采集图像的质量不同。广播级视频采集卡的特点是采集的图像分辨率高、视频信噪比高，缺点是视频文件所需的硬盘空间大，每分钟数据量至少要消耗 200MB，一般连接 BetaCam 摄/录像机，所以它多用于录制电视台所制作的节目。专业级视频采集卡的档次比广播级的性能稍微低一些，分辨率两者是相同的，但压缩比稍微大一些，其最小的压缩比一般在 6:1 以内，输入输出接口为 AV 复合端子与 S 端子，此类产品适用于广告公司和多媒体公司制作节目及多媒体软件应用。民用级视频采集卡的动态分辨率一般较低，绝大多数不具有视频输出功能。

（4）数码相机。

数码相机是一种利用电子传感器把光学影像转换成电子数据的照相机，如图 3-5 所示。与普通照相机在胶卷上靠溴化银的化学变化来记录图像的原理不同,数码相机的传感器是一种光感应式的电荷耦合器件（CCD）或互补金属氧化物半导体（CMOS）。在图像传输到计算机以前，通常会先存储在数码存储设备中（通常是使用闪存，软磁盘与可重复擦写光盘（CD-RW）已很少用于数码相机设备）。

图 3-4　视频采集卡　　　　　　　　图 3-5　数码相机

3.1.3　多媒体数据压缩技术

从前面对多媒体信息特点的介绍中可以知道，多媒体信息有一个比较显著而且对通信网络有很大影响的特点——数据量很大。如果要在通信网络中支持动态图像信息的存储、传送和处理，将对通信网络各方面的性能提出很高的要求，在不同的应用环境、不同级别的要求下相差也很大。以中等质量、长 1 小时的视像信号显示要求来看，在独立的计算机和通信设备中传输速率要求达到 14.3Mb/s，网络传输速率要达到 114Mb/s，存储容量达到 51.5Gb。这个指标要求,以目前发展的通信网络技术和通信技术来看,虽然还不是完全不能达到,但已经需要付出相当昂贵的代价和占用网络中许多宝贵的资源。更为严重的是,刚才我们所举的例子,其性能要求仅仅是一个视像信息数据流的要求,而在实际的通信网络工作环境中,完全可能需要支持许多用户的多媒体应用需求,因此在网络的视像服务器中或网络的通信线路中,有可能同时有多个视像信息数据流在活动,这将数倍到数百倍地增加对通信网内部的传输速率、存储容量和通信带宽的要求,如果不采取对视像信号进行压缩的措施,现有的通信技术和网络技术几乎难以实现。

1. 数据冗余类型

信息数据之所以能进行压缩是因为用来记录和传送信息的载体——数据存在很大的冗余量。在多媒体数据中,数据冗余的类型主要有以下几种:

- 空间冗余:空间冗余是静态图像中存在的最主要的一种数据冗余。同一景物表面上采样点的颜色之间往往存在着空间连贯性,但是基于离散像素采样来表示物体颜色的方式通常没有利用这种连贯性。例如图像中有一片连续的区域,其像素为相同的颜色,空间冗余产生。

- 时间冗余:时间冗余是指序列图像中经常包含的冗余。一组连续的画面中往往包含时间和空间上的相关性。而基于离散时间的数据采样来表示运动图像的方式没有利用这种连贯性。例如电影画面中人物聊天时,背景通常不变,而聊天的人物往往也只是部分肢体位置的改变或动作形态的变化。

- 结构冗余:结构冗余是在某些场景中,存在着明显的图像分布模式,这种分布模式称为结构。图像中重复出现或相近的纹理结构可以通过特定的过程来生成。例如方格状的地板、蜂窝、砖墙、草席等图形结构上存在冗余。已知分布模式,可以通过某一过程生成图像。

- 视觉冗余:视觉冗余是人类的视觉系统对图像场的敏感性是非均匀和非线性的。对亮度变化敏感,而对色度的变化相对不敏感;在高亮度区,人眼对亮度变化敏感度下降;对物体边缘敏感,内部区域相对不敏感;对整体结构敏感,而对内部细节相对不敏感。可以根据这些视觉特性对图像信息进行取舍。

2. 多媒体数据压缩技术

多媒体信息的特点之一就是数据量非常庞大。以我国使用的 PAL 制视频为例,每秒播发 25 帧的画面,每帧影像像数为 720×576,如果按 24 位真彩色无压缩方式存放的话,一帧影像需要$(720 \times 576 \times 24) \div 8 \approx 1.25$MB 的数据量。也就是说,一张 650MB 的 CD-ROM 只能存储大约 20 秒的无声影视数据。这样庞大的数据量与当前硬件技术所能提供的计算机存储资源和网络带宽之间有很大的差距,成为阻碍人们有效获得和利用信息的一个瓶颈问题。因此,对多媒体数据的存储和传输都要求对数据进行压缩。一般情况是将原始数据压缩后存放在存储设备上或是以压缩的形式来传输,仅当多媒体数据需要使用时才将其解压缩以还原数据。所以,所有的压缩系统都需要两个算法:一个是用于压缩源文件中数据的编码算法,一个是用于在目的端将数据解压缩以还原数据的解码算法。

目前,被国际社会广泛认可和应用的通用压缩编码标准大致有 4 种:H.261、JPEG、MPEG 和 DVI。

- H.261:由 CCITT(国际电报电话咨询委员会)通过的用于音频视频服务的视频编码解码器(也称 Px64 标准),它使用两种类型的压缩:一帧中的有损压缩(基于 DCT

和用于帧间压缩的无损编码，并在此基础上使编码器采用带有运动估计的 DCT 和 DPCM（差分脉冲编码调制）的混合方式。这种标准与 JPEG 及 MPEG 标准间有明显的相似性，但关键区别是它是为动态使用设计的，并提供完全包含的组织和高水平的交互控制。

- JPEG：全称是 Joint Photogragh Coding Experts Group（联合照片专家组），是一种基于 DCT 的静止图像压缩和解压缩算法，它由 ISO（国际标准化组织）和 CCITT（国际电报电话咨询委员会）共同制定，并在 1992 年后被广泛采纳后成为国际标准。它是把冗长的图像信号和其他类型的静止图像去掉，甚至可以减小到原图像的百分之一（压缩比为 100:1）。但是在这个级别上，图像的质量并不好；压缩比为 20:1 时，能看到图像稍微有一些变化；当压缩比大于 20:1 时，一般来说图像质量开始变坏。
- MPEG：是 Moving Pictures Experts Group（动态图像专家组）的英文缩写，实际上是指一组由 ITU 和 ISO 制定发布的视频、音频、数据的压缩标准。它采用的是一种减少图像冗余信息的压缩算法，它提供的压缩比可以高达 200:1，同时图像和音响的质量也非常高。现在通常有 3 个版本：MPEG-1、MPEG-2、MPEG-4，以适用于不同带宽和数字影像质量的要求。它的 3 个最显著的优点是兼容性好、压缩比高（最高可达 200:1）、数据失真小。
- DVI：其视频图像的压缩算法的性能与 MPEG-1 相当，即图像质量可达到 VHS 的水平，压缩后的图像数据率约为 1.5Mb/s。为了扩大 DVI 技术的应用，Intel 公司最近又推出了 DVI 算法的软件解码算法，称为 Indeo 技术，它能将未压缩的数字视频文件压缩为 1/5～1/10。

3.2 多媒体数据的数字化

在多媒体技术中，如何获得和处理多媒体素材是十分重要的环节，不同的多媒体素材需要不同的采集方法和不同的软件来处理。多媒体素材主要包括文本、图形图像、声音、影像、动画等。

3.2.1 文本素材及其数字化

目前，文本素材的处理技术已经非常成熟。文本素材处理常用的手段是通过文字处理软件进行直接输入，当然可以利用语音识别系统通过话筒输入，也可以采用触摸屏技术手写输入，或者利用数字扫描技术识别输入。

1. 利用键盘文字输入

文字录入最常用的手段就是利用输入法通过键盘输入并编辑处理。对于英文的文字处理可以直接通过键盘处理，对于汉字的文字处理则需要采用相应的输入法来输入处理。

2. 语音技术

发展了几十年之久的语音技术在计算机硬件和巨大应用的驱动下，已经从模式识别和人工智能的一个分支提升为一门综合人类智能各项研究的独立学科。语音技术包括语音识别、说话人的鉴别和确认、语种的鉴别和确认、关键词检测和确认、语音合成、语音编码等，其中最具有挑战性和最富有应用前景的是语音识别技术。语音识别技术的非常重要的应用之一就是语音文字输入法。目前，市面上有很多语音输入法，在 Office 2003 版本中也支持语音输入。著名的语音输入法主要有：IBM 语音输入法、语音输入法 2008 等。

3. 手写输入

手写字的输入方法与笔绘板基本相同，也是把手写字的位置信息首先转换成二进制的数字编码信息，并写入显示存储器，实时显示在显示屏上。但随后的处理就不同了，手写字识别技术会把写入的手写字信息在计算机内用一定的人工智能技术进行智能化的识别，并产生与之匹配的数字编码的中文或英文字符，同时所产生的字符也送给显示屏显示，最后经过输入者确认后才作为正确的输入结果。这种书写技术可以使我们与计算机进行信息交流，它不仅可以输入文本文字，而且可以输入计算机或通信设备能够"理解"的命令对它们进行控制和操作。这也是手写字技术与笔绘板技术的不同之处。笔绘板技术虽然也可以进行手写字输入，但实际上其输入结果并未被计算机识别和理解，仅仅是对它"照葫芦画瓢"地进行存储、传送。目前，手写字识别技术，特别是中文字识别技术经过十几年的研究已经获得很大的发展，虽然在实用中还存在一定的局限，如一定的错误率，但由于它作为一种多媒体与人工智能结合的技术，而且特别适合我国的国情——汉字的结构比较复杂而且规律性较少，所以仍然发展的十分迅速，最近还在家用计算机市场一度出现火爆。值得一提的是，目前在手机输入法中手写输入已成为主流的输入法。

3.2.2 声音素材及其数字化

在多媒体数据领域中，音频数据是不可缺少的部分。多媒体音频信号的来源主要有商品语音库和录音制作两种。录音制作中，声音的采集和还原播放是由声卡完成的，音频处理软件可以对音频信号进行编辑处理，以获得精彩的声音效果。

1. 数字音频信号的获取

描述声音的模拟信号是一个连续的模拟波形信号，不能直接由计算机处理，因此必须将其数字化。声音信号的计算机获取过程就是声音信号的数字化处理过程。经过数字化处理之后的结果就是数字音频，这样音频格式通常保留了声音的波形特点，所有又称波形声音。数字音频是在时间上离散的数据序列，其数字化过程如图 3-6 所示。

声音的模拟信号 → 采样 → 量化 → 编码 → 声音的数字信号

图 3-6 声音信号的数字化过程

（1）采样：把模拟音频转成数字音频的过程，就称为采样，所用到的主要设备便是模拟/数字转换器（Analog to Digital Converter，ADC，与之对应的是数/模转换器，DAC）。采样的过程实际上是将通常的模拟音频信号的电信号转换成二进制数码 0 和 1，这些 0 和 1 便构成了数字音频文件。采样的频率越大则音质越有保证。由于采样频率一定要高于录制的最高频率的两倍才不会产生失真，而人类的听力范围是 20Hz～20kHz，所以采样频率至少得是 20kHz×2=40kHz，才能保证不产生低频失真，这也是 CD 音质采用 44.1kHz（稍高于 40kHz 是为了留有余地）的原因。

样本大小是用每个声音样本的位数来表示的，即采样精度，它反映度量声音波形幅度的精度。例如，每个声音样本用 16 位（2 字节）表示，测得的声音样本值是在 0～65536 的范围里，它的精度就是输入信号的 1/65536。样本位数的大小影响到声音的质量，位数越多，声音的质量越高，而需要的存储空间也越多；位数越少，声音的质量越低，需要的存储空间越少。采样精度的另一种表示方法是信号噪声比，简称为信噪比（signal-to-noise ratio，SNR）。

（2）量化：采样后得到的采样值（振幅值）表示形式音频信号的量化。通常用二进制编码来保存采样值。从离散化的数据经量化转变成二进制表示一般要损失一些精度，这主要是因为计算机只能表示有限的数值。例如用 8 位（1 字节）二进制数表示十进制整数，只能表示出-128～127 之间的整数值，也就是 256 个量化级。如果用 16 位二进制数，则具有 64K（65536）个量化级。量化级的大小决定了声音的动态范围，16 位的量化级表示人耳刚刚听得见极细微的声音到难以忍受的巨大噪声这样一个声音范围。量化级对应的二进制位数称为量化位数，有时也直接称采样位数或抽样位数。显然量化位数越多，音质越好，但数据量也越大。

编码就是对量化级以及二进制数码按一定数据格式表示的过程。音频信号的编码涉及到音频信号的压缩技术，也就是说音频信号的编码是使用一定的压缩技术对音频信号按相应的音频格式存放的过程。常见的音频文件格式主要有：MP3、WAV、WMA、RA、RM、RMX 等。

2. 常见的音频处理软件

常见的音频处理软件有很多，典型的如微软的 Windows 自带的录音机，其录制的声音文件格式为 WAV 格式，录制好的音频文件可以通过音频文件格式软件转换为其他格式；Cool Edit Pro 是一个非常出色的数字音乐编辑器和 MP3 制作软件；Goldwave 是一款相当不错的数码录音和编辑软件，编辑好的声音文件可以用多种格式存放。

3.2.3 图形图像素材及其数字化

图形图像是人认识感知世界的最直观的渠道之一，图形图像的重要性是毋庸置疑的。图形是指由外部轮廓线条构成的矢量图，即由计算机绘制的直线、圆、矩形、曲线、图表等。图形用一组指令集合来描述图形的内容，如描述构成该图的各种图元位置维数、形状等。描述对象可任意缩放，不会失真。在显示方面图形使用专门软件将描述图形的指令转换成屏幕上的形状和颜色，适用于描述轮廓不很复杂、色彩不是很丰富的对象，如几何图形、工程图纸、CAD、3D 造型软件等。图像用数字任意描述像素点、强度和颜色的位图。描述信息文件存储量较大，所描述对象在缩放过程中会损失细节或产生锯齿。在显示方面它是将对象以一定的分辨率分辨以后将每个点的色彩信息以数字化方式呈现，可直接快速地在屏幕上显示。分辨率和灰度是影响显示的主要参数。图像适用于表现含有大量细节（如明暗变化、场景复杂、轮廓色彩丰富）的对象。

1. 图形与图像的采集和处理

图形的获取是通过一组指令集合来描述图形的内容，如描述构成该图的各种图元位置维数和形状。显示时通过专门的软件将描述图形的指令转换成屏幕上的形状和颜色。

图像是由若干点阵（像素）组成的点位图。黑白线条图常用 1 位值来表示，灰度图常用 4 位（16 种灰度等级）或 8 位（256 种灰度等级）来表示点的亮度，通常彩色图像用 8 位、16 位、24 位、32 位来表示像素点的颜色层次。图像可以通过如数码相机捕捉实际场景画面、用画图软件编辑、用数字扫描设备获取、用抓图软件从显示器的屏幕上抓取等方法获得。

图像处理有以下几个重要的技术指标：

- 分辨率：分为屏幕分辨率和输出分辨率两种，前者用每英寸行数表示，数值越大图形

（图像）质量越好；后者衡量输出设备的精度，以每英寸的像素点数表示。
- 色彩数和图形灰度：用位（bit）表示，一般写成 2 的 n 次方，n 代表位数。当图形（图像）达到 24 位时，可表现 1677 万种颜色，即真彩色。灰度的表示法类似。

2. 常见的图形图像处理软件
- Photoshop：它是由 Adobe 公司开发的图形处理系列软件之一，主要应用于图像处理、广告设计方面。最先它只是在 Apple 机（MAC）上使用，后来也开发出了 for Windows 的版本。
- FreeHand：它是 Macromedia 公司 Studio 系列软件中的一员，是一个功能强大的平面矢量图形设计软件，无论是要做机械制图还是要绘制建筑蓝图，无论是想制作海报招贴还是想实现广告创意，FreeHand 都是一件强大、实用而又灵活的利器。
- Illustrator：它是美国 Adobe 公司推出的专业矢量绘图工具。Adobe Illustrator 是出版、多媒体和在线图像的工业标准矢量插画软件。
- CorelDRAW：它是加拿大 Corel 公司的平面设计软件。CorelDRAW Graphics Suite 非凡的设计能力广泛地应用于商标设计、标签制作、模型绘制、插图描画、排版、分色输出等诸多领域。

3. 图形与图像的文件格式
- BMP（bit map picture）：PC 机上最常用的位图格式，有压缩和不压缩两种形式，该格式可表现从 2 位到 24 位的色彩，分辨率也可从 480×320 至 1024×768。该格式在 Windows 环境下相当稳定，在文件大小没有限制的场合中运用极为广泛。
- DIB（device independent bitmap）：描述图像的能力基本与 BMP 相同，并且能运行于多种硬件平台，只是文件较大。
- PCP（PC paintbrush）：是由 Zsoft 公司创建的一种经过压缩且节约磁盘空间的 PC 位图格式，它最高可表现 24 位图形（图像）。过去有一定的市场，但随着 JPEG 的兴起，其地位已逐渐日落终天了。
- DIF（drawing interchange formar）：AutoCAD 中的图形文件，它以 ASCII 方式存储图形，表现图形在尺寸大小方面十分精确，可以被 CorelDRAW、3ds 等大型软件调用编辑。
- WMF（Windows metafile format）：Microsoft Windows 图元文件，具有文件短小、图案造型化等特点。该类图形比较粗糙，并只能在 Microsoft Office 中调用编辑。
- GIF（graphics interchange format）：是在各种平台的各种图形处理软件上均可处理的经过压缩的图形格式。缺点是存储色彩最高只能达到 256 种。
- JPG（joint photographics expert group）：是可以大幅度地压缩图形文件的一种图形格式。对于同一幅画面，JPG 格式存储的文件是其他类型图形文件的 1/10～1/20，而且色彩数最高可达到 24 位，所以它被广泛应用于 Internet 上的 Homepage 或图片库。
- TIF（tagged image file format）：文件体积庞大，但存储信息量亦巨大，细微层次的信息较多，有利于原稿阶调与色彩的复制。该格式有压缩和非压缩两种形式，最高支持的色彩数可达 16M。
- EPS（encapsulated PostScript）：用 PostScript 语言描述的 ASCII 图形文件，在 PostScript 图形打印机上能打印出高品质的图形（图像），最高能表示 32 位图形（图像）。该格式分为 Photoshop EPS 格式、Adobe Illustrator EPS 格式和标准 EPS 格式，其中后者又可以分为图形格式和图像格式。

- PSD（photoshop standard）：Photoshop 中的标准文件格式，专门为 Photoshop 而优化的格式。
- CDR（CorelDRAW）：CorelDRAW 的文件格式。另外，CDX 是所有 CorelDRAW 应用程序均能使用的图形（图像）文件，是发展成熟的 CDR 文件。
- IFF（image file format）：用于大型超级图形处理平台，如 AMIGA 机，好莱坞的特技大片多采用该图形格式处理。图形（图像）效果包括色彩纹理等逼真再现原景。当然，该格式耗用的内存外存等计算机资源也十分巨大。
- TGA（tagged graphic）：是 True Vision 公司为其显示卡开发的图形文件格式，创建时期较早，最高色彩数可达 32 位。VDA、PIX、WIN、BPX、ICB 等均属于其旁系。
- PCD（Photo CD）：由 KODAK 公司开发，其他软件系统对其只能读取。
- MPT（Macintosh Paintbrush）或 MAC：Macintosh 机所使用的灰度图形（图像）模式，在 Macintosh Paintbrush 中使用，其分辨率只能是 720×567。

3.2.4 视频素材及其数字化

连续的图像变化每秒超过 24 帧（Frame）画面以上时，根据视觉暂留原理，人眼无法辨别单幅的静态画面，看上去是平滑连续的视觉效果，这样连续的画面叫做视频。视频技术最早是为了电视系统而开发，但是现在已经发展为各种不同的格式以利于消费者将视频记录下来。网络技术的发展也促使视频片段以流媒体的形式存在于 Internet 之上并可被计算机接收与播放。

1. 视频采集与处理

所谓视频采集就是将模拟摄像机、录像机、LD视盘机、电视机输出的视频信号，通过专用的模拟、数字转换设备，转换为二进制数字信息的过程。在视频采集工作中，视频采集卡是主要设备，它分为专业和家用两个级别。专业级视频采集卡不仅可以进行视频采集，而且还可以实现硬件级的视频压缩和视频编辑。家用级的视频采集卡只能做到视频采集和初步的硬件级压缩，而更为"低端"的电视卡，虽可进行视频的采集，但它通常都省却了硬件级的视频压缩功能。

2. 常见的视频格式

- MPEG/MPG/DAT：MPEG 是 Motion Picture Experts Group 的缩写。这类格式包括 MPEG-1、MPEG-2 和 MPEG-4 在内的多种视频格式。MPEG-1 相信是大家接触得最多的，因为目前其正在被广泛地应用在 VCD 的制作和一些视频片段下载的网络应用上面，大部分的 VCD 都是用 MPEG-1 格式压缩的（刻录软件自动将 MPEG-1 转为.DAT 格式），使用 MPEG-1 的压缩算法，可以把一部 120 分钟长的电影压缩到 1.2 GB 左右大小。MPEG-2 则是应用在 DVD 的制作上，同时在一些 HDTV（高清晰电视广播）和一些高要求的视频编辑、处理上面也有相当多的应用。使用 MPEG-2 的压缩算法压缩一部 120 分钟长的电影可以压缩到 5～8 GB 的大小（MPEG-2 的图像质量是 MPEG-1 无法比拟的）。
- AVI：是 Audio Video Interleaved（音频视频交错）的缩写。AVI 格式调用方便、图像质量好，缺点是文件体积过于庞大。

- RA/RM/RAM：RM 是 Real Networks 公司所制定的音频/视频压缩规范 Real Media 中的一种，Real Player 能做的就是利用 Internet 资源对这些符合 Real Media 技术规范的音频/视频进行实况转播。在 Real Media 规范中主要包括三类文件：RealAudio、Real Video 和 Real Flash（Real Networks 公司与 Macromedia 公司合作推出的新一代高压缩比动画格式）。Real Video（RA、RAM）格式由一开始就定位在视频流应用方面，也可以说是视频流技术的始创者。
- ASF：Advanced Streaming format（高级流格式）。ASF 是 Microsoft 为了和现在的 Real player 竞争而发展出来的一种可以直接在网上观看视频节目的文件压缩格式。
- WMV：一种独立于编码方式的在 Internet 上实时传播多媒体的技术标准。WMV 的主要优点是：可扩充的媒体类型、本地或网络回放、可伸缩的媒体类型、流的优先级化、多语言支持、扩展性等。
- RMVB：这是一种由 RM 视频格式升级延伸出来的新视频格式，它的先进之处在于 RMVB 视频格式打破了原先 RM 格式那种平均压缩采样的方式，在保证平均压缩比的基础上合理利用比特率资源，就是说静止和动作场面少的画面场景采用较低的编码速率，这样可以留出更多的带宽空间，而这些带宽会在出现快速运动的画面场景时被利用。
- MP4/3GP：手机常用的视频格式。

3. 常见的视频播放软件
- 暴风影音：作为对 Windows Media Player 的补充和完善，当前暴风影音定位为一种软件的整合和服务而存在，而非一个特定的软件。它提供和升级了系统对常见绝大多数影音文件和流的支持，包括：RealMedia、QuickTime、MPEG-2、MPEG-4（ASP/AVC）、VP3/6/7、Indeo、FLV 等流行视频格式；AC3、DTS、LPCM、AAC、OGG、MPC、APE、FLAC、TTA、WV 等流行音频格式；3GP、Matroska、MP4、OGM、PMP、XVD 等媒体封装及字幕支持等。
- 豪杰超级解霸：超级解霸 9 是集影音播放器、格式转换于一体的多功能播放系统，包含视频解霸、音频解霸和豪杰 DAC 提取/制作/专辑、辅助工具、音视频转换工具等几大部分。
- Windows Media Player：是微软公司出品的一款播放器，通常简称 WMP。Windows Media Player 是一款 Windows 系统自带的播放器，支持通过插件增强功能，在 V7 及以后的版本中，支持换肤。可以播放 MP3、WMA、WAV 等音频文件，RM 文件由于竞争关系微软默认并不支持，不过在 V8 以后的版本中，如果安装了解码器，RM 文件可以播放。视频方面可以播放 AVI、MPEG-1，安装 DVD 解码器以后可以播放 MPEG-2、DVD。用户可以自定义媒体数据库收藏媒体文件。
- RealPlayer：RealPlayer 是网上收听收看实时音频、视频和 Flash 的最佳工具，让你享受更丰富的多媒体体验，即使你的带宽很窄。RealPlayer 是一个在 Internet 上通过流技术实现音频和视频的实时传输的在线收听工具软件，使用它不必下载音频/视频内容，只要线路允许，就能完全实现网络在线播放，极为方便地在网上查找和收听、收看自己感兴趣的广播、电视节目，支持播放各种在线媒体视频，包括 Flash、FLV 格式或 MOV 格式等，并且在播放过程中能够录制视频。

本章小结

本章主要介绍多媒体技术，着重介绍多媒体、多媒体计算机系统、多媒体数据压缩技术、多媒体数据的数字化、多媒体技术的应用及发展、多媒体信息处理工具软件。

多媒体技术不是各种信息媒体的简单复合，它是一种把文本、图形、图像、动画和声音等多种信息类型综合在一起，并通过计算机进行综合处理和控制，能支持完成一系列交互式操作的信息技术。

多媒体计算机系统是多种信息技术的集成，是把多种技术综合应用到一个计算机系统中，实现信息输入、信息处理、信息输出等多种功能。一个完整的多媒体系统由多媒体硬件和多媒体软件两部分构成。

多媒体信息的特点之一就是数据量非常庞大。因此，对多媒体数据的存储和传输都要求对数据进行压缩。一般情况是将原始数据压缩后存放在存储设备上或是以压缩的形式来传输，仅当多媒体数据需要使用时才将其解压缩以还原数据。所以，所有的压缩系统都需要两个算法：一个是用于压缩源文件中数据的编码算法，一个是用于在目的端将数据解压缩以还原数据的解码算法。

在多媒体技术中，如何获得及处理多媒体素材是十分重要的环节，不同的多媒体素材需要不同的采集方法和不同的软件来处理。多媒体素材主要包括文本、图形图像、声音、影像、动画等。

第 4 章　计算机网络基础

学习目标

- 了解计算机网络的作用、分类及基本组成。
- 了解局域网的基本组成和一般工作方式。
- 了解常用的计算机网络传输介质。
- 理解因特网的作用及典型服务类型。
- 理解 MAC 地址、IP 地址、域名及域名解析过程。
- 了解常用网络连接设备（网卡、调制解调器、中继器、集线器、网桥、交换机、路由器、网关）的功能。
- 了解 Internet 基本信息服务及基本操作。

20 世纪 90 年代以来，随着 Internet 的普及，计算机网络正在深刻地改变着人们的工作和生活方式。在人们的工作、生活和社会活动中，Internet 起着越来越重要的作用。网络已经成为人类社会存在与发展不可或缺的一部分，网络文化也就随之产生并蓬勃发展起来了，而蕴含其中的 Web 文化是最核心的、最引人注目的内容。

本章主要介绍计算机网络基础知识、Internet 基础及 Internet 信息服务三部分内容。

4.1　计算机网络概述

计算机网络是计算机技术和通信技术紧密结合的产物，它的诞生使计算机体系结构发生了巨大变化，在当今社会经济中起着非常重要的作用，它对人类社会的进步做出了巨大贡献。下面我们来学习计算机网络的产生、发展和未来计算机网络的发展趋势。

4.1.1　计算机网络的形成与发展

1. 计算机网络的产生

自从有了计算机，计算机技术和通信技术就开始结合。早在 1951 年，美国麻省理工学院林肯实验室就开始为美国空军设计称为 SAGE 的自动化地面防空系统，该系统最终于 1963 年建成，被认为是计算机和通信技术结合的先驱。

在 20 世纪 50 年代初，美国航空公司与 IBM 公司开始联合研究计算机通信技术应用于民用系统方面的技术，并于 60 年代初投入使用飞机订票系统 SABRE-I。后来，1968 年美国通用电气公司投入运行了最大的商用数据处理网络信息服务系统,该系统具有交互处理和批处理能力，由于地理范围大，因此可以利用时差充分利用资源。

早期的计算机通信网络中，为了提高通信线路的利用率并减轻主机的负担，已经使用了多点通信线路、终端集中器和前端处理机等技术。这些技术对以后计算机网络的发展有着深刻的影响。例如，以多点线路连接的终端和主机间的通信建立过程，可以用主机对各终端轮询或者是由各终端连接成雏菊链的形式实现。

1966年12月，罗伯茨开始全面负责ARPA网的筹建。经过近一年的研究，罗伯茨选择了一种名为IMP（接口信号处理机，路由器的前身）的技术来解决网络间计算机的兼容问题，并首次使用了"分组交换"（Packet Switching）作为网间数据传输的标准。这两项关键技术的结合为ARPA网奠定了重要的技术基础，创造了一种更高效、更安全的数据传递模式。

1969年12月，Internet的前身——美国的ARPA网投入运行，它标签着计算机网络的兴起。该计算机网络系统是一种分组交换网。分组交换技术使计算机网络的概念、结构和网络设计方面都发生了根本性的变化，并为后来的计算机网络打下了坚实的基础。

20世纪80年代初，随着个人计算机的推广，各种基于个人计算机的局域网纷纷出台。这个时期计算机局域网系统的典型结构是在共享介质通信网平台上的共享文件服务器结构，即为所有联网个人计算机设置一台专用的可共享的网络文件服务器。每台个人计算机用户的主要任务仍在自己的计算机上运行，仅在需要访问共享磁盘文件时才通过网络访问文件服务器，实现了计算机网络中各计算机之间的协同工作。由于使用了较PSTN速率高得多的同轴电缆、光纤等高速传输介质，使个人计算机网上访问共享资源的速率和效率大大提高。这种基于文件服务器的计算机网络对网内计算机进行了分工：个人计算机面向用户，计算机服务器专用于提供共享文件资源，这就形成了客户机/服务器模式。

计算机网络系统是非常复杂的系统，计算机之间相互通信涉及到许多复杂的技术问题，为实现计算机网络通信，计算机网络采用的是分层解决网络技术问题的方法。但是，由于存在不同的分层网络系统体系结构，它们的产品之间很难实现互连。为此，在20世纪80年代早期，国际标准化组织ISO正式颁布了"开放系统互连基本参考模型"OSI国际标准，使计算机网络体系结构实现了标准化。

进入20世纪90年代，计算机技术、通信技术以及建立在计算机和网络技术基础上的计算机网络技术得到了迅猛的发展。特别是1993年美国宣布建立国家信息基础设施NII后，全世界许多国家纷纷制定和建立本国的NII，从而极大地推动了计算机网络技术的发展，使计算机网络进入了一个崭新的阶段。目前，全球以美国为核心的高速计算机互联网络即Internet已经形成，Internet已经成为人类最重要的、最大的知识宝库。

2. 计算机网络的发展

世界上公认的、最成功的第一个远程计算机网络是在1969年，由美国高级研究计划署（Advanced Research Projects Agency，ARPA）组织研制成功的。该网络称为ARPANET，它就是现在Internet的前身。随着计算机网络技术的蓬勃发展，计算机网络的发展大致可划分为6个阶段：

（1）第一阶段：计算机技术与通信技术相结合（诞生阶段）。

20世纪60年代末，是计算机网络发展的萌芽阶段。该系统又称终端－计算机网络，是早期计算机网络的主要形式，它是将一台计算机经通信线路与若干终端直接相连。终端是一台计算机的外部设备，包括显示器和键盘，无CPU和内存。其主要特征是：为了增加系统的计算能力和资源共享，把小型计算机连成实验性的网络。

第一个远程分组交换网叫ARPANET，第一次实现了由通信网络和资源网络复合构成计算机网络系统，标志着计算机网络的真正产生，ARPANET是这一阶段的典型代表。

（2）第二阶段：计算机网络具有通信功能（形成阶段）。

第二代计算机网络是以多个主机通过通信线路互联起来，为用户提供服务，主机之间不是直接用线路相连，而是由接口报文处理机（IMP）转接后互联的。IMP 和它们之间互联的通信线路一起负责主机间的通信任务，构成了通信子网。通信子网互联的主机负责运行程序，提供资源共享，组成了资源子网。这个时期，网络概念为"以能够相互共享资源为目的互联起来的具有独立功能的计算机的集合体"，形成了计算机网络的基本概念。

两个主机间通信时对传送信息内容的理解、信息表示形式以及各种情况下的应答信号都必须遵守一个共同的约定，称为协议。

（3）第三阶段：计算机网络互联标准化（互联互通阶段）。

计算机网络互联标准化是指具有统一的网络体系结构并遵循国际标准的开放式和标准化的网络。ARPANET 兴起后，计算机网络发展迅猛，各大计算机公司相继推出自己的网络体系结构及实现这些结构的软硬件产品。由于没有统一的标准，不同厂商的产品之间互联很困难，人们迫切需要一种开放性的标准化实用网络环境，这样两种国际通用的最重要的体系结构应运而生了，即 TCP/IP 体系结构和国际标准化组织的 OSI 体系结构。

（4）第四阶段：计算机网络高速和智能化发展（高速网络技术阶段）。

20 世纪 90 年代初至今是计算机网络飞速发展的阶段，其主要特征是：计算机网络化，协同计算能力发展以及全球互联网络（Internet）的盛行，计算机的发展已经完全与网络融为一体，体现了"网络就是计算机"的口号。目前，计算机网络已经真正进入社会各行各业。另外，虚拟网络 FDDI 及 ATM 技术的应用，使网络技术蓬勃发展并迅速走向市场，走进平民百姓的生活。

（5）第五阶段："三网融合"阶段。将独立设计和运营的计算机互联网、传统电信网和有线电视网相互渗透、互相兼容，并逐步整合成为全世界统一的信息通信网络。该系统能为用户提供一个能传输数据、语音和视频的、透明的、无缝的信息网络。

（6）第六阶段：全光网络阶段。

随着人们对图像信息质量要求的日益提高和远程协作业务的普及，现有网络结构的带宽已经不能满足需求。人们需要一个宽带、大容量的新的通信网，于是全光网（All Optical Network，AON）应运而生。全光网中用光结点取代传统网络的电结点并通过光纤彼此互联。在整个系统中，信号只是在进出网络时才进行电/光和光/电的交换，在网络中利用光波来完成信号的传输和交换，从而提高了网络的吞吐量，也减少了信息拥塞。这一新的网络结构引起了许多发达国家的关注，其中著名的光网络计划有美国的 ARPA（Advanced Research Projects Agency）和欧洲的 RACE（Research and development in Advanced Communications Technologies in Europe）、ACTS（Advanced Communications Technologies and Services）等。

3. 计算机网络的定义

对"计算机网络"这个概念的理解和定义，随着计算机网络本身的发展，人们提出了各种不同的观点。

早期的计算机系统是高度集中的，所有的设备安装在单独的大房间中，后来出现了批处理和分时系统，分时系统所连接的多个终端必须紧接着主计算机。50 年代中后期，许多系统都将地理上分散的多个终端通过通信线路连接到一台中心计算机上，这样就出现了第一代计算机网络。

第一代计算机网络是以单个计算机为中心的远程联机系统。典型应用是由一台计算机和全美范围内 2000 多个终端组成的飞机订票系统。

终端：一台计算机的外部设备包括 CRT 控制器和键盘，无 CPU 和内存。

随着远程终端的增多，在主机前增加了前端机 FEP，当时人们把计算机网络定义为"以传输信息为目的而连接起来，实现远程信息处理或近一步达到资源共享的系统"，但这样的通信系统已具备了通信的雏形。

第二代计算机网络是以多个主机通过通信线路互联起来，为用户提供服务，兴起于 60 年代后期，典型代表是美国国防部高级研究计划局协助开发的 ARPANET。

主机之间不是直接用线路相连，而是接口报文处理机 IMP 转接后互联的。IMP 和它们之间互联的通信线路一起负责主机间的通信任务，构成了通信子网。通信子网互联的主机负责运行程序，提供资源共享，组成了资源子网。

两个主机间通信时对传送信息内容的理解、信息表示形式以及各种情况下的应答信号都必须遵守一个共同的约定，称为协议。

在 ARPA 网中，将协议按功能分成了若干层次，如何分层以及各层中具体采用的协议的总和称为网络体系结构，体系结构是个抽象的概念，其具体实现是通过特定的硬件和软件来完成的。

70 年代至 80 年代中第二代网络得到了迅猛的发展。

第二代网络以通信子网为中心。这个时期，网络概念为"以能够相互共享资源为目的互联起来的具有独立功能的计算机的集合体"，形成了计算机网络的基本概念。

第三代计算机网络是具有统一的网络体系结构并遵循国际标准的开放式和标准化的网络。

ISO 在 1984 年颁布了 OSI/RM 模型，该模型分为七个层次，也称为 OSI 七层模型，公认为是新一代计算机网络体系结构的基础，为普及局域网奠定了基础。

70 年代后，由于大规模集成电路的出现，局域网由于投资少、方便灵活而得到了广泛的应用和迅猛的发展，与广域网相比有共性，如分层的体系结构，又有不同的特性，如局域网为节省费用而不采用存储转发的方式，而是由单个的广播信道来连接网上计算机。

第四代计算机网络从 80 年代末开始，局域网技术发展成熟，出现光纤及高速网络技术、多媒体、智能网络，整个网络就像一个对用户透明的大的计算机系统，发展为以 Internet 为代表的互联网。

计算机网络，是将多个具有独立工作能力的计算机系统通过通信设备和线路由功能完善的网络软件实现资源共享和数据通信的系统。从定义中可以看出涉及到三个方面的问题：

- 至少两台计算机互联。
- 通信设备与线路介质。
- 网络软件、通信协议和网络操作系统（Network Operating System，NOS）。

4.1.2 我国网络发展的现状

我国互联网虽然产生比较晚，但是经过几十年的发展，已经显露出巨大的发展潜力。中国已经成为国际互联网的一部分，目前已成为最大的互联网用户群体。

我国互联网发展的历程可以划分为以下四个阶段：

（1）第一阶段：从 1987 年 9 月 20 日钱天白教授发出第一封 E-mail 开始，到 1994 年 4 月 20 日中科院科技网（NCFG）正式连入 Internet 这段时间，我国的互联网处于艰苦的孕育中。在这一阶段中主要是国内一些科研机构通过 E-mail 等形式与国外的一些网络进行通信。其间，

1989 年，中国公用数据网（CHINAPAC）基本开通。

（2）第二阶段：1994～1997 年，中国互联网信息中心发布第一次《中国 Internet 发展状况统计报告》，互联网从少数科学家手中的科研工具逐步走向广大群众。这时，人们可以通过各种媒体了解到互联网，并通过较为廉价的方式方便地获取自己所需要的信息。

（3）第三阶段：1998～1999 年，中国网民开始呈几何级数增长，上网从前卫变成了一种真正的需求。互联网在两年的时间里传遍了整个中华大地。目前，我们耳熟能详的诸多网站及网络应用构建于这一阶段，如新浪、搜狐、网易、腾讯等。

（4）第四阶段：2000 年至今，互联网络日渐成熟，网络用户群已发展成为目前最大的互联网络群。

从 1993 年开始，几个全国范围的计算机网络工程相继启动，从而使 Internet 在我国出现了迅猛发展的势头。到目前为止在我国已形成四大互联网络，即：中国公用计算机互联网（ChinaNET）、中国教育科研网（CERNET）、中科院科技网（CSTNET）、中国金桥网（ChinaGBN）。

（5）第五阶段：2001 年至今，"三网融合"计划已基本落地。目前正处于试点阶段，试点的名单是由国务院办公厅于 2011 年 12 月 30 日公布。"三网融合"使网络从各自独立的专业网络向综合性网络转变，信息服务从单一业务向文字、话音、数据、图像、视频等多媒体综合业务转变，极大地减少基础建设投入，并简化网络管理，降低维护成本。

（6）第六阶段：为了发展全光网络技术，中国科研人员已取得了一些成果，其中最有影响的是 863 计划支持的中国高速信息示范网（CAINONET）。CAINONET 是一个利用自主研制的光交叉连接设备、光分扩复用设备、核心路由器和网管系统构建一个连接北京地区部分重要科研院所和著名高校（共 13 个试验节点）的基于 IP、DWDM 的示范网。CAINONET 是目前全球为数不多的大型宽带高速试验示范网之一，此项研究共申请了 50 多项专利，标签着我国已全面掌握高速信息网络的关键技术。

4.2 计算机网络的组成与分类

4.2.1 计算机网络的组成

计算机网络首先是一个通信网络，各计算机之间通过通信媒体、通信设备进行数字通信，在此基础上各计算机可以通过网络软件共享其他计算机上的硬件资源、软件资源和数据资源。从计算机网络各组成部件的功能来看，各部件主要完成两种功能，即网络通信和资源共享。把计算机网络中实现网络通信功能的设备及其软件的集合称为通信子网，而把网络中实现资源共享功能的设备及其软件的集合称为资源子网。从这个前提出发，计算机网络可以从逻辑上被划分两个子网：通信子网和资源子网，如图 4-1 所示。

就局域网而言，通信子网由网卡、线缆、集线器、中继器、网桥、路由器、交换机等设备和相关软件组成；资源子网由连网的服务器、工作站、共享的打印机和其他设备及相关软件所组成。

在广域网中，通信子网由一些专用的通信处理机（即节点交换机）及其运行的软件、集中器等设备和连接这些节点的通信链路组成。资源子网由上网的所有主机及其外部设备组成。

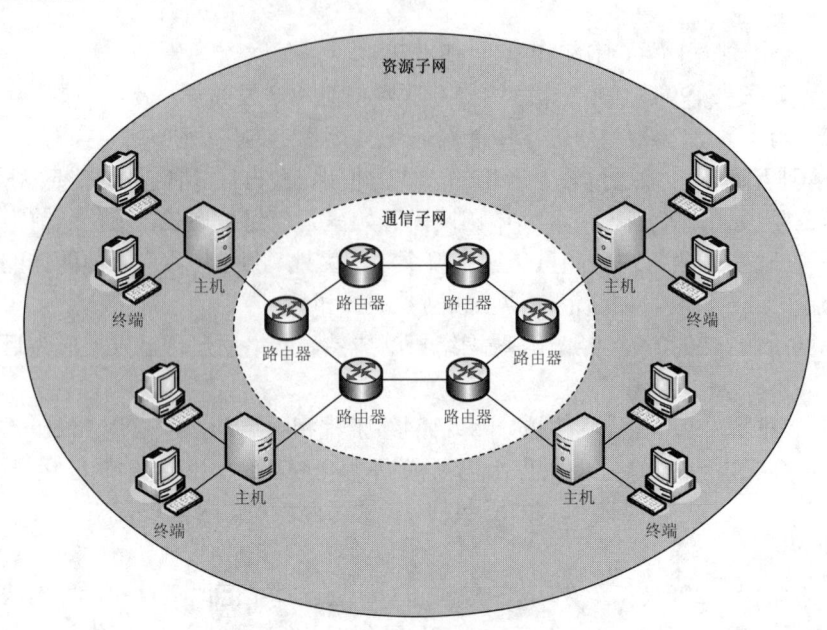

图 4-1　通信子网和资源子网

4.2.2　计算机网络的分类方式

用于计算机网络分类的标准很多，如拓扑结构、应用协议等。

1．按地域分布距离分

按分布距离分为局域网（LAN）、城域网（MAN）、广域网（WAN）和互联网（Internet）。

（1）局域网。

几米至 10 公里，小型机、微机大量推广后发展起来的，配置容易，速率高，4Mb/s～2Gb/s，位于一个建筑物或一个单位内，不存在寻径问题，不包括网络层。

局域网主要用来构建一个单位的内部网络，例如办公室网络、办公大楼内的局域网、学校的校园网、工厂的企业网、大公司及科研机构的园区网等。局域网通常属于单位所有，单位拥有自主管理权，以共享网络资源和协同式网络应用为主要目的。

（2）城域网。

10 公里至 100 公里，对一个城市的 LAN 互联，采用 IEEE 802.6 标准，速率为 50Kb/s～100Kb/s，位于一座城市中。

城域网设计的目标是要满足几十公里范围内的大量企业、机关、公司与社会服务部门的计算机联网需求，实现大量用户、多种信息传输的综合信息网络。城域网主要指大型企业集团、ISP、电信部门、有线电视台和政府构建的专用网络和公用网络。

（3）广域网。

也称为远程网，几百公里至几千公里。发展较早，租用专线，通过 IMP 和线路连接起来，构成网状结构，解决寻径问题，速率为 9.6Kb/s～45Mb/s，如邮电部的 CHINANET、CHINAPAC 和 CHINADDN。

（4）互联网。

并不是一种具体的网络技术，它是将不同的物理网络技术按某种协议统一起来的一种高层技术。

2. 按网络的传输技术分

网络所采用的传输技术决定了网络的主要技术特点，因此根据网络所采用的传输技术对网络进行划分是一种很重要的方法。按网络的传输技术可将计算机网络分为广播式网络和点对点网络。

（1）点到点网络。

点到点传播指网络中每两台主机、两台节点交换机之间或主机与节点交换机之间都存在一条物理信道，即每条物理线路连接一对计算机。机器（包括主机和节点交换机）沿某信道发送的数据确定无疑地只有信道另一端的唯一一台机器收到。假如两台计算机之间没有直接连接的线路，那么它们之间的分组传输就要通过中间节点的接收、存储、转发直至目的节点。由于连接多台计算机之间的线路结构可能是复杂的，因此从源节点到目的节点可能存在多条路由，决定分组从通信子网的源节点到达目的节点的路由需要有路由选择算法。采用分组存储转发是点到点式网络与广播式网络的重要区别之一。

（2）广播式网络。

广播式网络中的广播是指网络中所有连网计算机都共享一个公共通信信道，当一台计算机利用共享通信信道发送报文分组时，所有其他计算机都将会接收并处理这个分组。由于发送的分组中带有目的地址与源地址，网络中所有接收到该分组的计算机将检查目的地址是否与本节点的地址相同。如果被接收报文分组的目的地址与本节点地址相同，则接受该分组，否则将收到的分组丢弃。在广播式网络中，若分组是发送给网络中的某些计算机，则被称为多点播送或组播；若分组只发送给网络中的某一台计算机，则称为单播。在广播式网络中，由于信道共享可能引起信道访问错误，因此信道访问控制是要解决的关键问题。

3. 按网络的使用者分

按网络的使用者可将计算机网络分为公用网和专用网。

（1）公用网。

由电信部门或其他提供通信服务的经营部门组建、管理和控制，网络内的传输和转接装置可供任何部门和个人使用。公用网常用于广域网络的构造，支持用户的远程通信。如我国的电信网、广电网、联通网、铁通网等。

（2）专用网。

由用户部门组建经营的网络，不容许其他用户和部门使用。由于投资的因素，专用网常为局域网或者是通过租借电信部门的线路而组建的广域网络。如由学校组建的校园网、由企业组建的企业网等。

4. 按传输介质分

按网络的传输介质可以将计算机网络分为有线网、无线网。

（1）有线网。

有线网是指采用双绞线、同轴电缆、光纤连接的计算机网络。有线网的传输介质包括：

- 双绞线：是由两条相互绝缘的导线按照一定的规格互相缠绕（一般以逆时针缠绕）在一起而制成的一种通用配线，属于信息通信网络传输介质。双绞线过去主要是用来传输模拟信号，但现在同样适用于数字信号的传输。
- 同轴电缆：同轴电缆的得名与它的结构相关。同轴电缆也是局域网中最常见的传输介质之一。它用来传递信息的一对导体是按照一层圆筒式的外导体套在内导体（一根细芯）外面，两个导体间用绝缘材料互相隔离的结构制造的，外层导体和中心轴芯线的圆心在同一个轴心上，所以叫做同轴电缆。
- 光纤：是一种利用光在玻璃或塑料制成的纤维中的全反射原理而做成的光传导工具。在日常生活中，由于光在光导纤维中的传导损耗比电在电线中传导的损耗低得多，因此光纤被用作长距离的信息传递。

（2）无线网。

无线网是采用电磁波传递数据，它可以传送无线电信号和卫星信号。

4.2.3 计算机网络的拓扑结构

按着拓扑学的观点，在计算机网络中，将工作站、服务器、交换机等网络单元抽象为点，网络中的传输介质抽象为线，计算机网络变成了点和线组成的几何图形，它表示了通信媒介和各节点组成的物理连接结构，这种结构称为网络拓扑结构。

计算机网络中，按各节点的位置和布置不同，计算机网络分为树型拓扑结构网络、总线型拓扑结构网络、星型拓扑结构网络、环型拓扑结构网络和网状拓扑结构网络 5 种网络结构。常用的网络拓扑结构为星型、总线型和环型。

（1）星型拓扑。

星型拓扑是由中央节点和通过点到点通信链路接到中央节点的各个站点组成，如图 4-2 所示。星型拓扑结构具有控制简单、故障诊断和隔离容易、方便服务等优点。但星型拓扑结构的中央节点的负担较重，形成瓶颈，同时各站点的分布处理能力较低。

（2）总线型拓扑。

总线型拓扑结构采用一个信道作为传输媒体，所有站点都通过相应的硬件接口直接连到这一公共传输媒体上，该公共传输媒体即称为总线，如图 4-3 所示。总线型拓扑结构的总线结构所需要的电缆数量少，总线结构简单，又是无源工作，有较高的可靠性，易于扩充，增加或减少用户比较方便。总线型拓扑的缺点是总线的传输距离有限，通信范围受到限制；故障诊断和隔离较困难；分布式协议不能保证信息的及时传送，不具有实时功能。

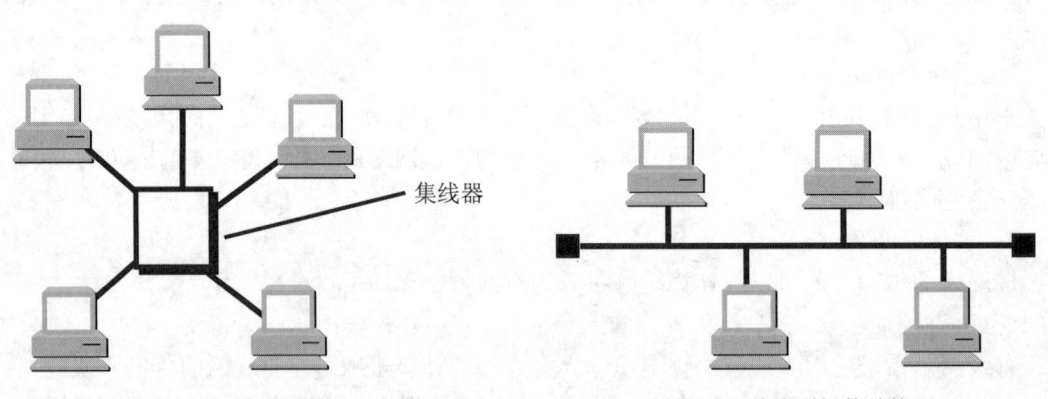

图 4-2 星型拓扑结构

图 4-3 总线型拓扑结构

（3）环型拓扑。

环型拓扑网络由站点和连接站的链路组成一个闭合环，如图 4-4 所示。环型拓扑的优点是：电缆长度短、增加或减少工作站时仅需要简单的连接操作、可以使用光纤；缺点是：节点的故障会引起全网故障、故障检测困难、环型拓扑结构的媒体访问控制协议都采用令牌传递的方式，在负载很轻时，信道利用率相对来说就比较低。

（4）树型拓扑。

树型拓扑从总线型拓扑演变而来，形状像一棵倒置的树，顶端是树根，树根以下带分支，每个分支还可再带子分支，如图4-5所示。树型拓扑的优点是易于扩展、故障隔离较容易；缺点是各个节点对根的依赖性太大。

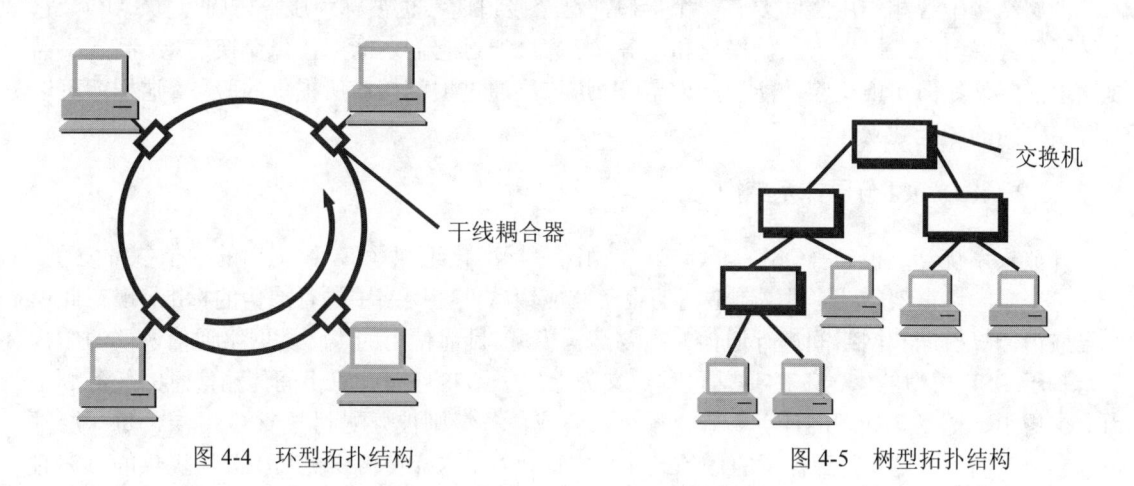

图 4-4 环型拓扑结构　　　　图 4-5 树型拓扑结构

4.3　计算机网络体系结构

计算机网络是一个涉及计算机技术、通信技术等诸多领域的复杂系统。所以，在 ARPANET 设计之初就提出了分层的概念，即把复杂的网络问题分解为若干小的简单层次问题。

一开始，各个公司都有自己的网络体系结构，就使得各公司自己生产的各种设备容易互联成网，有助于该公司垄断自己的产品。但是，随着社会的发展，不同网络体系结构的用户迫切要求能互相交换信息。为了使不同体系结构的计算机网络都能互联，国际标准化组织 ISO 于 1977 年成立专门机构研究这个问题。1978 年 ISO 提出了"异种机连网标准"的框架结构，这就是著名的开放系统互连参考模型 OSI。

4.3.1　网络体系结构的基本概念

网络体系结构是指通信系统的整体设计，它为网络硬件、软件、协议、存取控制和拓扑提供标准。网络的体系结构是计算机网络的分层结构、各层协议、功能和层间接口的集合。下面介绍网络体系结构中的几个概念。

1. 实体

在网络分层体系结构中，每一层都是由一些实体组成，这些实体抽象地表示了通信时的软件信息（进程、程序等）或硬件信息。实体是通信时能发送和接收信息的任何软硬件设施。

2. 协议

协议是用来描述进程之间信息交换过程的一个术语。网络协议，也可简称协议，由三要素组成：①语法，即数据与控制信息的结构或格式；②语义，即需要发出何种控制信息、完成何种动作、做出何种响应；③时序，即事件实现顺序的详细说明。

计算机通信网是由许多具有信息交换和处理能力的节点互连而成的。要使整个网络有条不紊地工作，就要求每个节点必须遵守一些事先约定好的有关数据格式及时序等的规则。这些为实现网络数据交换而建立的规则、约定或标准就称为网络协议。协议是通信双方为了实现通信而设计的约定或通话规则。

3．接口

分层结构中各相邻层之间要有一个接口，这个接口通常也被称为服务访问点（SAP）。它定义了较低层向较高层提供原始操作和服务。相邻层通过它们之间的接口交换信息。高层不需要知道低层是如何实现相应功能的，仅需要知道该层通过层间接口所提供的服务，这样就可以保持层之间的功能独立性。

4.3.2 ISO/OSI 分层体系结构

开放式系统互连模型（OSI）是 1984 年由国际标准化组织（ISO）提出的一个参考模型。作为一个概念性框架，它是不同制造商的设备和应用软件在网络中进行通信的标准。现在此模型已成为计算机间和网络间进行通信的主要结构模型。目前使用的大多数网络通信协议的结构都是基于 OSI 模型的。OSI 将通信过程定义为七层，即将连网计算机间传输信息的任务划分为七个更小、更易于处理的任务组。每一个任务或任务组则被分配到各个 OSI 层。每一层都是独立存在的，因此分配到各层的任务能够独立地执行。这样使得变更其中某层提供的方案时不影响其他层。

OSI 七层模型的每一层都具有清晰的特征，如图 4-6 所示。基本来说，第七层至第四层处理数据源和数据目的地之间的端到端通信，而第三层至第一层处理网络设备间的通信。另外，OSI 模型的七层也可以划分为两组：上层（层 7、层 6 和层 5）和下层（层 4、层 3、层 2 和层 1）。OSI 模型的上层处理应用程序问题，并且通常只应用在软件上。最高层，即应用层是与终端用户最接近的。OSI 模型的下层是处理数据传输的。物理层和数据链路层应用在硬件和软件上。最底层，即物理层是与物理网络媒介（比如说电线）最接近的，并且负责在媒介上发送数据。

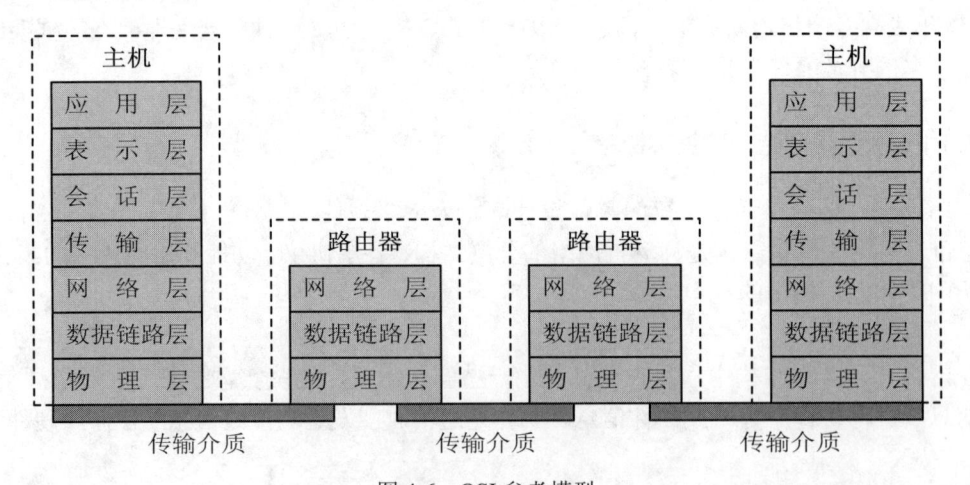

图 4-6 OSI 参考模型

第七层：应用层，定义了用于在网络中进行通信和数据传输的接口用户程序；提供标准服务，如虚拟终端、文件以及任务的传输和处理。

第六层：表示层，掩盖不同系统间的数据格式的不同性，指定独立结构的数据传输格式、数据的编码和解码、加密和解密、压缩和解压缩。

第五层：会话层，管理用户会话和对话，控制用户间逻辑连接的建立和挂断，报告上一层发生的错误。

第四层：传输层，管理网络中端到端的信息传送，通过错误纠正和流控制机制提供可靠且有序的数据包传送，提供面向无连接的数据包的传送。

第三层：网络层，定义网络设备间如何传输数据，根据唯一的网络设备地址路由数据包，提供流和拥塞控制以防止网络资源的损耗。

第二层：数据链路层，定义操作通信连接的程序，封装数据包为数据帧，监测和纠正数据包传输错误。

第一层：物理层，定义通过网络设备发送数据的物理方式，作为网络媒介和设备间的接口，定义光学、电气以及机械特性。

通过 OSI 的七层，信息可以从一台计算机的软件应用程序传输到另一台的应用程序上。例如，计算机 A 上的应用程序要将信息发送到计算机 B 的应用程序，则计算机 A 中的应用程序需要将信息先发送到其应用层（第七层），然后此层将信息发送到表示层（第六层），表示层将数据转送到会话层（第五层），如此继续，直至物理层（第一层）。在物理层，数据被放置在物理网络媒介中并被发送至计算机 B。计算机 B 的物理层接收来自物理媒介的数据，然后将信息向上发送至数据链路层（第二层），数据链路层再转送给网络层，依次继续直到信息到达计算机 B 的应用层，最后，计算机 B 的应用层再将信息传送给应用程序接收端，从而完成通信过程。

4.3.3 TCP/IP 分层体系结构

TCP/IP（Transmission Control Protocol/Internet Protocol，传输控制协议/互联网络协议）协议是 Internet 最基本的协议，简单地说，就是由底层的 IP 协议和 TCP 协议组成的。

在 Internet 没有形成之前，各个地方已经建立了很多小型的网络，称为局域网，Internet 的中文意义是"网际网"，它实际上就是将全球各地的局域网连接起来而形成的一个"网之间的网（即网际网）"。然而，在连接之前的各式各样的局域网却存在不同的网络结构和数据传输规则，将这些小网连接起来后各网之间要通过什么样的规则来传输数据呢？这就像世界上有很多个国家，各个国家的人说各自的语言，世界上任意两个人要怎样才能互相沟通呢？如果全世界的人都能够说同一种语言（即世界语），这个问题不就解决了吗？TCP/IP 协议正是 Internet 上的"世界语"。

TCP/IP 协议的开发工作始于 20 世纪 70 年代，是用于互联网的第一套协议。TCP/IP 协议是网际间的基本通信协议，虽然 TCP/IP 从字面意义上包括两个协议：传输控制协议（TCP）与网际间协议（IP），但实际上 TCP/IP 是一个协议簇，包括上百个功能的协议，如远程登录、文件传输、电子邮件，TCP 协议和 IP 协议是保证数据完整传输的两个基本的重要协议。

从协议分层模型方面来讲，TCP/IP 由 4 个层次组成：网络接口层、网络层、传输层、应用层。TCP/IP 协议并不完全符合 OSI 的七层参考模型。OSI 是传统的开放式系统互连参考模型，是一种通信协议的七层抽象的参考模型，其中每一层执行某一特定任务。该模型的目的是使各种硬件在相同的层次上相互通信。这七层是：物理层、数据链路层、网络层、传输层、会话层、表示层和应用层。而 TCP/IP 通信协议采用了 4 层的层级结构，每一层都呼叫它的下一层所提供的网络来完成自己。由于 ARPANET 的设计者注重的是网络互联，允许通信子网（网络接口层）采用已有的或是将来有的各种协议，所以这个层次中没有提供专门的协议。实际上，TCP/IP 协议可以通过网络接口层连接到任何网络上，例如 X.25 交换网或 IEEE802 局域网。

下面介绍 TCP/IP 分层体系结构的各层次功能及主要协议。

（1）网络接口层。

网络接口层实际上并不是因特网协议组中的一部分，但是它是数据包从一个设备的网络层传输到另外一个设备的网络层的方法。这个过程能够在网卡的软件驱动程序中控制，也可以在固件或者专用芯片中控制。这将完成如添加报头准备发送、通过物理媒介实际发送这样一些数据链路功能。另一端链路层将完成数据帧接收、去除报头并且将接收到的包传到网络层。

（2）网络层。

网络层负责相邻计算机之间的通信，其功能包括 3 个方面：

- 处理来自传输层的分组发送请求，收到请求后，将分组装入 IP 数据报，填充报头，选择去往信宿机的路径，然后将数据报发往适当的网络接口。
- 处理输入数据报：首先检查其合法性，然后进行寻径——假如该数据报已到达信宿机，则去掉报头，将剩下部分交给适当的传输协议；假如该数据报尚未到达信宿机，则转发该数据报。
- 处理路径、流控、拥塞等问题。网络层包括：IP（Internet Protocol）协议、ICMP（Internet Control Message Protocol）协议、控制报文协议、ARP（Address Resolution Protocol）地址转换协议、RARP（Reverse ARP）反向地址转换协议。

（3）传输层。

传输层提供应用程序间的通信，其功能包括：格式化信息流、提供可靠传输。为实现后者，传输层协议规定接收端必须发回确认，并且假如分组丢失，必须重新发送。

传输层协议主要有：传输控制协议 TCP（Transmission Control Protocol）和用户数据报协议 UDP（User Datagram protocol）。

（4）应用层。

应用层向用户提供一组常用的应用程序，如电子邮件、文件传输访问、远程登录等。远程登录 Telnet 使用 Telnet 协议提供在网络其他主机上注册的接口。Telnet 会话提供了基于字符的虚拟终端。文件传输访问 FTP 使用 FTP 协议来提供网络内机器间的文件拷贝功能。

应用层一般是面向用户的服务，包含的主要协议有 FTP、Telnet、DNS、SMTP、POP3。

FTP（File Transfer Protocol）是文件传输协议，一般上传下载用 FTP 服务，数据端口是 20H，控制端口是 21H。

Telnet 服务是用户远程登录服务，使用 23H 端口，使用明码传送，保密性差、简单方便。

DNS（Domain Name Service）是域名解析服务，提供域名到 IP 地址之间的转换。

SMTP（Simple Mail Transfer Protocol）是简单邮件传输协议，用来控制信件的发送、中转。

POP3（Post Office Protocol 3）是邮局协议第 3 版本，用于接收邮件。

4.3.4　TCP/IP 协议及 IP 地址

1. TCP/IP 协议与 IP 地址

TCP 协议主要用于在主机间建立一个虚拟连接，以实现高可靠性的数据包交换。IP 协议可以进行 IP 数据包的分割和组装，但是通过 IP 协议并不能清楚地了解到数据包是否顺利地发送给目标计算机。而使用 TCP 协议就不同了，在该协议传输模式中在将数据包成功发送给目标计算机后，TCP 会要求发送一个确认；如果在某个时限内没有收到确认，那么 TCP 将重新发送数据包。另外，在传输的过程中，如果接收到无序、丢失以及被破坏的数据包，TCP 还可以负责恢复。

IP 协议（Internet Protocol）又称互联网协议，是支持网间互连的数据报协议，它与 TCP 协议（传输控制协议）一起构成了 TCP/IP 协议族的核心。它提供网间连接的完善功能，包括 IP 数据报规定互连网络范围内的 IP 地址格式。

2. IP 地址

Internet 上，为了实现连接到互联网上的节点之间的通信，必须为每个节点（入网的计算机）分配一个地址，并且应当保证这个地址是全网唯一的，这便是 IP 地址。

目前的 IP 地址（IPv4：IP 第 4 版本）由 32 个二进制位表示，每 8 位二进制数为一个整数，中间由小数点间隔，如 159.226.41.98，整个 IP 地址空间有 4 组 8 位二进制数。IP 地址层次上采用逻辑网络结构划分，一个 IP 地址划分为两部分：网络地址和主机地址。网络地址标识一个逻辑网络，主机地址标识该网络中的一台主机，如图 4-7 所示。IP 地址由因特网信息中心 NIC 统一分配。NIC 负责分配最高级 IP 地址，并给下一级网络中心授权在其自治系统中再次分配 IP 地址。在国内，用户可向电信公司、ISP 或单位局域网管理部门申请 IP 地址，这个 IP 地址在因特网中是唯一的。如果是使用 TCP/IP 协议构成局域网，可自行分配 IP 地址，该地址在局域网内是唯一的，但对外通信时经过代理服务器。

网络地址	主机地址

图 4-7　IP 地址的结构

需要指出的是，IP 地址不仅是标识主机，还标识主机和网络的连接。TCP/IP 协议中，同一物理网络中的主机接口具有相同的网络号，因此主机移动到另一个网络时，它的 IP 地址需要改变。

3. IP 地址分类

IPv4 结构的 IP 地址长度为 4 字节（32 位），根据网络地址和主机地址的不同划分，编址方案将 IP 地址分为 A、B、C、D、E 五类，A、B、C 是基本分类，D、E 类保留使用。A、B、C 类 IP 地址划分如图 4-8 所示。

A 类	0	网络地址（7 位）	主机地址（24 位）

B 类	1 0	网络地址（14 位）	主机地址（16 位）

C 类	1 1 0	网络地址（21 位）	主机地址（8 位）

图 4-8　IP 地址的分类

- A 类地址：A 类地址的网络标识由第一组 8 位二进制数表示，网络中的主机标识占

3 组 8 位二进制数，A 类地址的特点是网络标识的第一位二进制数取值必须为"0"。不难算出，A 类地址允许有 126 个网络，每个网络大约允许有 1670 万台主机，通常分配给拥有大量主机的网络（如主干网）。

- B 类地址：B 类地址的网络标识由前两组 8 位二进制数表示，网络中的主机标识占两组 8 位二进制数，B 类地址的特点是网络标识的前两位二进制数取值必须为"10"。B 类地址允许有 16384 个网络，每个网络允许有 65533 台主机，适用于节点比较多的网络（如区域网）。
- C 类地址：C 类地址的网络标识由前 3 组 8 位二进制数表示，网络中主机标识占 1 组 8 位二进制数，C 类地址的特点是网络标识的前 3 位二进制数取值必须为"110"。具有 C 类地址的网络允许有 254 台主机，适用于节点比较少的网络（如校园网）。

为了便于记忆，通常习惯采用 4 个十进制数来表示一个 IP 地址，十进制数之间采用句点"."予以分隔。这种 IP 地址的表示方法也被称为点分十进制法。如以这种方式表示，A 类网络的 IP 地址范围为 1.0.0.1～127.255.255.254；B 类网络的 IP 地址范围为：128.1.0.1～191.255.255.254；C 类网络的 IP 地址范围为：192.0.1.1～223.255.255.254。

4．IP 地址的设置

（1）在 Windows 桌面上右击"网上邻居"图标，选择"属性"选项，如图 4-9 所示。

（2）在"网络和拨号连接"窗口中右击"本地连接"图标，选择"属性"选项，如图 4-10 所示。

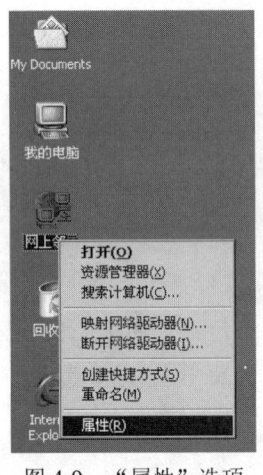

图 4-9　"属性"选项

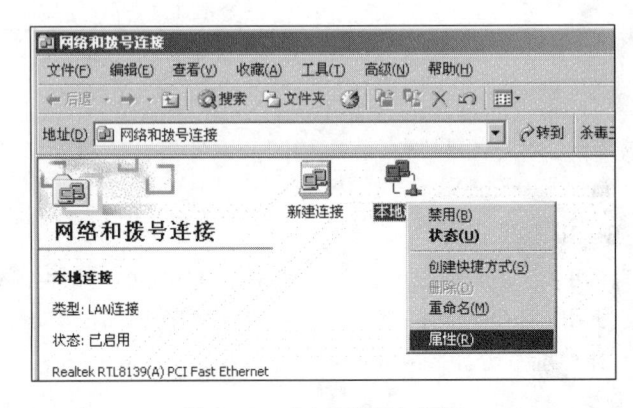

图 4-10　"本地连接"图标

（3）在"本地连接 属性"对话框中选择"Internet 协议（TCP/IP）"，如图 4-11 所示。

（4）双击 TCP/IP 协议，弹出"Internet 协议（TCP/IP）属性"对话框，单击"使用下面的 IP 地址"单选项，并填写您的 IP 地址、子网掩码、默认网关，如图 4-12 所示。DNS 为：166.111.8.28 和 166.111.8.29，设置完毕单击"确定"按钮。

5．子网、子网掩码

从 IP 地址的分类可以看出，地址中的主机地址最少有 8 位，显然对于一个网络来说，最多可连接 254 台主机（全 0 和全 1 地址不用），这往往容易造成地址浪费。为了充分利用 IP 地址，TCP/IP 协议采用了子网技术。子网技术把主机地址空间划分为子网和主机两部分，使得网络被划分成更小的网络——子网。这样一来，IP 地址结构则由网络地址、子网地址和主机地址三部分组成，如图 4-13 所示。

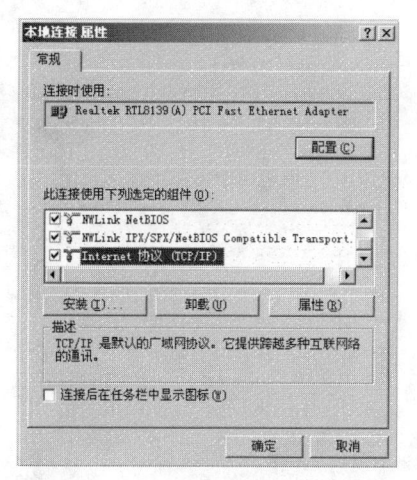

图 4-11 "本地连接 属性"对话框 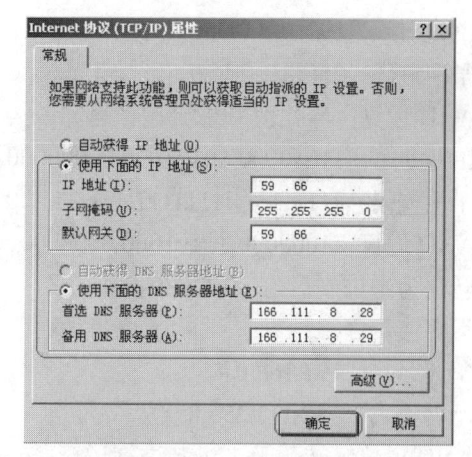　　　　图 4-12 "Internet 协议（TCP/IP）属性"对话框

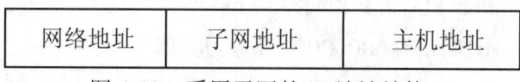

图 4-13 采用子网的 IP 地址结构

当一个单位申请到 IP 地址以后，由本单位网络管理人员来划分子网，子网地址在网络外部是不可见的，仅在网络内部使用。子网地址的位数是可变的，由各单位自行决定。为了确定哪几位表示子网，IP 协议引入了子网掩码的概念。通过子网掩码将 IP 地址分为三部分：网络地址、子网地址部分和主机地址部分。

子网掩码使用与 IP 相同的编址格式，子网掩码为 1 的部分对应于 IP 地址的网络与子网部分，子网掩码为 0 的部分对应于 IP 地址的主机部分。将子网掩码和 IP 地址作"与"操作后，IP 地址的主机部分将被丢弃，剩余的是网络地址和子网地址。例如，一个 IP 分组的目的 IP 地址为：10.2.2.1，若子网掩码为：255.255.255.0，与之作"与"运算得：10.2.2.0，则网络设备认为该 IP 地址的网络号与子网号为：10.2.2.0。子网掩码是用来判断任意两台计算机的 IP 地址是否属于同一子网络的根据。

最为简单的理解就是两台计算机各自的 IP 地址与子网掩码进行 AND 运算后，如果得出的结果是相同的，则说明这两台计算机是处于同一个子网络上的，可以进行直接的通讯。就这么简单。

请看下面的示例。

运算演示之一：

IP 地址：192.168.0.1

子网掩码：255.255.255.0

AND 运算，转化为二进制进行运算：

IP 地址　　11010000.10101000.00000000.00000001

子网掩码　　11111111.11111111.11111111.00000000

AND 运算　11000000.10101000.00000000.00000000

转化为十进制后为：192.168.0.0

运算演示之二：

IP 地址　　192.168.0.254

子网掩码　255.255.255.0

AND 运算，转化为二进制进行运算：

IP 地址　　11010000.10101000.00000000.11111110

子网掩码　11111111.11111111.11111111.00000000

AND 运算　11000000.10101000.00000000.00000000

转化为十进制后为：192.168.0.0

运算演示之三：

IP 地址　　192.168.0.4

子网掩码　255.255.255.0

AND 运算，转化为二进制进行运算：

IP 地址　　11010000.10101000.00000000.00000100

子网掩码　11111111.11111111.11111111.00000000

AND 运算　11000000.10101000.00000000.00000000

转化为十进制后为：192.168.0.0

通过以上对三台计算机 IP 地址与子网掩码的 AND 运算后，我们可以看到它运算结果是一样的，均为 192.168.0.0，所以这三台计算机视为是同一子网络。

4.3.5　IPv6 协议

IPv6 是 Internet Protocol version 6 的缩写，也被称为下一代互联网协议，它是由 IETF 设计用来替代现行的 IPv4 协议的一种新的 IP 协议。今天的互联网大多数应用的是 IPv4 协议，IPv4 协议已经使用了 20 多年，在这 20 多年的应用中，IPv4 获得了巨大的成功，同时随着应用范围的扩大，它也面临着越来越不容忽视的危机，如地址匮乏等。

IPv6 是为了解决 IPv4 所存在的一些问题和不足而提出的，同时它还在许多方面提出了改进，例如路由方面、自动配置方面。经过一个较长的 IPv4 和 IPv6 共存的时期，IPv6 最终会完全取代 IPv4 在互联网上占据统治地位。

IPv6 的主要特点：

- IPv6 地址长度为 128 位，地址空间增大了 2^{96} 倍。
- 灵活的 IP 报文头部格式。使用一系列固定格式的扩展头部取代了 IPv4 中可变长度的选项字段。IPv6 中选项部分的出现方式也有所变化，使路由器可以简单路过选项而不做任何处理，加快了报文处理速度。
- IPv6 简化了报文头部格式，字段只有 8 个，加快了报文转发，提高了吞吐量。
- 提高安全性。身份认证和隐私权是 IPv6 的关键特性。
- 支持更多的服务类型。
- 允许协议继续演变，增加新的功能，使之适应未来技术的发展。

4.4 局域网基础

4.4.1 局域网概述

为了完整地给出 LAN 的定义，必须使用两种方式：一种是功能性定义，另一种是技术性定义。前一种将 LAN 定义为一组计算机和其他设备，在物理地址上彼此相隔不远，以允许用户相互通信和共享诸如打印机和存储设备之类的计算资源的方式互连在一起的系统。这种定义适用于办公环境下的 LAN、工厂和研究机构中使用的 LAN。

就 LAN 的技术性定义而言，它定义为由特定类型的传输媒体（如电缆、光缆和无线媒体）和网络适配器（亦称为网卡）互连在一起的计算机，并受网络操作系统监控的网络系统。

功能性和技术性定义之间的差别是很明显的，功能性定义强调的是外界行为和服务；技术性定义强调的则是构成 LAN 所需的物质基础和构成的方法。

局域网（LAN）的名字本身就隐含了这种网络地理范围的局域性。由于较小的地理范围，LAN 通常要比广域网（WAN）具有高得多的传输速率，例如，目前 LAN 的传输速率为 10Mb/s，FDDI 的传输速率为 100Mb/s，而 WAN 的主干线速率国内目前仅为 64kb/s 或 2.048Mb/s，最终用户的上线速率通常为 14.4kb/s。

LAN 的拓扑结构目前常用的是总线型和环型。这是由有限地理范围决定的。这两种结构很少在广域网环境下使用。

LAN 的特点：
- 可靠性、易扩缩、易于管理和安全等多种特性。
- 局域网的通信设备是广义的，包括计算机、终端、电话机等通信设备。
- 局域网的数据通信速率高、误码率低。
- 局域网覆盖一个有限的地理范围，如一个办公室、一幢大楼或几幢大楼之间的地域范围，适用于机关、学校、公司、工厂等单位，一般属于一个单位所有。

4.4.2 网络的传输介质

传输介质是连接局域网各节点的物理通路。在局域网中，常用的网络传输介质有双绞线、同轴电缆、光纤电缆与无线电。

1. 双绞线

双绞线由两根、四根或八根绝缘导线组成，两根为一线对而作为一条通信链路。为了减少各线对间的电磁干扰，各线对以均匀对称的方式螺旋状绞在一起。

双绞线电缆定义了 9 种不同的型号：
- 第一类：主要用于传输语音（一类标准主要用于 80 年代初之前的电话线缆），不用于数据传输。
- 第二类：传输频率为 1MHz，用于语音传输和最高传输速率为 4Mb/s 的数据传输，常见于使用 4Mb/s 规范令牌传递协议的旧的令牌网。
- 第三类：指目前在 ANSI 和 EIA/TIA568 标准中指定的电缆。该电缆的传输频率为 16MHz，用于语音传输及最高传输速率为 10Mb/s 的数据传输，主要用于 10base-T。

- 第四类：该类电缆的传输频率为 20MHz，用于语音传输和最高传输速率为 16Mb/s 的数据传输，主要用于基于令牌的局域网和 10Base-T/100Base-T。
- 第五类：该类电缆增加了绕线密度，外套一种高质量的绝缘材料，传输频率为 100MHz，用于语音传输和最高传输速率为 100Mb/s 的数据传输，主要用于 100Base-T 和 1000Base-T 网络，这是最常用的以太网电缆。
- 超五类：与五类线相比，超五类在近端串扰、串扰总和、衰减和信噪比 4 个主要指标上都有较大的改进，主要用于千兆位以太网（1000Mb/s）。
- 第六类：该类电缆的传输频率为 1～250MHz，能提供 2 倍于超五类的带宽。与超五类相比，六类线改善了在串扰以及回波损耗方面的性能。这对新一代全双工的高速网络应用而言极其重要。
- 超六类：此类产品传输带宽介于六类和七类之间，传输频率为 500MHz，传输速度为 10Gb/s。
- 第七类：传输频率为 600MHz，传输速度为 10Gb/s，可能用于 10 吉比特以太网。目前，超六类和七类产品的检测标准国家尚未统一制定，仅仅是各个厂家宣布的测试值。

局域网所使用的双绞线分为两类：屏蔽双绞线和非屏蔽双绞线。

屏蔽双绞线由外部保护层、屏蔽层与多对双绞线组成，如图 4-14 所示。非屏蔽双绞线则没有屏蔽层，仅由外部保护层与多对双绞线组成，如图 4-15 所示。

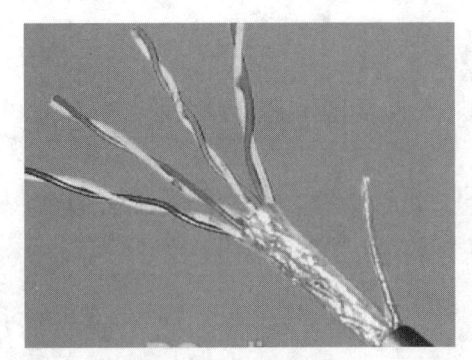

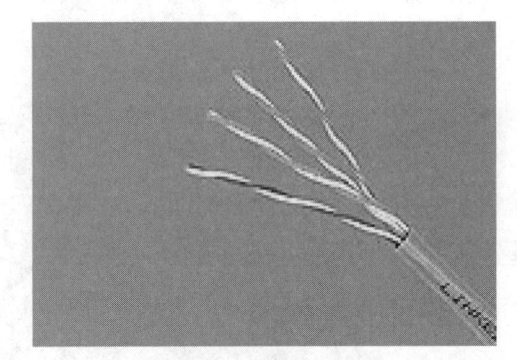

图 4-14 屏蔽双绞线　　图 4-15 非屏蔽双绞线

2. 同轴电缆

同轴电缆（Coaxtal CabLe）常用于设备与设备之间的连接，或应用在总线型网络拓扑中。同轴电缆中心轴线是一条铜导线，外加一层绝缘材料，在这层绝缘材料外边是由一根空心的圆柱网状铜导体包裹，最外一层是绝缘层，其结构如图 4-16 所示。与双绞线相比，同轴电缆的抗干扰能力强、屏蔽性能好、传输数据稳定、价格便宜，而且它不用连接在集线器或交换机上即可使用。

3. 光纤电缆

光纤电缆简称为光缆。一条光缆包含多条光纤。每条光纤是由玻璃或塑料拉成极细的能传导光波的细丝，外面再包裹多层材料组成的，如图 4-17 所示。光纤通过内部的全反射来传输一束经过编码的光信号。光缆因其数据传输速率高、抗干扰性强、误码率低及安全保密性好的特点，而被认为是最有前途的传输介质。

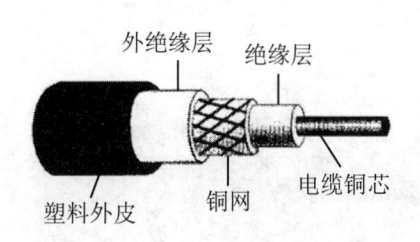

图 4-16　同轴电缆结构　　　　　　　　图 4-17　光缆结构

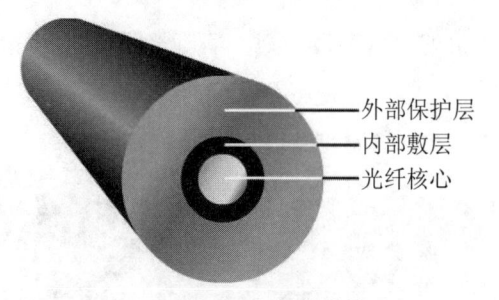

4. 无线电

使用特定频率的电磁波作为传输介质，可以避免有线介质的束缚，组成无线局域网。随着便携式计算机的增多，无线局域网的应用越来越普及。

4.4.3　常用的网络设备

常用的网络设备有网络适配器、网络收发器、网络媒体转换设备、中继器、集线器、网桥、交换机、路由器、网关、防火墙等。

（1）网络适配器：又称网络接口卡（Network Interface Card，NIC），如图 4-18 所示。它插在计算机的总线上将计算机连到其他网络设备上，网络适配器中一般只实现网络物理层和数据链路层的功能。

（2）网络媒体转换设备：是网络中不同传输媒体间的转换设备，如调制解调器（Modem）等。

（3）中继器（Repeater）：也称为转发器，其功能是放大信号，缓解其衰减变形，延伸传输媒体的距离，如以太网中继器可以用来连接不同的以太网网段，以构成一个以太网。

（4）集线器（Hub）：如图 4-19 所示。集线器可看成多端口中继器（一个中继器是双端口的），它有多个端口（如 8 口、16 口、24 口等型号）。它起的作用主要有两个：一是实现信号整形和放大，二是设备的集中。

图 4-18　网络适配器　　　　　　　　图 4-19　集线器

以上几种设备都是工作在物理层的网络设备。

（5）网桥（Bridge）：可将两个以上独立的物理局域网连成一个独立的逻辑上的局域网，如图 4-20 所示，是工作在物理层和数据连路层的网络连接设备。

（6）交换机（Switch）：网络交换机和网桥属于同一类设备，工作在数据链路层上。但网络交换机的端口数多，且交换速度快。在这个意义上，网络交换机可以看做是多端口的高速网桥，如图 4-21 所示。交换机比网桥优越的地方：交换速度快，可实现线速转发；能解决网络主干上的通信拥挤问题；端口密度高，一台交换机可连接多个网段，降低了组网成本。

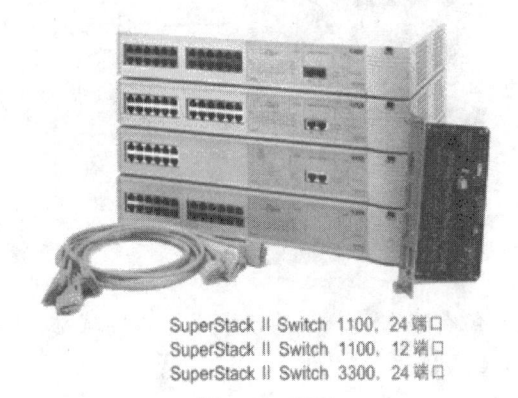

图 4-20　网桥 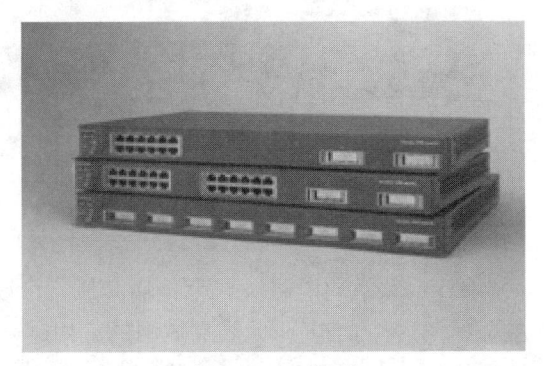　　　　　　　　　　　图 4-21　交换机

交换机与集线器的区别：一是带宽共享方式不同，集线器是共享带宽，即 100M 集线器所有端口的流量之和为 100M，而交换机不同，100M 交换机每个端口都有 100M；二是转发方式不同，集线器通讯时，一个端口收到数据便向其他的所有端口进行广播，而交换机的转发方式不同，根据记录下来的每个端口对应主机的 MAC 地址，保证数据只发到目的端口。这样能降低网络的数据传输量，提高传输速度。

（7）路由器（Router）：是工作在网络层的多个网络间的互连设备，如图 4-22 所示。它可在网络间提供路径选择的功能；在网络之间转发网络分组；为网络分组寻找最佳传输路径；实现子网隔离，限制广播风暴；提供逻辑地址，以识别互联网上的主机；提供广域网服务。

图 4-22　路由器

（8）网关（Gateway）：可看成是多个网络间互连设备的统称，但一般指在 OSI 模型的第 4 层（传输层）以上实现不同通信协议结构互连的设备。它是硬件和软件的结合体，又称应用层网关。

4.4.4　高速局域网

随着计算机数据处理能力的增强、计算机网络应用的深入普及，用户对计算机网络的需求剧增，常规局域网已经远远不能满足日益增长的要求。于是高速局域网（High Speed Local Network）便应运而生，高速局域网是指传输速率大于等于 100Mb/s 的局域网，与传统局域网相比，高速局域网的传输速度更快，并将共享介质方式改变为交换方式。常见的高速局域网有

100Base-T 高速以太网、FDDI 光纤环网、千兆位以太网、10Gb/s 以太网等。

1. 100Base-T 高速以太网

100Base-T 是一种以 100Mb/s 速率工作的局域网（LAN）标准，它通常被称为快速以太网标准，并使用 UTP（非屏蔽双绞线）铜质电缆。快速以太网与 10Base-T 的区别在于将网络的速率提高了 10 倍，即 100Mb/s。目前很多局域网采用的就是 100Base-T 以太网。快速以太网的主要特点如下：

- 数据传输速率 100Mb/s 基带传输。
- 采用了 FDDI 的 PMD 协议，但价格比 FDDI 便宜。
- 100Base-T 的标准由 IEEE 802.3 制定。与 10Base-T 采用相同的媒体访问技术、类似的布线规则和相同的引出线，易于与 10Base-T 集成。
- 每个网段只允许两个中继器，最大网络跨度为 210 米。

快速以太网有三种基本的实现方式：100Base-FX、100Base-TX 和 100Base-T4。每一种规范除了接口电路外都是相同的，接口电路决定了它们使用哪种类型的电缆。为了实现时钟/数据恢复（CDR）功能，100Base-T 使用 4B/5B 曼彻斯特编码机制。

2. FDDI 光纤环网

FDDI 即光纤分布式数据接口（Fiber Distributed Data Interface），是计算机网络技术发展到高速数据通信阶段出现的第一项高速网络技术。FDDI 光纤环网是由美国国家标准协会 ANSI X3T9.5 委员会确定的一种使用光纤作为传输媒体的、高速的、通用的令牌环形网。

FDDI 的特点如下：

- 高传输速率。FDDI 网充分利用光纤通信技术带来的高带宽，实现了 100Mb/s 的高传输速率。
- 大容量。FDDI 网在 100Mb/s 传输速率的基础上，采用了多数据帧的数据处理方式，大大提高了网络带宽的利用率，做到了大容量的数据传输。另外，网上的站点数目也明显增加，连接多达 500 个双连接站或者 1000 个单连接站。
- 远距离。由于光纤的传输损耗很低，延长了通信距离，使用多模光纤最大站间距离可为 2km，使用单模光纤站间距离更长。FDDI 网的环路长度可以达到 100km，即光纤总长度为 200km，网络覆盖范围远远超过了传统的局域网范围。
- 高可靠性。FDDI 网络采用有容错能力的双环拓扑结构，再加上使用信号衰减小、抗干扰能力强的光纤传输媒体以及相应的控制设备，其网络可靠性大为提高。网络系统可以在多重故障的环境下自行重构，保证其安全运转。
- 保密性好。光纤通信由于没有电流的直接作用影响，仅以光束在光线内部传输，不产生任何形式的辐射，电子窃听技术对此毫无作用，外界无法完成非侵入式窃听。即使对光缆进行侵入式窃听，也极容易被检测出来。
- 良好的互操作性。FDDI 网使用 IEEE 802.2 LLC 协议以及基于 IEEE 802.5 令牌环标准的令牌传递 MAC 协议，因而与 IEEE 802 局域网兼容。另外，FDDI 技术已经正式被国际标准化组织接纳为国际标准，为 FDDI 产品具有良好的互操作性提供了保证。

3. 千兆位以太网

千兆位以太网是建立在以太网标准基础之上的技术。千兆位以太网与大量使用的以太网和快速以太网完全兼容，并利用了原以太网标准所规定的全部技术规范，其中包括 CSMA/CD

协议、以太网帧、全双工、流量控制以及 IEEE 802.3 标准中所定义的管理对象。作为以太网的一个组成部分，千兆位以太网也支持流量管理技术，它保证在以太网上的服务质量，这些技术包括 IEEE 802.1P 第二层优先级、第三层优先级的 QoS 编码位、特别服务和资源预留协议（RSVP）。

千兆位以太网的特点如下：
- 千兆位以太网提供完美无缺的迁移途径，充分保护在现有网络基础设施上的投资。千兆位以太网将保留 IEEE 802.3 和以太网帧格式以及 802.3 受管理的对象规格，从而使企业能够在升级至千兆性能的同时保留现有的线缆、操作系统、协议、桌面应用程序和网络管理战略与工具。
- 千兆位以太网相对于原有的快速以太网、FDDI、ATM 等主干网解决方案，提供了一条最佳的路径。至少在目前看来，是改善交换机与交换机之间骨干连接和交换机与服务器之间连接的可靠、经济的途径。网络设计人员能够建立有效使用高速、关键任务的应用程序和文件备份的高速基础设施。网络管理人员将为用户提供对 Internet、Intranet、城域网与广域网的更快速的访问。
- IEEE 802.3 工作组建立了 802.3z 和 802.3ab 千兆位以太网工作组，其任务是开发适应不同需求的千兆位以太网标准。该标准支持全双工和半双工 1000Mb/s，相应的操作采用 IEEE 802.3 以太网的帧格式和 CSMA/CD 介质访问控制方法。千兆位以太网还要与 10Base-T 和 100Base-T 向后兼容。此外，IEEE 标准将支持最大距离为 550m 的多模光纤、最大距离为 70km 的单模光纤和最大距离为 100m 的铜轴电缆。千兆位以太网填补了 802.3 以太网/快速以太网标准的不足。

4. 10Gb/s 以太网

10Gb/s 以太网正式标准 802.3ae 标准由 IEEE 于 2002 年 6 月完成。其采用多模光纤或者单模光纤作为传输介质，8B/10B 两种类型编码作为线路信号码型，并采用与 1Gb/s 以太网相同的帧格式，以至于其传输速度可以达到 10Gb/s。

4.4.5 无线局域网技术

随着无线通信技术的广泛应用和传统有线网络的不足（如灵活性、可移动性和扩展性低，布线和维修成本高等），无线局域网技术（Wireless Local-Area Network，WLAN）应运而生。它为人们提供一种更简单、方便、快捷的连接方式。目前，无线局域网主要采用红外线和无线电波两种传输介质。常见的无线设备有无线网卡、无线接入点（Access Point，AP）和无线路由器等，它们采用对等式拓扑和有中心拓扑结构组织网络。按照使用技术和应用场合不同，无线局域网技术主要有 5 种协议：IEEE 802.11x 系列协议、蓝牙规范（Blue Tooth）、HomeRF 标准、HyperLAN/2 标准和 Zigbee 标准。其中 IEEE 802.11x 系列协议是无线局域网中占主导地位的标准，其使用的是 TCP/IP 协议，适用于功率较大、工作距离较长的网络。

蓝牙规范（Blue Tooth）和 HomeRF 标准主要为家庭网络设计，都工作在 2.4GHz ISM 频段。其中蓝牙比较适合松散型的网络，具备良好的移动性、体积小，适用于多种设备的安装。基于 HyperLAN/2 标准的网络一般用于企业局域网的最后一部分网段，为用户提供远端高速接入因特网的服务，也可作为 3G 的接入技术。Zigbee 标准是一种新兴的近距离、高效率和低功耗的无线网络技术，它使用自己的无线电标准在无数个传感器之间相互协调并完成通信。

4.5 Internet 基础

4.5.1 Internet 概述

1. Internet 的概念

Internet 又称因特网，是国际计算机互联网的英文简称，是世界上规模最大的计算机网络，正确地说是网络中的网络。Internet 是由各种网络组成的一个全球信息网，可以说是由成千上万个具有特殊功能的专用计算机通过各种通信线路，把地理位置不同的网络在物理上连接起来的网络。

2. Internet 的特点

- 覆盖范围广。
- Internet 是由数以万计个子网络通过自愿的原则连接起来的网络，因此称 Internet 为"网中网"。
- 每一个 Internet 网络成员都是自愿加入并承担相应的各种费用，与网上的其他成员和睦友好地进行数据传输，不受任何约束，共同遵守协议的全部规定。

3. 相关概念

（1）超文本。

超文本是一种文本，它和书本上的文本是一样的。但与传统的文本文件相比，它们之间的主要差别是，传统文本是以线性方式组织的，而超文本是以非线性方式组织的。这里的"非线性"是指文本中遇到的一些相关内容通过链接组织在一起，用户可以很方便地浏览这些相关内容。这种文本的组织方式与人们的思维方式和工作方式比较接近。

超文本中带有链接关系的文本通常用下划线和不同的颜色表示。如图 4-23 中，文本①中的"超文本"与②中的"超文本"建立有链接关系，①中的"超媒体"与③中的"超媒体"建立有链接关系，③中的"超链接"与④中的"超链接"建立有链接关系，这种文件就称为超文本文件。

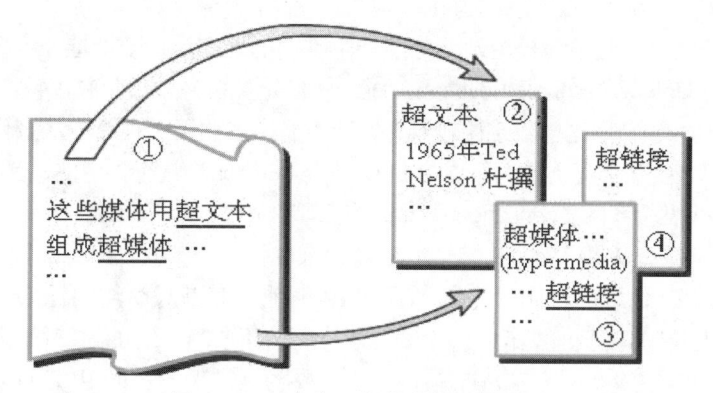

图 4-23 超文本、超媒体的链接关系

（2）HTML。

超文本标记语言（HyperText Makeup Language，HTML）是一种用来创作万维网页面的描述语言，而不是一种难以掌握的捉摸不定的语言（Hard To Master Lingo）。HTML 使用 HTML

标签来定义文档的格式、组成和链接关系，如字形、字体、表单、标题和统一资源地址（Uniform Resource Locator，URL）等。

万维网采用 HTML 来组织文件。用 HTML 组织的文件本身属于普通的文档文件，可以用一般常见的文字编辑器来编辑，或用其他专门的 HTML 文件编辑器来编辑。

（3）超文本和超媒体。

超文本技术是将一个或多个"热字"集成于文本信息之中，"热字"后面链接新的文本信息，新的文本信息又可包含"热字"。通过这种链接方式，许多文本信息被编织成一张网。无序是这种链接的最大特征。用户在浏览文本信息时，可以随意选择其中的"热字"而跳转到其他的文本信息上，浏览过程无固定的顺序。

超媒体不仅可以包含文字而且还可以包含图形、图像、动画、声音和电视片段，这些媒体之间也是用超级链接组织的，而且它们之间的链接也是错综复杂的。

超媒体与超文本之间的不同之处是，超文本主要是以文字的形式表示信息，建立的链接关系主要是文句之间的链接关系；超媒体除了使用文本外，还使用图形、图像、声音、动画或影视片段等多种媒体来表示信息，建立的链接关系是文本、图形、图像、声音、动画和影视片段等媒体之间的链接关系。

（4）URL。

统一资源定位器，又叫 URL（Uniform Resource Locator），是专为标识 Internet 上的资源位置而设的一种编址方式，也称网页地址。它一般由三部分组成：传输协议://主机 IP 地址或域名地址/资源所在的路径和文件名，如绵阳师院网站的 URL 为：http://www.mnu.cn，这里 http 指超文本传输协议，www 是其 Web 服务器域名地址，mnu.cn 是网页所在的路径，index.htm 才是相应的网页文件。

4.5.2 域名系统和 E-mail

1. 域名系统、域名地址

Internet 是一个信息的海洋，但这些信息存放在什么地方呢？实际上，这些信息是存放在世界各地称为"站点"的计算机上，各个站点由拥有该站点的单位维护，上面的信息即是由维护该站点的单位发布，这些信息也称为"网页"。

为了区别各个站点，必须为每个站点分配一个唯一的地址，这个地址即称为"IP 地址"，IP 地址也称为 URL（Unique Resource Location，统一资源定位符），IP 地址由 4 个 0～255 之间的数字组成，如 202.116.0.54，但这些数字比较难记，所以有人发明了一种新方法来代替这种数字，即"域名"地址，域名由几个英文单词组成，如 www.jnu.edu.cn，具有一定的意义，其中 cn 代表中国（China），edu 代表教育网（education），jnu 代表暨南大学（JiNan University），www 代表全球网（或称万维网，World Wide Web），整个域名合起来就代表中国教育网上的暨南大学站点。

十进制形式的 IP 地址尽管比二进制形式的 IP 地址具有书写简洁的优势，但毕竟不便于记忆，也不能直观地反映计算机的属性。为了克服十进制形式 IP 地址的缺陷，人们普遍使用域名来表示 Internet 中的主机。域名指的是用字母、数字形式来表示的 IP 地址。

Internet 的域名系统是为方便解释机器的 IP 地址而设立的。域名系统采用层次结构，按地理域或机构域进行分层。书写中采用圆点将各个层次隔开，分成层次字段。在机器的地址表示中，从右到左依次为最高域名段、次高域名段等，最左的一个字段为主机名。例如，在 bbs.jnu.edu.cn 中，最高域名为 cn，次高域名为 edu，最后一个域为 jnu，主机名为 bbs。

域名的一般构造形式是：主机名·机构名·网络名·最高层域名（顶级域名）。常用的顶级域名代码如表 4-1 所示。

表 4-1 常用顶级域名代码

代码	机构名称	代码	国家/地区名称
com	商业机构	cn	中国
edu	教育机构	jp	日本
gov	政府机构	hk	香港
int	国际组织	uk	英国
mil	军事机构	ca	加拿大
net	网络服务机构	de	德国
org	非赢利机构	fr	法国

域名地址和用数字表示的 IP 地址实际上是同一个东西，只是外表上不同而已，在访问一个站点的时候，你可以输入这个站点用数字表示的 IP 地址，也可以输入它的域名地址，这里就存在一个域名地址和对应的 IP 地址相互转换的问题，这些信息实际上是存放在 ISP 中称为域名服务器（DNS）的计算机上，当输入一个域名地址时，域名服务器就会搜索其对应的 IP 地址，然后访问到该地址所表示的站点。站点地址可以在有关计算机的杂志、报纸和书籍上找到，在 Internet 上有更多站点地址的信息。

2. E-mail

电子邮件（E-mail）是 Internet 提供的最基本、最重要的服务功能，也称电子信箱，通过 E-mail 可以实现 Internet 上的信息传递。对于发送和接收电子邮件来说，入网服务商的邮件主机就相当于一个大邮箱，在这台计算机上可为每一个用户建立一个电子邮箱，用户可通过这个邮箱来发送和接收信件。E-mail 不受空间的限制，同时发送信息的数量、速度、准确性和费用方面都能满足用户的要求。与传统的通信方式相比，电子邮件传递信息速度快、费用低、发送效率高、发送内容丰富。通常情况下，电子邮件地址为：用户名@主机域名。

（1）电子邮件的基本概念。

- 电子邮件。电子邮箱业务是一种基于计算机和通信网的信息传递业务，是利用电信号传递和存储信息的方式，为用户提供传送电子信函、文件数字传真、图像和数字化语音等各类型的信息。电子邮件最大的特点是，人们可以在任何地方任何时间收发信件，解决了时空的限制，大大提高了工作效率，为办公自动化和商业活动提供了很大便利。
- 企业邮局。所谓企业邮局是一种类似于虚拟主机的服务，将一台邮件服务器划分为若干区域，分别出租给不同的企业。企业可以租用一定的空间作为自己的邮件服务器。本站提供的企业邮局方便企业管理自己的邮局系统。可以灵活开设员工邮箱，根据需要设置不同的空间大小。可实现部门成员之间或者公司全体员工之间的群发功能等。并且除了一般的终端邮件程序方式（如 Outlook）收发 E-mail 之外，还可以实现 Web 方式收发和管理邮件，比一般 ISP 提供的电子邮箱和虚拟主机提供的信箱更为方便。
- POP3。POP3（Post Office Protocol 3）即邮局协议的第 3 个版本，它规定怎样将个人计算机连接到 Internet 的邮件服务器和下载电子邮件的电子协议。它是因特网电子邮件的第一个离线协议标准，POP3 允许用户从服务器上把邮件存储到本地主机即自己的计算机上，同时删除保存在邮件服务器上的邮件，而 POP3 服务器则是遵循 POP3 协议的接收邮件服务器，用来接收电子邮件。

- SMTP。SMTP（Simple Mail TransferProtocol）即简单邮件传输协议，它是一组用于由源地址到目的地址传送邮件的规则，由它来控制信件的中转方式。SMTP 协议属于 TCP/IP 协议族，它帮助每台计算机在发送或中转信件时找到下一个目的地。通过 SMTP 协议所指定的服务器，我们就可以把 E-mail 寄到收信人的服务器上了，整个过程只要几分钟。SMTP 服务器则是遵循 SMTP 协议的发送邮件服务器，用来发送或中转你发出的电子邮件。
- ESMTP。为了更有效地抑制垃圾邮件的泛滥，许多 E-mail 服务商和 ISP（包括本站）升级了他们的 SMTP 系统，即使用 ESMTP 的方式来作 E-mail 发送服务。ESMTP 的英文全称是 Extended SMTP，顾名思义，扩展 SMTP 就是对标准 SMTP 协议进行的扩展。它与 SMTP 服务的区别仅仅是，使用 SMTP 发信不需要验证用户账户，而用 ESMTP 发信时，服务器会要求用户提供用户名和密码以便验证身份。验证之后的邮件发送过程与 SMTP 方式没有两样。与从 POP3 服务器上收信一样，在 ESMTP 服务器上发送邮件时，必须出示用户的账号和密码。如果账号和密码不正确，ESMTP 服务器会拒绝发送该邮件。这样，在该 E-mail 系统中没有账号的用户就无法利用该 ESMTP 服务器乱发邮件了。

（2）电子邮件的工作方式。

首先，当你将 E-mail 输入你的计算机开始发送时，计算机会将你的信件"打包"，送到你所属服务商的邮件服务器上，这就相当于我们平时将信件投入邮筒后，邮递员把信从邮筒中取出来并按照地区分类。

然后，邮件服务器根据你注明的收件人地址，按照当前网上传输的情况，寻找一条最不拥挤的路径，将信件传到下一个邮件服务器。接着，这个服务器也如法炮制，将信件往下传送。这样层层向下传递，最终到达用户手中。

最后，E-mail 被送到用户服务商的服务器上，保存在服务器上的用户 E-mail 信箱中。用户个人终端电脑通过与服务器的连接从其信箱中读取自己的 E-mail。

4.5.3 Internet 的接入

Internet 网络可以划分为核心网络和接入网，其中接入网主要用于完成用户接入核心网的任务。简单而言，接入是将计算机连接到因特网上，使之可以与其他计算机通信，实现资源共享。目前最常用的上网方式主要有：使用 Modem 拨号上网、使用 ADSL 宽带拨号上网、使用网线接入局域网、使用无线网卡接入无线网络、使用手机上网等。

举例说明，笔记本电脑上网的方式如下：

- 直接将电话线插在笔记本上进行 Modem 拨号上网。
- 直接插网线（双绞线）进行 ADSL 或局域网接入。
- 直接打开无线网络设置进行无线上网。
- 使用手机和手机数据线及其驱动光盘进行手机上网（不过资费比较高）。

1. 常见的上网方式

（1）56K Modem 上网。

虽然现在宽带很流行，但对于很多没有开通宽带的地区而言，56K Modem 依然是其上网时的首选。56K Modem 是将计算机通过电话线连接到另一台计算机或一个计算机网络的装置，它的作用是将计算机的数字信号转换为能够通过电话线路传输的模拟信号，通过网络传递到另外的计算机或服务器；对于接收到的模拟信号，则由它再解调为数字信号，以便计算机能够识别。此外，目前一些调制解调器还具有传真功能，可用来接收和发送传真，有些型号还具有语音功能，可以方便地实现语音信箱等功能。

适合人群：已有 Modem（如笔记本电脑内置），在假期偶尔上网的用户。现在采用 56K Modem 上网除了廉价的包月方式外，一般使用的都是公共通用账号和密码（如账号 16300，密码 16300），不需要单独申请。

（2）ISDN 上网。

ISDN（Integrated Services Digital Network，综合业务数字网）与 56K Modem 的比较：
- ISDN 实现了端到端的数字连接，而 Modem 在两个端点间传输数据时必须要经过转换。
- ISDN 可实现双向对称通信，并且最高速度可达 64Kb/s 或 128Kb/s，而 56K Modem 属不对称传输，下传速度为 56Kb/s，而上传速度只有 33.6Kb/s。
- ISDN 可实现包括语音、数据、图像等综合性业务的传输，而 56K Modem 无法实现。
- ISDN 可以实现一条普通电话线上连接的两个终端同时使用，可边上网边打电话、边上网边发传真，或者两台计算机同时上网、两部电话同时通话等。

适合人群：适合于宽带没有开通地区的贸易型企业、股票证券交易所、金融保险机构、机关、医院、学校以及个人电脑用户使用，特别是对于乡镇或城市边缘宽带不能覆盖的网吧、网上炒股等用户使用更为普及。

（3）ADSL 上网。

ADSL 宽带上网是目前各城市城镇上网接入的主流，ADSL 其实是 DSL 的一种。数字用户线（Digital Subscriber Line，DSL）是一种不断发展的高速上网宽带接入技术，该技术采用较先进的数字编码技术和调制解调技术在常规的电话线上传送宽带信号。目前已经比较成熟并且投入使用的数字用户线方案有 ADSL、RADSL、HDSL、VDSL、SDSL 和 IDSL 等，这些方案都是通过一对调制解调器来实现，其中一个调制解调器放置在电信局，另一个调制解调器放置在用户一端。

国内目前常见的宽带接入方式是 ADSL（Asymmetric Digital Subscriber Line，非对称数字用户线）。为什么叫非对称数字用户线呢？由于 ADSL 被设计成向下行（即从服务器到客户端）比向上行（即从客户端到服务器）传送的带宽宽，其下行速率可达 8Mb/s，而上行速率最高可提供 640Kb/s。ADSL 接入 Internet 有虚拟拨号和专线接入两种方式。采用虚拟拨号方式的用户采用类似 Modem 和 ISDN 的拨号程序，在使用习惯上与原来的方式没什么不同。采用专线接入的用户只要开机即可接入 Internet。

此外，更高速度的高比特率数字用户线（Very-high-data-rate Digital Subscriber Line，VDSL）也正在许多大中城市流行。VDSL 是 ADSL 的发展方向，是目前最先进的数字用户线技术。VDSL 通常采用 DMT 调制方式，在一对铜双绞线上实现数字传输，其下行速率可达 13～52Mb/s，上行速率可达 1.5～7Mb/s，传输距离约为 300 米到 1.3 公里。利用 VDSL 可以传输高清晰度电视（HDTV）信号。

适合人群：适合于绝大部分假期在家上网的用户使用，目前 ADSL 宽带在各大城市已经非常普及。

2. 宽带接入方式

目前大家可考虑的宽带接入方式主要有 4 种：电信 ADSL、FTTX+LAN（小区宽带）、Cable Modem（有线通）和无线宽带接入。这 4 种宽带接入方式在安装条件、所需设备、数据传输速率和相关费用等方面都有很大不同，直接决定了不同的宽带接入方式适合不同的用户选择。

接入方法 1：电信 ADSL。

为便于大众认识非对称数字用户线路（Asymmetric Digital Subscriber Line，ADSL），各地电信局在宣传 ADSL 时常会采用一些好听的名字，如"超级一线通"、"网络快车"等，其实这些都是指同一种宽带方式。

安装条件：在安装便利性方面，电信 ADSL 有很大的优势。ADSL 可直接利用现有的电话线路，通过 ADSL Modem 进行数字信息传输。安装时用户只需有一台 ADSL Modem 和带网卡的计算机。

传输速率：虽然 ADSL 的最大理论上行速率可达 1Mb/s，下行速率可达 8Mb/s，但目前国内电信为普通家庭用户提供的实际速率多为上行 512Kb/s，提供下行 1Mb/s 甚至以上速度的地区很少。这里的传输速率为用户独享带宽，因此不必担心多个用户在同一时间使用 ADSL 会造成网速变慢。

优点：工作稳定，出故障的几率较小，一旦出现故障可及时与电信联系；带宽独享，并使用公网 IP，用户可建立网站、FTP 服务器或游戏服务器。

不足：ADSL 速率偏慢，以 512Kb/s 带宽为例，最大下载实际速率为 87KB/s 左右，即便升级到 1M 带宽，也只能达到一百多 KB；对电话线路质量要求较高，如果电话线路质量不好易造成 ADSL 工作不稳定或断线。

接入方法 2：小区宽带（FTTX+LAN）。

这是大中城市目前较普及的一种宽带接入方式，网络服务商采用光纤接入到楼（FTTB）或小区（FTTZ），再通过网线接入用户，为整幢楼或小区提供共享带宽（通常是 10Mb/s）。目前国内有多家公司提供此类宽带接入方式，如网通、长城宽带、联通和电信等。

安装条件：这种宽带接入通常由小区出面申请安装，网络服务商不受理个人服务，这种接入方式对用户设备要求最低，只需一台带 10/100Mb/s 自适应网卡的计算机。

传输速率：目前，绝大多数小区宽带均为 10Mb/s 共享带宽，这意味着如果在同一时间上网的用户较多，网速则较慢。即便如此，多数情况的平均下载速度仍远远高于电信 ADSL，达到了几百 KB/s，在速度方面占有较大优势。

优点：初装费用较低，下载速度很快，通常能达到上百 KB/s，很适合需要经常下载文件的用户，而且没有上传速度慢的限制。

不足：由于这种宽带接入主要针对小区，因此个人用户无法自行申请，必须待小区用户达到一定数量后才能向网络服务商提出安装申请，较为不便。不过一旦该小区已开通小区宽带，那么从申请到安装所需等待的时间非常短。多数小区宽带采用内部 IP 地址，不便于需要使用公网 IP 的应用（如架设网站、FTP 服务器、玩网络游戏等）。由于带宽共享，一旦小区上网人数较多，在上网高峰时期网速会变得很慢，甚至还不如 ADSL。

接入方法 3：有线通。

有的地方也称为"广电通"，这是与前面两种完全不同的方式，它直接利用现有的有线电视网络并稍加改造，便可利用闭路线缆的一个频道进行数据传送，而不影响原有的有线电视信号传送，其理论传输速率可达上行 10Mb/s、下行 40Mb/s。

安装条件：目前国内开通有线通的城市还不多，主要集中在上海和广州等大城市。安装前，用户可询问当地有线网络公司是否可开通有线通服务。设备方面需要一台 Cable Modem 和一台带 10/100Mb/s 自适应网卡的计算机。

传输速率：尽管理论传输速率很高，但一个小区或一幢楼通常只开通 10Mb/s 带宽，同样属于共享带宽。上网人数较少的情况下，下载速率可达 200～300KB/s。

优点：最大的好处是无需拨号，开机便永远在线。

不足：目前开通有线通的地区还不多，普及程度不够；由于带宽共享，上网人数增多后，速度会下降；初装费用较高。

接入方式 4：无线宽带接入。

无线宽带接入分为移动接入和固定接入两种，因此其接入技术分为两类技术体系：一类是蜂窝移动通信技术，以 3G、HSDPA、HSUPA、LTE、AIE、4G 等方向发展；另一类是以 MMDS、WiFi、WiBro、WiMAX、MCWill 技术为代表的宽带无线接入技术（Broadband Wireless Access，BWA）。其中对于移动接入，只要开通了无线上网业务，借助移动运营商的通信网络，用户就可以实现随时随地无线接入因特网；对于固定接入，则是以传统局域网为基础，通过无线 AP 和无线网卡来实现无线接入。与有线接入方式相比，这类技术具备启动资金少、建设周期短、提供服务快速、灵活性高、系统维护成本低等诸多优势。

4.6 网络的应用

4.6.1 域名解析服务

域名解析（DNS）是把网站域名指向网站的 IP 地址，让人们通过域名可以方便快捷地访问到网站的一种服务。说得通俗一点就是将好记的域名解析成 IP，服务由 DNS 服务器完成，是把域名解析到一个 IP 地址，然后在此 IP 地址的主机上将一个子目录与域名绑定。

域名的获得需要在域名服务提供商注册之后才可使用。注册后获得了域名就可以利用域名解析（DNS）服务器来进行域名解析，将域名指向网络服务供应商（如电信、移动等运营商）提供的固定的网络 IP 地址。

4.6.2 文件传输协议

1．什么是 FTP

FTP（File Transfer Protocol）是 TCP/IP 协议族中的协议之一。该协议是文件传输协议，它由一系列规格说明文档组成，目标是提高文件的共享性，提供非直接使用远程计算机，使存储介质对用户透明和可靠高效地传送数据。简单地说，FTP 就是完成两台计算机之间的拷贝，从远程计算机拷贝文件至自己的计算机上，称之为"下载（download）"文件。若将文件从自己的计算机中拷贝至远程计算机上，则称之为"上载（upload）"文件。在 TCP/IP 协议中，FTP 标准命令 TCP 端口号为 21，Port 方式数据端口为 20。

FTP 和其他 Internet 服务一样，也是采用客户机/服务器方式，使用方法很简单，启动 FTP 客户端程序先与远程主机建立连接，然后向远程主机发出传输命令，远程主机在收到命令后就给予响应，并执行正确的命令。FTP 有一个根本的限制，那就是，如果用户未被某一 FTP 主机授权，则不能访问该主机，实际上是用户不能远程登录（Remote Login）进入该主机。也就是说，如果用户在某个主机上没有注册获得授权，没有用户名和口令，就不能与该主机进行文件的传输。而 Anonymous FTP（匿名FTP）则取消了这种限制。

2. FTP 的工作方式

FTP 支持两种模式：Standard 模式（即 PORT 方式，主动方式）和 Passive 模式（即 PASV，被动方式）。Standard 模式 FTP 的客户端发送 PORT 命令到 FTP 服务器，Passive 模式 FTP 的客户端发送 PASV 命令到 FTP 服务器。

3. FTP 工具

FTP 工具是专门用来进行 FTP 上传下载的工具。常用 FTP 工具有 CuteFTP Pro、LeapFTP、FlashFXP、TurboFTP、ChinaFTP、AceFTP 和 EmFTP Pro。其中 CuteFTP Pro 是应用最为广泛的客户端程序。

CuteFTP Pro 是一个全新的商业级 FTP 客户端程序，其加强的文件传输系统能够完全满足今天商家们的应用需求。这里文件通过构建于 SSL 或 SSH2 安全认证的客户机/服务器系统进行传输，为 VPN、WAN、Extranet 开发管理人员提供最经济的解决方案，企业再不需要为一套安全的数据传输系统而破费了。此外，CuteFTP Pro 还提供了 Sophisticated Scripting、目录同步、自动排程、同时多站点连接、多协议支持（FTP、SFTP、HTTP、HTTPS）、智能覆盖、整合的 HTML 编辑器等功能特点以及更加快速的文件传输系统。

4.6.3 万维网服务

WWW 是 World Wide Web 的简称，译为万维网或全球网，是指在因特网上以超文本为基础形成的信息网。它为用户提供了一个可以轻松驾驭的图形化界面，用户通过它可以查阅 Internet 上的信息资源。WWW 是通过互联网获取信息的一种应用，我们所浏览的网站就是 WWW 的具体表现形式，但其本身并不就是互联网，只是互联网的组成部分之一。互联网常用的服务包括 WWW、E-mail、FTP、Usenet、IM 等。

WWW 是目前广为流行的、最受欢迎的、最方便的信息服务。它具有友好的用户查询界面，使用超文本方式组织、查找和表示信息，摆脱了以前查询工具只能按特定路径一步步查询的限制，使得信息查询更符合人们的思维方式，能随意选择信息的链接。WWW 目前还具有连接 FTP、BBS 等服务的能力。总之，WWW 的应用和发展已经远远超出网络技术的范畴，影响着新闻、广告、娱乐、电子商务和信息服务等诸多领域。

WWW 服务采用客户机/服务器的工作模式，客房端需要使用应用软件——浏览器，这是一种专门用于解读网页的软件。目前常用的有 Microsoft 公司的 Internet Explorer（简称 IE）和 Netscape 公司的 Netscape Communicator。浏览器向 WWW 服务器发出请求，服务器根据请求将特定页面传送到客户端。页面是 HTML 文件，需要经过浏览器解释才能使用户看到图文并茂的页面。

1. 浏览器简介

浏览器（Browser）实际上是一个软件程序，用于与 WWW 建立连接，并与之进行通信。它可以在 WWW 系统中根据链接确定信息资源的位置，并将用户感兴趣的信息资源取回来，对 HTML 文件进行解释，然后将文字图像或多媒体信息还原出来。目前市场上最常见的浏览器是 IE 浏览器。

2. IE 浏览器的使用界面

IE 浏览器主要由菜单栏、标准工具栏、地址栏、链接栏、状态栏和主页等组成，如图 4-24 所示。

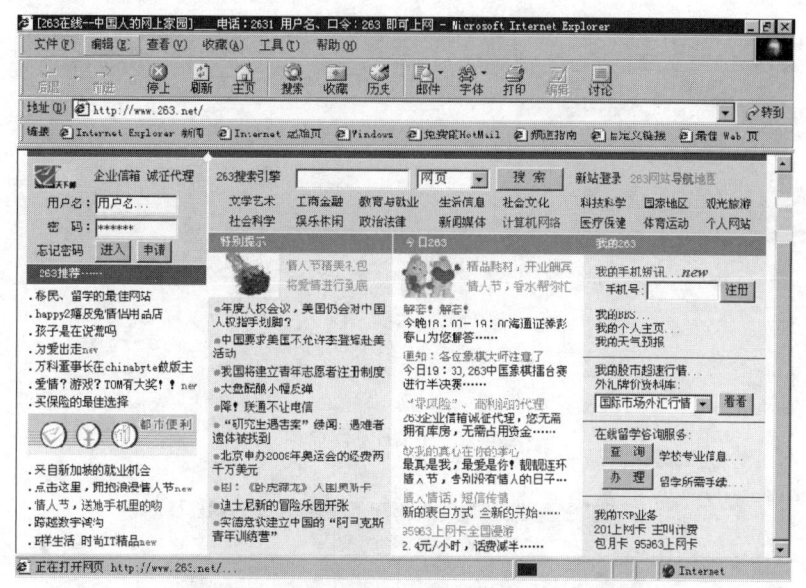

图 4-24 IE 浏览器界面

标题栏：左侧显示当前浏览页面的标题，右侧有"最大化"、"最小化"和"关闭"3 个按钮。

菜单栏：包含 IE 的若干命令，有文件、编辑、查看、收藏、工具和帮助。单击某个命令，弹出相应的菜单。

工具栏：提供 IE 中使用频繁的功能按钮。利用这些按钮，可以快速执行 IE 的命令，如后退、前进、停止、刷新、主页、搜索、收藏和历史等。

地址栏：用于输入 URL 地址。Internet 上的每一个信息页都有自己的地址，称为统一资源定位器（URL）。URL 由 3 个部分组成：协议（http）、WWW 服务器的域名和页面文件名。

主窗口：用于浏览页面，右侧的滚动条可拖动页面，使其显示在主窗口中。

状态栏：显示 IE 链接时的一些动态信息，如页面下载的进度状态。

3．IE 浏览器的安装

IE 浏览器是 Windows（Windows 95 除外）操作系统的一部分，在您的个人计算机上正确安装了 Windows 操作系统之后就已经安装了 IE 浏览器。如果您的计算机上安装的操作系统是 Windows 95，则需要使用 IE 的正版安装盘或直接从网上下载，然后根据安装向导的提示进行安装。

4．IE 浏览器的设置

IE 浏览器的设置步骤如下：

（1）双击桌面上的 Internet Explorer 图标，打开 IE 浏览器窗口。

（2）选择"工具"→"Internet 选项"命令，如图 4-25 所示，弹出"Internet 选项"对话框。

（3）单击相应的选项卡可以进行相关的设置，如在"常规"选项卡的"地址"文本框中可以输入要经常访问的地址作为主页，如输入地址 http://www.263.net/，如图 4-26 所示。

5．IE 浏览器工具栏的使用

使用浏览器工具栏可以使操作变得更快捷方便。下面介绍 IE 工具栏常用的前进、后退、停止、刷新、主页等按钮的基本操作方法。

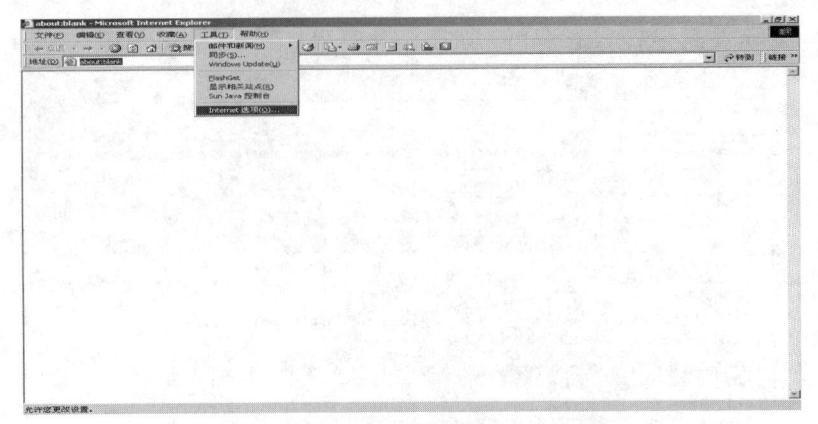

图 4-25　IE 浏览器窗口

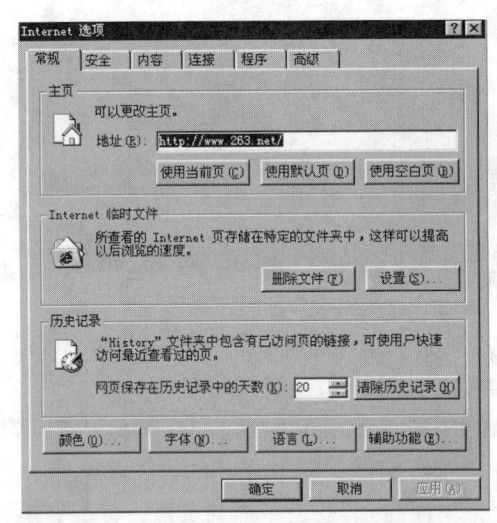

图 4-26　"Internet 选项"对话框的"常规"选项卡

(1)"前进"和"后退"按钮。

使用"前进"和"后退"按钮可以实现在已浏览过的网页之间跳转。

(2)"停止"按钮。

在访问某页面时,单击"停止"按钮,可以停止当前正在进行的操作,并停止和 WWW 服务器之间的链接。

(3)"刷新"按钮。

该按钮的作用是重新下载你正在访问的页面。在页面文件传输过程中,有时可能因为某个环节出了问题或是自己的误操作,导致该页面显示不正确或下载途中就中断了,单击"刷新"按钮可以再次向服务器发出请求,重新下载显示页面。

(4)"主页"按钮。

该按钮的作用是立即访问预先设置好的浏览器主页面。

4.6.4　远程登录

Telnet 的应用不仅方便了用户进行远程登录,也给 hacker 们提供了又一种入侵手段和后门。Telnet 服务虽然也属于客户机/服务器模式的服务,但它更大的意义在于实现了基于 Telnet

协议的远程登录（远程交互式计算）。

1. 远程登录的基本概念

分时系统允许多个用户同时使用一台计算机，为了保证系统的安全和记账方便，系统要求每个用户有单独的账号作为登录标识，系统还为每个用户指定了一个口令。用户在使用该系统之前要输入标识和口令，这个过程被称为"登录"。

远程登录是指用户使用 Telnet 命令，使自己的计算机暂时成为远程主机的一个仿真终端的过程。仿真终端等效于一个非智能的机器，它只负责把用户输入的每个字符传递给主机，再将主机输出的每个信息回显在屏幕上。

2. 远程登录的产生及发展

给用户提供远程文字编辑的服务，这个服务的实现需要一个接受编辑文件请求和数据的服务器以及一个发送此请求的客户机。客户机将建立一个从本地机到服务器的 TCP 连接，当然这需要服务器的应答，然后向服务器发送键入的信息（文件编辑信息），并读取从服务器返回的输出。以上便是一个标准而普通的客户机/服务器模式的服务。

有了客户机/服务器模式的服务，很多远程问题均可得到解决。然而实现远程用户管理、远程数据录入、远程系统维护等一切可以在远程主机上实现的操作，则需要大量专用的服务器程序，并且每一个可计算服务都使用一个服务器进程，用远程登录来解决这一切。允许用户在远地机器上建立一个登录会话，然后通过执行命令来实现更一般的服务，就像在本地操作一样。这样，用户便可以访问远地系统上所有可用的命令，并且系统设计员不需要提供多个专用的服务器程序。

3. 远程登录的工作过程

下面介绍以 Windows XP 操作系统为服务器的远程桌面的操作步骤。

第 1 步：在 Windows XP 上激活"远程桌面"功能。

要想远程访问服务器 Windows XP，应先激活该主机的"远程桌面"功能。在桌面上右击"我的电脑"图标，选择"属性"命令，弹出"系统属性"对话框，切换到"远程"选项卡，选中"允许用户远程连接到此计算机"复选框，单击"确定"按钮，如图 4-27 所示。

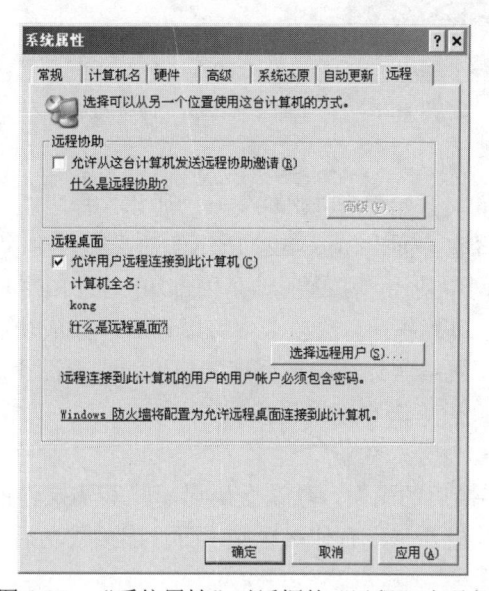

图 4-27 "系统属性"对话框的"远程"选项卡

需要说明的是，进行上述设置时必须以 Administrators 组成员登录到计算机。

第 2 步：为远程桌面用户创建密码。

如果你的 Windows XP 是不需要输入密码而自动登录系统的，那还必须通过"控制面板"中的"用户账户"创建一个密码，然后单击"系统属性"对话框"远程"选项卡中的"选择远程用户"按钮，在弹出的对话框中单击"添加"按钮将指定用户添加到远程桌面用户列表中，这一步很重要，因为默认情况下只有管理员组的用户才可以访问 Windows XP 远程计算机，如果你希望非管理员组的用户远程实现远程访问，则必须首先在"控制面板"中的"用户账户"中添加一个新的账户并设置密码，否则是无法成功实现远程桌面连接的。

第 3 步：为客户端主机安装客户端程序。

如果双方使用的都是 Windows XP/2003，那么是不需要额外安装客户端程序的。不过，如果你使用的是其他版本的操作系统，安装"远程桌面"客户端程序这一步骤是免不掉的。

插入 Windows XP 安装光盘，当弹出欢迎画面时，选择"执行其他任务"，接着在窗口中选择"设置远程桌面连接"任务，此时会弹出"远程桌面连接"向导对话框，直接单击"下一步"按钮，按照向导的提示不停单击"下一步"按钮，当看到图 4-28 所示的界面时，远程桌面客户端程序就安装成功了。

图 4-28 "远程桌面连接"向导对话框

第 4 步：远程连接。

现在，从客户端主机的"开始"→"附件"→"通讯"程序组中会发现新增加了一个"远程桌面连接"的组件，选择它，弹出如图 4-29 所示的对话框，键入服务器端主机的 IP 地址或计算机名，如果是在局域网中使用，那么应该是内部 IP 地址，用户名和密码就是前面所添加的远程桌面用户名和密码；在"程序"选项卡中可以设置连接成功后自动启动的程序文件；在"高级"选项卡中可以根据网络实际情况选择连接速度，或者设置是否使用桌面背景、在拖拉时是否显示窗口内容等，最后单击"连接"按钮。

第 5 步：远程操作。

图 4-30 所示是成功连接后的画面，默认全屏显示，其实操作很简单，如果你拥有足够的权限，那么与操作本地计算机几乎没有什么区别，而且连接成功后会自动锁定远程计算机（返回到登录界面）。

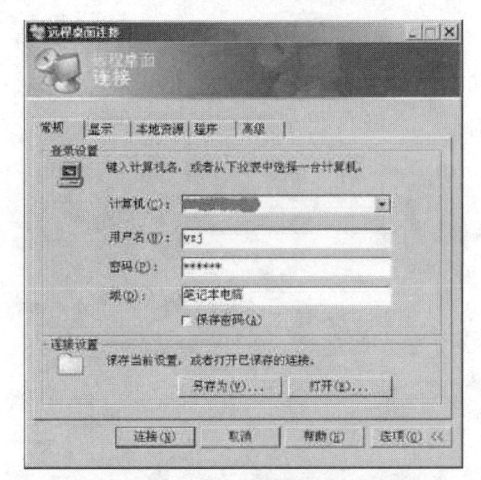

图 4-29 "远程桌面连接"对话框

图 4-30 成功连接后的画面

需要关闭远程连接时，只需单击右下角的 ✕ 按钮，如果远程用户需要使用的话，则必须键入正确的密码进行登录。

4.6.5 网页设计的 HTML 语言

网页是由 HTML 语言编码的文本文档，设计制作网页的过程就是生成 HTML 代码的过程。在 WWW 发展的初期人们制作网页是通过直接编写 HTML 代码来实现的。对于网页设计与制作的初学者来说，了解学习 HTML 语言是很有必要的。

1. HTML 概念

HTML 是 Hypertext Marked Language 的缩写，即超文本标记语言，是一种用来制作超文本文档的简单标记语言。用 HTML 编写的超文本文档称为 HTML 文档，它能独立于各种操作系统平台。可以使用记事本、写字板或 FrontPage Editor 等编辑工具来编写 HTML 文档，文档的扩展名是.html 或.htm，它们是可供浏览器解释浏览的文件格式。HTML 语言使用标签对的方法编写文件，它通常使用<标签名></标签名>来表示标签的开始和结束。在 HTML 文档中这样的标签对一般是成对使用的。

2. HTML 脚本结构

超文本文档分文档头和文档体两部分，在文档头里，会对这个文档进行一些必要的定义，文档体中才显示各种文档信息。

```
<HTML>
    <HEAD>
        头部信息
    </HEAD>
    <BODY>
        文档主体，正文部分
    </BODY>
</HTML>
```

3. HTML 常用标签

用"<"和">"括起来的符号称为标签。

（1）单标签。只需单独使用就能完整地表达意思，这类标记的语法是：

<标签名称>

最常用的单标签是
，表示换行。

（2）双标签。它由"始标签"和"尾标签"两部分构成，必须成对使用，其中始标签告诉 Web 浏览器从此处开始执行该标记所表示的功能，而尾标签告诉 Web 浏览器在这里结束该功能。始标签前加一个斜杠即成为尾标记。这类标记的语法是：

<标签> 内容</标签>

（3）标签属性。许多单标签和双标签的始标签内可以包含一些属性，其语法是：

<标签名字 属性1 属性2 属性3 … >

（4）常用标签。

- <html></html>：<html>标签用于 HTML 文档的最前边，用来标识 HTML 文档的开始。而</html>标签恰恰相反，它放在 HTML 文档的最后边，用来标识 HTML 文档的结束，两个标签必须一块使用。

- <head></head>：<head>和</head>构成 HTML 文档的开头部分，在此标签对之间可以使用<title></title>、<script></script>等标签对，这些标签对都是描述 HTML 文档相关信息的标签对。<head> </head>标签对之间的内容是不会在浏览器的框内显示出来的。两个标签必须一块使用。

- 标题：一般文章都有标题、副标题、章和节等结构，HTML 中也提供了相应的标题标签<Hn>，其中 n 为标题的等级。HTML 共提供了 6 个等级的标题，n 越小，标题字号就越大，下面列出部分等级的标题：

    <H1>…</H1>   第一级标题
    <H2>…</H2>   第二级标题
    <H3>…</H3>   第三级标题

- <title></title>：使用过浏览器的人可能都会注意到浏览器窗口最上边蓝色部分显示的文本信息，这些信息一般是网页的"主题"，要将您的网页的主题显示到浏览器的顶部其实很简单，只要在<title></title>标签对之间加入您要显示的文本即可。注意<title></title>标签对只能放在<head></head>标签对之间。

- <body></body>：<body></body>是 HTML 文档的主体部分，在此标签对之间可以包含<p>、</p>、<h1>、</h1>、
、<hr>等众多的标签，它们所定义的文本、图像等将会在浏览器的框内显示出来。两个标签必须一块使用。<body>标签中还可以有表4-2 所示的属性。

表 4-2 <body>标签中的属性

属性	用途	示例
<body bgcolor="#rrggbb">	设置背景颜色	<body bgcolor="blue"> 蓝色背景
<body text="#rrggbb">	设置文本颜色	<body text="#0000ff"> 蓝色文本
<body link="#rrggbb">	设置链接颜色	<body link="green"> 链接为绿色
<body vlink="#rrggbb">	设置已使用的链接颜色	<body vlink="#ff0000"> 已使用链接为红色
<body alink="#rrggbb">	设置正在被击中的链接颜色	<body alink="#rrggbb"> 被击中链接颜色为黄色

- <p></p>：<p></p>标签对用来创建一个段落，在此标签对之间加入的文本将按照段落的格式显示在浏览器上。另外，<p>标签还可以使用 align 属性，用来说明对齐方式，语法是：<p align=""></p>。align 可以是 Left（左对齐）、Center（居中）和 Right（右对齐）三个值中的任何一个。
-
：
是一个很简单的标签，它没有结束标签，因为它用来创建一个回车换行。
- <font></font>：<font></font>是一个很有用的标签对，可以对输出文本的字体大小、颜色进行随意的改变，这些改变主要是通过对它的两个属性 size 和 color 的控制来实现的。用 face 属性来设置字体。
- img：指明一个图像在网络中的位置。不是把图像的所有信息包含进来，浏览器根据路径到指定的地方去取图像，语言表达方式为：<IMG SRC="图形文件地址">。src 属性在<img>标签中是必须赋值的，是标签中不可缺少的一部分。
- <a></a>链接标签：基本格式为：<a href="资源地址">链接文字</a>，标签<a>表示一个链接的开始，</a>表示链接的结束，属性 href 定义了这个链接所指的地方。通过单击"链接文字"可以到达指定的文件。

4.7 信息及检索

随着网络技术的发展及计算机应用的普及，网络能提供给用户的信息海量增长，用户可以通过网络获得越来越多的信息。如何高效地利用网络资源，如何快捷访问到需要的信息，网络信息检索就显得尤为重要了。

4.7.1 网络搜索引擎

1. 网络信息检索的工具

使用百度网站进行信息的检索时，需要在浏览器窗口的地址栏中输入百度网站域名：

www.baidu.com，进入百度的网站界面，如图 4-31 所示。

图 4-31　百度网站界面

百度搜索简单方便。用户只需在搜索框内输入需要查询的内容，敲回车键或者用鼠标单击搜索框右侧的"百度一下"按钮，即可得到最符合查询需求的网页内容。

在百度搜索中，可设置的搜索类别非常丰富，主要有新闻、网页、贴吧、知道、MP3、图片、视频、地图等。百度搜索除了包含传统的搜索类别外，还提供丰富的其他服务，如导航服务、社区服务、游戏娱乐、移动服务、站长服务、软件服务等，导航服务中包含网站大全、百度团购特色搜索；社区服务主要包含文库、百科、贴吧、知道等信息搜索；游戏娱乐包含一些游戏资讯、百度游戏等信息；站长服务主要为网站管理员提供搜索、数据统计及分析的服务；移动服务主要为手机平台提供搜索及其他服务。

百度的搜索设置中还可以设置搜索的语言种类、是否有搜索提示、每页显示结果的条数、输入法的选择等，如图 4-32 所示。

图 4-32　百度搜索设置

网络搜索引擎著名的还有谷歌（Google）、搜狗等网站。

2. 搜索的一些技巧

不管采用什么样的搜索引擎网站进行信息的搜索，都需要掌握一定的搜索技巧，这样可以使搜索者快捷、准确地获得想要的信息。

（1）搜索者在搜索信息时要表达准确。如在百度中，百度会严格按照用户提交的查询词去搜索，因此查询词表述准确是获得良好搜索结果的必要前提。表达不准确主要包含两个方面：一是言不达意，即选择的查询词和想表达的意思不相符合；二是拼写错误，即输入查询词时将某个字输入成错误的字。

（2）搜索者在搜索信息时要注意查询词的主题关联与简练。目前的搜索引擎并不能很好地处理自然语言。因此，在提交搜索请求时，用户最好把自己的想法提炼成简单的，而且与希望找到的信息内容主题关联的查询词。例如想要查询"绵阳师范学院的知名校友及事迹"，那么在查询中就只需要输入"绵阳师范学院 校友 事迹"即可。

（3）根据网页标题选择查询词。很多网页都会有一个标题区域，在标题中往往包含了该页面的主要信息。那么，用户就可以根据这个特点在查询关键词中加入"Intitle:标题中包含的关键词"的方式来查找。例如要查询"绵阳师范学院大学生活动"，则可以设计查询词为"学生活动 Intitle:绵阳师范学院"，这样查询到的网页的标题中均包含有"绵阳师范学院"。

（4）在指定的网站内搜索。如果搜索者需要在某个已知的网站内搜索有关信息，那么可以在查询词中加入"site:网站域名"。例如想要在绵阳师范学院的网站中查询学籍管理的有关信息，则可以设计查询词为"学籍管理 site:mnu.cn"。

（5）搜索指定的文件类型。如果搜索者需要查询某个格式的文件，如某些学术论文的 PDF 文档或者其他文档资料，那么可以在查询词中加入"filetype:文件后缀名"。例如要想搜索关于个人简历的 Word 文档，设计查询词为"个人简历 filetype:doc"。

4.7.2 数字图书馆

数字图书馆是传统图书馆在信息时代的发展，它不但包含了传统图书馆的功能，向社会公众提供相应的服务，还融合了其他信息资源（如博物馆、档案馆等）的一些功能，提供综合的公共信息访问服务。可以这样说，数字图书馆将成为未来社会的公共信息中心和枢纽。

常用的数字图书馆主要有：超星数字图书馆、中国知网等网站。

1. 超星数字图书馆

超星数字图书馆是目前世界上最大的中文在线数字图书馆，提供大量的电子图书资源供阅读，其中包括文学、经济、计算机等五十余大类，数十万册电子图书，300 万篇论文，全文总量 4 亿余页，数据总量 30000GB，有大量免费电子图书，并且每天仍在不断地增加与更新。

要访问超星数字图书馆，可以在浏览器窗口的地址栏中输入 www.sslibrary.com。在超星数字图书馆中，可以通过检索书名、作者或全文检索的方式来检索需要阅读的书籍或文章，如图 4-33 所示。

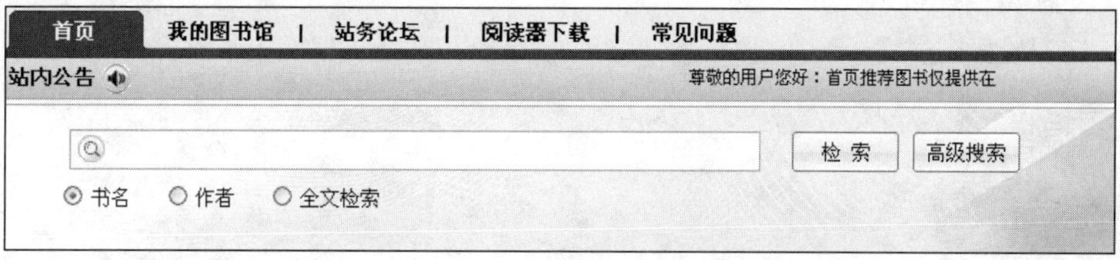

图 4-33 超星数字图书馆检索方式

如果用户需要精确地搜索某一本书时，可以进行高级搜索。单击主页上的"高级搜索"按钮，会进入如图 4-34 所示的页面，在此用户可以输入多个关键字进行精确搜索。

图 4-34 高级搜索

2. 中国知网

中国知网（www.cnki.net）是国家知识基础设施（National Knowledge Infrastructure，NKI）的概念，由世界银行于 1998 年提出。中国知网是全球领先的数字出版平台，是一家致力于为海内外各行各业提供知识与情报服务的专业网站，如图 4-35 所示。目前中国知网服务的读者超过 4000 万，中心网站及镜像站点年文献下载量突破 30 亿次，是全球备受推崇的知识服务品牌。

图 4-35　中国知网网站

中国知网的服务内容：
- 中国知识资源总库。
- 数字出版平台。
- 文献数据评价。
- 知识检索。

本章小结

本章由计算机网络概述、计算机网络的组成与分类、计算机网络体系结构、局域网基础、Internet 基础、网络的应用、信息及检索组成，介绍了计算机网络的定义、发展、分类、功能、体系结构和局域网基础，其中局域网基础作为本章的重点内容进行了详细介绍，Internet 基础部分包括概念、TCP/IP 协议、IP 地址及子网、域名系统及 Internet 的接入等，最后介绍了 Internet 的基本服务与功能、信息的检索和数字图书馆的使用。

第 5 章 计算机网络安全技术

学习目标

- 了解计算机安全相关知识。
- 了解计算机系统不安全的因素。
- 了解数据加密技术的有关概念。
- 了解网络攻击与入侵技术。
- 掌握计算机病毒及反病毒技术。
- 了解计算机常见故障与维护。

计算机网络安全是信息社会的基础,是一个关系国家安全和主权、社会的稳定、民族文化的继承和发扬的重要问题,因此没有计算机网络安全就没有信息安全,也就没有国家安全。

计算机网络安全涉及计算机科学、网络技术、通信技术、密码技术、信息安全技术、应用数学、数论、信息论等多种学科。

5.1 计算机网络安全技术概述

随着信息时代的到来,计算机技术得到了前所未有的发展与应用,对人类社会的发展与进步起着重要的推动作用,已经成为人们进行事务处理、科学研究与学习的有力工具,并给人们的日常生活带来了各种便利和快捷。然而,Internet 本身的开放性、跨国界、无主管、不设防、无法律约束等特性,在给人们带来巨大便利的同时,也带来了一些不容忽视的问题,其中网络安全就是最为显著的问题之一。

例如在计算机通讯时,由于网络设计存在漏洞,非授权个人可以通过远程拨号非法存取他人的信息等。利用这些安全漏洞,一些人偷偷地或明目张胆地进行数据破坏、系统攻击、病毒传播、盗取他人信息与电子财物、非法占用系统与网络资源等欺诈和破坏活动,给社会造成难以估量的巨大损失。据统计,全球约 20 秒就有一次计算机入侵事件发生,Internet 上的网络防火墙约 1/4 被突破,约 70%以上的网络信息主管人员报告因机密信息泄露而受到了损失。因此,提高计算机安全防护意识,强化计算机安全已经成为当务之急。

5.1.1 计算机网络安全的定义

计算机网络安全从本质上来讲就是网络上传输信息的安全,是指网络系统的硬件、软件及其系统中的数据受到保护,不因偶然的或者恶意的原因而遭到破坏、更改、泄露,系统连续可靠正常地运行,网络服务不中断。从广义来说,凡是涉及网络上信息的保密性、完整性、可用性、真实性和可控性的相关技术和理论都是网络安全所要研究的领域。网络安全涉及的内容既有技术方面的问题,也有管理方面的问题,两方面相互补充,缺一不可。技术方面主要侧重于防范外部非法用户的攻击，管理方面则侧重于内部人为因素的管理。如何更有效地保护重要的信息数据、提高计算机网络系统的安全性已经成为所有计算机网络应用必须考虑和必须解决的一个重要问题。

5.1.2 计算机网络安全的技术特性及内容

计算机网络安全问题实际上包括两方面的内容：一是网络的系统安全，二是网络的信息安全。由于计算机网络最重要的功能是向用户提供服务及信息资源，因而计算机网络的安全可以定义为：保障网络服务的可用性和网络信息资源的完整性。前者要求网络向所有用户有选择地随时提供各自应得到的网络服务，后者则要求网络保证信息资源的保密性、完整性、可用性和准确性。可见建立安全的网络系统需要解决的根本问题是：如何在保证网络的连通性、可用性的同时对网络服务的种类、范围等行使适当程度的控制以保障系统的可用性和信息的完整性不受影响。

一个安全的计算机网络应该具有以下特点：

- 可靠性。可靠性是网络系统安全最基本的要求，可靠性主要是指网络系统硬件和软件无故障运行的性能。提高可靠性的具体措施包括：提高设备质量，配备必要的冗余和备份，采取纠错、自愈和容错等措施，强化灾害恢复机制，合理分配负荷等。
- 可用性。可用性是指网络信息可被授权用户访问的特性，即网络信息服务在需要时能够保证授权用户使用。这里包含两个含义：一个是当授权用户访问网络时不致被拒绝；一个是授权用户访问网络时要进行身份识别与确认，并且对用户的访问权限加以规定的限制。
- 保密性。保密性是指网络信息不被泄露的特性。保密性是在可靠性和可用性的基础上保证网络信息安全的非常重要的手段。保密性可以保证信息即使泄露，非授权用户在有限的时间内也不能识别真正的信息内容。常用的保密措施有防监听、防辐射、信息加密和物理保密（限制、隔离、隐蔽、控制）等。
- 完整性。完整性是指网络信息未经授权不能进行改变的特性，即网络信息在存储和传输过程中不被删除、修改、伪造、乱序、重放和插入等，保持信息的原样。影响网络信息完整性的主要因素包括：设备故障、误码、人为攻击、计算机病毒等。
- 不可抵赖性。不可抵赖性也称为不可否认性，主要用于网络信息的交换过程，保证信息交换的参与者都不可能否认或抵赖曾进行的操作，类似于在发文和收文过程中的签名和签收的过程。

概括起来讲，网络信息安全就是通过计算机技术、通信技术、密码技术和安全技术保护在公用网络中存储、交换和传输信息的可靠性、可用性、保密性、完整性和不可抵赖性的技术。

从技术角度看，网络安全的内容大体包括以下4个方面：

- 网络实体安全。如机房的物理条件、物理环境及设施的安全标准，计算机硬件、附属设备及网络传输线路的安装及配置等。
- 软件安全。如保护网络系统不被非法侵入，系统软件与应用软件不被非法复制、篡改，不受病毒的侵害等。
- 网络数据安全。如保护网络信息的数据不被非法存取，保护其完整一致等。
- 网络安全管理。如在运行时对突发事件的安全处理等，包括采取计算机安全技术、建立安全管理制度、开展安全审计、进行风险分析等内容。

由此可见，计算机网络安全不仅要保护计算机网络设备安全，还要保护数据安全等。其特征是针对计算机网络本身可能存在的安全问题，实施网络安全保护方案，以保证计算机网络自身的安全性为目标。

5.1.3 计算机网络面临的威胁

计算机网络所面临的威胁大体可分为两种：一是对网络中信息的威胁；二是对网络中设备的威胁。影响计算机网络安全的因素很多，有些因素可能是有意的，也可能是无意的；可能是人为的，也可能是非人为的；可能是外来黑客对网络系统资源的非法使用，但归结起来，网络安全的威胁主要有以下 3 个方面：

(1) 人为的无意失误。如操作员安全配置不当造成的安全漏洞、用户安全意识不强、用户口令选择不慎、用户将自己的账号随意转借他人或与别人共享等都会对网络安全带来威胁。

(2) 人为的恶意攻击。这是计算机网络所面临的最大威胁，黑客的攻击和计算机犯罪就属于这一类。此类攻击又可以分为两种：一种是主动攻击，它以各种方式有选择地破坏信息的有效性和完整性，主动攻击对信息进行各种处理，如有选择地更改、删除或伪造等，对于主动攻击除了进行信息加密以外，还应该采取鉴别等措施；另一种是被动攻击，它是在不影响网络正常工作的情况下，进行截获、窃取、破译以获得重要机密信息，被动攻击是不容易被检测出来的，一般可以采取加密的方法，使得攻击者不能识别网络中所传输的信息内容。这两种攻击均可对计算机网络造成极大的危害，并导致机密数据的泄漏。

(3) 网络软件的漏洞和"后门"。网络软件不可能是百分之百无缺陷和无漏洞的，然而这些漏洞和缺陷恰恰是黑客进行攻击的首选目标，曾经出现过黑客攻入网络内部的事件，这些事件的大部分就是因为安全措施不完善所招致的苦果。另外，软件的"后门"是软件公司的设计编程人员为了自便而设置的，一般不为外人所知，但一旦"后门"洞开，其造成的后果将不堪设想。

5.2 密码技术

计算机系统及其网络互联的爆炸性增长使得计算机用户增加了对系统存储信息和交流信息的依赖。确保数据和资源免遭破坏是网络安全的重要前提，密码技术是保护信息安全的重要手段之一。

密码技术是信息安全的核心，随着计算机网络不断渗透到各个领域，密码学的应用也随之扩大。数据加密、数字签名、消息验证、信息隐藏和数字水印等都是由密码学派生出来的新技术和新应用。研究计算机信息加密、解密及其变换的科学称为计算机密码学，它是数学和计算机的交叉学科，也是一门新兴的学科。随着计算机网络和计算机通信技术的发展，计算机密码学得到了前所未有的重视并迅速普及和发展，它已成为计算机安全的主要研究方向。

5.2.1 数据加密技术

数据加密技术是计算机安全中最重要的一种保证数据安全的方法。数据加密的基本过程就是对原来明文的文件或数据按某种加密算法进行处理，使其成为不可读的一段代码，通常称为"密文"，使其只能在输入相应的密钥之后才能显示出原来的内容，通过这样的途径达到保护数据不被人非法窃取、阅读的目的。该过程的逆过程称为解密，即将该编码信息转化为其原来数据的过程。

在计算机上实现的数据加密,其加密或解密变换是由密钥控制实现的。密钥(Keyword)是用户按照一种密码体制随机选取的,它通常是一随机字符串,是控制明文和密文变换的唯一参数。

至今为止,比较著名的加密算法有美国的 DES(Data Encryption Standard)算法、MD5(Message-Digest Algorithm 5)算法、RSA(由 Rivest、Shamir、Adleman 三个开发人员的头一个字母组成)非对称公开密钥算法,以及瑞士开发的 IDEA(International Data Encryption Algorithm)加密算法等。近年来,由于计算机处理速度的大幅提高,有些算法在很短的时间内就被人破译了(最短一次为 3 天即破译了 DES 算法)。因此,开发和建立能适应于 Internet 和电子商务等的密码算法就成了网络安全的重要课题之一。

5.2.2 数字签名技术

数字签名就是通过一个单向函数对要传送的报文进行处理得到的用以认证报文来源并核实报文是否发生变化的一个字母数字串。用这个字母数字串来代替书写签名或印章,起到与书写签名或印章同样的法律效用。这种电子式的签名还可进行技术验证,其验证的准确度是一般手工签名和图章的验证所无法比拟的。数字签名是目前电子商务、电子政务中应用最普遍、技术最成熟的、可操作性最强的一种电子签名方法。它采用了规范化的程序和科学化的方法,用于鉴定签名人的身份以及对一项电子数据内容的认可。它还能验证出文件的原文在传输过程中有无变动,确保传输电子文件的完整性、真实性和不可抵赖性。

数字签名的使用方法是将要传送的明文通过一种函数运算(Hash)转换成报文摘要(不同的明文对应不同的报文摘要),报文摘要加密后与明文一起传送给接收方,接收方将接收的明文产生新的报文摘要与发送方发来的报文摘要解密比较,比较结果一致表示明文未被改动,如果不一致表示明文已被篡改。

目前的数字签名是建立在公开密钥体制基础上的,它是公开密钥加密技术的另一类应用。

5.2.3 信息隐藏技术

信息隐藏就是把保密信息隐藏于其他的非保密载体中,以达到传递保密信息的目的。其中,希望被隐藏的保密信息称为嵌入对象,而用于隐藏嵌入对象的非保密载体称为掩体对象。嵌入对象通过嵌入过程隐藏到掩体对象中,从而生成隐藏对象。

将嵌入对象隐藏到掩体对象中得到隐藏对象的过程称为信息的嵌入。嵌入过程中所使用的算法称为嵌入算法。信息嵌入的逆过程,即从隐藏对象中获得嵌入对象的过程称为信息的提取,也可以称为信息恢复。在提取过程中所使用的算法称为提取算法。

在嵌入和提取过程中,一般会使用一个秘密消息作为控制信息,这个秘密消息被称为密钥,只有密钥的持有者才能进行嵌入信息和提取信息的操作。

5.3　计算机网络攻击与入侵技术

网络存在不安全因素的主要原因是网络软硬件存在漏洞,给攻击者以可乘之机,因此消除漏洞、防止攻击、进行安全检测是十分重要的。

5.3.1 黑客攻击者

黑客是英文 Hacker 的译音，原意为热衷于计算机程序的设计者，指对于任何计算机操作系统的奥秘都有强烈兴趣的人。黑客大都是程序员，他们具有操作系统和编程语言方面的高级知识，知道系统中的漏洞及其原因所在，他们不断追求更深的知识，并公开他们的发现，与其他人分享，并且从来没有破坏数据的企图。黑客在微观的层次上考察系统，发现软件漏洞和逻辑缺陷。他们编程去检查软件的完整性。黑客出于改进的愿望，编写程序去检查远程机器的安全体系，这种分析过程是创造和提高的过程。

入侵者（Cracker，攻击者）指怀着不良的企图，闯入远程计算机系统甚至破坏远程计算机系统完整性的人。入侵者利用获得的非法访问权，破坏重要数据，拒绝合法用户的服务请求，或为了自己的目的故意制造麻烦。入侵者的行为是恶意的，入侵者可能技术水平很高，也可能是个初学者。

黑客攻击者指利用通信软件通过网络非法进入他人系统，截获或篡改计算机数据。黑客攻击者通过猜测（暴力破解）程序对所截获的用户账户和口令进行破译，以便进入系统后进行更进一步的操作。

黑客攻击的步骤如下：

（1）收集目标计算机的信息。

信息收集的目的是为了进入所要攻击的目标网络的数据库。黑客会利用公开协议或工具收集驻留在网络系统中的各个主机系统的相关信息。使用的工具是端口扫描器和一些常用的网络命令。端口扫描在 5.3.2 节中有详细介绍。

常用的网络命令有：SNMP 协议、TraceRoute 程序、Whois 协议、DNS 服务器、Finger 协议、Ping 程序、自动 Wardialing 软件等。

（2）寻求目标计算机的漏洞和选择合适的入侵方法。

在收集到攻击目标的一批网络信息之后，黑客攻击者会探测网络上的每台主机，以寻求该系统的安全漏洞或安全弱点。

- 通过发现目标计算机的漏洞进入系统或者利用口令猜测进入系统。
- 利用和发现目标计算机的漏洞，直接进入。

发现计算机漏洞的方法用得最多的就是缓冲区溢出法。发现系统漏洞的另外一个常用方法是平时加入一些网络安全列表，还有一些入侵的方法是采用 IP 地址欺骗等手段。

（3）留下"后门"。

后门一般是一个特洛伊木马程序，它在系统运行的同时自动加载运行，并且具有非常强的隐蔽性，一般的扫描软件不易发现。

（4）清除入侵记录。

系统入侵的最后一步也是关键的一步是清除入侵记录，即把入侵系统时的各种登录信息都删除，不留任何痕迹，以防被目标系统的管理员发现。

5.3.2 扫描

扫描是网络攻击的第一步，通过扫描可以直接截获数据报进行信息分析、密码分析或流量分析等，通过扫描查找漏洞如开放端口、注册用户及口令、系统漏洞等。

扫描有手工扫描和利用端口扫描软件两种。手工扫描是利用各种命令，如 Ping、Tracert、Host 等；使用端口扫描软件是利用扫描器进行扫描。扫描器是自动检测远程或本地主机安全性弱点的程序。通过使用扫描器可以不留痕迹地发现远程服务器的各种 TCP 端口的分配、提供的服务和软件版本，这就能间接或直观地了解到远程主机所存在的安全问题。

真正的扫描器是 TCP 端口扫描器，扫描器可以搜集到关于目标主机的有用信息（比如一个匿名用户是否可以登录等）。而其他所谓的扫描器仅仅是 UNIX 网络应用程序，UNIX 平台上通用的 rusers 和 host 命令就是这类程序。扫描器通过选用远程 TCP/IP 不同端口的服务，并记录目标给予的回答可以搜集到很多关于目标主机的各种有用信息。常用的扫描器软件有以下几种：

- PortScan：PortScan 是一款端口扫描程序，下载后不需要安装，可以直接运行，是一个窗口环境软件。
- SATAN：SATAN 是一个网络分析安全管理工具，用它可以收集网络上主机的许多信息，并可以识别和报告与网络相关的安全问题。SATAN 扫描的一些系统漏洞和具体扫描的内容有：FTPD 脆弱性、NFS 脆弱性、NIS 脆弱性、NIS 口令文件可被任何主机访问、RSH 脆弱性、Sendmail 服务器脆弱性、X 服务器访问控制无效、借助 TFTP 对任意文件的访问、对匿名 FTP 根目录可进行写操作。
- 网络安全扫描器（NSS）：NSS 是一个非常隐蔽的扫描器，它运行速度非常快，可以执行的常规检查主要有：Sendmail、匿名 FTP、NFS 出口、TFTP、Hosts.equiv、Xhost 等。
- Strobe：超级优化 TCP 端口检测程序 Strobe 是一个 TCP 端口扫描器，它可以记录指定机器的所有开放端口。Strobe 运行速度快，其作者声称在适当的时间内便可扫描整个小国家的机器。Strobe 的主要特点是，能快速识别指定机器上正在运行什么服务。Strobe 的主要不足是这类信息很有限，一次 Strobe 攻击充其量可以提供给"入侵者"一个粗略的指南，告诉什么服务可以被攻击。

5.3.3 Sniffer

Sniffer，中文可以翻译为嗅探器，是一种威胁性极大的被动攻击工具。使用这种工具，可以监视网络的状态、数据流动情况以及网络上传输的信息。当信息以明文的形式在网络上传输时，便可以使用网络监听的方式来进行攻击。将网络接口设置在监听模式，便可以将网上传输的源源不断的信息截获。黑客们常常用它来截获用户的口令，据说某个骨干网络的路由器曾经被黑客攻击，并嗅探到大量的用户口令。

5.3.4 常见的黑客攻击方法

信息收集是突破网络系统的第一步，有了第一步的信息搜集，黑客就可以采取进一步的攻击步骤。

1. 口令攻击

当前，无论是计算机用户，还是一个银行的客户，都由口令来维护它的安全，通过口令来验证用户的身份。发生在 Internet 上的入侵，许多都是因为系统没有口令，或者用户使用了一个容易猜测的口令，或者口令被破译。对付口令攻击的有效手段是加强口令管理，选取特殊的不容易猜测的口令，口令长度不要少于 8 个字符。

2. 拒绝服务攻击

一个拒绝服务的攻击是指占据了大量的系统资源，没有剩余的资源给其他用户，系统不能为其他用户提供正常的服务。拒绝服务攻击降低资源的可用性，这些资源可以是处理器、磁盘空间、CPU 使用的时间、打印机、调制解调器，甚至是系统管理员的时间，攻击的结果是减低或失去服务。

有两种类型的拒绝服务攻击：第一种攻击试图去破坏或者毁坏资源，使得无人可以使用这个资源，例如删除 UNIX 系统的某个服务，这样也就不会为合法的用户提供正常服务；第二种类型是过载一些系统服务，或者消耗一些资源，这样阻止其他用户使用这些服务。一个最简单的例子是，填满一个磁盘分区，让用户和系统程序无法再生成新的文件。对拒绝服务攻击，目前还没有好的解决办法。限制使用系统资源，可以部分防止拒绝服务。管理员还可以使用网络监视工具来发现这种类型的攻击，甚至发现攻击的来源。这时候可以通过网络管理软件设置网络设备来丢弃这种类型的数据报。

3. 网络监听

网络监听工具是黑客们常用的一类工具。使用这种工具，可以监视网络的状态、数据流动情况以及网络上传输的信息。网络监听可以在网上的任何一个位置，如局域网中的一台主机、网关上，路由设备或交换设备上或远程网的调制解调器之间等。黑客们用得最多的是通过监听截获用户的口令。当前，网上的数据绝大多数都是以明文的形式传输的。而且，口令通常都很短，容易辨认。当口令被截获时，可以非常容易地登录到另一台主机上。对付监听的最有效的办法是采取加密手段。

4. 电子邮件攻击

电子邮件系统面临着巨大的安全风险，它不但要遭受前面所述的许多攻击，如恶意入侵者破坏系统文件，或者对端口 25（默认 SMTP 口）进行 SYN-Flood 攻击，它们还容易成为某些专门面向邮件攻击的目标。

- 窃取/篡改数据：通过监听数据报或者截取正在传输的信息，攻击者能够读取甚至修改数据。
- 伪造邮件：发送方黑客伪造电子邮件，使它们看起来似乎发自某人/某地。
- 拒绝服务（Denial of Service Attack）：黑客可以让你的系统或者网络充斥邮件信息（即邮件炸弹攻击）而瘫痪。这些邮件信息塞满队列，占用宝贵的 CPU 资源和网络带宽，甚至让邮件服务器完全瘫痪。
- 病毒：现代电子邮件可以使传输文件附件更加容易。如果用户毫不提防地去执行文件附件，病毒就会感染他们的系统。

5. 其他攻击方法

其他的攻击方法主要是利用一些程序进行攻击，比如后门、程序中有逻辑炸弹和时间炸弹、病毒、蠕虫、特洛伊木马程序等。陷门（Trap door）和后门（Back door）是一段非法的操作系统程序，其目的是为闯入者提供后门。逻辑炸弹和时间炸弹是当满足某个条件或到预定的时间时发作，破坏计算机系统。

6. 计算机网络安全与防火墙技术

为了保护计算机系统免受外部网络侵害，可以在计算机系统与外部网络之间设置一组只允许合法访问进入内部网络的软硬件装置,即防火墙(firewall),如图 5-1 所示。

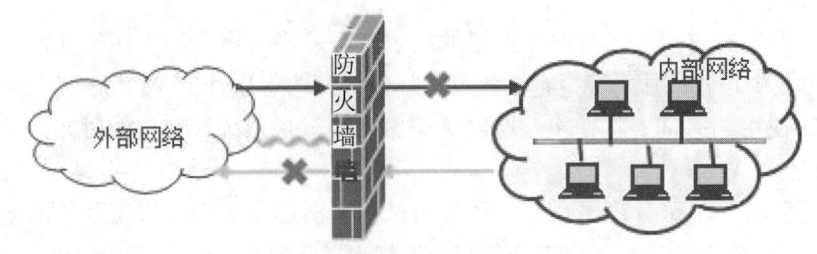

图 5-1　防火墙

从图中可以看出,防火墙使得内部网络与因特网或其他外部网络之间互相隔离,从而限制了网络互访,以达到保护内部网络的目的。

防火墙为什么能够确保网络安全呢?我们可以考虑两方面原因:
- 因为防火墙不是一台通用的主机,因而没有必要既具有双倍的安全性,又要极大地增加用户的方便性,可以省去与防火墙功能无关的很多未知的安全性。
- 因为防火墙机器受到的专业管理。防火墙管理员比普通系统管理员具有更强的安全意识。

正因为如此,防火墙能够过滤掉不安全服务和非法用户,控制对特殊站点的访问并提供监视因特网安全和预警的方便端点。

5.4　计算机网络病毒及反病毒技术

计算机病毒是一些人盗取或修改个人信息,破坏计算机系统,进行计算机犯罪的重要手段。对疯狂席卷而来的计算机病毒我们不能坐以待毙,因此应该了解计算机病毒的演变过程、作用机理、发作症状、预防方法与处理技术,有效地保护计算机系统的安全。

5.4.1　计算机病毒

1. 什么是计算机病毒

计算机病毒(Computer Viruses)是一种人为的特制小程序或可执行代码,通过非授权入侵等途径潜伏在可执行程序或数据文档中,具有自我复制的能力,当达到某种条件时,即被激活,严重破坏正常程序的执行与数据安全。

2. 计算机病毒的演变过程

从最早期的特洛伊木马病毒发展至今,计算机病毒经历了很大的变化。它的演变过程为我们研究病毒提供了重要的资料。归纳起来,计算机病毒的演变过程可大致分为以下三个阶段:
- 第一阶段,病毒比较简单、原始。例如"大麻"病毒、"小球"病毒等。这一阶段的病毒可以很容易地检测与清除。
- 第二阶段,病毒构造比较完整。例如"黑色星期五"、"米氏"病毒等。这一阶段的病毒也可以进行检测与清除。

- 第三阶段，病毒比较狡猾、多变，难以检测与清除。

3. 计算机病毒的作用机理

计算机病毒是如何发挥作用的呢？

对于任何一种计算机病毒来说，如果想要发挥作用，它必须能够驻留在计算机内存中并能获得系统的控制权。

病毒驻留内存的主要方法有：

- 减少 DOS 管理的内存空间。
- 利用 DOS 系统间隙。
- 高段驻留。
- 命令覆盖。
- 过程加载。

病毒获得计算机系统控制权的方法有：

- 修改操作系统子功能。
- 修改中断入口。
- 修改过程体执行指针。

4. 计算机病毒的发作症状

由于计算机病毒的传播主要是通过自身拷贝进行的，因此病毒存在的最普遍的现象是程序执行的时间变长，或读写盘的时间变长。计算机感染病毒的发作症状取决于感染的病毒种类，如果你的计算机系统出现了如表 5-1 所示的异常现象，很可能已经感染了病毒。

表 5-1 计算机系统的异常现象与可能感染的病毒

计算机系统的异常现象	可能感染的病毒名称
系统引导时间比平时长	"小球"、"巴基斯坦"等病毒
磁盘引导时出现死机现象	"大麻"、"米氏"等病毒
系统运行速度变慢	"新世纪"、"侵略者"等病毒
磁盘上出现不正常的"坏"扇区	"小球"、"巴基斯坦"等病毒
磁盘上出现莫名其妙的隐藏文档	"N64"、"APOLLO"、"SYSTEM"等病毒
磁盘空间莫名其妙地变小	"小球"、"雪球"等病毒
磁盘文档意外地变长	"V888"、"2048"等大量文档型病毒
文档属性、日期和时间等意外地发生变化	"毛毛虫"等病毒
可执行文档的装入时间比平时长	"黑色星期五"等病毒
异常地发出声音或音乐	"东方红"、"音乐"、"侵略者"等病毒
屏幕有规律地出现异常的画面	"小球"、"毛毛虫"、"火矩"等病毒
打印机出现莫名其妙的"忙"信号	"RS232"等病毒
使用某外部设备时系统却提示没有该外部设备或没有任何反应	"CMOS"等病毒

当然，这里只罗列了一些比较常见的计算机病毒的症状，并没有包含所有的病毒发作现象。在计算机的使用过程中，应该细心观察，判断计算机系统是否出现异常，并及时进行病毒

的检测与清除处理。

5. 计算机病毒的类型

计算机病毒的类型不同，对计算机系统所造成的破坏也不同。表 5-2 所示为按照破坏程度与破坏方式两种类型划分的计算机病毒类型及其特征。

表 5-2 计算机病毒类型

分类标准	病毒类型	病毒的表现特征
破坏程度	良性	感染程序，不破坏计算机系统
	恶性	感染程序，破坏计算机系统，使计算机系统无法正常运行，如果计算机联网，可能导致整个网络瘫痪
破坏方式	源码型	攻击用高级语言编写的程序，在程序被编译之前插入到源程序当中，随后与合法程序一起被编译，然后变成合法程序的一部分，易传播
	入侵型	将病毒侵入到现有程序之中，但不包括从程序的头部或尾部插入。该病毒的编写比较困难，危害也比较大。病毒一旦侵入到一个程序之中，就成为合法程序的一部分，对其进行删除也非常困难，因为病毒的清除要破坏合法的受害程序
	操作系统型	在计算机运行时，该病毒用自己的逻辑模块取代操作系统的部分程序模块，具有很强的破坏力，可以导致系统瘫痪。目前出现的这类病毒主要是针对操作系统自举区引导程序的，如"大麻"病毒、"小球"病毒等
	外壳型	该病毒包围在计算机程序外面，虽然对原来的程序不做修改，也不影响编写新程序，但使计算机无法运行。例如"黑色星期五"就属于外壳型病毒

6. 计算机病毒的特点

计算机病毒之所以能够泛滥横行，是因为它具有以下特点：

（1）传染性。传染性是病毒的基本特征。在生物界，病毒通过传染从一个生物体扩散到另一个生物体。在适当的条件下，它可得到大量繁殖，并使被感染的生物体表现出病症甚至死亡。同样，计算机病毒也会通过各种渠道从已被感染的计算机扩散到未被感染的计算机，在某些情况下造成被感染的计算机工作失常甚至瘫痪。

（2）潜伏性。一个编制精巧的计算机病毒程序进入系统之后一般不会马上发作，可以在几周或者几个月内甚至几年内隐藏在合法文件中，对其他系统进行传染，而不被人发现，潜伏性越好，其在系统中的存在时间就会越长，病毒的传染范围也会越大。如 Want Job（求职信）、Fun Love（欢爱）、Happy Time（欢乐时光）等病毒。一旦达到某种条件，隐蔽潜伏的病毒就肆虐地进行复制、变形、传染、破坏。

（3）可触发性。病毒因某个事件或数值的出现，诱使病毒实施感染或进行攻击的特性称为可触发性。为了隐蔽自己，病毒必须潜伏，少做动作。如果完全不动，一直潜伏的话，病毒既不能感染也不能进行破坏，便失去了杀伤力。病毒既要隐蔽又要维持杀伤力，它必须具有可触发性。

（4）破坏性。所有的计算机病毒都是一种可执行程序，而这一可执行程序又必然要运行，所以对系统来讲，所有的计算机病毒都存在一个共同的危害，即降低计算机系统的工作效率，占用系统资源，其具体情况取决于入侵系统的病毒程序。同时计算机病毒的破坏性主要取决于计算机病毒设计者的目的，如果病毒设计者的目的在于彻底破坏系统正常运行的话，那么这种病毒对于计算机系统进行攻击造成的后果是难以设想的,它可以毁掉系统的部分数据,也可以破坏全部数据并使之无法恢复。

(5) 隐蔽性。病毒一般是具有很高编程技巧、短小精悍的程序,通常附在正常程序中或磁盘较隐蔽的地方,也有个别的以隐含文件形式出现,目的是不让用户发现它的存在。如果不经过代码分析,病毒程序与正常程序是不容易区别出来的。

5.4.2 几种典型的计算机病毒

1. 特洛伊木马

通过特洛伊木马进行网络入侵的事件不在少数。特洛伊木马的特点是它将非法的程序包含在合法的程序中,该非法程序可能被你在不知情的情况下执行而发挥了破坏作用。一个功能强大的特洛伊木马一旦被植入你的计算机,攻击者就像那个希腊首领一样,利用木马监视你的操作,并控制你的计算机。

那么,特洛伊木马是如何侵入并监视你的计算机系统的呢?

特洛伊木马通常有客户端和服务器端两个执行程序,其中客户端用于远程控制植入特洛伊木马的计算机,服务器端程序即是特洛伊木马程序。攻击者要通过木马攻击你的系统,首先要把特洛伊木马的服务器端程序植入到你的计算机,例如,通过邮件或下载等手段把特洛伊木马执行文档插入到你的计算机系统,然后提示并误导你打开特洛伊木马执行文档,例如谎称这个特洛伊木马执行文档是一个来自朋友的贺卡等,当你打开这个文档后,也许确有贺卡的画面出现,但特洛伊木马已经神不知鬼不觉地在你的计算机后台开始运行了。

一般的特洛伊木马执行文档的字节数都很少,所以你很难发现捆绑上特洛伊木马的合法文档的异常,有些网站利用了这一点,提供的软件捆绑了特洛伊木马文档,当你将该软件下载到你的计算机并执行这个软件时,特洛伊木马也同时被运行。

特洛伊木马文档在被植入你的计算机后,会像藏在木马里的希腊士兵向首领汇报特洛伊城的重要情报一样,把你的 IP 地址、特洛伊木马植入的端口等发送给攻击者,你的计算机系统就处于被监视与控制中。即特洛伊木马程序采用客户机/服务器的运行方式,在你上网时控制你的计算机。攻击者利用它窃取你的口令、浏览你的驱动器、修改你的文档、登录注册表等。

特洛伊木马不仅能盗取你的信息,还能删除你驱动器上的所有文档。例如,黑客编写的一个硬盘格式化程序 W32.Delalot.B.Trojan,如果该程序被执行,它先试图删除硬盘驱动器上的所有文档及目录,然后复制 Piracy.txt 文本文档到根目录,并显示一个如图 5-2 所示的消息框。

图 5-2 黑客显示的消息框

对付特洛伊木马程序,可以采用 LockDown 等线上黑客监视程序加以防范,还可以配合使用 Cleaner、Sudo99 等工具软件。当然,也可以手动检查并清除。

预防特洛伊木马的侵害,应该注意以下几点:
- 不要轻易运行来历不明和从网上下载的软件。
- 保持警惕性,不要轻易打开别人发来的 E-mail。
- 不要公开你的 E-mail 地址,对来历不明的 E-mail 应立即清除。
- 不要随便下载软件(特别是不可靠的 FTP 站点)。
- 不要将重要口令和资料存放在上网的计算机里。

2. 时间炸弹与逻辑炸弹

计算机病毒为了更好地完成破坏计算机安全的任务，进入到计算机系统后，并非立即发作，一般都要潜伏几天或者几个月，当满足某个条件或到预定的时间时，才像炸弹被引爆一样摧毁你的计算机系统。

时间炸弹也是一种计算机程序，在不被发觉的情况下滞留在计算机中，直到某个特定的时刻被引发，例如计算机的系统时钟到达了某一天，该程序即被激活。"黑色星期五"便是其中之一。

3. 蠕虫

蠕虫与计算机病毒不同，计算机蠕虫是一个程序或程序序列，它截取口令字，然后伪装成合法用户拷贝自身发送到远处的另一台计算机，结果导致蠕虫不受控制地疯狂拷贝，网络空间被大量占用。

那么，蠕虫是怎样入侵并袭击 Internet 上的计算机系统的呢？

蠕虫是利用计算机网络系统的安全漏洞来入侵 Internet 上的计算机的。例如设计网络电子信件程序的编程人员，为了方便浏览其关注的目标与操作那些不允许管理人员读写的程序而保留了一个秘密的"后门"，当编程人员完成任务以后，他忘记了关闭这个"后门"；又如，有的网络系统允许用户在远处的计算机上了解近期在其他网络机器上工作的用户情况，甚至可以使用户读取计算机的中央控制程序。蠕虫利用这些漏洞，冲破了计算机安全机制，蒙骗计算机的安全机构，利用计算机系统的电子邮件接触计算机，当蠕虫被认为是一个合法的电子邮件信息时，计算机就打开其电子邮件通道，允许蠕虫进入计算机。

蠕虫混入计算机后，隐藏在内存中，然后读取与该机通讯的计算机登录表，破译加密口令，读写系统用户的数据，蠕虫通过窃取到的系统用户特权传播蠕虫自身到网络中的其他计算机，使计算机程序运行与网络传输的速度明显变慢，并试图寻找以进入新的计算机。

Internet 上的蠕虫并不毁坏数据，但是它会大量占用网络带宽，降低计算机的性能，甚至导致网络瘫痪。

消灭 Internet 蠕虫的唯一方法是关掉 Internet 主机的电子邮件系统，然后对上百个程序进行过滤，杀掉蠕虫。

5.4.3 计算机病毒的预防与检测

阻止计算机病毒侵入的最好方法是堵塞病毒的传播途径。也可以使用硬件预防的方法，改变计算机系统结构或者插入附加固件，例如将防毒卡插到主机板上，当系统启动后先自动执行，取得 CPU 的控制权。

也有人为了避免磁盘被感染病毒，特意加上了写保护，但这样做是于事无补的。尽管在你写保护时病毒不能进入磁盘，但是每次你往磁盘上保存文档时，写保护是必须要去掉的。去掉了写保护，你的磁盘对于病毒来讲就是敞开大门的了。

病毒检测软件的使用是抵御病毒侵袭行之有效的方法。病毒检测软件不仅能够检测出病毒以及所属的病毒种类，一般也都具有清除病毒的功能。

计算机病毒的预防措施是安全使用计算机的要求，主要有以下几个方面：

- 建立良好的安全习惯。例如对一些来历不明的邮件及附件不要打开、不要上一些不太了解的网站、不要执行从 Internet 下载后未经杀毒处理的软件，访问受到安全威胁的网站也会造成感染，这些必要的习惯会使您计算机更安全。
- 关闭或删除系统中不需要的服务。默认情况下，许多操作系统会安装一些辅助服务，如 FTP 客户端、Telnet 和 Web 服务器。这些服务为攻击者提供了方便，而又对一般用户没有太大用处，如果删除它们，就能大大减少被攻击的可能性。
- 经常升级安全补丁。据统计，有 80%的网络病毒是通过系统安全漏洞进行传播的，如红色代码、尼姆达等病毒，所以应该定期到微软网站去下载最新的安全补丁，以防患于未然。
- 及时隔离受感染的计算机。当计算机发现病毒或异常时应立刻断网，以防止计算机受到更多的感染，或者成为传播源，再次感染其他计算机。
- 了解一些病毒知识。这样就可以及时发现新病毒并采取相应的措施，在关键时刻使自己的计算机免受病毒破坏。如果能了解一些 Windows 注册表知识，则可以定期看一看注册表的自启动项是否有可疑键值；如果了解一些内存知识，则可以经常看看内存中是否有可疑程序。
- 最好是安装专业的防毒软件进行全面监控。在病毒日益增多的今天，使用防毒软件进行防毒是越来越经济的选择，不过用户在安装了反病毒软件之后，应该经常进行升级、将一些主要监控经常打开，这样才能真正保障计算机的安全。
- 坚决杜绝使用来路不明的移动盘。不要把他人的移动盘放进自己的计算机，也不要把移动盘随便借给他人使用，更不能下载或使用盗版软件，因为它们极有可能携带病毒。

5.4.4 计算机病毒的处理

如果你的计算机系统被检测出了病毒，应该如何处理呢？因为计算机病毒的特点之一是具有传染性，所以当务之急是阻止病毒的进一步扩散。

如果你的计算机是在网络上，那么应该首先将你的工作站存在病毒的情况报告给网络管理员，以便网络管理员能够及时地采取措施，防止病毒在整个网络上蔓延。如果你的计算机没有连接在网络上，则只需对本机进行处理，删除它防止进一步的破坏。删除计算机病毒通常有两种方法：
- 通过病毒检测软件的杀毒功能对被感染的程序或数据进行恢复。
- 删除被感染的程序，然后从原始盘上重新安装程序。

5.5 计算机常见故障与维护

5.5.1 计算机硬件与软件

对于普通用户而言，计算机可以简单地视作我们桌前的台式电脑或笔记本电脑。一台计算机是由硬件系统和软件系统两大部分组成的。一旦出现故障，首先需要弄清楚的就是哪一个大的系统出了问题。

1. 计算机的硬件系统

所谓硬件就是用手能摸得到的实物，一台计算机的硬件一般有：
（1）显示器。
（2）主机（主板、CPU、内存、硬盘、显卡、电源、声卡、网卡、光驱等）。
- 主板：主板是计算机中各个部件工作的平台，它把计算机的各个部件紧密连接在一起，各个部件通过主板进行数据传输。也就是说，计算机中重要的"交通枢纽"都在主板上,它工作的稳定性影响着整机工作的稳定性。
- CPU:CPU(Central Processing Unit)即中央处理器,功能是执行算术运算、逻辑运算、数据处理、输入/输出的控制等,协调地完成各种操作。作为整个系统的核心,CPU已成为决定计算机性能的核心部件,很多用户都以它为标准来判断计算机的档次。
- 内存:内存又叫内部存储器(RAM),属于电子式存储设备,它由电路板和芯片组成,特点是体积小、速度快、有电可存、无电清空,即计算机在开机状态时内存中可以存储数据,关机后将自动清空其中的所有数据。
- 硬盘:硬盘属于外部存储器,由金属磁片制成,而磁片有记忆功能,因而存储到磁片上的数据不论开机与否都不会丢失。
- 显卡:显卡在工作时与显示器配合输出图形、文字,作用是负责将CPU送来的数字信号转换成显示器能识别的模拟或数字信号并传送到显示器上显示出来。
- 电源:电源是计算机中不可缺少的供电设备,作用是将220V交流电转换为计算机中使用的5V、12V、3.3V直流电,其性能的好坏直接影响到其他设备工作的稳定性,进而会影响整机的稳定性。
- 声卡:声卡是组成多媒体计算机的必不可少的一个硬件设备,作用是当发出播放命令后,将计算机中的声音数字信号转换成模拟信号送到音箱上发出声音。
- 网卡:网卡的作用是充当计算机与网线之间的桥梁,它是用来建立局域网的重要设备之一。
- 光驱:光驱是用来读取光盘的设备。光盘为只读或可读写型外部存储设备。

(3)外围设备(鼠标、键盘、打印机、摄像头、扫描仪等)。

2. 计算机的软件系统

软件是指程序运行所需的数据以及与程序相关的文档资料的集合。

(1)操作系统软件(Windows、Linux、UNIX等)。

操作系统软件就如同管理大堆硬件、软件的总管,它能力强大、调度可靠,能够高效地管理计算机中的各种资源及设备,可以说是计算机最为重要的软件。

目前占据市场主流的计算机主要是台式计算机和笔记本电脑,平板电脑如iPAD系列普及速度也非常快,目前在上述这些主要用于个人使用的计算机中安装的操作系统包括Windows XP、Windows 7、Macintosh、Symbian、Android等,而如Linux、UNIX这类开放源代码的操作系统主要的使用对象集中在大型网络使用者如银行、电信等企业,以及一些电脑爱好者当中。

(2)应用软件(Office、QQ、Foxmail等)。

应用软件主要针对特定的应用而编制,比如文档编辑应用软件Office系列、及时通信类软件QQ等。不同的应用需求就会对应不同的应用软件。

5.5.2 计算机故障的分类

计算机故障可分为硬件故障和软件故障。

1. 硬件故障常见现象

例如主机无电源显示、显示器无显示、主机喇叭鸣响并无法使用、显示器提示出错信息但无法进入系统。

2. 软件故障常见现象

例如显示器提示出错信息无法进入系统、进入系统但应用软件无法运行等。

5.5.3 故障的判断与处理

一旦发现计算机出现故障不要急于拆机，正确的处理顺序是先分析考虑问题可能出在哪里，然后再动手操作，检查顺序应从计算机外部开始，如电源、设备、线路，然后再决定开机箱，而在分析故障时可以采取先从判断是否软件问题入手，然后再考虑硬件的问题。依据故障现象做出判断，有针对性地采取措施。

因为计算机在使用过程中多碰到较难处理的硬件问题，因此表 5-3 列出的故障现象及处理建议多针对这一方面。

表 5-3 故障现象及采取的措施

故障现象	采取的措施
显示器有电源显示但黑屏	可能的原因是显示器刷新频率与操作系统的设置不匹配，也不排除显卡硬件故障或显示器信号线与显卡接口接触不良的可能。可以到系统"安全模式"下重新设置
主机喇叭鸣响	可根据响声数来判断错误： 1 响：内存刷新故障，系统正常；2 响：内存校验错、CMOS 设置错或主板 RAM 出错；3 响：64K 基本内存故障、显卡故障；4 响：系统时钟或内存错、键盘错；5 响：CPU 故障；6 响：键盘故障；7 响：硬中断故障；8 响：显存错误；9 响：主板 RAM、ROM 校验错或显卡错误；10 响：CMOS 错误、主板 RAM、ROM 错误等
根据屏幕提示错误信息判断	例如： CMOS Battery State LOW（CMOS 电池不足） Keyboard Interface Error（键盘接口错误） Hard disk drive failure（硬盘故障） hard disk not present（硬盘参数错误）等
计算机无法启动	● 计算机主机电源损坏，虽然能够开机，但无法正常启动，需要更换电源 ● 主板上 CMOS 芯片损坏，特别是被 CIH 病毒破坏后，计算机无法正常启动 ● 主机电源灯是亮的，无其他报警声音的提示，这时可能是 CPU 损坏或接触不良 ● 主机设备本身无任何问题，主机可以加电但无法自检，这时可能是主板或 CPU 被超频，恢复 BIOS 的默认设置即可。如果在主板上找不到清除 CMOS 的跳线，可以直接将主板上的电池取出，并将正负极短路十秒钟即可 ● 网卡损坏或接触不好，也有可能导致机器无法启动 ● 显卡、内存与主板不兼容，也会导致机器无法启动 ● 主板上的内存插槽、显卡插槽损坏 ● 内存条的金手指有锈迹，可以使用橡皮擦拭一下金手指，然后重新插到机器中即可解决故障 ● 主机内有大量灰尘，造成计算机配件接触不良，推荐使用电吹风或者用毛刷清理灰尘。切记不要用压缩气泵清理灰尘，因为压缩气泵工作中容易产生水珠，随着空气排出，附着在主板上，损坏计算机配件

续表

故障现象	采取措施
计算机主机或显示器无电源显示	检查计算机外部电源线及显示器电源插头
显示器无显示或音响无声音	可检查显卡或声卡有无松动或插头是否插紧
机器可以正常启动，但无法进入操作系统	<ul><li>计算机可以正常启动，显示器在进入操作系统桌面前正常，进入系统桌面后黑屏。这个故障一般是由于显示器的分辨率设置过高造成的，请从安全模式进入，删除显卡驱动后重新进入即可</li><li>计算机可以正常启动，在进入操作系统前停止不动出现 Boot error 的提示，检查 CMOS 中设备启动设置或启动顺序是否有误，这时会有提示寻找 A 盘或 IDE 等接口设备的提示</li><li>系统启动时，提示找不到硬盘。硬盘电源线或数据线没有接好或已损坏，重新连接或更换即可</li><li>机器硬盘工作正常，出现 Error loading operating system 的提示，这时需要检查系统分区是否被激活，如未能激活，需要重新使用分区软件激活分区</li><li>开机提示硬盘 I/O 错误，请检查硬盘是否能够正常工作。如果硬盘能够正常工作，则该硬盘曾经安装过与还原精灵类似的还原软件，并启用了 I/O 保护</li></ul>
机器可以正常启动，进入操作系统后长时间无响应或响应慢	<ul><li>机器进入系统一切正常，工作一段时间后会无响应，鼠标无法移动，键盘也没有反应。这时一般是主板 CPU 旁靠近电源功率块的电容出了问题，查看其是否有损坏或可否看到电容顶部有裂痕，或电容旁边有浅黄色液体的印迹存在。这属于硬件损坏，需要更换主板</li><li>机器进入操作系统运行正常，当运行某一程序后死机，这一般是由于显卡驱动程序版本不对造成的，更换最新版本的显卡驱动程序通常可以解决问题</li><li>机器进入操作系统后，鼠标键盘都有反应，经过很长一段时间才可以进行正常操作。这可能是在计算机启动项中加载启动的软件过多，取消自动启动设置即可。如果在启动项中没有加载，请运行 msconfig 命令检查启动选项中开机自动加载的程序有哪些，把不相关的自动加载程序删除</li></ul>
计算机能通电，但很快自动关闭	<ul><li>清空 CMOS 设置</li><li>检查 CPU 风扇连接是否正常且风扇工作是否正常</li><li>检查电源是否正常</li><li>检查机箱开关</li><li>采用拔插法和最小化系统法判断是否存在接触不良或设备短路性故障</li><li>主板故障（短路或 BIOS 损坏）</li></ul>
开机无任何声音，但键盘指示等有变化（三个灯同时亮起来后立即灭掉）	<ul><li>清空 CMOS 设置</li><li>检查显卡与显示器的连接线（松动、接触不良、断针）</li><li>检查清洁显卡金手指、显卡插槽，重新安装，保证接触良好</li><li>检查显示器和电源</li><li>主板损坏</li></ul>

软件类的问题除解决操作系统碰到的问题需要一定的专业知识外，其他软件类问题一般都较容易解决，下面的一些建议可帮助减少软件使用过程中可能碰到的问题：

（1）在决定安装软件前需要注意该软件的合法性，建议使用正版软件。

（2）查看软件说明，注意软件所支持的操作系统类型（如有的软件只支持 Windows 7 或 Macitosh 操作系统）、安装软件所需的硬件配置要求，看自己的计算机配置是否能够达到。

（3）使用过程中，当决定退出该软件时，最好使用相应的命令或操作，而不要强行关闭系统。

（4）有些软件可能会出现冲突问题，这类问题在杀毒、实时监控类软件中最为突出。因此，需要避免安装多种病毒查杀及实时监控类软件。

（5）如果决定卸载一个软件，最好使用该软件自带的卸载功能，或者选择操作系统中软件卸载的管理功能进行卸载，不要直接删除软件所属的文件夹，这样做可能会产生很多意想不到的问题。

（6）当软件运行反复出现问题时，最简而易行的方法就是将其卸载并重新安装。这个建议对于操作系统问题的解决也很实用。

本章小结

本章主要介绍了计算机网络安全的基本概念及网络安全的相关技术。计算机网络安全是一个涉及面非常广的问题。在技术方面包括计算机技术、通信技术和安全技术，在安全基础理论方面包括数学、密码学等多个学科。除了技术和应用层次外，还包括管理和法律等方面。所以，计算机网络的安全性是不可判定的，不能用形式化的方法进行证明，只能针对具体的攻击来讨论其安全性。企图设计绝对安全可靠的网络也是不可能的。解决网络安全问题必须进行全面的考虑，包括：采取安全的技术、加强安全检测与评估、构筑安全体系结构、加强安全管理、制定网络安全方面的法律和法规等。针对计算机使用过程中经常碰到的问题给出了对应的解决方法及建议。

第二部分 应用实践篇

第6章 Windows 7 操作系统

学习目标

- 掌握 Windows 7 的基本操作和基础知识。
- 掌握 Windows 7 的文件管理功能。
- 掌握 Windows 7 的磁盘管理功能。
- 掌握 Windows 7 的环境设置。
- 掌握 Windows 7 的常用工具。

Windows 7 是微软公司于 2009 年 10 月 22 日发布的新一代操作系统（正式版）。它在继承 Windows XP 的实用性和 Windows Vista 的华丽的同时，也完成了很大变革。Windows 7 包含 6 个版本，能够满足不同用户使用时的需要。Windows 7 系统围绕用户个性化设计、应用服务设计、用户易用设计、娱乐视听设计等方面增加了很多特色功能。本章将对操作系统的概念和操作系统的发展过程进行回顾，对现今常用的操作系统进行介绍，最后对 Windows 7 操作系统进行详细说明。

6.1 操作系统

6.1.1 操作系统概述

操作系统（Operating System，OS）是计算机系统中的重要系统软件，是这样一些程序模块的集合——管理和控制计算机系统的全部软件和硬件资源，合理组织计算机的各部分协调工作，并为用户提供良好的工作环境和友好的接口，给用户一个功能强大、使用方便的计算机系统。

根据操作系统在用户界面的使用环境和功能特征的不同，操作系统一般可分为三种基本类型，即批处理系统、分时系统和实时系统。随着计算机体系结构的发展，又出现了个人操作系统、网络操作系统、分布式操作系统和嵌入式操作系统等不同类型的操作系统。现在使用最多的就是 Windows 系列操作系统。

6.1.2 操作系统的功能

根据前面对操作系统定义的描述可知，操作系统的主要工作是管理软硬件资源，为用户提供一个良好的界面，对计算机的工作流程进行合理的组织。操作系统在对资源管理和用户接口的角度具有以下 5 个功能：

- 处理机管理：为了在多用户的情况下组织多个作业进行工作，处理机管理要解决处理机如何调度、分配实施和资源回收问题。
- 存储管理：主要完成内存储器的管理，包括内存分配回收、内存的保护和内存的扩充。
- 设备管理：完成通道、控制器、输入输出设备的分配和管理，经常采用的是虚拟技术和缓冲技术。
- 文件管理：负责对在外存上的大量信息进行管理，完成信息的共享、保密和保护。
- 用户接口：提供一个友好的用户接口是操作系统为用户提供方便灵活地使用计算机的手段。操作系统提供的常用界面方式为命令接口方式、系统调用方式和图形操作界面。

6.1.3 操作系统的特性

操作系统具有并发性、共享性、虚拟性和异步性 4 个基本特征。
- 并发性：是指两个或多个事件在同一时间间隔内发生。宏观上在计算机系统中的多个程序是在同时执行，实际微观上任何时刻只有一个程序在执行。
- 共享性：指系统中的资源可供内存中多个并发执行的进程共同使用。根据资源的属性不同，资源的共享可分为互斥共享和同时共享。
- 虚拟性：利用虚拟技术将计算机中的某个物理实体变为若干个逻辑上的对应物。虚拟性的实现是对计算机的扩充。
- 异步性：计算机在多道环境下，每个程序在执行时的开始、暂停、怎样推进都是不可知的，进程是以异步的方式进行的。

6.1.4 操作系统的分类

随着计算机技术和软件技术长期不断的发展，已经形成了各种类型的操作系统。根据操作系统的使用环境和作业的处理方式，可以进行如下分类：
- 多道批处理操作系统：采用多道程序技术的操作系统，即待处理的作业存放在外存上，形成作业队列等待运行，当需要调入作业时通过操作系统中的作业调度程序选择一批作业调入内存交替执行。
- 分时系统：分时系统最大的特点就是引入分时技术，也就是把处理机的运行时间分成很短的时间片，按时间片轮流把处理机分配给联机作业使用，大家轮流执行直到完成。
- 实时系统：实时系统是指系统能及时响应外部事件的请求，在规定的时间内完成对该事件的处理，并控制所有实时任务协调一致地完成。
- 通用操作系统：是在前 3 种操作系统基础上发展出的具有多种类型操作特征的操作系统。
- 个人计算机操作系统：在个人计算机上使用的操作系统称为个人计算机操作系统，目前这类操作系统以 Windows 和 Linux 系统为主。
- 网络操作系统：是指通过通信设施将物理上分散的自治功能的多个计算机系统互连起来，实现信息交换、资源共享、可互操作和协作处理的系统。
- 分布式操作系统：分布式系统可以定义为通过通信网络将物理上分布的具有自治功能的数据处理系统或计算机系统互连起来，实现信息交换和资源共享，协作完成任务。它和集中式操作系统的区别在于资源管理、进程通信和系统结构等方面。

6.1.5 操作系统提供的服务

计算机是为用户提供服务的，计算机所完成的任何工作都是为了满足用户需求。引入操作系统能够让计算机为用户提供更好的服务，计算机要提供一个良好的界面，使用户不需要了解许多硬件和软件的细节，能够方便灵活地使用计算机。同时操作系统还要为用户提供可靠安全的服务。

操作系统提供的服务具体来说有创建程序、执行程序、数据输入输出、信息存取、通信服务、错误检测和处理等。

6.2 常用操作系统简介

6.2.1 Windows 的发展

Windows 是一个为个人计算机和服务器用户设计的操作系统，它有时也被称为"视窗操作系统"。它的第一个版本 Windows 1.0 由美国微软（Microsoft）公司发行于 1985 年，Windows 2.0 发行于 1987 年，但是由于当时硬件和 DOS 操作系统的限制，这两个版本并没有取得很大的成功。此后，微软公司对 Windows 的内存管理、图形界面做了重大改进，使图形界面更加美观并支持虚拟内存，于 1990 年 5 月推出的 Windows 3.0 在商业上取得了惊人的成功，从而一举奠定了微软在操作系统上的垄断地位。1992 年 Windows 3.1 发布，1994 年 Windows 3.2 的中文版发布并很快流行了起来。1995 年，微软推出了新一代操作系统 Windows 95，它可以独立运行而无需 DOS 支持。1998 年推出了 Windows 98，2000 年推出了 Windows me 和 Windows 2000，2001 年推出了 Windows XP 操作系统。这些版本的操作系统以其直观简洁的操作界面、强大的功能使众多的计算机用户能够方便快捷地使用计算机。

2009 年 10 月 22 日微软在美国正式发布的 Windows 7 是现在最流行的操作系统，核心版本号为 Windows NT 6.1。Windows 7 有 6 个版本可供家庭及商业工作环境、笔记本电脑、平板电脑、多媒体中心等使用。

Windows 7 与以前微软公司推出的操作系统相比，具有以下特色：

- 易用：Windows 7 提供了很多方便用户的设计，如窗口半屏显示、快速最大化、跳转列表等。
- 快速：Windows 7 大幅缩减了 Windows 的启动时间，据实测，在 2008 年的中低端配置下运行，系统加载时间一般不超过 20 秒，这与 Windows Vista 的 40 余秒相比，是一个很大的进步。
- 特效：Windows 7 效果很华丽，除了有碰撞效果、水滴效果外，还有丰富的桌面小工具。与 Vista 相比这些方面都增色不少，并且在拥有这些新特效的同时 Windows 7 的资源消耗却是最低的。
- 简单安全：Windows 改进安全和功能合法性，还把数据保护和管理扩展到外围设备，改进了基于角色的计算方案和用户账户管理，在数据保护和兼顾协作的固有冲突之间搭建沟通桥梁，同时也能够开启企业级的数据保护和权限许可。

6.2.2 Linux 操作系统

Linux 操作系统是 UNIX 操作系统的一种克隆系统，是一种自由和开放源码的类 UNIX 操作系统。它诞生于 1991 年 10 月 5 日（这是第一次正式向外公布的时间）。以后借助于 Internet，并经过世界各地计算机爱好者的共同努力，现已成为世界上使用最多的一种类 UNIX 操作系统，并且使用人数还在迅猛增长。

目前存在着许多不同的 Linux，但它们都使用了 Linux 内核。Linux 可安装在各种计算机硬件设备中，从手机、平板电脑、路由器、视频游戏控制台到台式计算机、大型机和超级计算机。Linux 是一个领先的操作系统，世界上运算最快的 10 台超级计算机运行的都是 Linux 操作系统。严格来讲，Linux 这个词本身只表示 Linux 内核，但实际上人们已经习惯了用 Linux 来形容整个基于 Linux 内核，并且使用 GNU 工程各种工具和数据库的操作系统。Linux 得名于计算机业余爱好者 Linus Torvalds。

Linux 操作系统的诞生、发展和成长过程始终依赖着以下 5 个重要支柱：UNIX 操作系统、MINIX 操作系统、GNU 计划、POSIX 标准和 Internet。

Linux 系统的基本思想有两点：第一，所有一切都是文件；第二，每个软件都具有确定的用途。其中第一条具体说就是系统中的所有东西都归结为一个文件，包括命令、硬件和软件设备、操作系统、进程等，对于操作系统内核而言，都被视为拥有各自特性或类型的文件。有些人认为 Linux 是基于 UNIX 的，很大程度上也是因为这两者的基本思想十分相近。

6.2.3 ios 5 操作系统

苹果移动操作系统 ios 5 于北京时间 2011 年 10 月 13 日凌晨正式在全球范围内推出。ios 5 系统支持 iPhone 3GS、iPhone4、iPad 一代和二代、iPod touch 三代和四代，后来推出的 iPhone4S 安装的也是这个版本的操作系统。在使用时用户可以登录苹果的官方网站进行下载，下载升级前用户需要先下载最新的 iTunes 版本，然后将 ios 设备连接至 iTunes 即可更新新版的操作系统。

ios 5 比之前的操作系统加入了 200 多项新功能，包括：全新的通知功能、提醒事项、免费在 ios 5 设备间发送信息的 iMessage、系统集成 Twitter、可以下载最新杂志报纸的虚拟书报亭等，在这 200 多项新功能提升中有 12 项重点更新。

- 拍照功能：在拍照功能上 ios 5 可以让 iPhone 在锁屏状态下迅速进入拍照界面，并使用加音量键进行拍照，还能对照片进行裁切、旋转、增强效果并去除照片中的红眼。
- 邮件功能：ios 5 在邮件功能中增加了更多文字格式和首行缩进控制操作。
- Safari 浏览器改进：Safari 浏览器加入了阅读器和阅读列表模式，在 iPad 上还支持多标签浏览。
- PC Free：ios 5 新增的 PC Free 功能使 ios 5 设备不需要连接计算机就能激活，此外也可以使 ios 的设备通过无线局域网和计算机的 iTunes 进行同步。
- iCloud 云服务：iCloud 云服务是 ios 5 最大的卖点之一。用户可以通过 iCloud 备份自己设备上的各类数据，并可以通过此功能查找自己的 ios 设备以及朋友的大概位置。iCloud 能使用户在一台 ios 上购买的应用、音乐、书籍无线同步出现在该用户的其他同账号 ios 设备上，iPhone 拍摄的照片也能同步出现在 iPad 和安装了 iCloud 客户端的 PC 和 Mac 上。iCloud 的免费容量为 5GB，用户可以购买更大的空间。
- 其他：通知中心、ibook 内支持杂志购买、Twitter 嵌入 ios 5 系统、Reminders 提醒功能、Game Center 更新、Mail 新邮件功能提供字典等功能的加入都让用户使用起来觉得更方便高效。

6.2.4 Android 操作系统

Android 是一种以 Linux 为基础的开放源码操作系统，主要使用在便携设备中，大家比较熟悉的就是用于手机中。目前尚未有统一的中文名称，中国大陆地区比较喜欢叫做"安卓"或"安致"。Android 操作系统最初由 Andy Rubin 开发，最初主要支持手机。2005 年由 Google 收购注资，并组建开放手机联盟进行开发改良，现在已逐渐扩展到平板电脑及其他领域中。Android 的主要竞争对手是苹果公司的 ios 和 RIM 的 Blackberry OS。

2011 年第一季度，Android 在全球的市场份额第一次超过塞班系统，跃居全球首位。2012 年 2 月的数据显示，Android 系统占据全球智能手机操作系统市场 52.5%的份额，中国市场占有率为 68.4%。Android 的系统架构和其他操作系统一样，采用了分层架构。Android 分为四层，从高层到低层分别是应用程序层、应用程序框架层、系统运行库层和 linux 核心层。

现在 Android 允许开发者使用多种开发语言来编写系统的应用程序，因此受到众多用户的喜爱，渐渐成为真正意义上的开放式操作系统。

6.3 Windows 7 操作系统

6.3.1 Windows 7 的基本知识

1. Windows 7 的硬件要求

CPU：1GHz 及以上。

内存：1GB。

硬盘：20GB 以上可用空间。

显卡：支持 DirectX9 的显卡或更高版本，若低于此版本 Aero 主题特效可能无法实现。

其他设备：DVD R/W 驱动器。

2. Windows 7 的版本介绍

Windows 7 包含 6 个版本：Windows 7 Starter（初级版）、Windows 7 Home Basic（家庭基础版）、Windows 7 Home Premium（家庭高级版）、Windows 7 Professional（专业版）、Windows 7 Enterprise（企业版）和 Windows 7 Ultimate（旗舰版），这 6 个版本的操作系统功能的全面性都存在差异，主要是针对不同用户的需求而设计提出的。

3. Windows 7 的安装方式

Windows 7 提供 3 种安装方式：升级安装、自定义安装和双系统共存安装。

（1）升级安装。

这种方式可以将用户当前使用的 Windows 版本替换为 Windows 7，同时保留系统中的文件、设置和程序。如果原来的操作系统是 Windows XP 或更早期的版本，建议进行卸载之后再安装 Windows 7，或者采用双系统共存安装的方式将 Windows 7 系统安装在其他硬盘分区。如果系统是 Windows Vista 则可以采用升级安装方式升级到 Windows 7 系统。

（2）自定义安装。

此方式将用户当前使用的 Windows 版本替换为 Windows 7 后不保留系统中的文件、设置和程序，也叫清理安装。在进行安装时先将 BIOS 设置为光盘启动方式，由于不同的主板 BIOS 设置项不同，建议大家先参看使用手册来进行设置。BIOS 设置完之后放入安装盘，根据安装盘的提示和自己的需求完成安装。

（3）双系统共存安装。

即保留原有的系统，将 Windows 7 安装在一个独立的分区中，与机器中原有的系统相互独立，互不干扰。双系统共存安装完成后，会自动生成开机启动时的系统选择菜单，这些都和 Windows XP 十分相像。

4．Windows 7 的启动和退出

（1）Windows 7 的启动。

打开计算机显示器和机箱开关后，计算机进行开机自检后出现欢迎界面，根据系统的使用用户数分为单用户登录界面和多用户登录界面，如图 6-1 和图 6-2 所示。

图 6-1　单用户登录界面　　　　　　　图 6-2　多用户登录界面

单击需要登录的用户名，如果有密码输入正确的密码后按 Enter 键或单击文本框右边的按钮，几秒之后即可进入系统。

（2）Windows 7 的退出。

Windows 7 中提供了关机、休眠/睡眠、锁定、注销和切换用户操作来退出系统，用户可以根据自己的需要来进行使用。

1）关机。

- 正常关机：使用完计算机要退出系统并且关闭计算机时进行，主要步骤是单击"开始"→"关机"。
- 非正常关机：当用户使用计算机时出现"花屏"、"黑屏"、"蓝屏"等情况时，不能通过"开始"菜单关闭计算机，可以采取长按主机机箱上的电源开关来关闭计算机。

2）休眠/睡眠。

Windows 7 提供了休眠和睡眠两种待机模式，它们的相同点是不管进入休眠还是睡眠状态的计算机电源都是打开的，当前系统的状态会保存下来，但是显示器和硬盘都停止工作，当需要使用计算机时进行唤醒后即可进入刚才的使用状态，这样可以在暂时不使用系统时起到省电的效果。这两种方式的不同点在于休眠模式系统的状态保存在硬盘里，而睡眠模式是保存在内存里。进入这两种模式的方法是单击"开始"→"关机"按钮右边的小三角按钮,在弹出的菜单中根据需要选择"睡眠"或"休眠"命令。

3)锁定。

当用户暂时不使用计算机但又不希望别人对自己的计算机进行查看时,可以通过计算机锁定功能实现锁定,操作是单击"开始"→"关机"按钮右边的小三角按钮,在弹出的菜单中选择"锁定"命令。当用户再次需要使用计算机时只需输入用户密码即可进入系统。

4)注销。

Windows 7 提供多个用户共同使用计算机操作系统的功能,每个用户可以拥有自己的工作环境,当用户使用完需要退出系统时可以采用注销命令来进行用户环境的退出。具体操作方法是单击"开始"→"关机"按钮右边的小三角按钮,在弹出的菜单中选择"注销"命令。

5)切换用户。

这种方式使用户之间能够快速地进行切换,当前用户退出系统回到用户登录界面。操作方法是单击"开始"→"关机"按钮右边的小三角按钮,在弹出的菜单中选择"切换用户"命令。

5. Windows 7 的桌面

当用户登录进入 Windows 7 操作系统后,就可以看到系统桌面。桌面包括背景、图标、"开始"按钮和任务栏等主要部分,如图 6-3 所示。

图 6-3 Windows 7 桌面

用户可以根据自己的喜好进行桌面设置,包括设置桌面主题、设置桌面背景、桌面图标个性化、设置屏幕保护程序和更改桌面小工具等操作。用户可以双击桌面图标来快速打开文件、文件夹或应用程序。任务栏主要由程序按钮区、通知区域和"显示桌面"按钮组成,Windows 7 的任务栏比之前的系统进行了很大创新,使用户使用起来更为方便灵活。

6. Windows 7 窗口

当用户在 Windows 7 系统中打开文件、文件夹或应用程序时,内容都将在窗口中显示。窗口如图 6-4 所示,一般由标题栏、菜单栏、控制按钮区、搜索栏、滚动条、状态栏、工作区、细节窗格、导航窗格等部分组成。

图 6-4　Windows 7 窗口界面

7. 菜单和对话框

菜单中存放着系统中程序的运行命令，它由多个命令按照类别集合在一起构成。一般分为下拉菜单和快捷菜单两种。下拉菜单统一放在菜单栏中，使用的时候只需单击菜单栏中的相应项即可出现下拉菜单，通过单击菜单中的命令系统即可进行相应的操作。下拉菜单如图 6-5 所示。如图 6-6 所示的右键快捷菜单是通过单击鼠标右键出现的，其中包含了对选中对象的一些操作命令，没有菜单栏里的命令全面，可是这种方式使用起来更为快捷。

图 6-5　菜单界面 　　　　图 6-6　快捷菜单

对话框在用户对对象进行操作时出现，主要是对对象的操作进行进一步的说明和提示，对话框可以进行移动、关闭操作，但不能进行改变对话框大小的操作。"鼠标 属性"对话框如图 6-7 所示。

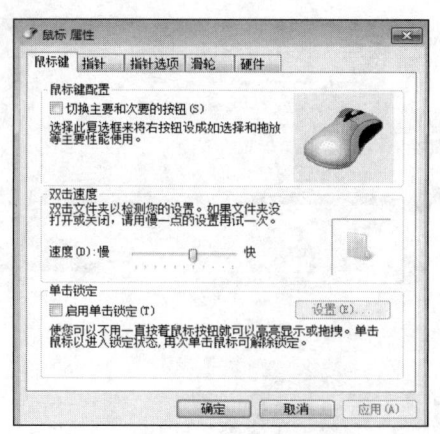

图 6-7 "鼠标 属性"对话框

6.3.2 Windows 7 桌面的基本操作

1. 桌面主题设置

Windows 7 系统为用户提供了一个良好的个性化设置方式，能够满足不同用户的喜好。设置桌面主题的方法为在桌面空白处右击，在弹出的快捷菜单中选择"个性化"命令，弹出"更改计算机上的视觉效果和声音"窗口，根据用户的需要在窗口中选择相应主题即可完成主题设置。

2. 桌面背景设置

Windows 7 系统和 Windows 以前的操作系统一样，提供了桌面背景设置功能，操作步骤为单击打开"更改计算机上的视觉效果和声音"窗口，选择"桌面背景"命令，弹出"选择桌面背景"窗口（如图 6-8 所示），在"图片位置"下拉列表框中选择需要使用图片的文件夹选中所需图片，利用"图片位置"按钮设置适合的选项，单击"保存"按钮即可完成设置。若要选择用户自己的图片可以在刚才的窗口中单击"浏览"按钮，选中所需的图片，并且在完成图片位置的设置后单击"保存"按钮完成设置。也可以先找到需要设置为桌面背景的图片并右击，在弹出的快捷菜单中选择"设置为桌面背景"命令来完成桌面背景的设置。

图 6-8 "桌面背景"窗口

3. 屏幕保护程序设置

在计算机使用的过程中设置屏幕保护程序可以减少耗电，起到保护显示器和保护个人隐私等的作用。在 Windows 7 中设置屏幕保护程序的方法是：打开"更改计算机上的视觉效果和声音"窗口，选择"屏幕保护程序"选项，在弹出的对话框（如图 6-9 所示）中根据用户需要可以选择系统自带的屏幕保护程序，对等待时间设置后单击"保存"按钮。Windows 7 还可以让用户利用个人图片来进行屏幕保护程序的设置，方法为在"屏幕保护程序"下拉列表框中选择"照片"，单击"设置"按钮，通过浏览选择所需的图片，通过幻灯片放映速度的选择完成屏幕保护程序图片放映速度的设置，最后单击"保存"按钮。

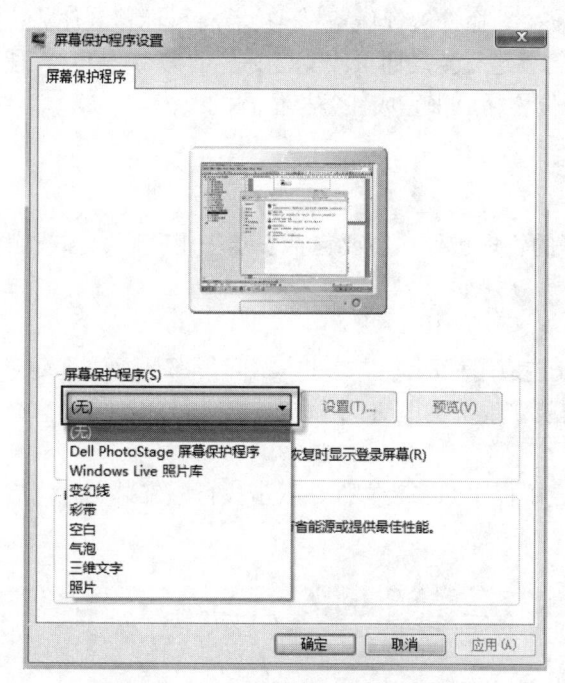

图 6-9 "屏幕保护程序设置"对话框

4. 更改桌面小工具

Windows 7 提供了很多小工具来供用户使用，用户可以直接在桌面上把要使用的小工具显示出来，方便使用。在桌面上显示小工具的方法是：在桌面空白处右击，在弹出的快捷菜单中选择"小工具"命令（如图 6-10 所示），在小工具窗口中双击自己需要的小工具或者右击，在弹出的快捷菜单中选择"添加"命令，完成小工具在桌面上的添加。

图 6-10 更改桌面小工具

5. 任务栏操作

Windows 7 对任务栏进行了重新设计,新增了一定功能,可以让用户更灵活地对任务栏进行操作。

(1)隐藏/显示任务栏。

在任务栏空白处右击,在弹出的快捷菜单中选择"属性"命令,在弹出的对话框中通过选中和取消选中"自动隐藏任务栏"选项即可完成任务栏的隐藏和显示。

(2)调整任务栏的大小和位置。

完成此项操作前需要对任务栏进行解锁,方法是在任务栏空白处右击,在弹出的快捷菜单中通过取消"锁定任务栏"命令解锁任务栏。接着将鼠标移到任务栏空白区域的上方待鼠标变化之后,单击鼠标左键并进行拖动即可改变任务栏的大小。或者在任务栏的空白区域利用鼠标将任务栏拖动到适当位置释放来完成任务栏位置的改变。

6.3.3 程序管理

这里介绍应用程序的管理操作,主要包括安装应用程序、卸载应用程序和设置打开文件的默认程序。

1. 安装应用程序

Windows 系统中安装应用程序的方式基本相同,都是通过执行应用程序的安装文件,跟随安装向导指引设置安装参数来实现的。下面以安装 QQ 程序为例来介绍安装应用程序的具体步骤。

(1)下载或拷贝应用程序的安装文件,双击执行该安装文件,启动安装向导,如图 6-11 所示。

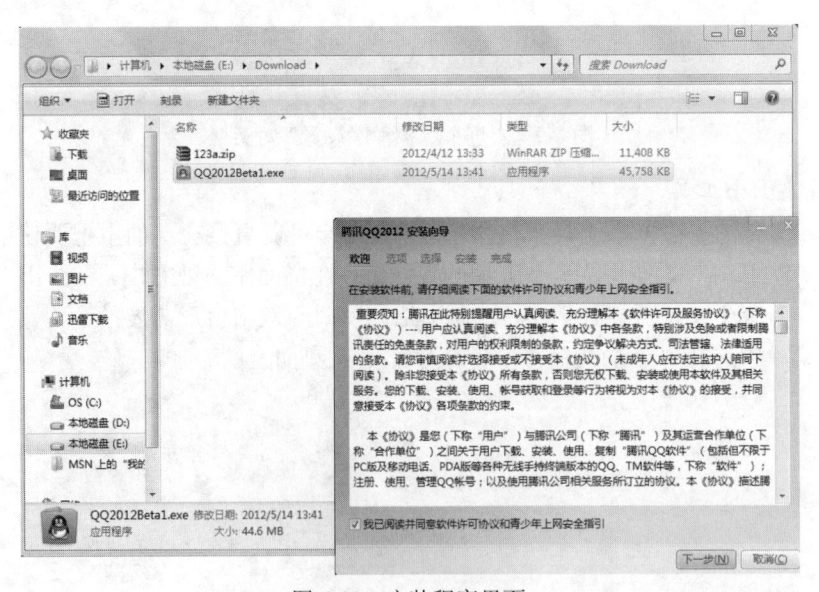

图 6-11　安装程序界面

(2)选中"我已阅读并同意软件许可协议和青少年上网安全指引"复选项,单击"下一步"按钮。

(3)设置安装选项,在需要的项目前打钩,如图 6-12 所示,然后单击"下一步"按钮。

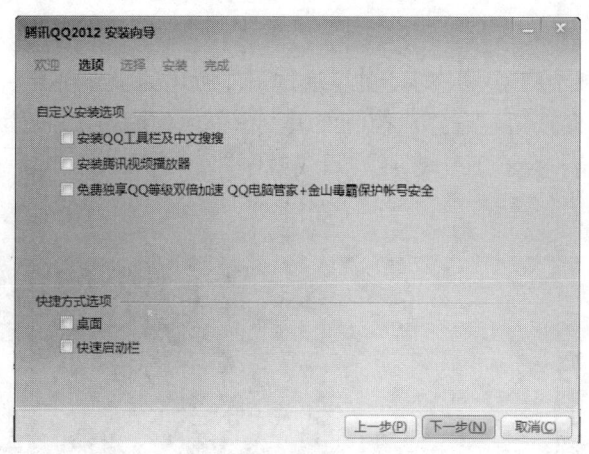

图 6-12　设置安装选项

（4）设置安装路径（如图 6-13 所示），单击"安装"按钮开始安装应用程序。

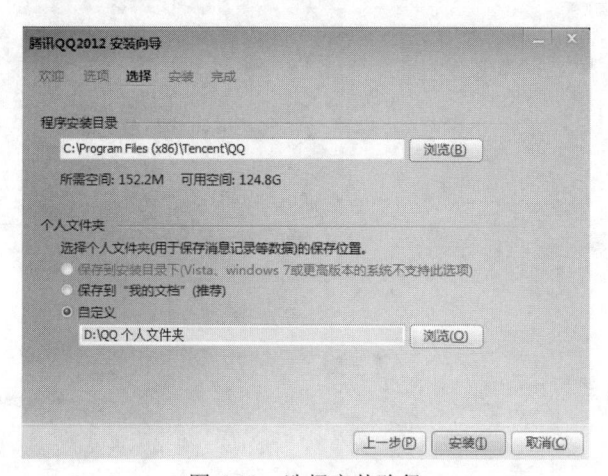

图 6-13　选择安装路径

（5）经过一段时间后出现图 6-14 所示的界面，选择相应项后单击"完成"按钮，安装工作完毕。

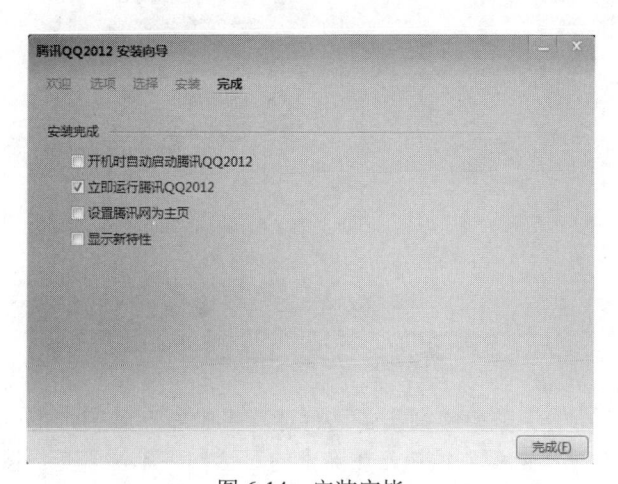

图 6-14　安装完毕

2. 卸载应用程序

当用户不再需要某个应用程序时，可以通过下面所述的步骤将其从系统中卸载。

（1）单击"开始"按钮，选择"控制面板"命令，如图 6-15 所示，即可打开如图 6-16 所示的"控制面板"窗口，在其中选择"卸载程序"选项，打开"程序和功能"窗口，如图 6-17 所示。

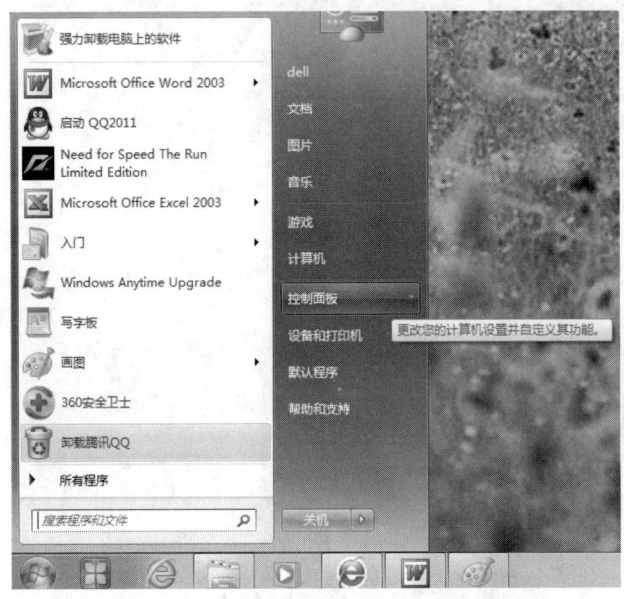

图 6-15　打开"控制面板"窗口

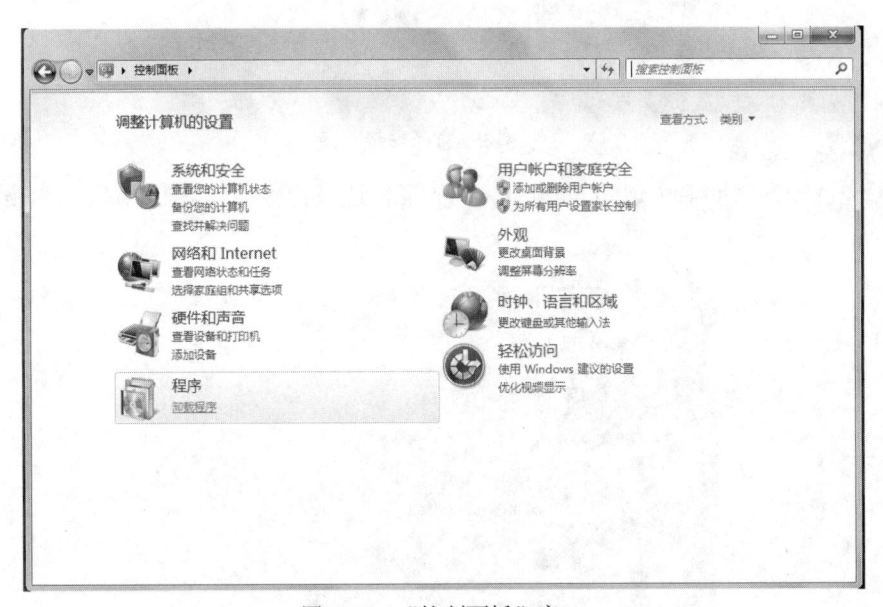

图 6-16　"控制面板"窗口

（2）在"程序和功能"窗口中列出了这台计算机中所安装的全部应用程序，找到需要卸载的应用程序，然后单击"卸载"按钮，在弹出的对话框中单击"是"按钮即可卸载相应的应用程序，如图 6-18 所示就是卸载 QQ 程序操作。

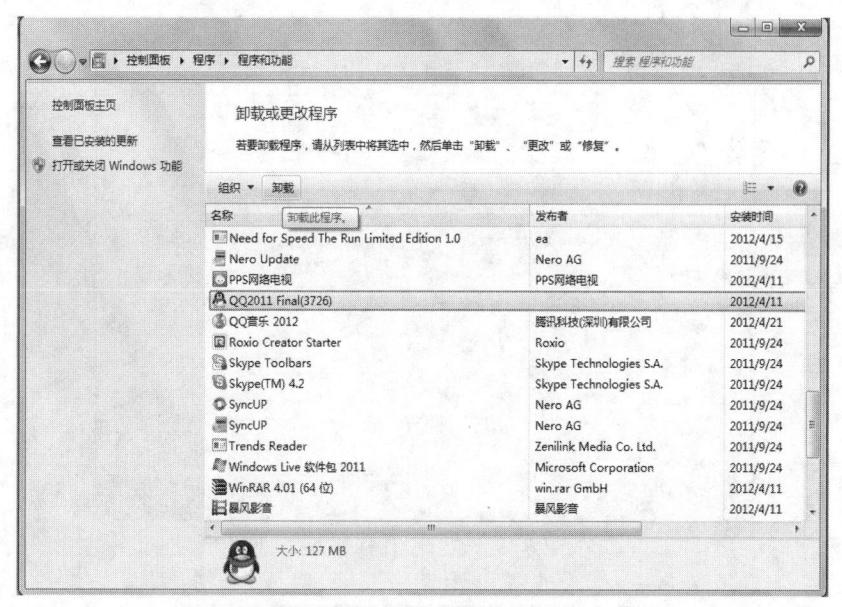

图 6-17　卸载程序

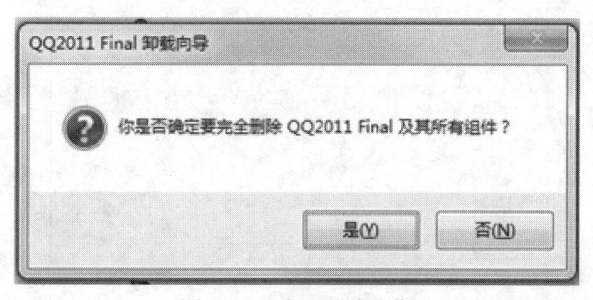

图 6-18　确认删除程序

许多程序自己带有卸载程序，用户也可以通过在"开始"菜单的该应用程序目录中选择"卸载程序"来卸载该应用程序。若卸载过程中程序出现了一些提示对话框，则只需按照对话框中相应的提示操作即可。

3. 设置打开文件的默认程序

系统中安装应用程序之后，系统通常会将文档的打开方式与应用程序关联。也就是说，系统将指明在双击某类文档时使用特定的应用程序打开文件。例如，安装了 Office Word 之后，系统将.doc 的文件与 Word 关联，用户双击.doc 的文件时系统会启动 Word 程序来打开文件。但是当安装的应用程序较多时，文件的关联也会显得混乱，系统并没有使用用户所需要的应用程序来打开文件。这时用户可以用指定打开文件的默认程序操作来修改文件的打开方式，具体操作步骤如下：

（1）选中一个希望修改打开方式的文件并右击，在弹出的快捷菜单中选择"打开方式"命令，如图 6-19 所示。

（2）在级联菜单中选择要使用的应用程序。

（3）若其中没有用户所需的应用程序，则可以选择"选择默认程序"选项（如图 6-20 所示），弹出"打开方式"对话框（如图 6-21 所示），在其中通过"浏览"按钮直接指定所需要的应用程序，最后单击"确定"按钮。

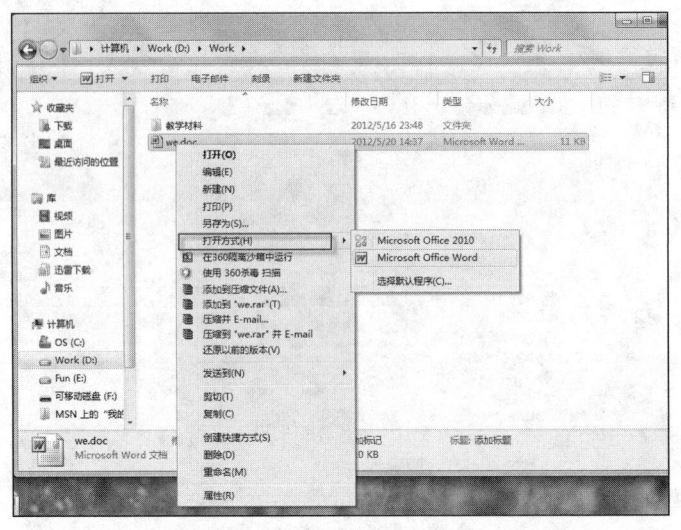

图 6-19　选择文件打开方式

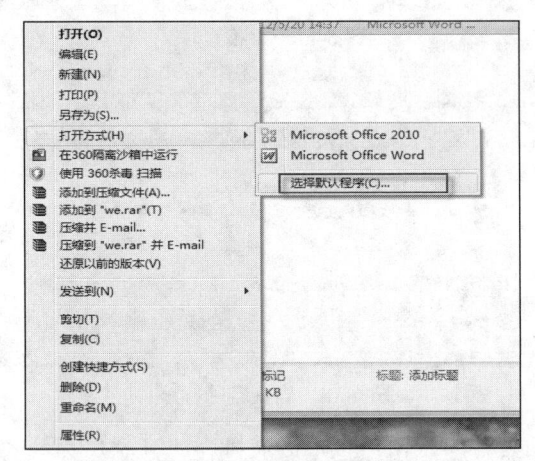

图 6-20　选择"选择默认程序"选项

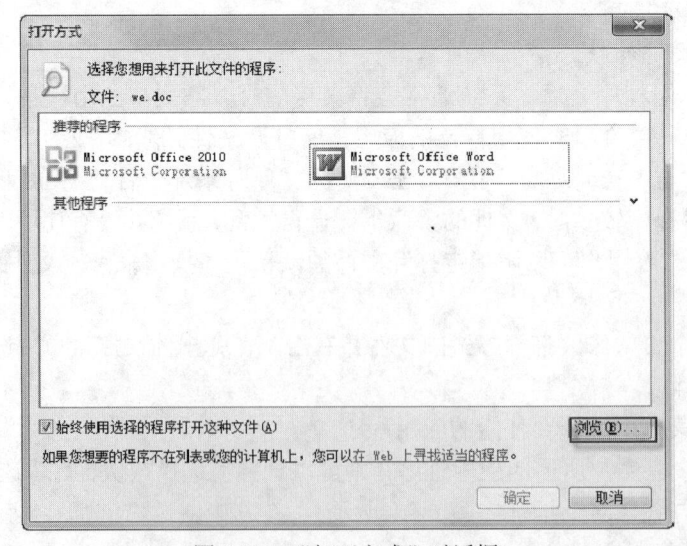

图 6-21　"打开方式"对话框

6.3.4 文件和文件夹管理

操作系统在管理计算机中的软硬件资源时一般都将数据以文件的形式存储在硬盘上，通过以文件夹的方式对计算机中的文件进行管理，以便于用户的使用。文件和文件夹的管理在操作系统中是很重要的一个部分。

1. 文件和文件夹

（1）文件。

模糊地说文件是一段程序或数据的集合，具体来说在计算机系统中文件是一组赋名的相关联字符流的集合或相关联记录的集合。计算机系统中每个文件都对应一个文件名，文件名由主文件名和扩展名构成。主文件名表示文件的名称，一般由用户给出，扩展名主要说明文件的类型，常用的文件扩展名和文件类型如表 6-1 所示。

表 6-1 常用的文件扩展名

文件扩展名	文件类型
exe	可执行文件
txt	文本文件
doc	Word 文件
docx	Word 2007 文件
xls	Excel 文件
ppt	PowerPoint 文件
html	超文本文件
avi	视频文件
wav	音频文件
mp3	利用 MPEG-1 Layout 3 标准压缩的文件
rar	WinRAR 文件
bmp	位图文件（图像文件中的一种）
jpeg	图像压缩文件
sys	系统文件
pdf	图文多媒体文件

文件的种类非常多，了解文件扩展名对文件的管理和操作具有重要的作用。

（2）文件夹。

文件夹是操作系统中用来存放文件的工具。文件夹中可以包含文件夹和文件，在同一个文件夹中不能存放名称相同的文件或文件夹。为了方便对文件进行有效的管理，我们经常将同一类的文件放在一个文件夹中。

2. 文件或文件夹的隐藏和显示查看

Windows 系统为了保证文件重要信息的安全性，提供了对文件属性进行不同设置和不同的显示方法，从而为用户更好地保护数据信息起到一定的帮助作用。

（1）隐藏文件或文件夹。在进行文件和文件夹的隐藏时先要对文件和文件夹的属性进行设置，然后再修改文件夹选项。具体步骤为：选中需要隐藏的文件或文件夹并右击，在弹出的快捷菜单中选择"属性"命令，在弹出的对话框中选中"隐藏"复选框，单击"确定"按钮。

需要注意的是在对文件夹进行设置时为用户提供了两种方式：一种为只隐藏文件夹，另一种为隐藏文件夹以及其中的全部子文件夹和文件。单击工具栏中的"组织"按钮，选择"文件夹和搜索"选项，在"查看"选项卡中通过"高级设置"选中"不显示隐藏的文件、文件夹和驱动器"，单击"确定"按钮。

（2）显示查看文件或文件夹。利用上面的方法进入到"高级设置"对话框，将选中的"不显示隐藏的文件、文件夹和驱动器"取消即可显示隐藏的信息。

3．加密、解密文件或文件夹

Windows 系统除了提供隐藏的方法来保证信息安全外还提供了一种更强的保护方法——加密文件或文件夹。操作步骤为：选中需要加密的对象并右击，在弹出的快捷菜单中选择"属性"选项，在弹出的"属性"对话框的"常规"选项卡中单击"高级"按钮，选中"加密内容以便保护数据"选项，单击"确定"按钮返回上一级，再单击"应用"按钮，弹出"属性更改"对话框，选中"将更改应用于此文件夹、子文件和文件"选项，最后单击"确定"按钮。解密时只需按照加密操作的步骤进入其中将"加密内容以便保护数据"选项取消后就对加密数据进行了解密。

4．文件或文件夹的基本操作

文件或文件夹的基本操作包括新建、删除、复制、移动、重命名和快捷方式的创建等。由于文件夹和文件的操作方式是一致的，因此这里将不再分别介绍。例如用户需要移动文件夹时，则可以参考文件的移动操作来进行。

（1）新建文件或文件夹。

打开要建立新文件的目录，在窗口内的空白处右击，在弹出的快捷菜单中选择"新建"，然后在其子菜单中选择所需建立文件的类型，如图 6-22 所示。

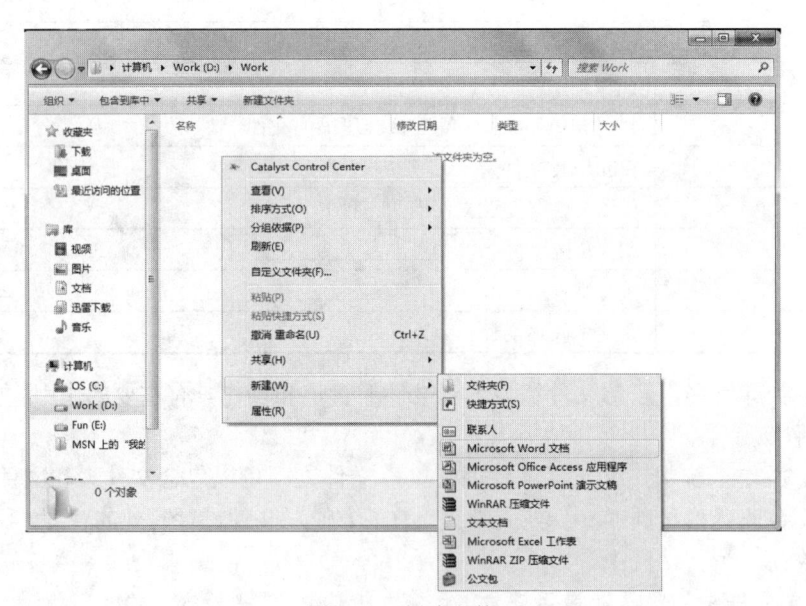

图 6-22　新建文件

（2）删除文件或文件夹。

当用户不再需要某个文件时，可以将该文件从计算机中删除，以释放占用的空间。具体操作为：将鼠标移动到需要删除的文件上右击，在弹出的快捷菜单中选择"删除"命令，在弹出的提示对话框中单击"是"按钮，如图 6-23 和图 6-24 所示。

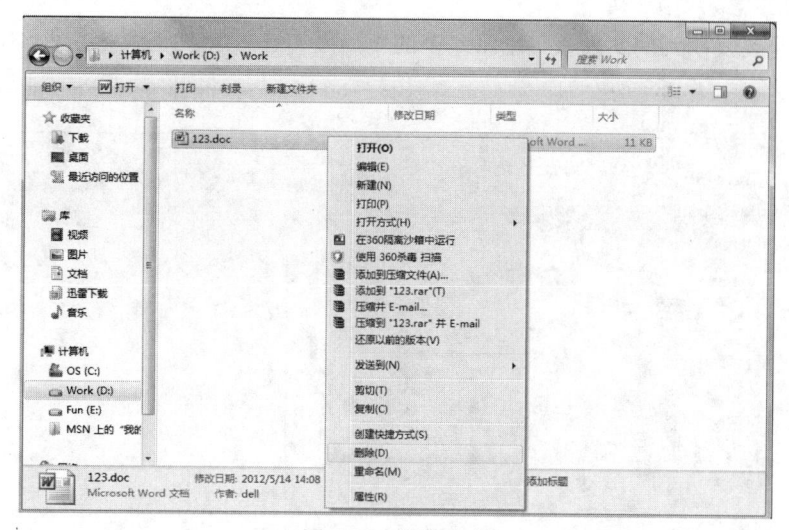

图 6-23　删除文件

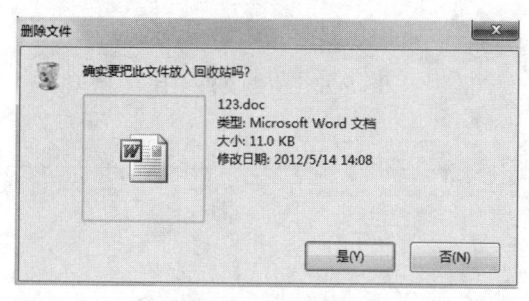

图 6-24　确认删除

为了避免用户误操作删除了不想删除的文件，系统并未将用户如上操作所删除的文件从计算机中彻底删除，而是将其移动到回收站里，用户可以通过回收站还原文件。如果用户需要彻底地删除文件，只需在回收站图标上右击，选择"清空回收站"命令，则回收站内的文件将被永久删除，如图 6-25 所示。

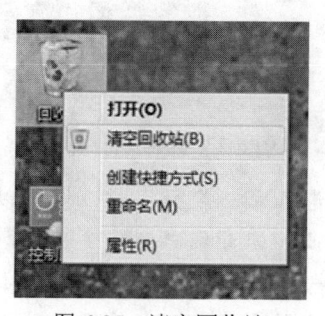

图 6-25　清空回收站

注意：如果用户想直接删除文件而不移动到回收站，可选中所需删除的文件后按住 Shift 键再按 Del 键。

（3）复制文件或文件夹。

在用户需要将某个文件复制一份到另外的目录时，可以进行复制文件的操作。操作方法为：打开想要复制的文件所在的文件夹，选中该文件并右击，在弹出的快捷菜单中选择"复制"

命令，然后打开要复制到的文件夹，在窗口中的空白处右击，在弹出的快捷菜单中选择"粘贴"命令，如图 6-26 和图 6-27 所示。

图 6-26　复制文件操作

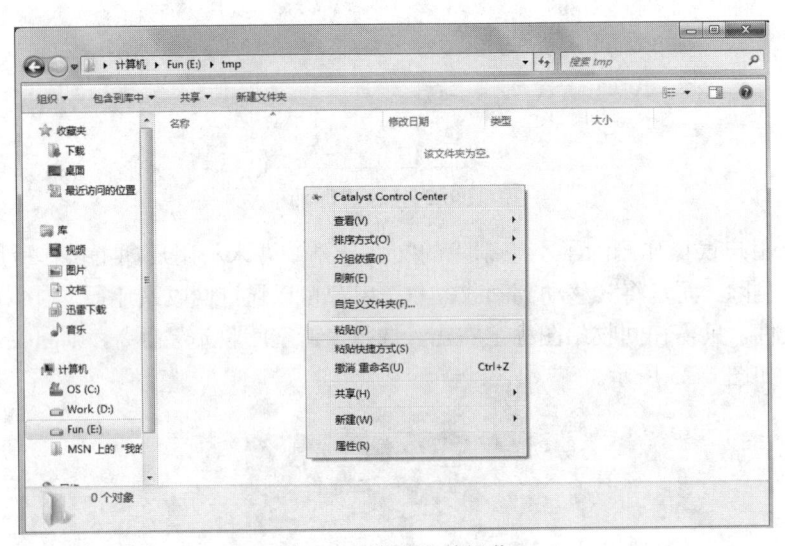

图 6-27　粘贴文件操作

值得注意的是，在进行"复制"和"粘贴"时，也可以使用快捷键来完成。复制的快捷键为 Ctrl+C，粘贴的快捷键为 Ctrl+V。

（4）移动文件或文件夹。

需要将一个文件移动到其他文件夹时，可以进行文件移动操作。移动文件的操作和复制文件类似，不同的是，复制文件时对源文件采取复制命令，这时源文件将保留；而在进行移动文件的操作时，对源文件进行的是剪切操作。

操作方法为：打开所需移动的文件所在的文件夹，选中该文件并右击，在弹出的快捷菜单中选择"剪切"命令，然后打开要移动到的文件夹，在窗口的空白处右击，在弹出的快捷菜单中选择"粘贴"命令，如图 6-28 和图 6-29 所示。

图 6-28 剪切文件操作

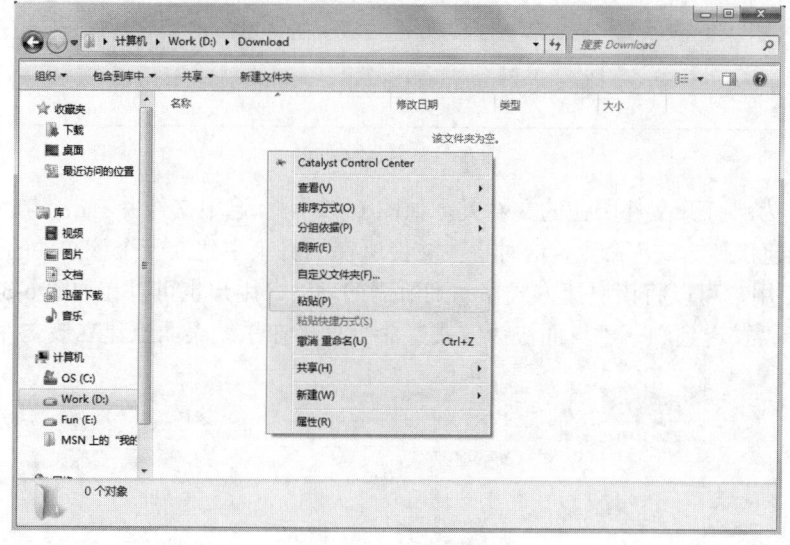

图 6-29 移动文件

同样，在进行"剪切"和"粘贴"时，可以使用快捷键来完成。剪切的快捷键为 Ctrl+X，粘贴的快捷键为 Ctrl+V。

（5）重命名文件或文件夹。

有时用户需要改变文件的名字，这时可采用重命名操作来完成。操作方法为：打开需要改名的文件所在的目录，选中该文件并右击，在弹出的快捷菜单中选择"重命名"命令，文件名字处将变为编辑框，这时可以输入文件的名字，完成后按回车键或者单击窗口的其他地方即可，操作界面如图 6-30 和图 6-31 所示。

重命名文件也可以使用快捷键完成，相应的快捷键为 F2。

（6）快捷方式的创建。

有时候，为了能方便快捷地找到所需的文件，也可以为文件建立快捷方式，通过快捷方式能快速地找到并打开该文件。

图 6-30　重命名文件

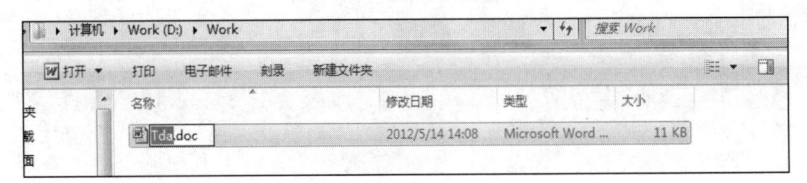

图 6-31　修改文件名

操作方法为：打开文件所在的文件夹，如图 6-32 所示选中文件并右击，在弹出的快捷菜单中选择"创建快捷方式"命令，这时将在文件所在的目录中建立一个该文件的快捷方式，如图 6-33 所示，用户可以将该快捷方式移动到所需的地方。用户也可以在如图 6-34 所示的界面中右击并选择"发送到"→"桌面快捷方式"命令直接在系统桌面上建立该文件的快捷方式。

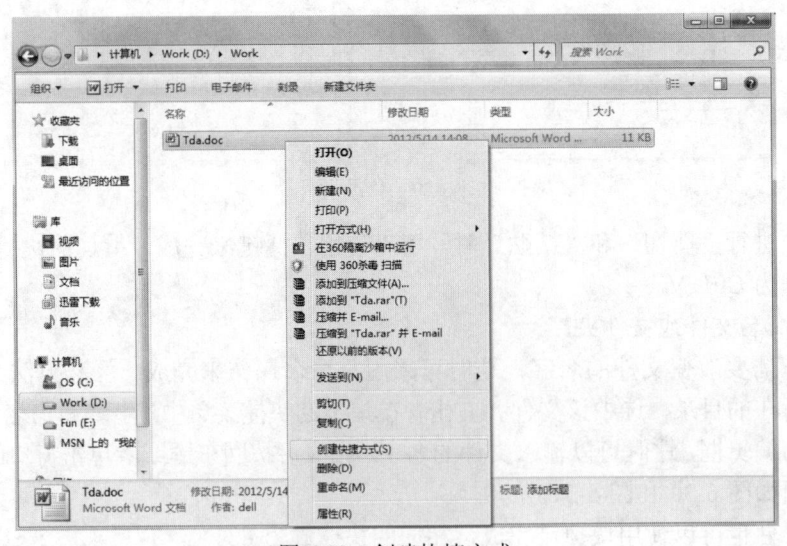

图 6-32　创建快捷方式

值得注意的是，文件的快捷方式仅仅是文件的一个指向，并不是该文件本身。所以当文件不存在时，快捷方式是无法进行打开操作的。

图 6-33　文件的快捷方式

图 6-34　发送桌面快捷方式

6.3.5　控制面板

在 Windows 系列操作系统中,"控制面板"是图形用户界面重要的系统设置工具。通过"控制面板"中提供的工具,用户可以直观地查看系统状态,修改所需的系统设置。相比 Windows 以前的版本,Windows 7 系统中的"控制面板"有一些操作上的改进,下面就来介绍 Windows 7 系统"控制面板"的使用技巧。

单击"开始"→"控制面板"选项即可打开 Windows 7 系统的"控制面板"。有时为了方便用户快速地打开控制面板,也可以将控制面板作为快捷方式放在桌面上。

在 Windows 7 系统中,控制面板默认以"类别"来显示功能菜单,分为"系统和安全"、"用户账户和家庭安全"、"网络和 Internet"、"外观"、"硬件和声音"、"时钟、语言和区域"、"程序"、"轻松访问"几项,每一项下显示了具体的功能选项。除了"类别"的显示方式外,Windows 7 系统还提供了"大图标"和"小图标"的显示方式,用户可以单击"查看方式"进行选择。在"小图标"显示方式下,所有的功能项都一一罗列,虽然查找所需功能略显不便,但功能全面,而"类别"的显示方式向导性更好。

同时 Windows 7 系统还为用户提供了两种快捷的功能查找方式。用户可以单击地址栏中的向右的小箭头展开子菜单,选择其中的功能选项。也可以利用查找功能快速找到所需设置。

下面就对控制面板中的常用功能进行介绍。

1. 用户账户和家庭安全

Windows 7 操作系统允许设置多个用户,每个用户有自己的权限,可以独立地完成对计算机的使用,保证不会因多人共同使用计算机而带来安全问题。微软公司在家庭安全设置中专门加入了家长控制功能,让家长对计算机的使用安全进行控制。

(1)添加用户账号。

Windows 7 可以对原有用户账号进行管理,还提供了用户账号新建功能,具体操作为:单击"开始"→"控制面板"选项,在如图 6-35 所示的"控制面板"窗口中选中"用户账户和家庭安全"下的"添加或删除用户账户"命令。

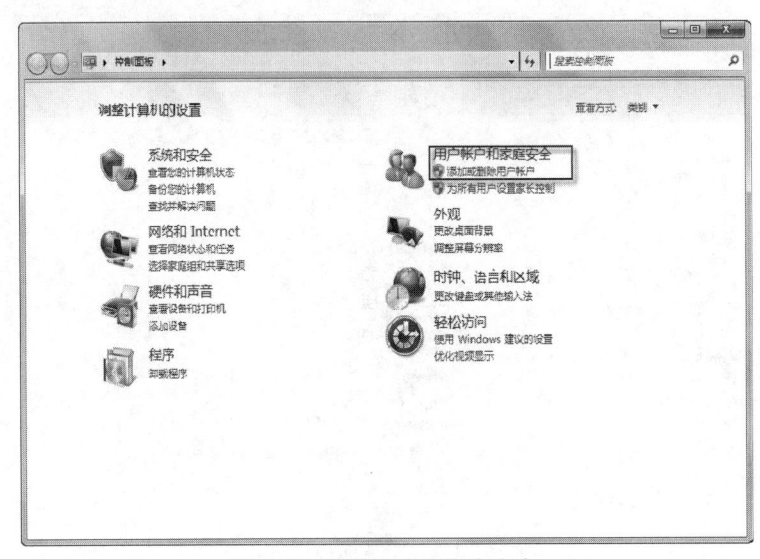

图 6-35 用户账户和家庭安全

在"管理账户"窗口中选择"创建一个新账户"命令,如图 6-36 所示,在"创建新账户"窗口中键入新账户名,根据图 6-37 所示选择所需创建用户的权限类型,最后单击"创建账户"按钮。

图 6-36 "管理账户"窗口

图 6-38 所示为创建用户名为 summer,权限类型选择为"标准用户"完成时的结果。

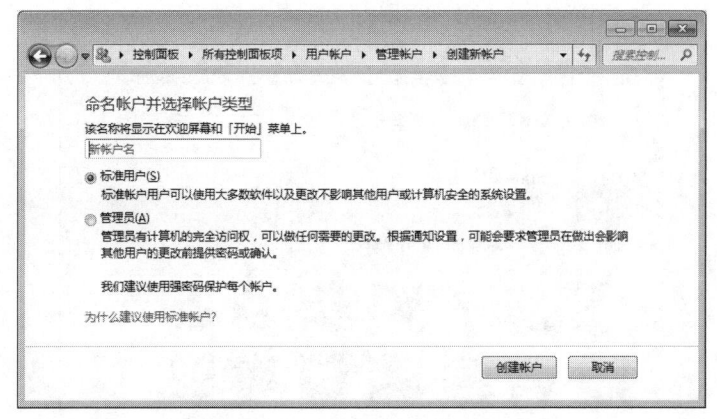

图 6-37　选择账户类型

图 6-38　用户账户创建成功

（2）用户账户设置。

新创建的用户账户是没有密码的，而且很多设置都是系统默认生成的，我们可以根据自己的喜好和需要进行设置，下面介绍更改用户图片和设置、修改、删除用户密码的操作。

1）更改用户图片。

在完成新账户创建的窗口中单击用户名或图标，在图 6-39 所示的"更改账户"窗口中选择"更改图片"命令，在图 6-40 所示的"选择图片"窗口中根据自己的需要选择系统自带的图片进行设置，也可以通过浏览更多图片来进行设置，最后单击"更改图片"按钮。

图 6-39　更改账户图片

图 6-40　选择图片

2）设置、修改、删除用户密码。

利用和修改图片相同的方法进入到"更改账户"窗口，选择"创建密码"命令，进入如图 6-41 所示的"创建密码"窗口，通过"新密码"和"确认新密码"文本框进行密码的设置，两次设置的密码必须相同。在输入完"键入密码提示"之后单击"创建密码"按钮。

图 6-41　创建密码

要完成密码修改和删除，那么之前用户账户必须已经设置了密码。修改密码和删除密码是通过"更改账户"窗口中的"更改密码"和"删除密码"命令实现的，方法和设置密码基本相同，这里不再详细介绍了。

3）删除用户账户。

当某个用户以后不再使用本系统时，则需要对相应的账户信息进行删除，具体方法为：在图 6-42 所示的"更改账户"窗口中选择"删除账户"命令，在图 6-43 所示的"删除账户"窗口中单击"删除文件"按钮，在图 6-44 所示的"确认删除"窗口中单击"删除账户"按钮。

图 6-42　更改账户

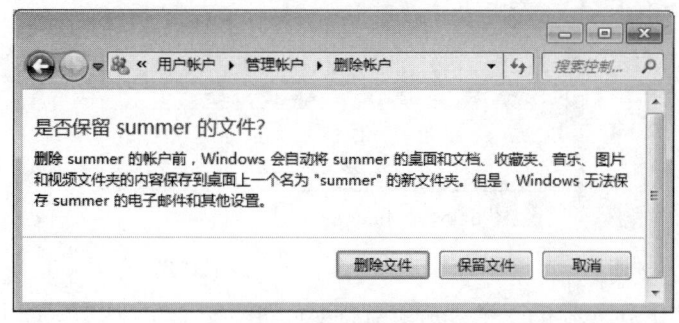

图 6-43　删除账户

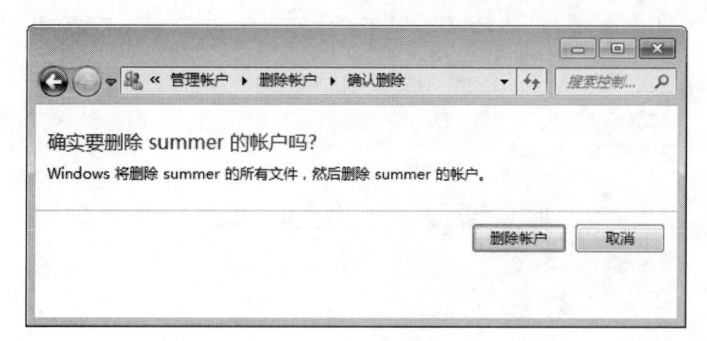

图 6-44　确认删除窗口

（3）家长控制功能。

家长控制功能能够让家长控制孩子对计算机的使用权限和使用情况。实现的方法为家长为管理员身份，可以限制一般标准用户使用计算机的时间、能玩的游戏和可以执行的程序。

2. 网络和 Internet

用户可以通过"网络和 Internet"项来对网络进行设置、查看网络情况，并且可以进行 Internet 项设置。对 Internet 进行相应的安全设置，可以帮助用户防范病毒和黑客的侵扰。

（1）更改主页。

操作系统提供了将用户常用的某网页设置为首页的功能，具体方法为：单击"开始"→

"控制面板"命令,选择"网络和 Internet"选项,再选择"Internet 选项",弹出如图 6-45 所示的"Internet 属性"对话框,在"常规"选项卡中的"主页"区域中的文本框中键入需要设置的主页的地址,单击"确定"按钮。

图 6-45 "Internet 属性"对话框

(2)设置安全级别。

用户可以设置 IE 浏览器的安全级别来提高浏览器的安全性,从而保证用户在进行 Internet 浏览时系统的安全。设置 IE 浏览器安全级别的具体操作如下:

1)单击"控制面板"中的"网络和 Internet"选项,再选择"Internet 选项",如图 6-46 所示。

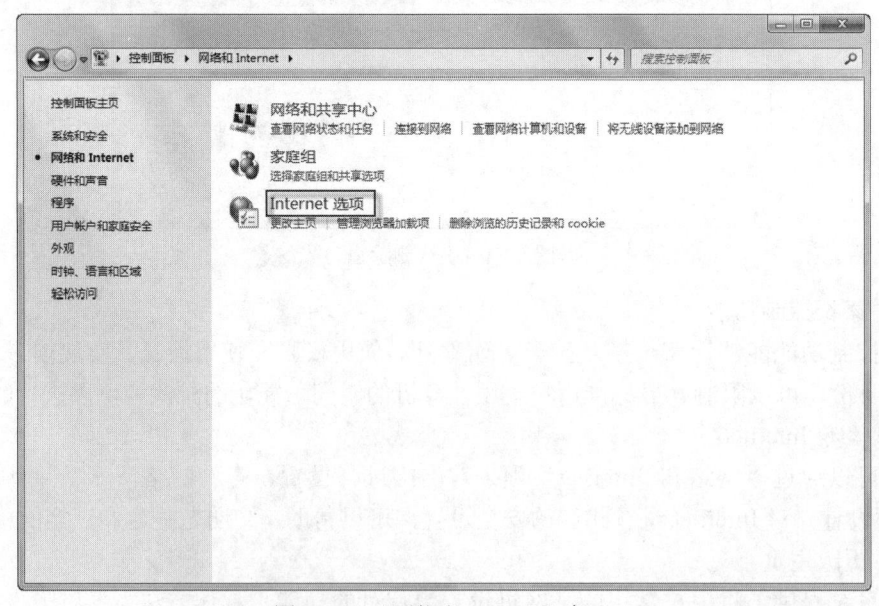

图 6-46 "网络和 Internet"窗口

2)弹出如图 6-47 所示的"Internet 属性"对话框,切换到"安全"选项卡。

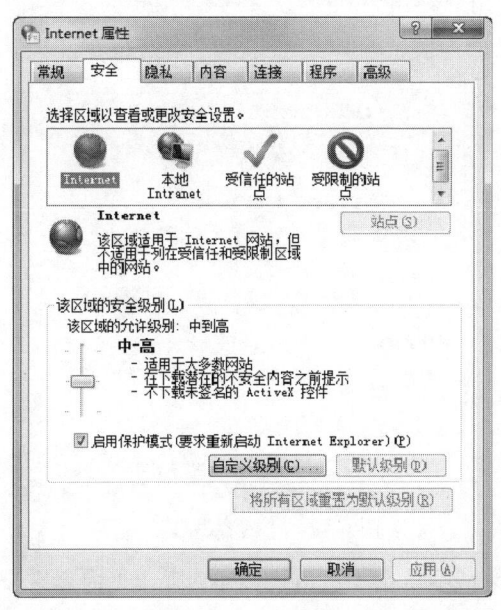

图 6-47 "Internet 属性"对话框的"安全"选项卡

3)在"选择区域以查看或更改安全设置"列表框中选择要设置的区域。选择 Internet 选项后,用户可以拖动"该区域的安全级别"框中的滑块来更改所选择的默认安全级别设置。当然,用户也可以根据自己的具体需要来自定义安全级别。单击"自定义级别"按钮,将会弹出如图 6-48 所示的"安全设置-Internet 区域"对话框,用户可以根据需要对"设置"列表框中的各个选项进行具体的设置。

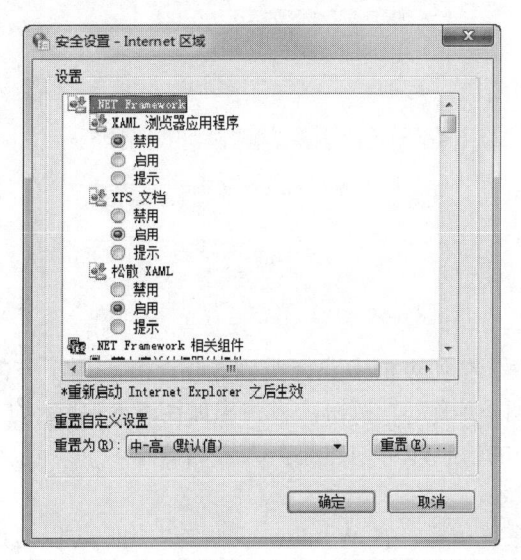

图 6-48 "安全设置 – Internet 区域"对话框

(3)设置信息限制。

用户可以利用 IE 8 中的信息限制屏蔽掉一些不安全和不健康的网站。按前面所述的方法打开"Internet 选项"对话框,切换到如图 6-49 所示的"内容"选项卡。

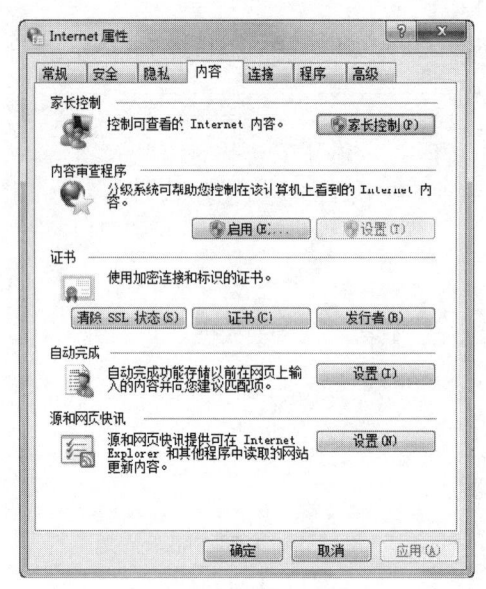

图 6-49 "内容"选项卡

在"内容审查程序"区域中单击"启用"按钮,弹出"内容审查程序"对话框,如图 6-50 所示。

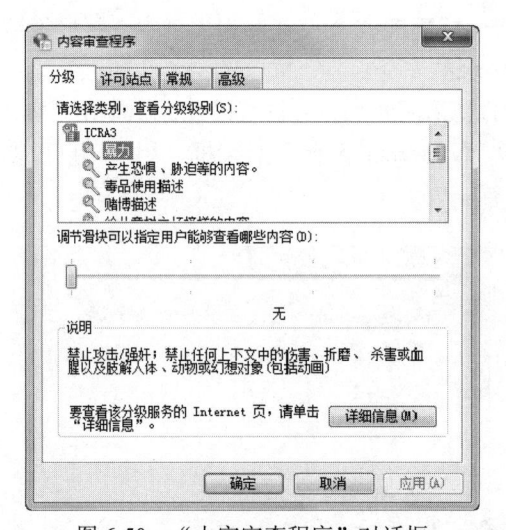

图 6-50 "内容审查程序"对话框

在"分级"选项卡中,在列表框中选择类别选项,并利用下方的滑块来指定用户能够查看的内容。设置完毕后单击"确定"按钮,将弹出如图 6-51 所示的"创建监护人密码"对话框,在文本框中填入相应的信息即可创建监护人密码信息。

3. 时钟、语言和区域

和以前的 Windows 系统一样,在 Windows 7 系统中用户可以通过图 6-52 所示的"时钟、语言和区域"窗口中的选项设置系统的时间和输入法等。

(1) 设置系统时间。

单击"设置时间和日期"选项,在如图 6-53 所示的"时间和日期"对话框中选择"时间和日期"选项卡,单击"更改时间和日期"按钮即可在图 6-54 所示的"日期和时间设置"

对话框中修改系统的时间和日期，也可以单击下方的"更改时区"按钮来改变所在的时区设置。

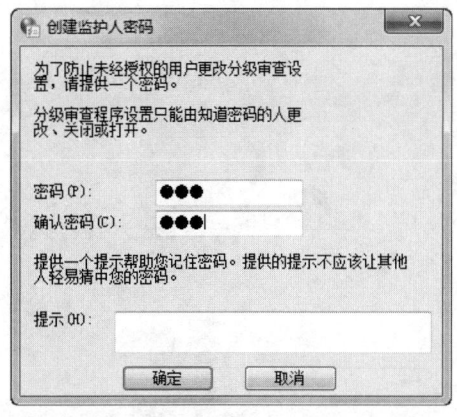

图 6-51　"创建监护人密码"对话框

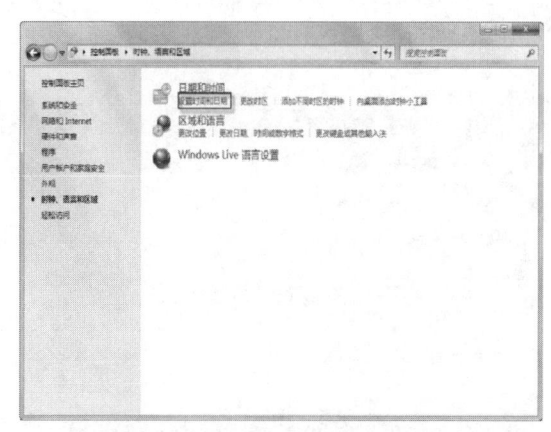

图 6-52　"时钟、语言和区域"窗口

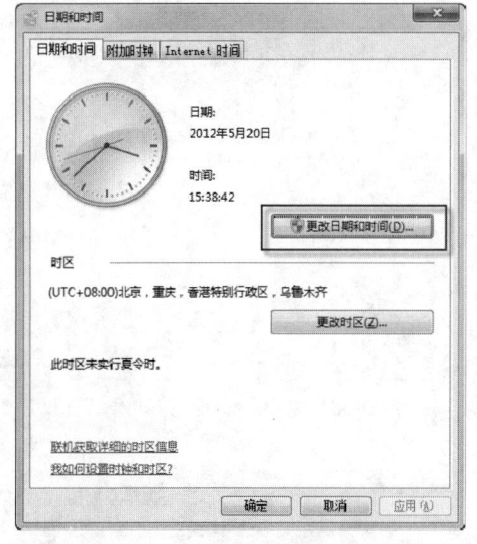

图 6-53　"日期和时间"对话框

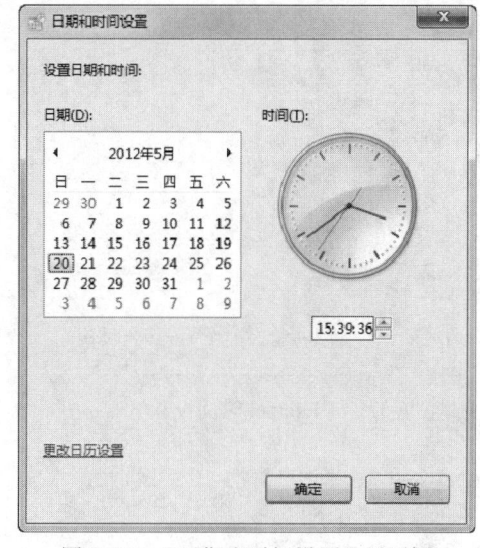

图 6-54　"日期和时间设置"对话框

此外，在"日期和时间"对话框中 Windows 7 系统还有如图 6-55 所示的"附加时钟"和如图 6-56 所示的"Internet 时间"两个选项卡。

"附加时钟"选项卡可让用户增加多个时钟，而"Internet 时间"选项卡能帮助用户将计算机设置为自动与 Internet 上的报时网站链接，同步时间，"Internet 时间设置"对话框如图 6-57 所示。

（2）设置输入法。

在"时钟、语言和区域"窗口中，不仅可以设置系统中日期和时间的格式，也可以对输入法进行相关的设置。具体操作方法为：在图 6-58 中单击"更改键盘或其他输入法"选项，弹出如图 6-59 所示的"区域和语言"对话框；单击"键盘和语言"选项卡，再单击"更改键盘"按钮，打开图 6-60 所示的"文本服务和输入语言"对话框，在"常规"选项卡中对输入法进行添加、删除等操作。

图 6-55 "附加时钟"选项卡

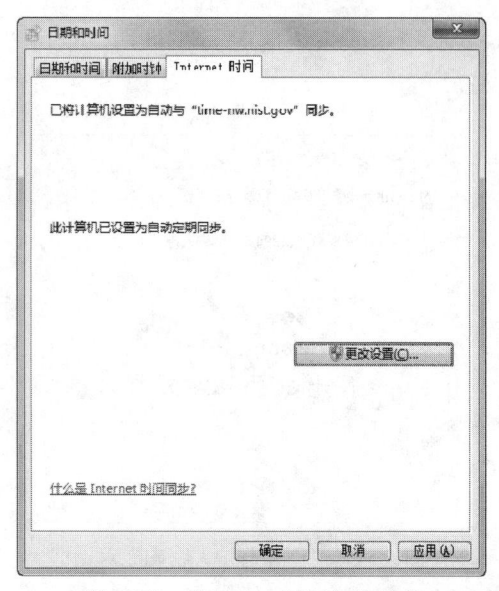

图 6-56 "Internet 时间"选项卡

图 6-57 "Internet 时间设置"对话框

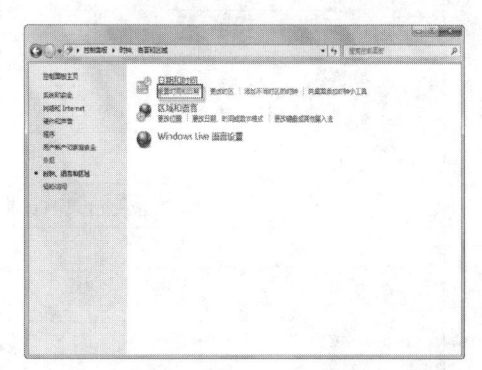

图 6-58 "时钟、语言和区域"窗口

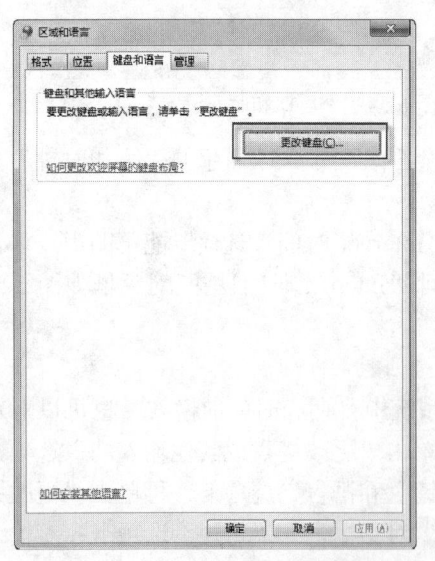

图 6-59 "区域和语言"对话框

图 6-60 "文本服务和输入语言"对话框

在"高级键设置"选项卡中可以更改输入法打开和切换的快捷键,如图 6-61 所示。

图 6-61 "高级键设置"选项卡

(3) 设置桌面时钟工具。

除了基本的设置外,Windows 7 系统还为用户设计了许多桌面小程序供用户选择使用。在图 6-62 所示的窗口中,单击"向桌面添加时钟小工具"可以设置桌面工具。

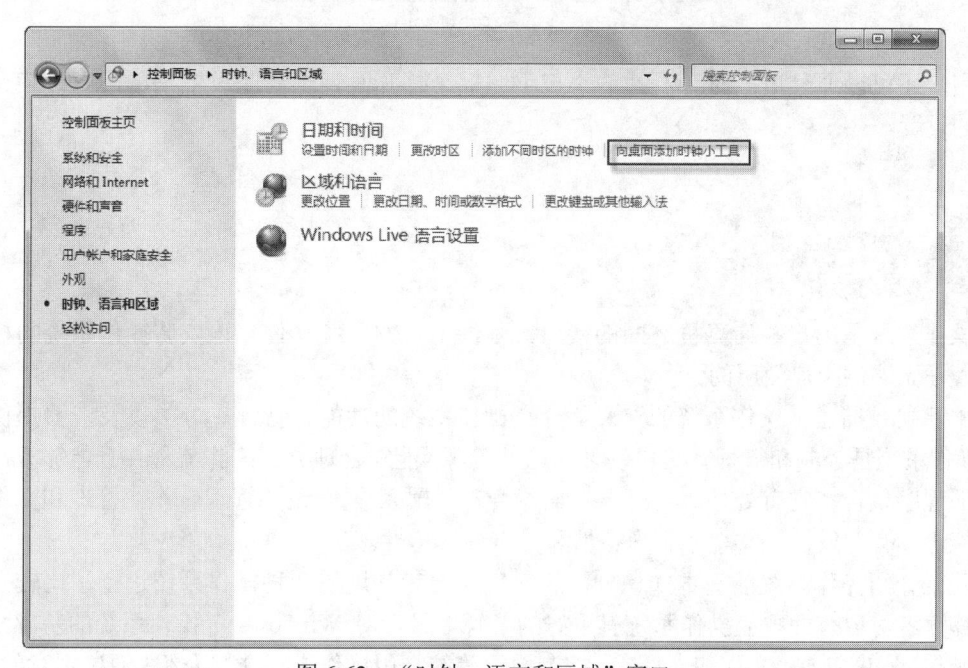

图 6-62 "时钟、语言和区域"窗口

在打开的如图 6-63 所示的对话框中列出了 Windows 7 系统所提供的一些桌面小工具,用户选择并双击相应的工具图标即可在桌面上添加相应的小工具。例如,双击时钟工具,就能在桌面上添加一个时钟的工具,如图 6-64 所示,能更为直观地显示系统时间。

图 6-63　显示桌面小工具

图 6-64　桌面显示时钟

用户还可以通过单击时钟右边的小扳手图标来打开时钟工具的设置菜单，对该工具进行相应的设置。

本章小结

操作系统是用户和计算机之间的接口，是最重要的系统软件。未安装操作系统的机器叫裸机，是无法供用户使用的。

本章主要描述了操作系统的定义，介绍操作系统的功能、特性、分类以及能够提供的服务。操作系统是控制和管理计算机硬件和软件资源，能够合理分配工作流程并且能够方便用户使用的程序集合。它有处理机管理、存储器管理、输入/输出设备管理、作业管理和文件管理等功能，具有并发性、共享性、虚拟性和异步性等特性。

除了介绍操作系统的基本知识外，还对现在比较常用的几种操作系统进行了比较介绍，力求让读者对现有的主流操作系统有更好的了解。最后对 Windows 7 操作系统的基础知识、基本操作、程序管理、文件和文件夹、控制面板等的常用操作进行详细介绍。通过本章的学习，掌握 Windows 7 操作系统的基本使用方法。

第 7 章　文字处理软件 Word 2010

学习目标

- 掌握 Word 的启动、退出及窗口组成。
- 掌握 Word 文档的建立、保存、打开；熟悉视图及其特点；了解屏幕拆分、显示/隐藏编辑标记的方法。
- 掌握 Word 文档的基本编辑、文档美化及排版、页面设置、查找与替换、拼写和语法检查；了解样式和模板。
- 掌握表格的创建方法、表格数据的输入与表格选定、熟练掌握表格的编辑、数据计算与排序。
- 掌握图形的绘制与编辑；熟练掌握剪贴画、图片、艺术字、文本框的插入、编辑、环绕方式设置、格式设置和图文混排。

本章将具体介绍 Word 2010 的基本操作、文档的编辑排版、图形对象的使用、表格及其他高级功能，注重理论与实际相结合，强化计算机应用技能。

7.1　Word 2010 概述

安装 Office 2010 是使用办公软件的基础，掌握 Office 办公软件的基础操作并对工作界面进行自定义设置有助于在今后的实际操作中提高工作效率。本节先来介绍如何安装 Office 2010，然后介绍 Office 2010 的启动、退出等基本操作，并学习自定义办公软件工作界面的方法。

7.1.1　Office 2010 系列组件

Office 2010 提供了一套完整的办公工具，其拥有的强大功能使它几乎涉及电脑办公的各个领域，主要包括 Word、Excel、PowerPoint、Access 和 Outlook 等多个实用组件，用于制作具有专业水准的文档、电子表格和演示文稿以及进行数据库的管理和邮件的收发等操作。

（1）文字编排软件——Word 2010。

Word 2010 用于制作和编辑办公文档，通过它不仅可以进行文字的输入、编辑、排版和打印，还可以制作出各种图文并茂的办公文档和商业文档。使用 Word 2010 自带的各种模板可以快速地创建和编辑各种专业文档，如图 7-1 所示。

（2）数据处理软件——Excel 2010。

Excel 2010 用于创建和维护电子表格，通过它不仅可以方便地制作出各种各样的电子表格，还可以对其中的数据进行计算、统计等操作，甚至能将表格中的数据转换为各种可视性图表显示或打印出来，方便对数据进行统计和分析，如图 7-2 所示。

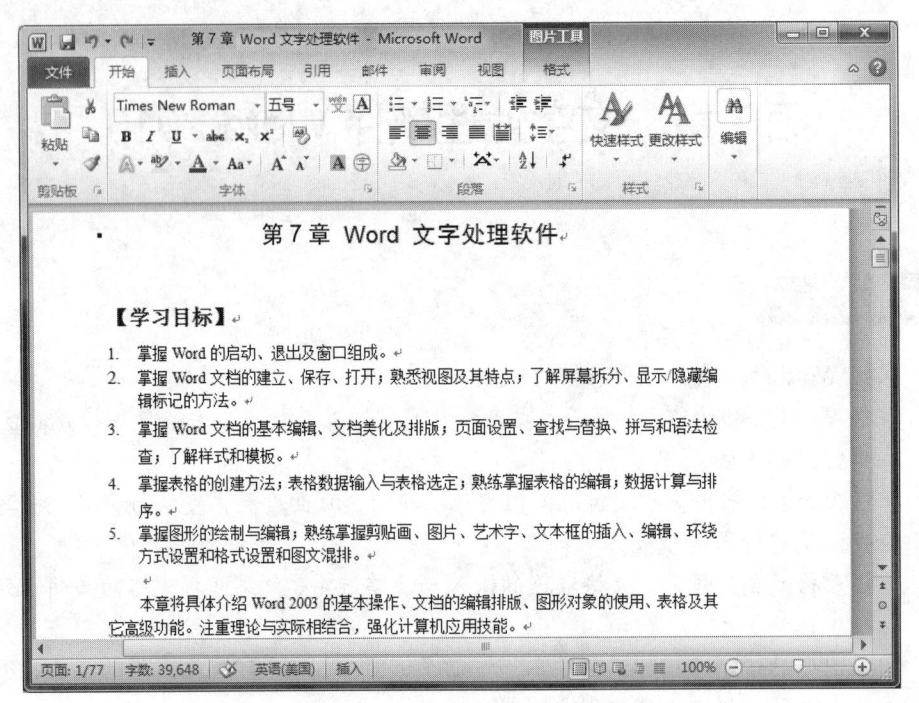

图 7-1 Word 2010 工作界面

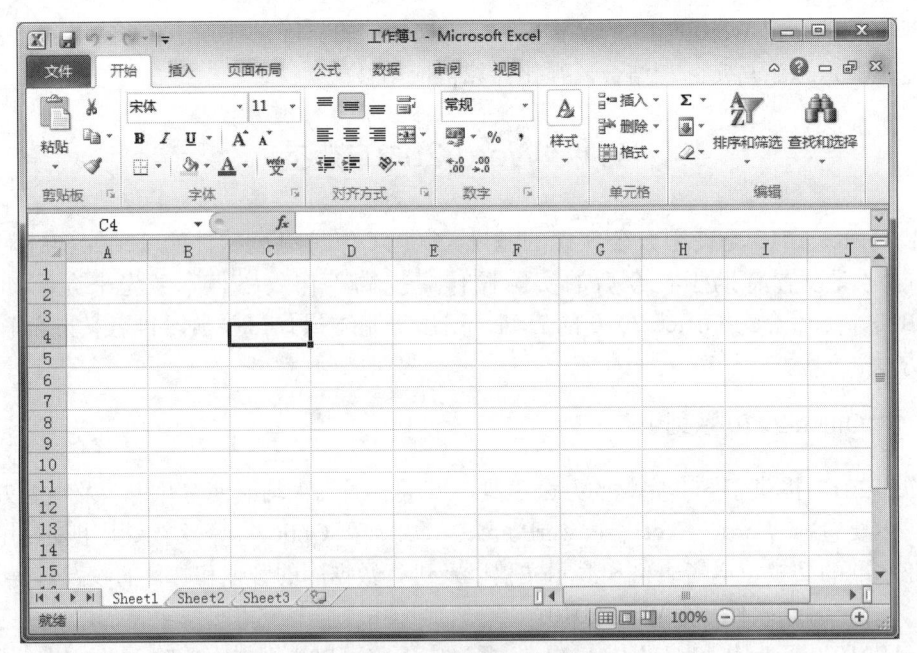

图 7-2 Excel 2010 工作界面

（3）演示文稿制作软件——PowerPoint 2010。

PowerPoint 2010 是一个制作专业幻灯片且拥有强大制作和播放控制功能的软件，用于制作和放映演示文稿，利用它可以制作产品宣传片、课件等资料。在其中不仅可以输入文字、插入表格和图片、添加多媒体文件，还可以设置幻灯片的动画效果和放映方式，制作出内容丰富、有声有色的幻灯片，如图 7-3 所示。

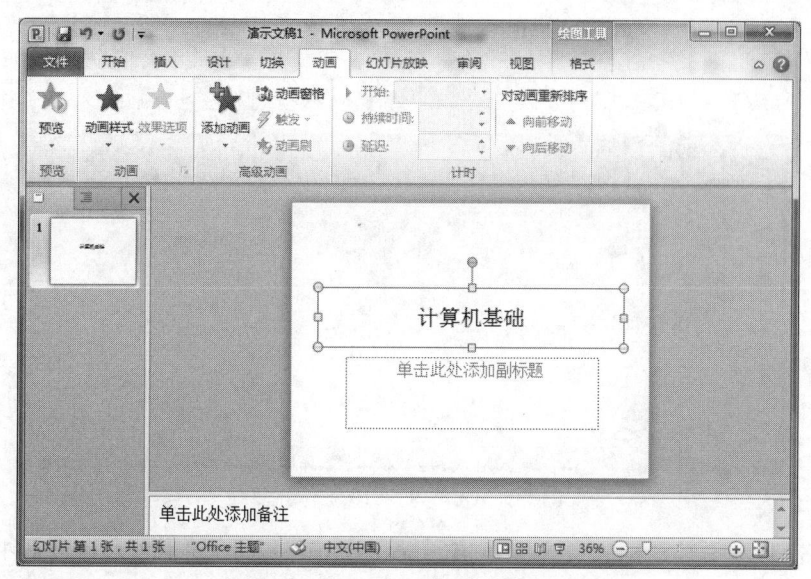

图 7-3　PowerPoint 2010 工作界面

（4）数据库管理软件——Access 2010。

Access 2010 是一个设计和管理数据库的办公软件，通过它不仅能方便地在数据库中添加、修改、查询、删除和保存数据，还能根据数据库的输入界面进行设计并生成报表，而且还支持 SQL 指令，如图 7-4 所示。

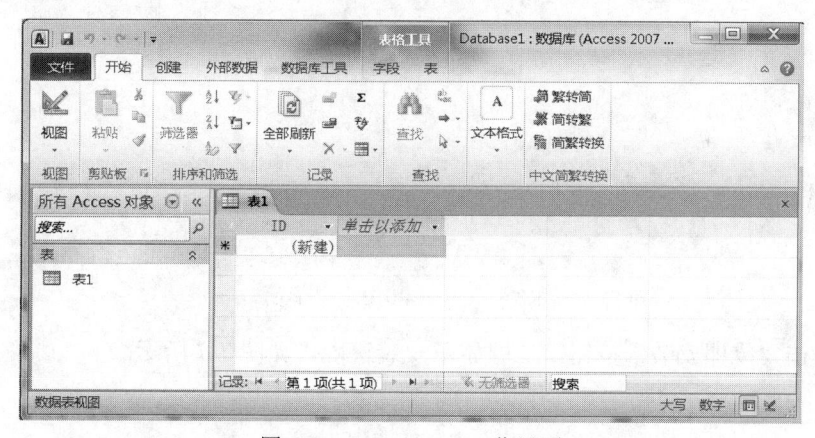

图 7-4　Access 2010 工作界面

（5）日常事务处理软件——Outlook 2010。

Outlook 2010 是 Office 办公中的小秘书，通过它可以管理电子邮件、约会、联系人、任务和文件等个人及商务方面的信息。通过使用电子邮件、小组日程安排和公用文件夹等还可以与小组共享信息，如图 7-5 所示。

7.1.2　Office 2010 的安装与卸载

1．安装 Office 2010

安装 Office 2010 与安装一般的程序差不多，双击其安装文件后即可根据向导提示进行安装，可以选择安装所有组件，也可以自定义安装自己需要的组件。

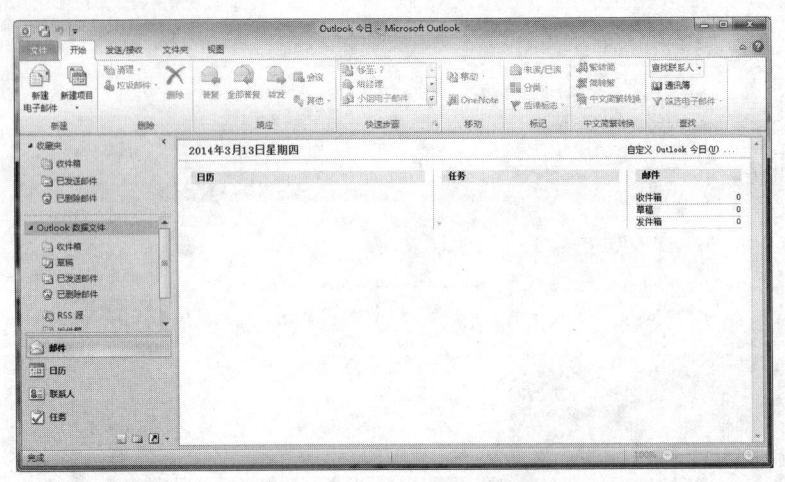

图 7-5　Outlook 2010 工作界面

（1）双击自动安装图标，系统打开 Microsoft Office 2010 对话框，可以从中选择"立即安装"或"自定义"安装，如图 7-6 所示。

图 7-6　Office 2010 安装界面

（2）单击"立即安装"按钮，立即显示安装进度，如图 7-7 所示。

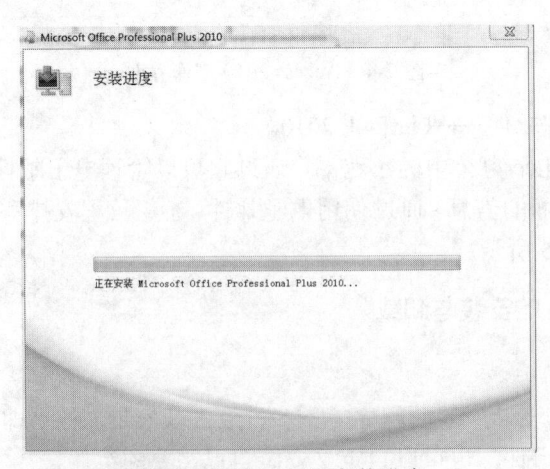

图 7-7　Office 2010 安装进度

(3）安装完毕，显示如图 7-8 所示，单击"关闭"按钮完成安装。

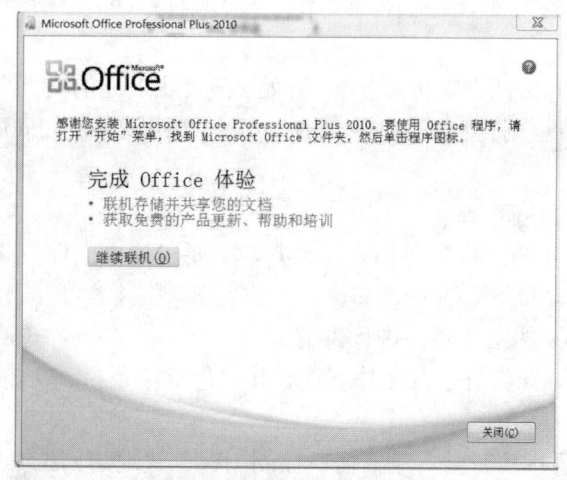

图 7-8　Office 2010 安装完成

2. 卸载 Office 2010

在使用 Office 2010 的过程中，如果软件出现问题，可将其卸载后重新安装。卸载方法为：选择"开始"→"控制面板"命令，出现如图 7-9 所示的界面，在其中单击"程序（卸载程序）"图标，在弹出的对话框中选中"删除"单选按钮后单击"确定"按钮，在弹出的提示对话框中单击"是"按钮执行卸载软件的操作，在卸载软件的过程中会出现显示卸载进度的界面，完成卸载后需要重启计算机。也可以在打开的"添加或删除程序"对话框的"当前安装的程序"列表框中选择 Microsoft Office Professional Plus 2010 选项后单击"删除"按钮直接卸载 Office 2010。

图 7-9　卸载 Office 2010 界面

7.1.3　认识 Office 2010

Office 2010 安装完毕后即可使用其中的各个组件。在使用前应先熟悉其启动和退出方法并了解其工作界面中各个部分的功能。

1. 启动 Office 2010

在 Windows 操作系统中启动 Office 2010 的方法与启动其他软件的方法一样，可以通过"所有程序"、"我最近的文档"和双击 Office 相关文档启动。
- 通过"所有程序"启动：选择"开始"→"所有程序"→Microsoft Office→要启动的 Office 程序。
- 通过"我最近的文档"启动：选择"开始"→"我最近的文档"→最近使用过的文档。
- 双击文档启动：在打开的窗口中双击 Office 文档图标，如.docx、.mdb、.ppt 等类型的文档图标。

2. Office 2010 工作界面

Office 2010 中各组件的工作界面都大同小异，主要包括"文件"菜单、快速访问工具栏、标题栏、功能选项卡、功能区、文档编辑区、状态栏和视图栏等几部分。

本章先对 Word 2010 的工作界面进行讲解。

启动 Word 2010 后，即打开了其工作界面，其中包括标题栏、功能选项卡、文档编辑区和状态栏等组成部分。

（1）标题栏。标题栏从左至右包括窗口控制图标、快速访问工具栏、标题显示区和窗口控制按钮。窗口控制图标和控制按钮都用于控制窗口的最大化、最小化和关闭等状态；标题显示区用于显示当前文件的名称信息；快速访问工具栏用于快速实现保存、打开等使用频率较高的操作。

（2）功能选项卡。作用是分组显示不同的功能集合。选择某个选项卡，其中包含了多种相关的操作命令或按钮。

（3）文档编辑区。用于对文档进行各种编辑操作，是 Word 2010 最重要的组成部分之一。该区域中闪烁的短竖线便是文本插入点。

（4）状态栏。状态栏左侧显示当前文档的页数/总页数、字数、当前输入语言、输入状态等信息；中间的 4 个按钮用于调整视图方式；右侧的滑块用于调整显示比例，如图 7-10 所示。

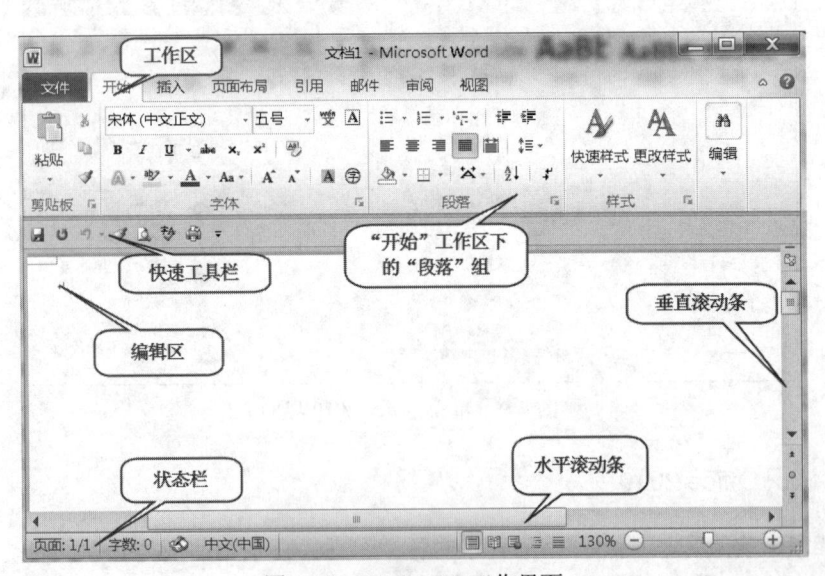

图 7-10 Word 2010 工作界面

3. 调整 Office 2010 的工作界面

完成安装后，Office 2010 中的各组件在启动后展示的是默认工作界面，用户可以根据自己的习惯自定义工作界面，下面以 Word 2010 为例进行讲解。

（1）启动 Word 2010，在快速访问工具栏中右击，在弹出的快捷菜单中选择"自定义快速访问工具栏"命令。

（2）在弹出的"Word 选项"对话框中默认选择"快速访问工具栏"选项卡，在左侧的列表框中选择"打印预览和打印"命令，单击"添加"按钮，在右侧列表框中显示出添加的命令，按照同样的方法添加"打开最近使用过的文件"命令。

（3）单击"确定"按钮返回到工作界面，在快速访问工具栏中即可看到添加的命令按钮。

（4）在快速访问工具栏中右击，在弹出的快捷菜单中选择"功能区最小化"命令，在 Word 的工作界面中可以看到功能区中只显示出各个选项卡的名称，其中的各个命令已经被隐藏起来。

4. 退出 Office 2010

退出 Office 2010 的方法较多，仍以 Word 2010 为例，常用的有以下几种：
- 单击 Word 2010 工作界面右上角的"关闭"按钮。
- 在 Word 2010 工作界面的左上方选择"文件"选项卡，然后选择"退出"命令。
- 在任务栏的 Word 2010 缩略图上右击，在弹出的快捷菜单中选择"关闭所有窗口"命令。
- 单击 Word 2010 工作界面左上角的控制图标，在弹出的下拉菜单中选择"关闭"命令。

7.1.4　Word 2010 的特色

Word 的最初版本是由 Richard Brodie 为运行 DOS 的 IBM 计算机而在 1983 年编写的。随后的版本可运行于 Apple Macintosh（1984 年）、SCO UNIX 和 Microsoft Windows（1989 年），并成为 Microsoft Office 的一部分，目前 Word 的最新版本是 Word 2010，于 2010 年 6 月 18 日上市。

Microsoft Word 2010 提供了非常出色的功能，可创建专业水准的文档，您可以更加轻松地与他人协同工作并可在任何地点访问您的文件。

Word 2010 旨在提供最上乘的文档格式设置工具，利用它还可更轻松、高效地组织和编写文档，并使这些文档唾手可得，无论何时何地灵感迸发，都可用它捕获这些灵感。

（1）改进的搜索与导航体验。

在 Word 2010 中，可以更加迅速、轻松地查找所需的信息。利用改进的新"查找"体验，可以在单个窗格中查看搜索结果的摘要，单击以访问任何单独的结果。改进的导航窗格会提供文档的直观大纲，便于对所需的内容进行快速浏览、排序和查找。

（2）与他人协同工作，而不必排队等候。

Word 2010 重新定义了人们针对某个文档协同工作的方式。利用共同创作功能，可以在编辑论文的同时与他人分享您的观点。也可以查看正与您一起创作文档的他人的状态，并在不退出 Word 的情况下轻松发起会话。

（3）几乎可从任何位置访问和共享文档。

在线发布文档，然后通过任何一台计算机或您的 Windows 电话对文档进行访问、查看和编辑。借助 Word 2010，可以从多个位置使用多种设备来尽情体验非凡的文档操作过程。
- Microsoft Word Web App。当离开办公室、出门在外或离开学校时，可利用 Web 浏览器来编辑文档，同时不影响查看体验的质量。

- Microsoft Word Mobile 2010。利用专门适合 Windows 电话的移动版本的增强型 Word，保持更新并在必要时立即采取行动。

（4）向文本添加视觉效果。

利用 Word 2010，可以像应用粗体和下划线那样将诸如阴影、凹凸、发光、映像等格式效果轻松应用到文档文本中，可以对使用了可视化效果的文本执行拼写检查，并将文本效果添加到段落样式中。现在可将很多用于图像的相同效果同时用于文本和形状中，从而能够无缝地协调全部内容。

（5）将文本转换为醒目的图表。

Word 2010 提供用于使文档增加视觉效果的更多选项。从众多的附加 SmartArt® 图形中进行选择，从而只需键入项目符号列表，即可构建精彩的图表。使用 SmartArt 可将基本的要点句文本转换为引人入胜的视觉画面，以更好地阐释您的观点。

（6）为您的文档增加视觉冲击力。

利用 Word 2010 中提供的新型图片编辑工具，可在不使用其他照片编辑软件的情况下添加特殊的图片效果。可以利用色彩饱和度和色温控件来轻松调整图片，还可以利用改进工具更轻松精确地对图像进行裁剪和更正，从而帮助您将一个简单的文档转化为一件艺术作品。

（7）恢复您认为已丢失的工作。

在某个文档上工作一段时间之后，是否在未保存的情况下意外地将其关闭了？没关系，利用 Word 2010 可以像打开任何文件那样轻松恢复最近所编辑文件的草稿版本，即使从未保存过该文档也是如此。

（8）跨越沟通障碍。

Word 2010 有助于您跨不同语言进行有效的工作和交流：比以往更轻松地翻译某个单词、词组或文档；针对屏幕提示、帮助内容和显示，分别对语言进行不同的设置；利用英语文本到语音转换播放功能，为以英语为第二语言的用户提供额外的帮助。

（9）将屏幕截图插入到文档中。

直接从 Word 2010 中捕获和插入屏幕截图，以快速、轻松地将视觉插图纳入到您的工作中。如果使用已启用 Tablet 的设备（如 Tablet PC 或 Wacom Tablet），则经过改进的工具使设置墨迹格式与设置形状格式一样轻松。

（10）利用增强的用户体验完成更多工作。

Word 2010 可简化功能的访问方式。新的 Microsoft Office Backstage 视图将替代传统的"文件"菜单，从而只需单击几次鼠标即可保存、共享、打印和发布文档。利用改进的功能区，可以更快速地访问您的常用命令，方法为：自定义选项卡或创建您自己的选项卡，从而使您的工作风格体现出您的个性化经验。

7.1.5 Word 2010 功能区简介

Microsoft Word 从 2007 升级到 2010，最显著的变化就是使用"文件"按钮代替了 Office 按钮，使用户更容易从 Word 2003 和 Word 2000 等旧版本中转移。另外，Word 2010 取消了传统的菜单操作方式，而代之以各种功能区。在 Word 2010 窗口上方看起来像菜单的名称其实是功能区的名称，当单击这些名称时并不会打开菜单，而是切换到与之相对应的功能区面板，每个功能区根据功能的不同又分为若干个组。

1. "开始"功能区

"开始"功能区中包括剪贴板、字体、段落、样式和编辑 5 个组,对应 Word 2003 中"编辑"和"段落"菜单的部分命令,主要用于帮助用户对 Word 2010 文档进行文字编辑和格式设置,是用户最常用的功能区,如图 7-11 所示。

图 7-11 "开始"功能区

2. "插入"功能区

"插入"功能区包括页、表格、插图、链接、页眉和页脚、文本、符号 7 个组,对应 Word 2003 中"插入"菜单的部分命令,主要用于在 Word 2010 文档中插入各种元素,如图 7-12 所示。

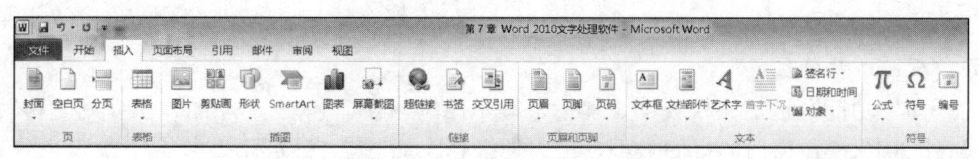

图 7-12 "插入"功能区

3. "页面布局"功能区

"页面布局"功能区包括主题、页面设置、稿纸、页面背景、段落、排列 6 个组,对应 Word 2003 中"页面设置"和"段落"菜单的部分命令,用于帮助用户设置 Word 2010 文档的页面样式,如图 7-13 所示。

图 7-13 "页面布局"功能区

4. "引用"功能区

"引用"功能区包括目录、脚注、引文与书目、题注、索引和引文目录 6 个组,用于实现在 Word 2010 文档中插入目录等比较高级的功能,如图 7-14 所示。

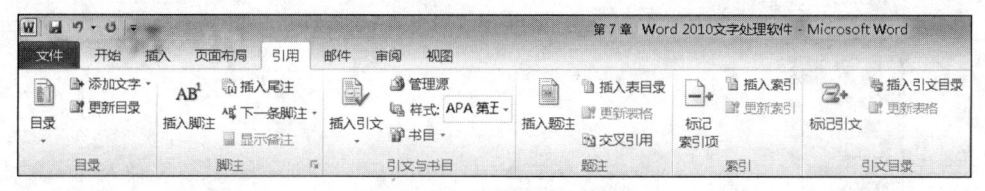

图 7-14 "引用"功能区

5. "邮件"功能区

"邮件"功能区包括创建、开始邮件合并、编写和插入域、预览结果和完成 5 个组,该功能区的作用比较专一,专门用于在 Word 2010 文档中进行邮件合并方面的操作,如图 7-15 所示。

图 7-15 "邮件"功能区

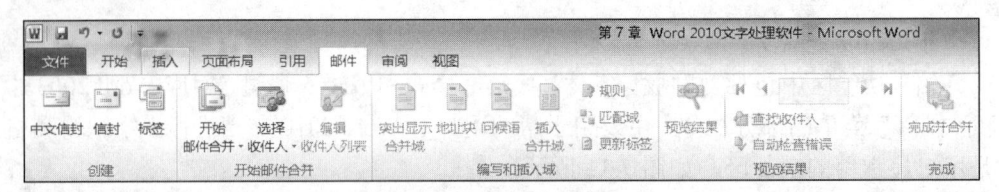

6. "审阅"功能区

"审阅"功能区包括校对、语言、中文简繁转换、批注、修订、更改、比较和保护 8 个组，主要用于对 Word 2010 文档进行校对和修订等操作，适用于多人协作处理 Word 2010 长文档，如图 7-16 所示。

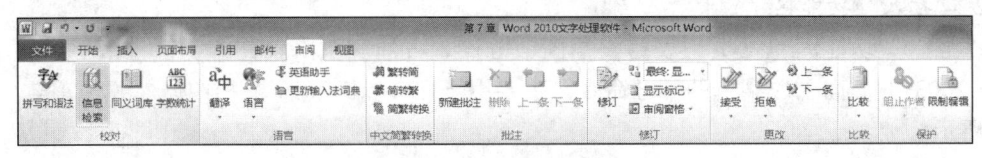

图 7-16 "审阅"功能区

7. "视图"功能区

"视图"功能区包括文档视图、显示、显示比例、窗口和宏 5 个组，主要用于帮助用户设置 Word 2010 操作窗口的视图类型，以方便操作，如图 7-17 所示。

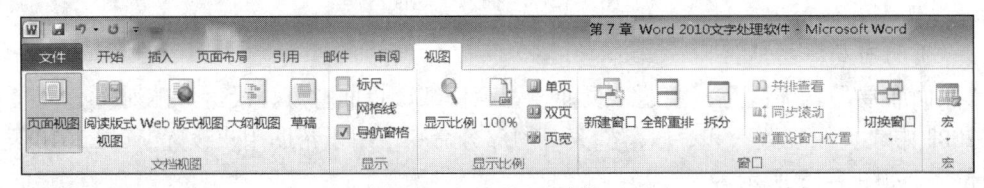

图 7-17 "视图"功能区

8. 在 Word 2010 的"快速访问工具栏"中添加常用命令

Word 2010 文档窗口中的"快速访问工具栏"用于放置命令按钮，使用户快速启动经常使用的命令。默认情况下，"快速访问工具栏"中只有数量较少的命令，用户可以根据需要添加多个自定义命令，操作步骤如下：

（1）打开 Word 2010 文档窗口，单击"文件"→"选项"命令，如图 7-18 所示。

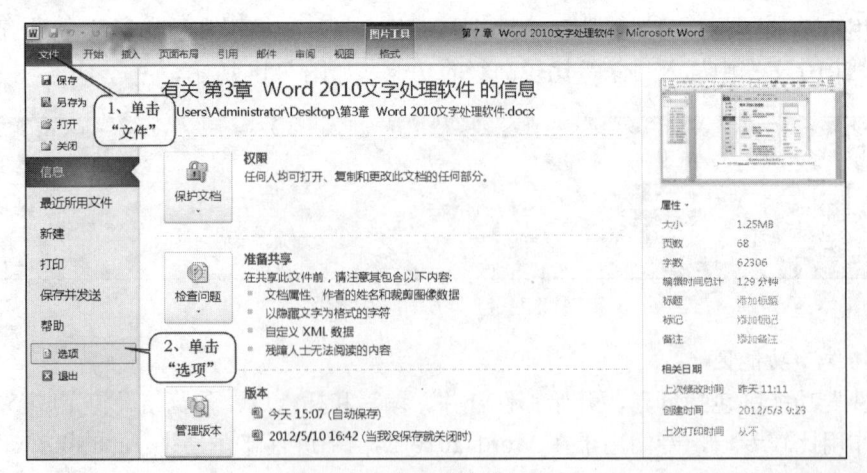

图 7-18 单击"选项"命令

（2）在弹出的"Word 选项"对话框中切换到"快速访问工具栏"选项卡，在"从下列位置选择命令"列表框中单击需要添加的命令，再单击"添加"按钮，如图 7-19 所示。

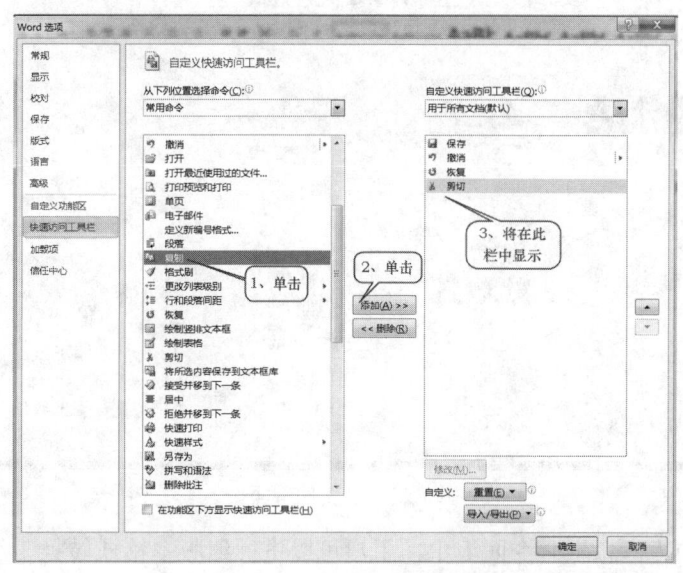

图 7-19　选择添加的命令

（3）重复（2）可以向 Word 2010 快速访问工具栏中添加多个命令，单击"重置"按钮并选择"仅重置快速访问工具栏"选项可将"快速访问工具栏"恢复到原始状态，如图 7-20 所示。

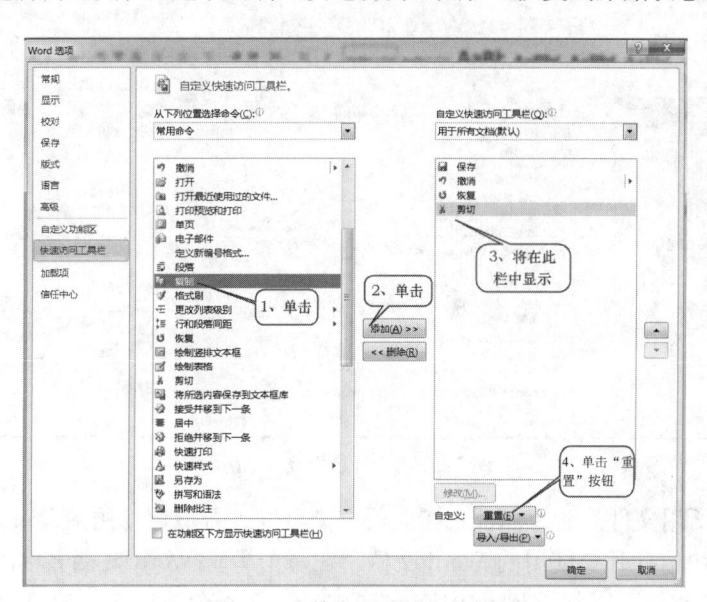

图 7-20　单击"重置"按钮

9．全面了解 Word 2010 中的"文件"按钮

相对于 Word 2007 中的 Office 按钮，Word 2010 中的"文件"按钮更有利于 Word 2003 用户快速迁移到 Word 2010。"文件"按钮是一个类似于菜单的按钮，位于 Word 2010 窗口的左上角。单击"文件"按钮可以打开"文件"面板，包含"信息"、"最近所用文件"、"新建"、"打印"、"保存并发送"、"打开"、"关闭"、"保存"等常用命令，如图 7-21 所示。

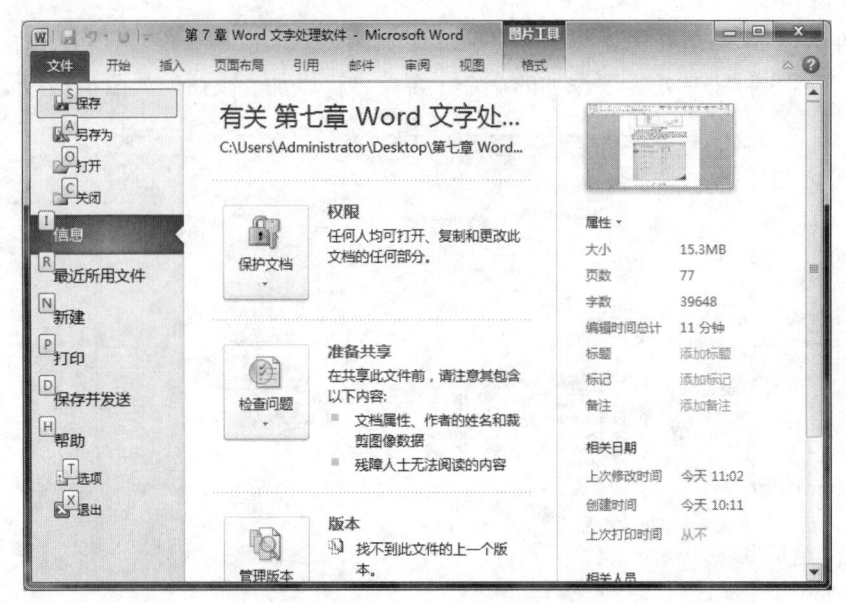

图 7-21 "文件"面板

在默认打开的"信息"命令面板中,用户可以进行旧版本格式转换、保护文档(包含设置Word文档密码)、检查问题和管理自动保存的版本,如图 7-22 所示。

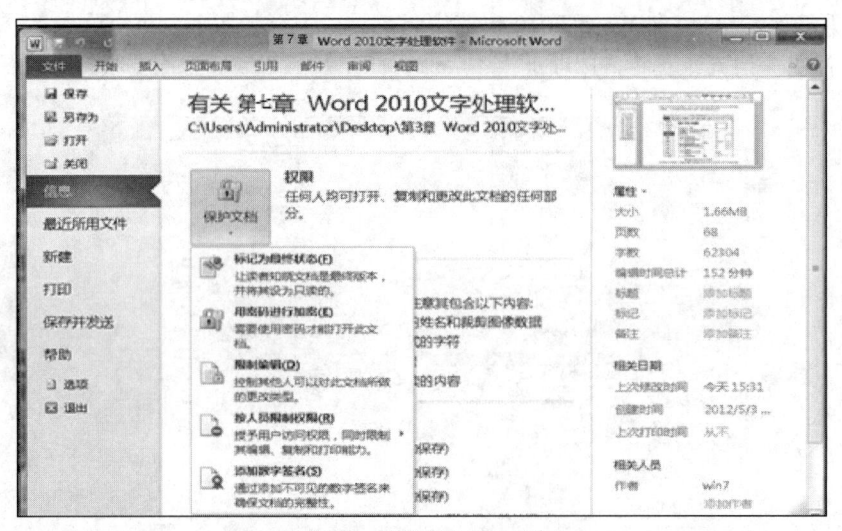

图 7-22 "信息"命令面板

打开"最近所用文件"命令面板,在面板右侧可以查看最近使用的 Word 文档列表,用户可以通过该面板快速打开要使用的 Word 文档。在每个历史 Word 文档名称的右侧都含有一个固定按钮,单击该按钮可以将该记录固定在当前位置,而不会被后续历史 Word 文档名称替换,如图 7-23 所示。

打开"新建"命令面板,用户可以看到丰富的 Word 2010 文档类型,包括"空白文档"、"博客文章"、"书法字帖"等 Word 2010 内置的文档类型。用户还可以通过 Office.com 提供的模板新建诸如"会议日程"、"证书"、"奖状"、"小册子"等实用的 Word 文档,如图 7-24 所示。

打开"打印"命令面板,在其中可以详细设置多种打印参数,如双面打印、打印页码等,从而有效地控制 Word 2010 文档的打印结果,如图 7-25 所示。

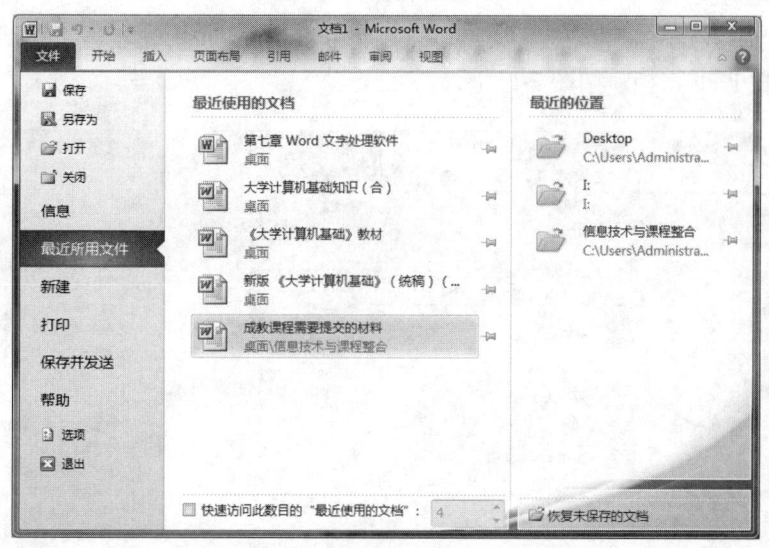

图 7-23 "最近所用文件"命令面板

图 7-24 "新建"命令面板

图 7-25 "打印"命令面板

打开"保存并发送"命令面板,用户可以在其中将 Word 2010 文档发布为博客文章、发送电子邮件或创建 PDF 文档,如图 7-26 所示。

图 7-26 "保存并发送"命令面板

选择"文件"面板中的"选项"命令可以打开"Word 选项"对话框,在其中可以开启或关闭 Word 2010 中的许多功能或设置参数,如图 7-27 所示。

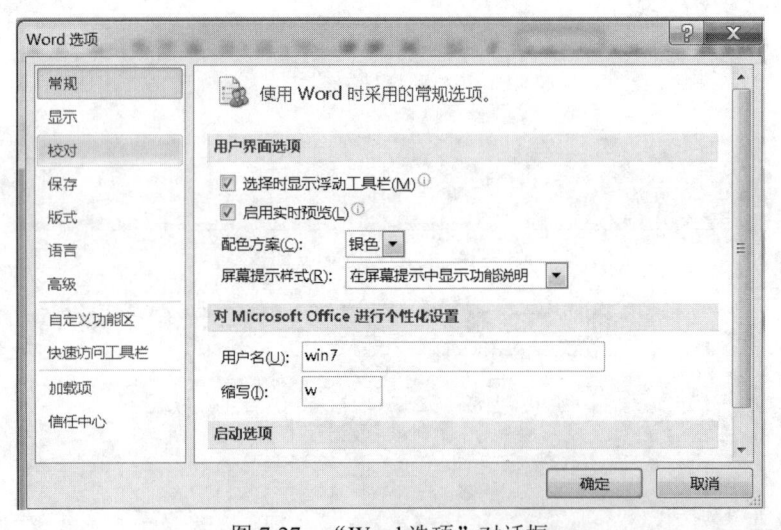

图 7-27 "Word 选项"对话框

10. 在 Word 2010 中显示或隐藏标尺、网格线和导航窗格

在 Word 2010 文档窗口中,用户可以根据需要显示或隐藏标尺、网格线和导航窗格。在"视图"功能区的"显示"分组中选中或取消相应的复选框可以显示或隐藏对应的项目。

(1) 显示或隐藏标尺。

"标尺"包括水平标尺和垂直标尺,用于显示 Word 2010 文档的页边距、段落缩进、制表符等。选中或取消"标尺"复选框可以显示或隐藏标尺,如图 7-28 所示。

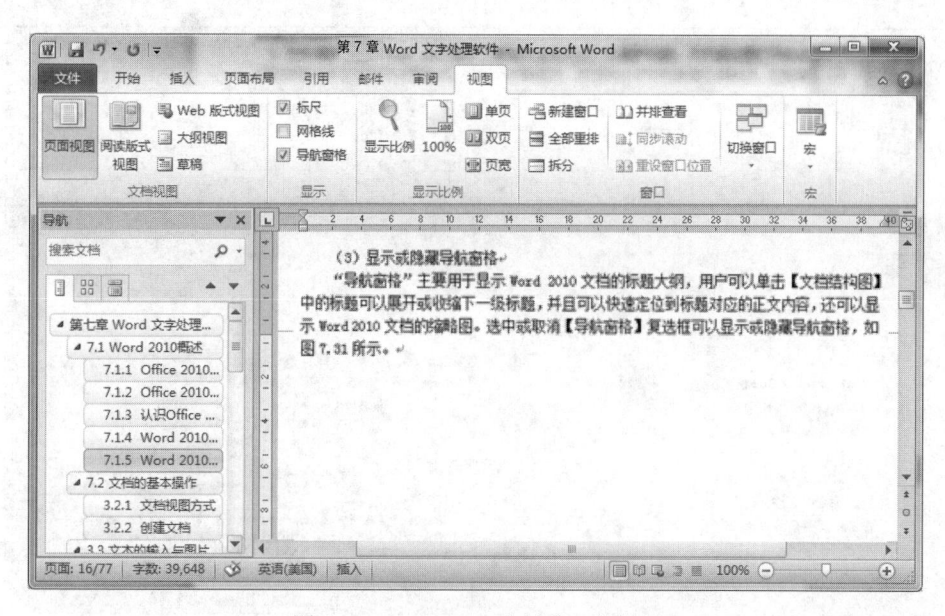

图 7-28　Word 2010 文档窗口的标尺

（2）显示或隐藏网格线。

"网格线"能够帮助用户将 Word 2010 文档中的图形、图像、文本框、艺术字等对象沿网格线对齐，在打印时网格线不会被打印出来。选中或取消"网格线"复选框可以显示或隐藏网格线，如图 7-29 所示。

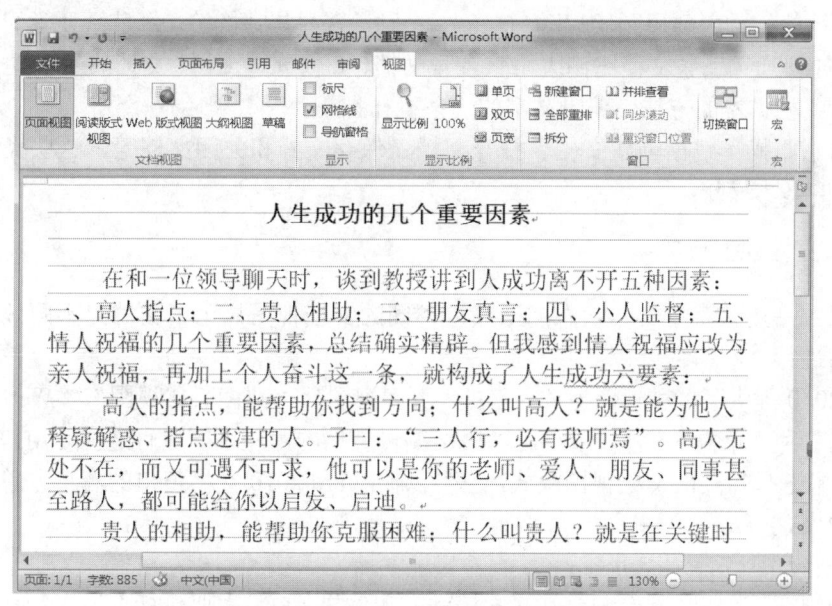

图 7-29　Word 2010 文档窗口的网格线

（3）显示或隐藏导航窗格。

"导航窗格"主要用于显示 Word 2010 文档的标题大纲，用户可以单击"文档结构图"中的标题来展开或收缩下一级标题，并且可以快速定位到标题对应的正文内容，还可以显示 Word 2010 文档的缩略图。选中或取消"导航窗格"复选框可以显示或隐藏导航窗格，如图 7-30 所示。

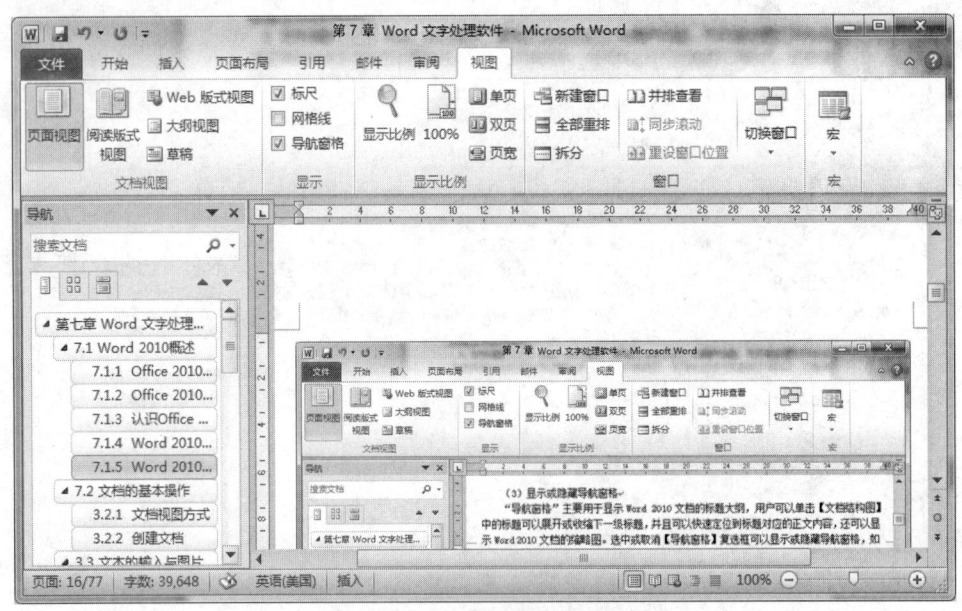

图 7-30　Word 2010 的导航窗格

7.2　文档的基本操作

创建文档是编辑文档的基础，在 Word 2010 中进行文字处理对于编辑文档而言是必不可少的操作，文档的操作主要用到了移动与复制、粘贴、查找与替换等。本节主要学习文档的几种视图方式、如何通过调整文档比例大小来查看文档、如何创建文档、文档的基本操作、在 Word 文档中输入各种文本的方法、编辑文本的一些操作知识。

文档的基本操作包括创建文档、打开文档、保存文档和关闭文档等，这些操作也是其他 Office 组件的基本操作。

7.2.1　文档视图方式

文档视图是用来查看文档状态的工具，不同的文档视图显示了文档的不同效果，有利于用户对文档进行查看和编辑。

Word 2010 提供了多种视图方式，包括"页面视图"、"阅读版式视图"、"Web 版式视图"、"大纲视图"和"草稿"5 种，用户可以根据编辑文档的用途不同进行选择。用户可以在"视图"功能区中选择需要的文档视图模式，也可以在 Word 2010 文档窗口的右下方单击视图按钮来选择视图模式。

1．页面视图

"页面视图"可以显示 Word 2010 文档的打印结果外观，主要包括页眉、页脚、图形对象、分栏设置、页面边距等元素，是最接近打印结果的页面视图，如图 7-31 所示。

2．阅读版式视图

"阅读版式视图"以图书的分栏样式显示 Word 2010 文档，"文件"按钮、功能区等窗口元素被隐藏起来。在阅读版式视图中，用户还可以单击"工具"按钮来选择各种阅读工具，按 Esc 键来退出"阅读版式视图"，方便用户进行审阅和编辑，如图 7-32 所示。

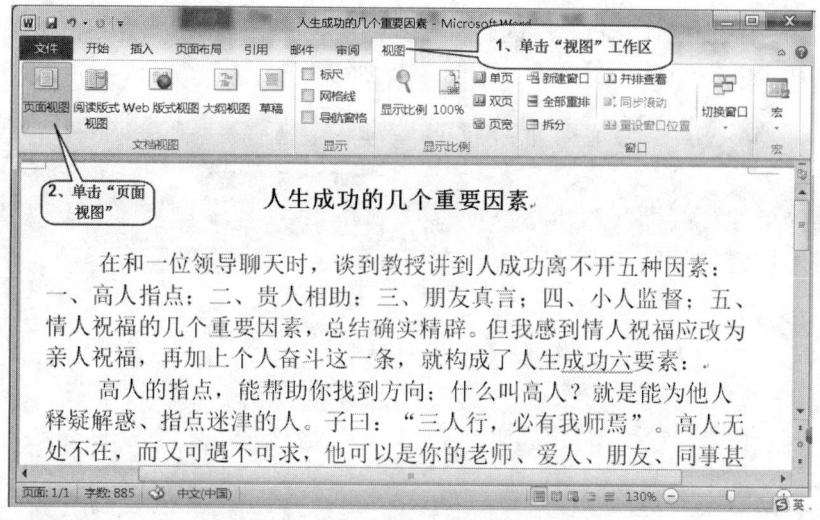

图 7-31　页面视图

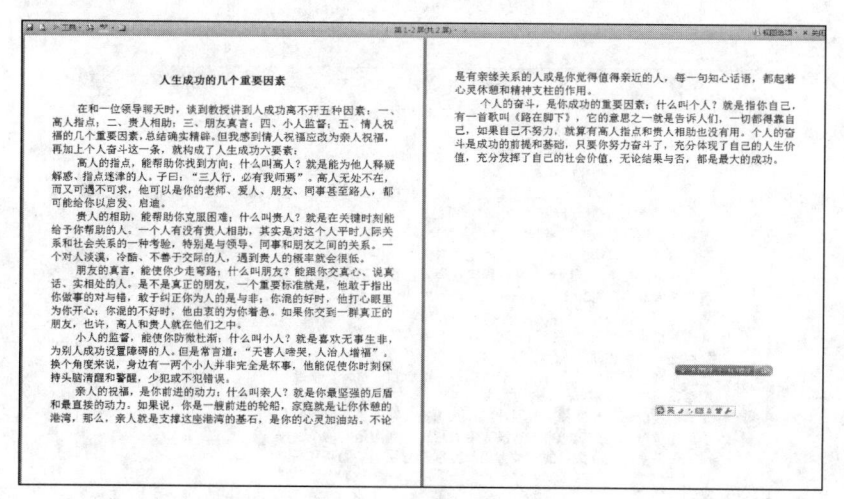

图 7-32　阅读版式视图

3. Web 版式视图

"Web 版式视图"以网页的形式显示 Word 2010 文档，它是使用 Word 编辑网页时采用的视图方式，可将文档显示为不带分页符的长文档，且其中的文本和表格会随着窗口的缩放而自动换行。Web 版式视图适用于发送电子邮件和创建网页，如图 7-33 所示。

4. 大纲视图

"大纲视图"是一种用缩进文档标题的形式表示标题在文档结构中的级别的视图显示方式，简化了文本格式的设置，用户可以很方便地进行页面跳转，主要用于设置和显示 Word 2010 文档的标题层级结构，可以方便地折叠和展开各种层级的文档。大纲视图广泛用于 Word 2010 长文档的快速浏览和设置，如图 7-34 所示。

5. 草稿视图

"草稿"视图简化了页面的布局，用来输入、编辑和设置文本格式，但无法显示页眉和页脚等信息，只适用于编辑一般的文档，和实际打印效果会有些出入。"草稿"视图取消了页面边距、分栏、页眉页脚和图片等元素，仅显示标题和正文，是最节省计算机系统硬件资源的视图方式。当然现在计算机系统的硬件配置都比较高，基本上不存在由于硬件配置偏低而使 Word 2010 运行遇到障碍的问题，如图 7-35 所示。

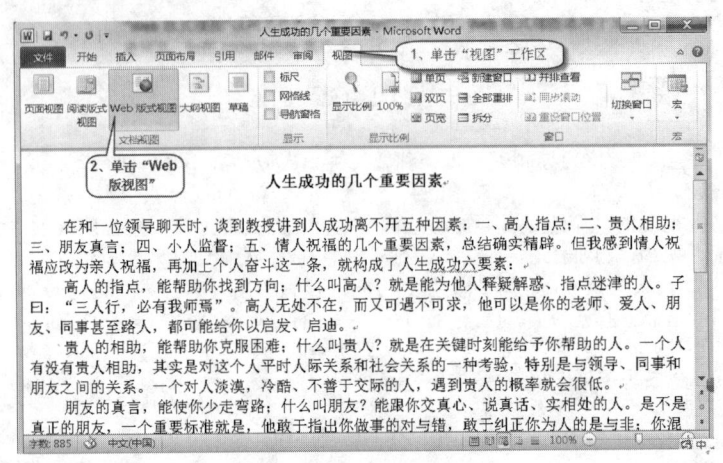

图 7-33　Web 版式视图

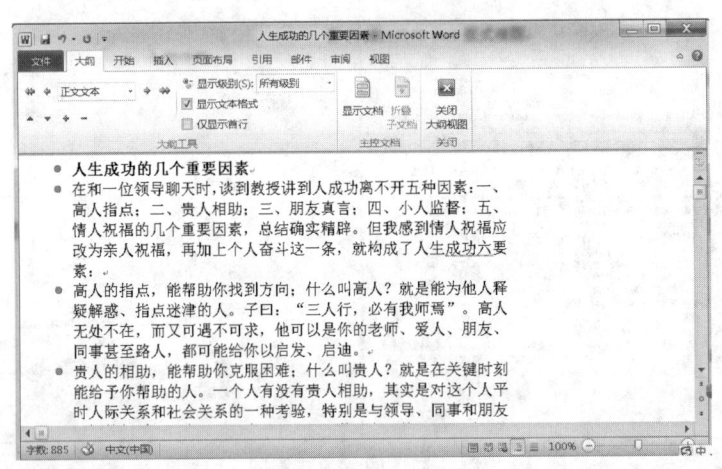

图 7-34　大纲视图

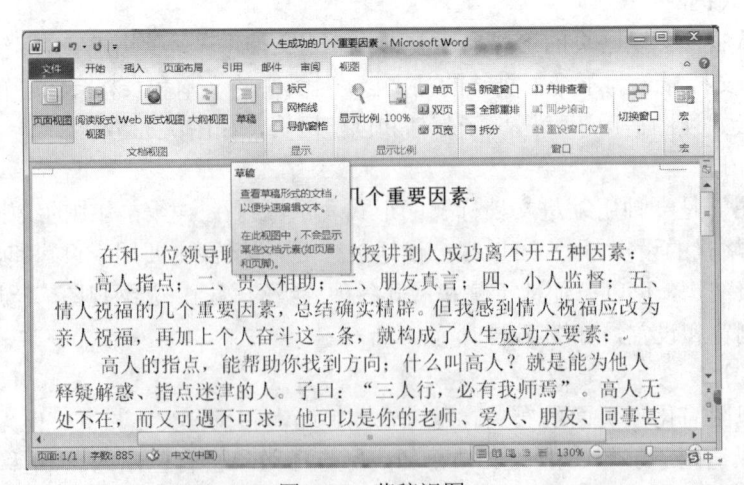

图 7-35　草稿视图

6. 切换视图方式

在编辑和浏览 Word 文档的过程中，可以根据需要选择合适的视图方式，通过"视图"选项卡中的功能按钮和视图栏中的按钮可对视图方式进行切换，方法为：在打开的文档中选择"视图"→"文档视图"组，再单击"页面视图"按钮、"阅读版式视图"按钮、"Web 版式视图"按钮、"大纲视图"按钮或"草稿"按钮即可切换到对应的视图方式。

7. 设置显示比例

在 Word 文档中，可以根据文档的长短、内容的多少设置显示比例。通过"显示比例"组和状态栏中的缩放滑块可以设置显示比例。

（1）通过"显示比例"组设置。

在 Word 2010 中要调整显示比例，可以在"视图"→"显示比例"组中单击相应的功能按钮。单击"显示比例"按钮，弹出"显示比例"对话框，在其中选择或自定义设置文档的显示比例后单击"确定"按钮应用设置；单击 100% 按钮，将使当前文档显示为实际大小；单击"单页"按钮缩放文档，使当前窗口中显示完整的一页内容；单击"双页"按钮缩放文档，使当前窗口中显示完整的两页内容；单击"页宽"按钮，根据文档的页面宽度在窗口中显示文档页面，使页面宽度与窗口宽度一致。

（2）通过状态栏设置。

单击状态栏中的"缩放级别"按钮可以快速打开"显示比例"对话框，拖动状态栏中的缩放滑块可以快速调整显示比例。

7.2.2 创建文档

创建文档是编辑文档的前提，在 Word 2010 中可以新建一个没有任何内容的空白文档，也可以通过 Word 2010 中的模板快速新建具有特定内容或格式、具有某一特定作用的文档。

1. 新建空白文档

新建空白文档是文档编辑过程中最简单、最重要的操作之一。

（1）启动 Word 2010，系统会自动新建一个名为"文档 1"的空白文档。

（2）如果还需要新建文档，选择"文件"→"新建"命令，在右侧的"可用模板"列表框中选择"空白文档"选项，单击"创建"按钮即可创建空白文档，如图 7-36 所示。

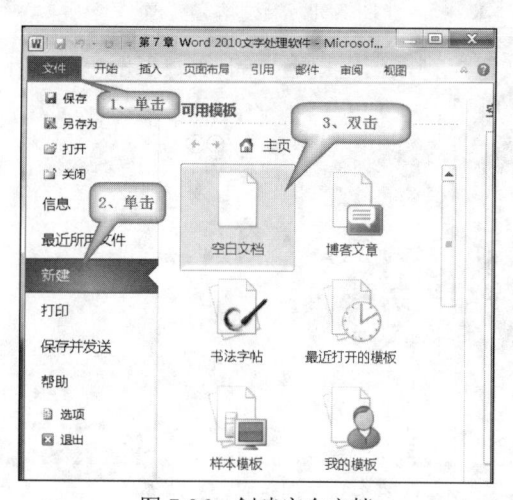

图 7-36 创建空白文档

新建的文档自动命名为"文档2",如图7-37所示。

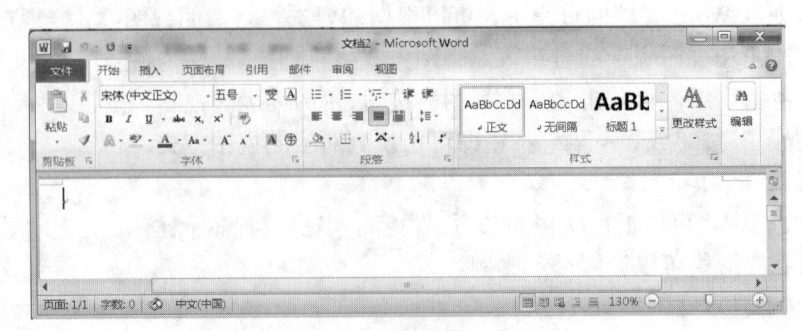

图7-37 新建的空白文档

2. 利用模板新建文档

新建文档时可利用Word 2010中预置的文档模板快速地创建出具有固定格式的文档,如报告、备忘录、论文、日历等,从而达到提高工作效率的目的。

(1)启动Word 2010,选择"文件"→"新建"命令,在右侧的"可用模板"列表框中选择"博客文章"选项,如图7-38所示。

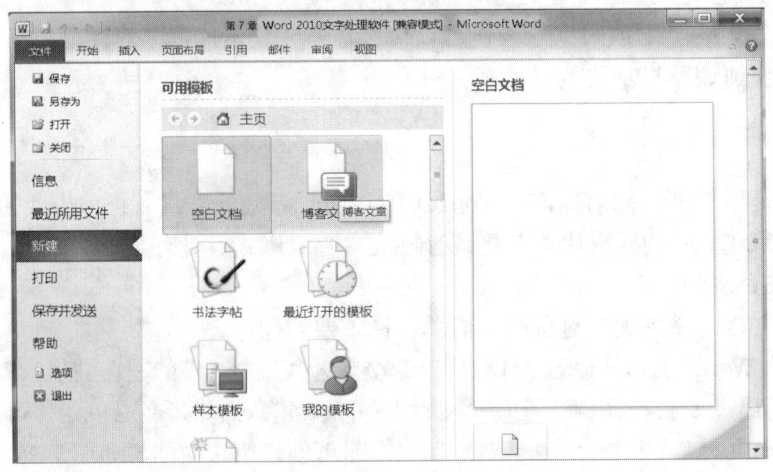

图7-38 新建博客文档

(2)单击"创建"按钮,将根据用户选择的模板创建一份文档,文档中已经定义了版式与内容的样式,如图7-39所示。

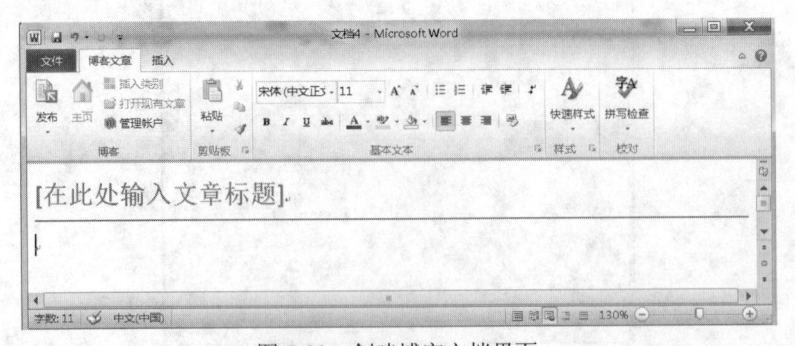

图7-39 创建博客文档界面

3. 打开已有的文档

当需要浏览已有的 Word 文档时，需要先将其打开。

启动 Word 2010 后，选择"文件"→"打开"命令，在弹出的"打开"对话框中找到文档的保存路径，选择需要打开的文件，在文件上双击或单击"打开"按钮，如图 7-40 所示。

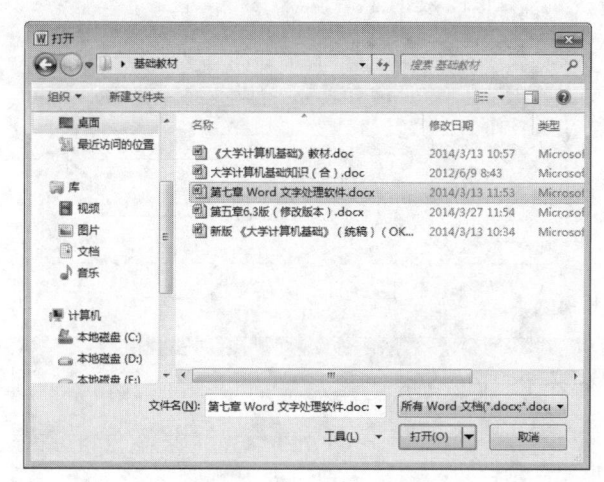

图 7-40 "打开"对话框

在启动 Word 2010 的情况下，按 Ctrl+O 组合键也可以打开"打开"对话框。

4. 保存文档

新建一篇文档后，需要执行保存操作才能将其存储到计算机中。保存文档分为保存新建文档和设置自动保存两种方式。

（1）保存已编辑的文档。

新建文档后可立即将其保存，也可在编辑过程中或编辑完成后再进行保存。对于新建的 Word 文档，在第一次保存时会打开"另存为"对话框，在其中指定文档的保存路径、名称与类型。文档进行过一次保存后，下次再保存到同样的位置时，不会再打开"另存为"对话框，而是直接按原类型、原文件名进行保存。

1）对于编辑的文档，选择"文件"→"保存"命令，第一次保存，将打开"另存为"对话框。

2）在"保存位置"下拉列表框中选择保存路径，在"文件名"组合框中输入要保存的文件名为"第 7 章 Word 2010 文字处理软件"，单击"保存"按钮将文档保存到计算机中，如图 7-41 所示。

对文档进行保存后，Word 窗口标题栏中显示的文档名称已更改为"第 7 章 Word 2010 文字处理软件"。

技巧：如果不是第一次保存，可以使用快捷键 Ctrl+S 快速保存文档。

（2）设置自动保存。

在编辑文档过程中，为了防止意外情况出现而导致当前编辑的内容丢失，Word 2010 提供了自动保存功能。

【例 7-1】设置文档的自动保存时间为"5 分钟"。

1）在 Word 文档的编辑窗口中选择"文件"→"选项"命令，弹出"Word 选项"对话框，如图 7-42 所示。

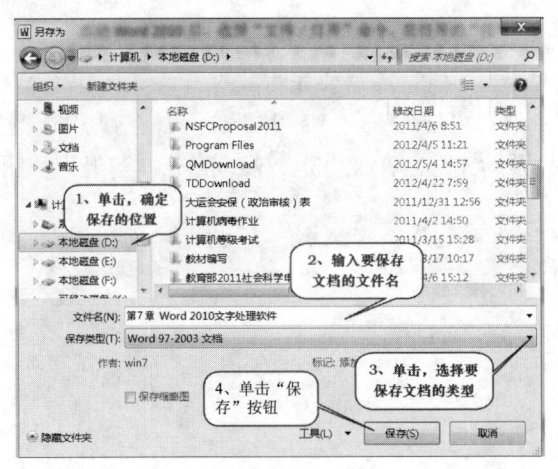

图 7-41 保存文档

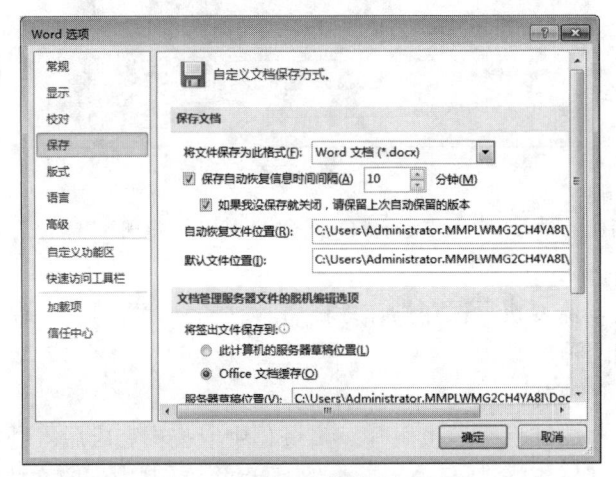

图 7-42 "Word 选项"对话框

2)在其中选择左侧列表框中的"保存"选项卡,在右侧的"保存文档"栏中选中"保存自动恢复信息时间间隔"复选框,并在后面的数值框中输入 5,如图 7-43 所示,再单击"确定"按钮。

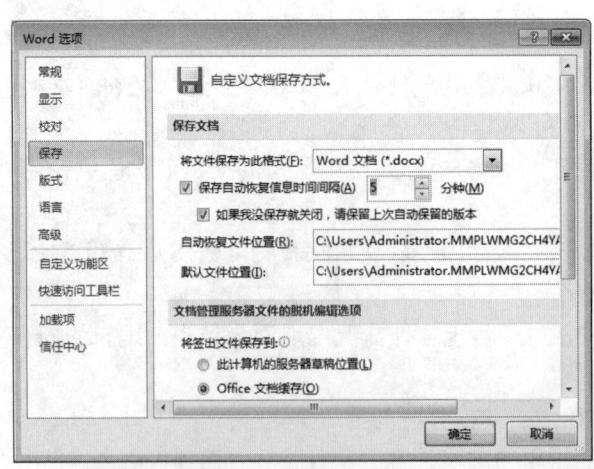

图 7-43 设置自动保存

5. 关闭文档

在执行完文档的编辑操作后需要关闭该文档，方法有以下 4 种：
- 在标题栏的空白处右击，在弹出的快捷菜单中选择"关闭"命令。
- 单击标题栏右侧的 ✕ 按钮。
- 选择"文件"→"关闭"命令。
- 按 Alt+F4 组合键。

7.3 文本的输入与图片的插入

新建 Word 2010 文档后，还需要在文档中输入文本内容并对其进行编辑处理，从而使文档更加完整，内容更加完善。文本的输入是 Word 基本操作的基础。

7.3.1 定位文本插入点

当新建一个 Word 文档后，在文档的开始位置将出现一个闪烁的光标"I"，称为文本插入点。在进行文本的输入与编辑操作之前，必须先将文本插入点定位到需要编辑的位置。定位文本插入点的方法有以下两种：

- 将鼠标指针移到需要定位文本插入点的文本处，当其变为"I"形状后在需要定位的目标位置处单击鼠标左键即可将文本插入点定位于此。
- 按←键可将文本插入点向左移动一个字符；按→键可将文本插入点向右移动一个字符；按↑键可将文本插入点移到上一行的相同位置；按↓键可将文本插入点移到下一行的相同位置。

7.3.2 输入文本

在 Word 2010 中输入文本就是在文档编辑区的文本插入点处利用鼠标和键盘输入所需的文本内容。当输入文本到达 Word 的默认边界后，Word 会自动进行换行。

1. 输入普通文本

输入普通文本的方法很简单，只需在文档编辑区的文本插入点处通过键盘和鼠标输入所需的文本内容。

【例 7-2】在文档中输入汉字、英文字符和数字。

（1）在新建的空白文档中，单击语言栏中的输入法图标选择一种输入法，这里以"搜狗输入法"为例。输入"人生成功的重要因素"的拼音编码 rscgdzhongyys，如图 7-44 所示，然后按空格键和数字键进行选择，即可输入相应的汉字。

图 7-44 普通文本的输入

（2）按 Enter 键强制换行，按下 Caps Lock 键可输入大写英文字母，切换到中文输入法状态下可以输入小写英文字母。

（3）按 Enter 键将光标定位到下一行，使用键盘上的数字键输入相应的数字等。

2．输入符号与特殊符号

在输入文本时，符号的输入是不可避免的。对于普通的标点符号可以通过键盘直接输入，但对于一些特殊的符号则可以通过 Word 2010 提供的"插入"功能进行输入。

【例 7-3】在文档中插入符号和特殊符号。

采用图 7-45 所示的方式和步骤即可插入符号和特殊符号。选择所需的特殊字符，单击"插入"按钮将其插入到文档中，单击"关闭"按钮关闭对话框返回文档中，最后按 Ctrl+S 组合键保存对文档所做的修改。

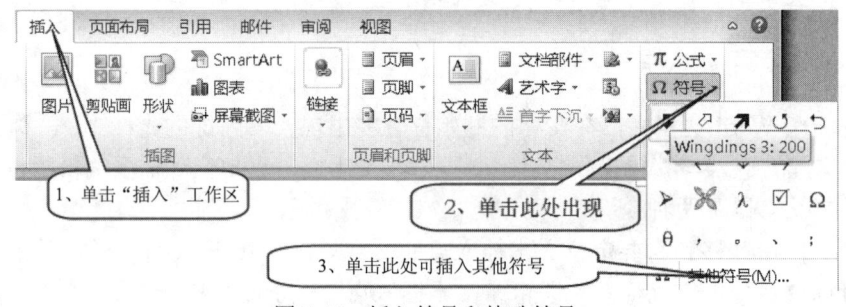

图 7-45　插入符号和特殊符号

3．输入日期和时间

在 Word 文档中，通过输入文本和数字可输入日期和时间，如果需要输入当前时间，也可通过"日期和时间"对话框快速插入。

【例 7-4】在"文档 1"文档中插入系统的当前日期。

将光标定位于要插入日期的位置，选择"插入"工作区，在"文本"组中单击"日期和时间"按钮，在弹出对话框的"可用格式"列表框中选择"日期和时间格式"，再单击"确定"按钮，如图 7-46 所示。按 Ctrl+S 组合键保存对文档所做的修改。

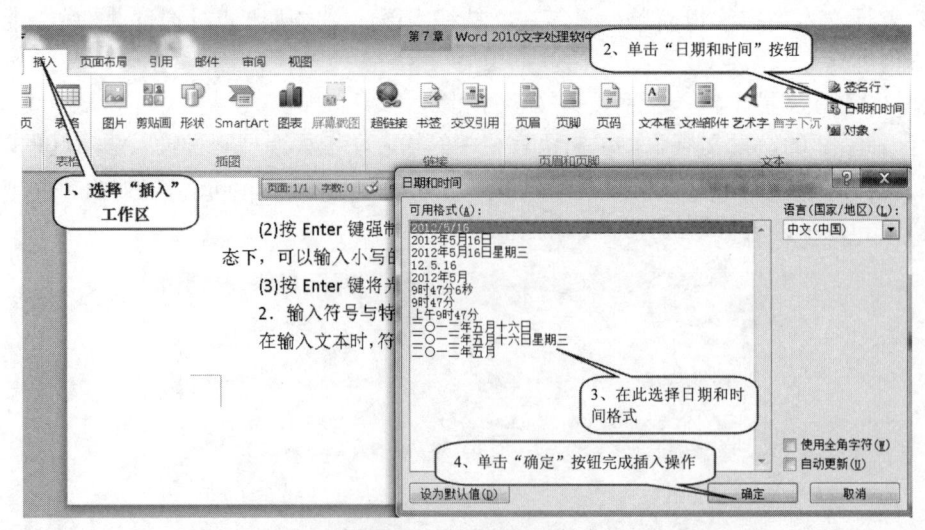

图 7-46　插入日期和时间

4. 插入公式

将光标定位于要插入公式的位置，单击"插入"工作区，在"符号"组中单击"公式"右侧的下三角符号，会弹出常用的公式，也可单击"插入新公式"选项弹出公式编辑器，输入其他公式，如图 7-47 所示。

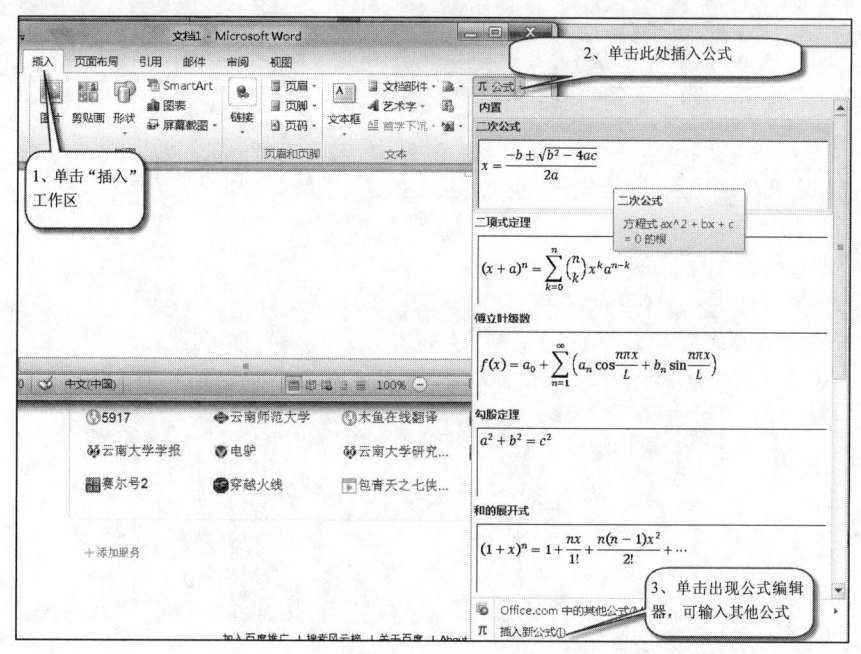

图 7-47　插入公式

"公式工具设计"工作区如图 7-48 所示，从中可进行公式的输入。

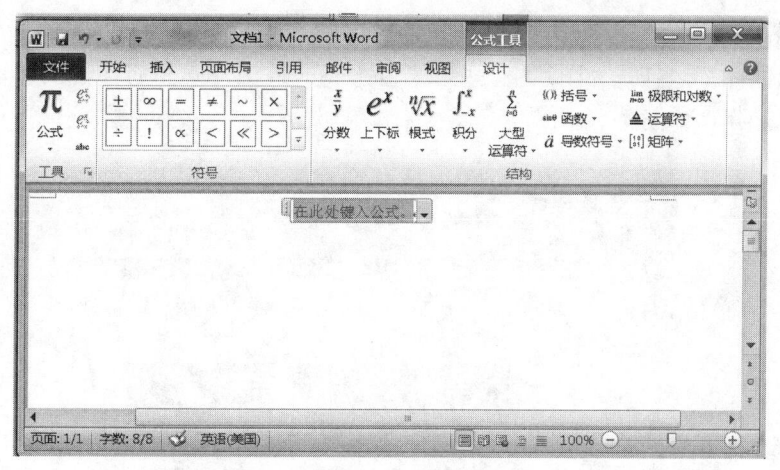

图 7-48　"公式工具设计"工作区

7.3.3　插入图片

1. 插入图片

选择"插入"工作区，单击"插图"组中的"图片"按钮，弹出"插入图片"对话框，从中可以选择路径和文件，如图 7-49 和图 7-50 所示，最后单击"插入"按钮。

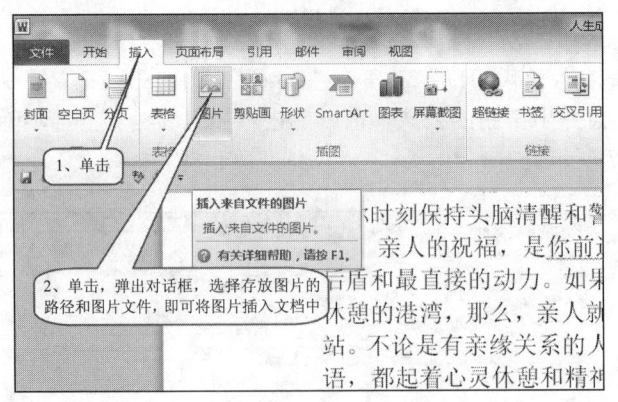

图 7-49 单击"图片"按钮

图 7-50 "插入图片"对话框

双击插入的图片,打开"图片工具格式"工作区,在其中可进行图片的编辑、图文混排、图片的裁剪等操作,如图 7-51 所示。

图 7-51 "图片工具格式"工作区

单击"图片版式"按钮，会弹出图文搭配的窗口，用户可根据需要进行选择，如图 7-52 所示。

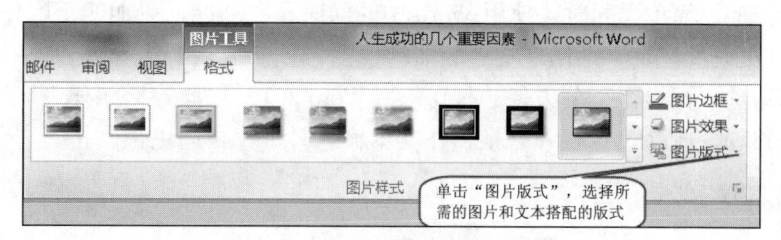

图 7-52　单击"图片版式"按钮

2．编辑图片

在"图片工具格式"工作区中，可进行图片艺术效果、旋转方式、裁剪、图片与文字的环绕方式等设置，如图 7-53 所示。

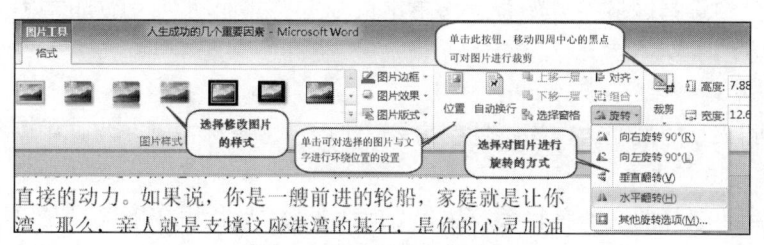

图 7-53　对图片进行编辑

3．插入图形

图形的插入与图片的插入方法类似，插入图形的步骤如图 7-54 所示。

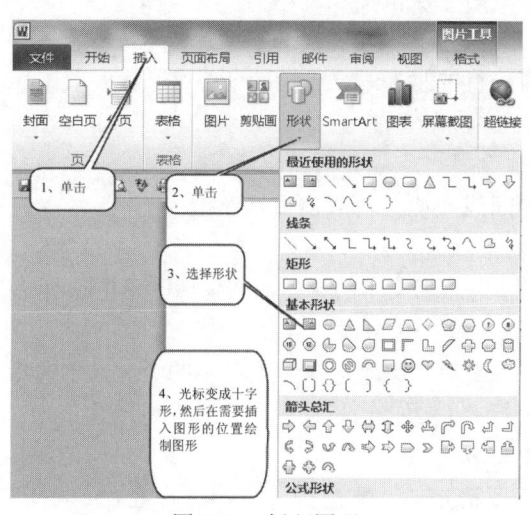

图 7-54　插入图形

其他艺术字、图表等对象的插入方法类似，此处不再赘述。

7.4　文档的编辑

文档的编辑工作是其他一切文档操作的基础，因此制作一份优秀文档的必备条件就是熟练掌握文档的编辑功能。用户经常需要在新建或打开的文档中对各种文本进行各种格式的编辑操作，然后对输入的文字和段落进行更为复杂的处理。Word 2010 提供了更为强大的功能选项，使用起来更加方便、简单。同时，使用 Word 中的即时预览功能，更加便于用户快速实现预想设计。因此，在处理文档时，无论是文档版面的设置、段落结构的调整，还是字句之间的增删，利用快捷键和选项卡都显得十分方便。本节介绍 Word 2010 处理文字的编辑操作，包括文本的选择、复制、移动、删除、查找和替换，在文本输入时进行自动更正、拼写与语法检查等。

7.4.1 选择文本

在编辑文档时，首先要做的工作是对编辑的对象进行选择，只有选中了要编辑的对象才能进行编辑。Word 2010 提供了强大的文本选择方法。用户可以选择一个或多个字符、一行或多行文字、一段或多段文字、一幅或多幅图片，甚至是整篇文档等。

1. 选择任意区域

将光标移到要选择区域的开始位置，单击鼠标左键并拖动至区域的结束位置，这是最常用的文本选择方法。

2. 选择一整行文字

将鼠标移到该行的最左边，当指针变为 ⌐ 形状后单击鼠标左键，将选中整行文字。

3. 选择连续多行文本

将鼠标移到要选择的文本首行最左边，当指针变为 ⌐ 形状后按下鼠标左键，然后向上或向下拖动。

4. 选择一个段落

将鼠标移到本段任何一行的最左端，当指针变为 ⌐ 形状后双击鼠标左键；或者将鼠标移到该段内的任意位置，连续单击三次鼠标左键。

5. 选择多个段落

将鼠标移到本段任何一行的最左端，当指针变为 ⌐ 形状后双击鼠标左键，并向上或向下拖动鼠标。

6. 选择一个词组

将插入点置于词组中间或左侧，再双击鼠标左键。

7. 选择一个矩形文本区域

将鼠标的插入点置于预选矩形文本的一角，按住 Alt 键并拖动鼠标左键到文本块的对角。

8. 选择整篇文档

使用"开始"工作区"编辑"组"选择"菜单中的"全选"命令；或者按 Ctrl+A 组合键；或者将鼠标移到文档任一行的左边，当指针变为 ⌐ 形状后连续单击三次鼠标左键。

9. 配合 Shift 键选择文本区域

将鼠标的插入点置于要选定的文本之前，单击鼠标左键，确定要选择文本的初始位置，移动鼠标到要选定的文本区域末端后按住 Shift 键的同时单击鼠标左键。

此方法适合在所选文档区域较大时使用。

10. 选择格式相似的文本

选中某一格式的文本，如具有某一标题格式、某一文本格式等，单击鼠标右键，在弹出的快捷菜单中选择"样式－选择格式相似的文本"命令，或者选择"开始"工作区"编辑"组"选择"菜单中的"选择格式相似的文本"命令。

提示："选择格式相似的文本"需要在"Word 选项"对话框中设置后才可用，具体操作方法是：

在选项卡功能区中右击，在弹出的快捷菜单中选择"自定义快速访问工具栏"命令，在弹出的"Word 选项"对话框中选择"高级"，在"编辑选项"中选中"保持格式跟踪"，如图 7-55 所示。

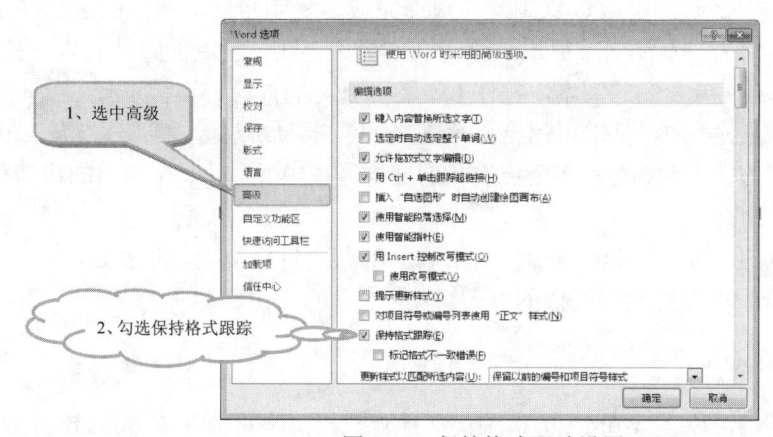

图 7-55　保持格式跟踪设置

11. 调节或取消选中的区域

按住 Shift 键并按↑、↓、→、←箭头键可以扩展或收缩选择区；或者按住 Shift 键，用鼠标单击选择区预期的终点，则选择区将扩展或收缩到该点为止。

要取消选中的文本，可以用鼠标单击选择区域外的任何位置，或者按任何一个可在文档中移动的键（如↑、↓、→、←、PapeUp 和 PageDown 键等）。

7.4.2　修改文本

在对文档进行编辑的过程中，若输入的文本有错误，则需要进行修改，可以使用插入、删除等操作来完成。

- 选择需要修改的文本，按 Del 键（删除光标"I"后的一个字符）或 Backspace 键（删除光标"I"前的一个字符）删除，再输入正确的文本。
- 将文本插入点定位于需要修改的文本后面，按 Backspace 键删除文本插入点左侧的字符后输入正确的文本。
- 将文本插入点定位于需要修改的文本前面，按 Del 键删除文本插入点右侧的字符后输入正确的文本。

如果要对修改的文本进行恢复，可以使用 Ctrl+Z 组合键。

7.4.3　移动文本

移动文本是指将选择的文本从当前位置移动到文档的其他位置。在输入文字时，如果需要修改某部分内容的先后次序，可以通过移动操作进行调整，有如下几种方法：

- 打开文档，选择需要移动的文本，按住鼠标左键不放，拖动鼠标至目标位置后释放鼠标左键。
- 选择需要移动的文本并右击，在弹出的快捷菜单中选择"剪切"命令，将光标移至目标位置并右击，在弹出的快捷菜单中选择"粘贴"命令。
- 选择需要移动的文本，按 Ctrl+X 组合键，将光标移至目标位置，再按 Ctrl+V 组合键。
- 按 Ctrl+S 组合键保存对文档所做的修改。

7.4.4 复制文本

当需要输入相同的文字时，可通过复制操作快速完成。复制与移动操作的区别在于：移动文本后原位置的文本消失，复制文本后原位置的文本仍然存在。复制的方法有以下几种：

- 打开文档，选择需要复制的文本，按住 Ctrl 键不放，将光标移至被选择的文本块区域中，按住鼠标左键不放，拖动鼠标至目标位置后，先释放鼠标左键，再释放 Ctrl 键。
- 选择需要复制的文本，将光标移至被选择的文本区域中并右击，在弹出的快捷菜单中选择"复制"命令。
- 选择需要复制的文本，按 Ctrl+C 组合键，将光标移至目标位置，再按 Ctrl+V 组合键。
- 按 Ctrl+S 组合键保存对文档所做的修改。

7.4.5 查找和替换文本

通过使用查找功能，可以在 Word 2010 中快速地查找指定字符或文本并以选中的状态显示，利用替换功能可将查找到的指定字符或文本替换为其他文本。

1. 查找文本

当文档中需要对关键信息进行查看时，可采用查找文本的方式进行查看，方法如下：

（1）选择"开始"工作区中的"编辑"组，单击"查找"按钮右侧的下拉按钮，在弹出的下拉列表中选择"高级查找"选项，如图 7-56 所示。

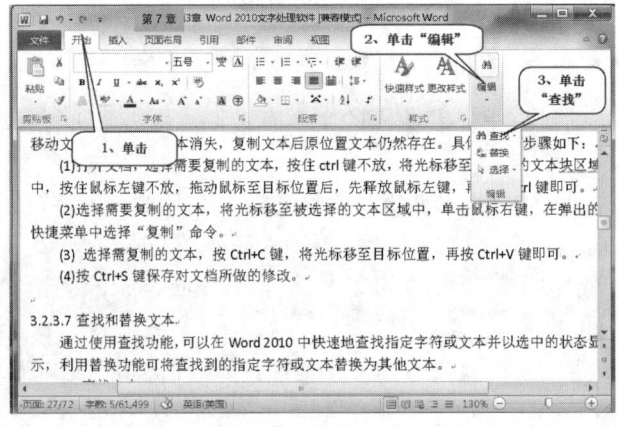

图 7-56　查找文本

（2）弹出"查找和替换"对话框，如图 7-57 所示，在"查找内容"组合框中输入要查找的内容，单击"查找下一处"按钮，需要查找的文本以选中的状态显示。

技巧：在当前文档中，按 Ctrl+F 组合键将弹出"查找和替换"对话框。

2. 替换文本

当需要对整个文档中的某一词组进行统一修改时，可以使用"替换"功能实现。

（1）打开文档，单击"开始"工作区"编辑"组中的"替换"按钮，弹出"查找和替换"对话框。

（2）在"查找内容"组合框中输入要查找的内容，如"图象"，在"替换为"组合框中输入替换后的内容"图像"，单击"替换"按钮，即从光标位置开始处替换第一个查找到的符合条件的文本并选择下一个需要替换的文本。

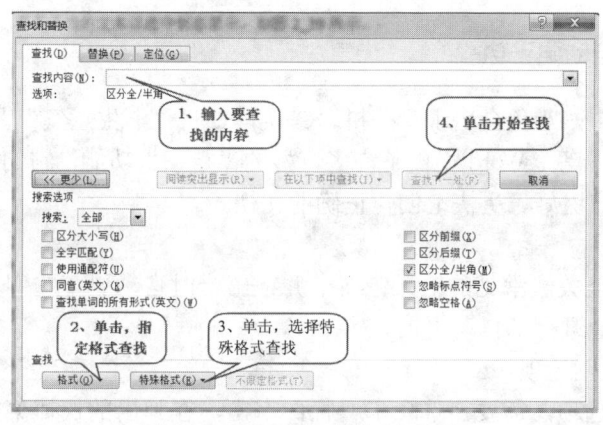

图 7-57 "查找和替换"对话框

（3）逐次单击"替换"按钮即可按顺序逐个进行替换，当替换完文档中所有需要替换的文本后，将弹出提示对话框提示用户替换的数目。

（4）单击"确定"按钮返回"查找和替换"对话框，单击"关闭"按钮关闭该对话框返回文档中，即可看到所有"图象"文本替换为"图像"文本了。

（5）按 Ctrl+S 组合键保存对文档所做的修改。

7.4.6 撤消与恢复

当对文档进行编辑时，很难避免出现输入错误、对文档的某一部分内容不太满意、在排版过程中出现误操作等。那么撤消和恢复以前的操作就显得非常重要。Word 2010 提供了撤消和恢复操作来修改这些错误和避免误操作。因此，即使误操作了，也只需单击"撤消"按钮，就能恢复到误操作前的状态，从而大大提高工作效率。

1. 撤消操作

Word 会随时观察用户的工作，并能记住操作细节，当出现了误操作时可以执行撤消操作。撤消操作有以下两种实现方式：

- 单击快速访问工具栏中"撤消"按钮右侧的下拉箭头，打开如图 7-58 所示的撤消操作列表，里面保存了可以撤消的操作。无论单击列表中的哪一项，该项操作以及其前面的所有操作都将被撤消，例如将光标移到"键入'很'"选项上，Word 2010 会自动选定这些操作，单击即可撤消这些操作，从而恢复到原来的样子。可见该方法可一次撤消多步操作。
- 如果只撤消最后一步的操作，可直接单击快速访问工具栏中的"撤消"按钮↺，或者按 Ctrl+Z 组合键。

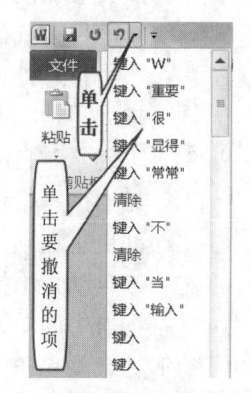

图 7-58 撤消操作列表

2. 恢复操作

执行完撤消操作后，"撤消"按钮左侧的"恢复"按钮↻将变为可用，表明已经进行过撤消操作。此时如果用户又想恢复撤消操作之前的内容，则可执行恢复操作。恢复操作同撤消操作一样，也有两种实现方式：

- 单击快速访问工具栏中的"恢复"按钮，恢复到所需的操作状态。该方法可恢复一步或多步操作。
- 按 Ctrl+Y 组合键。

7.4.7 Word 的自动更正功能

在文本输入过程中，难免会出现一些拼写错误，如将"书生意气"写成了"书生义气"，将"the"写成了"teh"等。Word 提供了许多奇妙的"自动"功能，它们能自动地对输入的错误进行更正，帮助用户更好、更快地创建正确的文档。

1. 自动更正

"自动更正"功能关注常见的输入错误，并在出错时自动更正它们，有时在用户意识到这些错误之前它就已经进行了自动更正。

（1）设置自动更正选项。

要设置自动更正选项，需要在选项卡一栏中右击，在弹出的快捷菜单中选择"自定义快速访问工具栏"命令；或者单击"文件"工作区中的"选项"按钮，弹出"Word 选项"对话框，单击"校对"选项卡，在右侧单击"自动更正选项"按钮，在弹出的"自动更正"对话框中选择"自动更正"选项卡。

"自动更正"选项卡中给出了自动更正错误的多个选项，用户可以根据需要选择相应的选项。

- "显示'自动更正选项'按钮"复选框：选中该复选框后可显示"自动更正选项"按钮。
- "更正前两个字母连续大写"复选框：选中该复选框后可将前两个字母连续大写的单词更正为首字母大写。
- "句首字母大写"复选框：选中该复选框后可将句首字母没有大写的单词更正为句首字母大写。
- "表格单元格的首字母大写"复选框：选中该复选框后可将表格单元格中的单词设置为首字母大写。
- "英文日期第一个字母大写"复选框：选中该复选框后可将输入英文日期单词的第一个字母设置为大写。
- "更正意外使用大写锁定键产生的大小写错误"复选框：选中该复选框后可对由于误按大写锁定键（Caps Lock 键）产生的大小写错误进行更正。
- "键入时自动替换"复选框：选中该复选框后可打开自动更正和替换功能，即更正常见的拼写错误，并在文档中显示"自动更正"图标，当鼠标定位到该图标后显示"自动更正选项"图标。
- "自动使用拼写检查器提供的建议"复选框：选中该复选框后可在输入时自动用功能词典中的单词替换拼写有误的单词。

有时"自动更正"也很让人讨厌。例如，一些著名的诗人从不用大写字母来开始一个句子。要让 Word 忽略某些看起来是错误的但实际无误的特殊用法，可以单击"例外项"按钮，在图 7-59 所示的对话框中设置。例如可以设置在有句点的缩写词后首字母不要大写。

（2）添加自动更正词条。

Word 2010 提供了一些自动更正词条，通过滚动"自动更正"选项卡下面的列表框可以

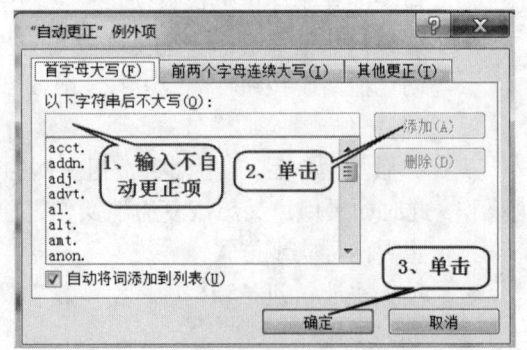

图 7-59 "'自动更正'例外项"对话框

仔细查看"自动更正"的词条。用户也可以根据需要逐渐添加新的自动更正词条。方法是在"自动更正"对话框"自动更正"选项卡的"替换"文本框中输入要更正的单词或文字，在"替换为"文本框中输入更正后的单词或文字，然后单击"添加"按钮，此时添加的新词条将自动在下方的列表框中进行排序。如果想删除"自动更正"列表框中已有的词条，可在选中该词条后单击"删除"按钮。

【例 7-5】希望将"图像"词条添加到 Word 中，当用户输入"图象"时，自动更新为"图像"。

1）在选项卡功能区中右击，在弹出的快捷菜单中选择"自定义快速访问工具栏"命令，弹出"Word 选项"对话框，单击"校对"选项，再单击"自动更正选项"按钮，在弹出的"自动更正"对话框中选择"自动更正"选项卡。

2）选中"键入时自动替换"复选框，并在"替换"文本框中输入"图象"，在"替换为"文本框中输入"图像"。

3）单击"添加"按钮，将其添加到自动更正词条并显示在列表框中，如图 7-60 所示。

4）单击"确定"按钮，关闭"自动更正"对话框。

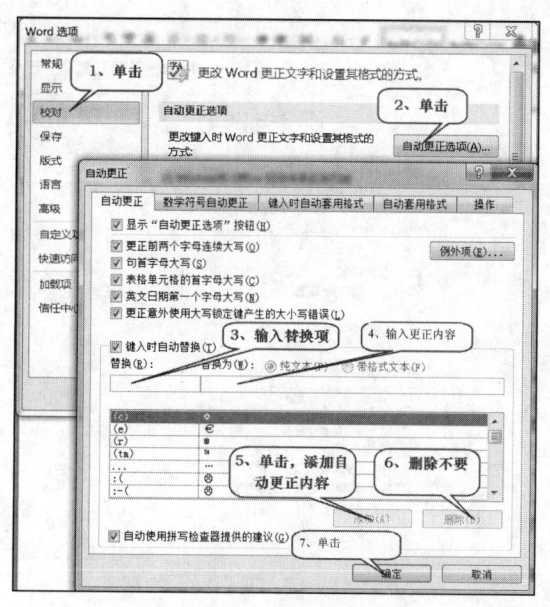

图 7-60　自动更正设置

在其后输入文本时，当输入"图象"后，可立即看到输入的"图象"被替换为"图像"。

自动更正的一个非常有用的功能是可以实现快速输入。因为在"自动更正"对话框中，除了可以创建较短的更正词条外，还可以将在文档中经常使用的一大段文本（纯文本或带格式文本）作为新建词条添加到列表框中，甚至一幅精美的图片也可作为自动更正词条保存起来，然后为它们赋予相应的词条名。这样，在输入文档时只要输入相应的词条名，再按一次空格键即可转换为该文本或图片。例如在"替换"文本框中输入 ynjgxy，在"替换为"文本框中输入"云南警官学院"，以后在输入文本时输入 ynjgxy 后再输入空格符，ynjgxy 将被"云南警官学院"词条替换。

当使用某一词条实现快速输入具有某一格式的文本或图片时，先选中带有格式的文本或图片，然后打开"自动更正"对话框中的"自动更正"选项卡，可以看到在"替换为"文本框中已经显示出复制的带格式的文本（此时需要选择"带格式文本"单选按钮）或图片（由于文本框大小的限制，图片看不到），在"替换"文本框中输入词条后单击"添加"按钮加入到列表框中，单击"确定"按钮关闭对话框。以后输入此词条后，再输入空格符，此词条将会被带格式的文本或图片所取代。

2. 键入时自动套用格式

Word 2010不仅能自动更正，还可以自动套用格式。用户可以对文字快速应用标题、项目符号和编号列表、边框、表格、符号、分数等格式。

用户要设置"键入时自动套用格式"功能，可在选项卡功能区中右击，在弹出的快捷菜单中选择"自定义快速访问工具栏"命令，弹出"Word选项"对话框，单击"校对"选项，再单击"自动更正选项"按钮，在弹出的"自动更正"对话框中选择"键入时自动套用格式"选项卡，如图7-61所示。

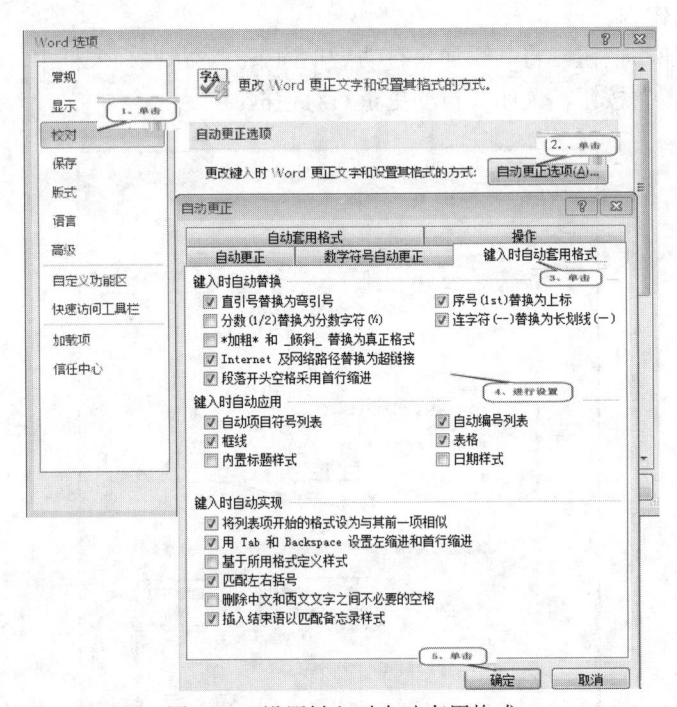

图7-61 设置键入时自动套用格式

此选项有三部分："键入时自动替换"、"键入时自动应用"、"键入时自动实现"。每一部分又有若干复选框选项，用户可根据需要进行相应的选择。

3. 自动图文集

自动图文集用于存储用户经常要重复使用的文字或图形，它可为选中的文本、图形或其他对象创建相应的词条。当用户需要输入自动图文集中的词条时，直接插入即可，它极大地提高了工作效率。自动图文集与自动更正的区别在于，前者的插入需要使用"自动图文集"命令实现，而后者是在输入时由Word自动插入词条。

自动图文集是构建基块的一种类型，每个所选的文本或图形都存储为"构建基块管理"中的一个"自动图文集"词条，并给词条分配唯一的名称，以便在要使用它时方便查找。设置方法分三步：创建"自动图文集"词条、更改自动图文集词条的内容、将自动图文集词条插入到文档中。

Word 2010 提供的自动图文集词条被分成若干类，如"表格"、"封面"、"公式"等，用户在需要插入自动图文集词条时，不仅可以按名称进行查找，还可以按这些类别查找用户所创建的词条。

将自动图文集词条插入到文档中的操作步骤如下：

（1）将插入点置于需要插入自动图文集词条的位置。

（2）在"插入"工作区的"文本"组中单击"文档部件"按钮，在下拉列表中单击"构建基块管理器"命令。如果知道构建基块的名称，则单击"名称"使之按字母排序；如果知道构建基块所属的库名，则单击"库名"按所属类别进行查找，如图 7-62 所示。

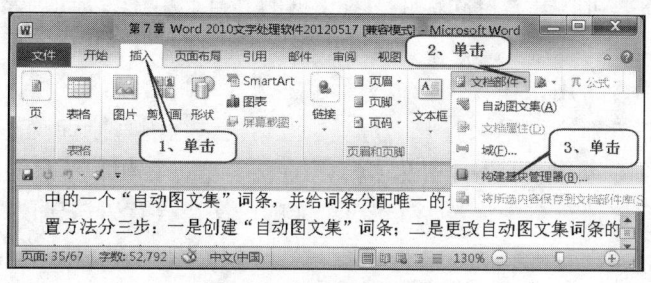

图 7-62　构建基块管理器

（3）单击"插入"按钮。

用户还可以用快捷键插入自动图文集词条，方法是在文档中输入自动图文集词条名称，按 F3 键接受插入该词条。

7.4.8　拼写和语法检查

Word 2010 提供的"拼写和语法"功能可以将文档中的拼写和语法错误检查出来，以避免可能因为拼写和语法错误而造成的麻烦，从而大大提高了工作效率。默认情况下，Word 2010 在用户输入词语的同时自动进行拼写检查。用红色波浪下划线表示可能出现的拼写问题，用绿色波浪下划线表示可能出现的语法问题，以提醒用户注意。此时用户可以立刻检查拼写和语法错误。

1．更正拼写和语法错误

对于文档中的拼写和语法错误，用户可以随时进行检查并更改。在更改拼写和语法错误时，可将鼠标置于波浪线上并右击，弹出"拼写和语法"对话框，如图 7-63 所示。

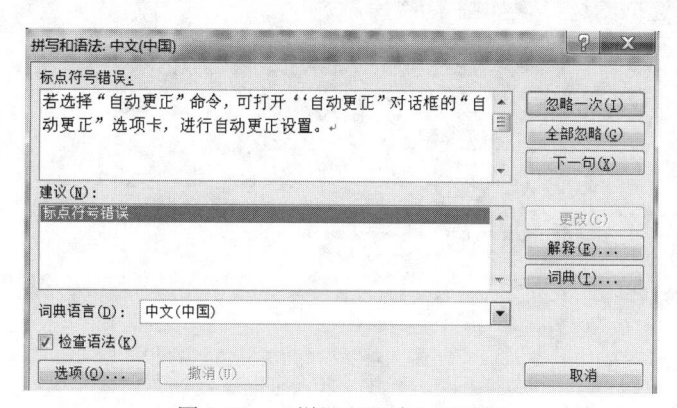

图 7-63　"拼写和语法"对话框

在"拼写错误"快捷菜单中，会显示有多个相近的正确拼写建议，在其中选择一个正确的拼写方式即可替换原有的错误拼写。

在"拼写错误"快捷菜单中，各选项的功能如下：
- "忽略"命令：忽略当前的拼写，当前的拼写错误不再显示错误波浪线。
- "全部忽略"命令：用来忽略所有相同的拼写，不再显示拼写错误波浪线。
- "添加到词典"命令：用来将该单词添加到词典中，当用户再次输入该单词时，Word就会认为该单词是正确的。
- "自动更正"命令：用来在其下一级子菜单中设置要自动更正的单词。若选择"自动更正"命令，可打开"自动更正"对话框的"自动更正"选项卡，在其中进行自动更正设置。
- "语言"命令：用来在其下一级子菜单中选择一种语言。
- "拼写检查"命令：用来打开"拼写"对话框进行拼写检查设置。
- "查找"命令：用来打开"信息检索"任务窗格进行相关信息的检索。

在"语法错误"快捷菜单中，若 Word 对可能的语法错误有语法建议，将显示在语法错误快捷菜单的最上方；若没有语法建议，则会显示"输入错误或特殊用法"信息。在该快捷菜单中，部分选项的功能如下：
- "忽略一次"命令：用来忽略当前的语法错误，但若在其他位置仍然有该语法错误，则仍然会以绿色波浪线标出。
- "语法"命令：用来打开"语法"对话框进行语法检查设置。
- "关于此句型"命令：如果 Office 是打开状态，则用来显示有关该错误语法的详细信息。

2. 启用/关闭"输入时自动检查拼写和语法错误"功能

在输入文本时自动进行拼写和语法检查是 Word 默认的操作，但如果文档中包含有较多特殊拼写或特殊语法，则启用"键入时自动检查拼写和语法错误"功能就会对用户编辑文档带来一些不便。因此在编辑一些专业性较强的文档时，可先将"键入时自动检查拼写和语法错误"功能关闭。

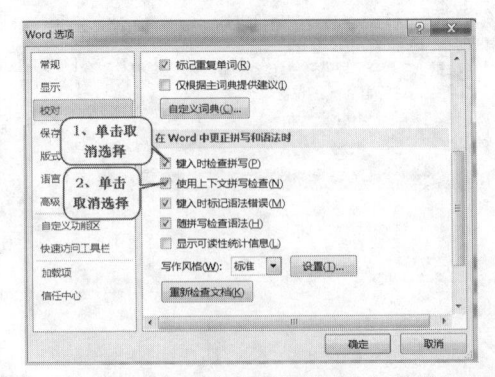

若要关闭"键入时自动检查拼写和语法错误"功能，则在选项卡功能区中右击，在弹出的快捷菜单中选择"自定义快速访问工具栏"命令，弹出"Word 选项"对话框，单击"校对"选项，在"在 Word 中更正拼写和语法时"选项组中取消对"键入时检查拼写"复选框和"随拼写检查语法"复选框的选择，如图 7-64 所示。

图 7-64　关闭"键入时自动检查拼写和语法错误"功能

7.5 文档排版

每个文档都有不同的格式要求，通过对文档进行排版来得到不同的效果。本节主要学习在 Word 2010 文档中设置字符格式、段落格式、项目符号和编号、边框和底纹、页面设置等文档格式的方法。

7.5.1 设置字符格式

通过对文档的字符进行排版，使字符显示出文本的外观效果。通过对文本的字体、大小、颜色等属性进行设置，可以使文档内容达到所需的效果。在 Word 2010 中有多种设置字体格式的方法，下面进行详细介绍。

1. 使用浮动工具栏设置字体格式

在 Word 2010 中选择文本时，可以显示或隐藏一个半透明的工具栏，它称为浮动工具栏，在浮动工具栏中可以快速地设置字体格式。

（1）打开要进行排版的文档，选择标题文本，在"开始"工作区"字体"组的"字体"和"字号"下拉列表框中分别设置为"黑体"和"二号"，如图 7-65 所示。

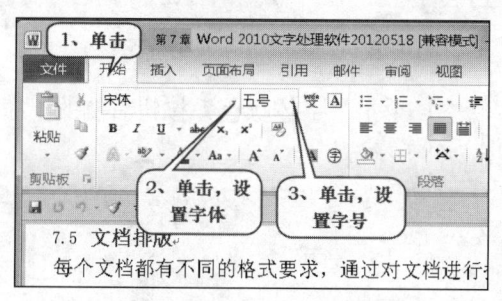

图 7-65　设置字体格式

（2）再次选择文本，单击"开始"工作区"字体"组中的"以不同颜色突出显示文本"按钮，可以为选中的文本设置颜色，如图 7-66 所示。

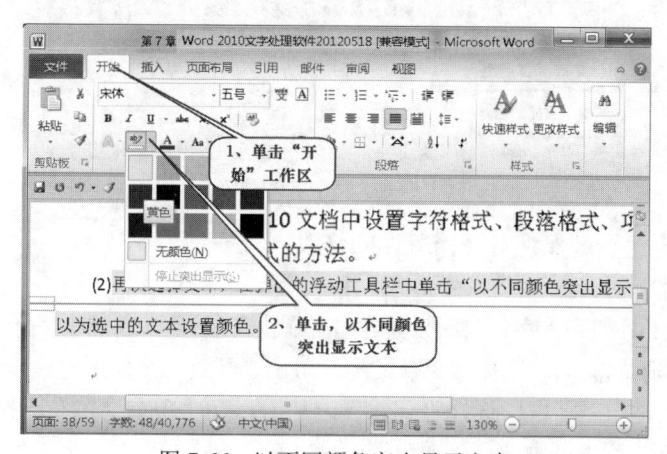

图 7-66　以不同颜色突出显示文本

（3）按 Ctrl+S 组合键保存修改。

2. 使用"字体"组快速设置字体格式

利用"开始"工作区"字体"组中的参数可以快速对选择的文本进行格式设置。通过它可对文本的字体外观、字号、字形、字体颜色等进行设置,功能十分强大。

(1)打开要进行排版的文档,选择标题文本,单击"开始"工作区"字体"组中的"下划线"按钮,如图 7-67 所示。

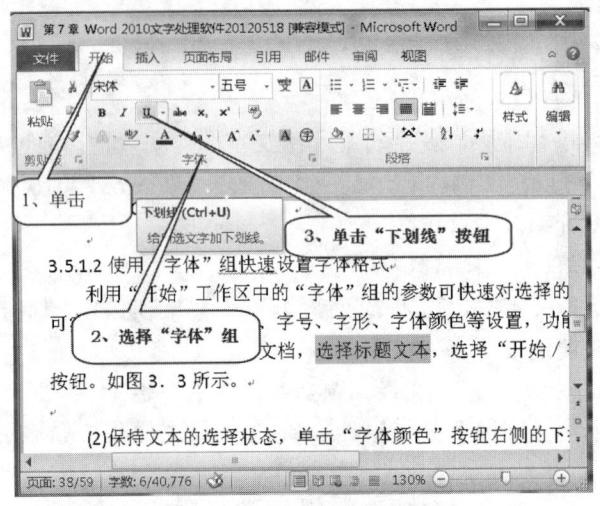

图 7-67 设置字体下划线

(2)保持文本的选择状态,单击"字体颜色"按钮右侧的下拉按钮,在弹出的下拉列表中选择"红色"选项,如图 7-68 所示。

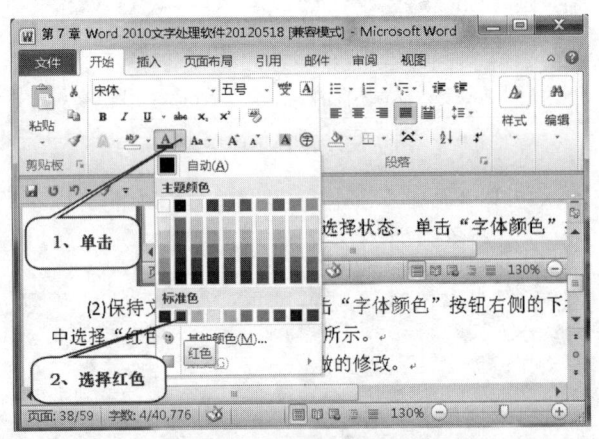

图 7-68 设置字体颜色

(3)按 Ctrl+S 组合键保存对文档所做的修改。

3. 使用"字体"对话框设置字体格式

除了通过浮动工具栏和"字体"组设置字体格式外,还可以通过"字体"对话框进行设置。

(1)打开要排版的文档,选择第 3 行文本,单击"开始"工作区"字体"组右下角的按钮。

(2)弹出"字体"对话框,选择"字体"选项卡,在"中文字体"下拉列表框中选择"黑体"选项,在"字形"列表框中选择"加粗"选项,在"着重号"下拉列表框中选择"·"选项。

(3)单击"字体颜色"下拉列表框,在其中选择"主题颜色"→"蓝色,强调文字颜色1"选项,单击"确定"按钮,如图 7-69 所示。

图 7-69 "字体"对话框

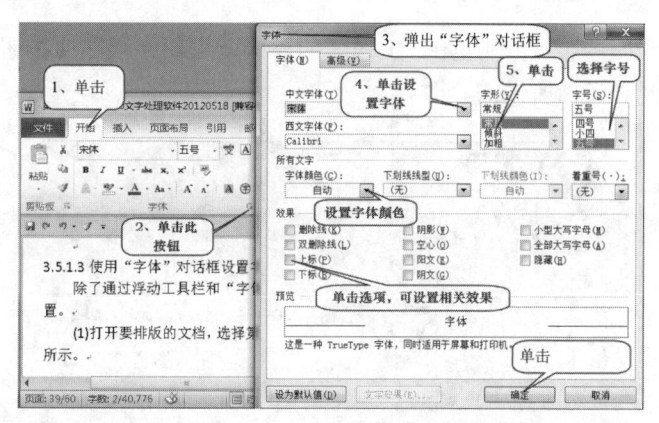

（4）在文档编辑区的空白区域中单击，此时便可看到所选文本已发生改变，保存对文档所做的修改。

总之，凡是涉及到对字符的排版，首先选中文本，然后调出"字体"对话框，或者利用快速工具栏，或者利用"开始"工作区中的"字体"组进行设置。

7.5.2 设置段落格式

在办公文档中，经常需要对段落的缩进方式、行间距等格式进行设置和调整，可以提高文档的层次表现性，这样不仅使文档更符合标准的办公文档格式，也使文档更具有可读性。

1. 利用浮动工具栏设置段落格式

在浮动工具栏中可以快速设置居中对齐、增加缩进量和减少缩进量3种段落格式。设置对齐方式只有一个 ≡ 按钮，单击它可使当前段落居中对齐；单击 ≡ 按钮可减少段落的缩进量；单击 ≡ 按钮可增加段落的缩进量。

2. 使用"段落"组快速设置段落格式

（1）打开需要进行排版的文档，选择文档标题。选择"开始"工作区中的"段落"组，单击"居中"按钮，如图 7-70 所示。

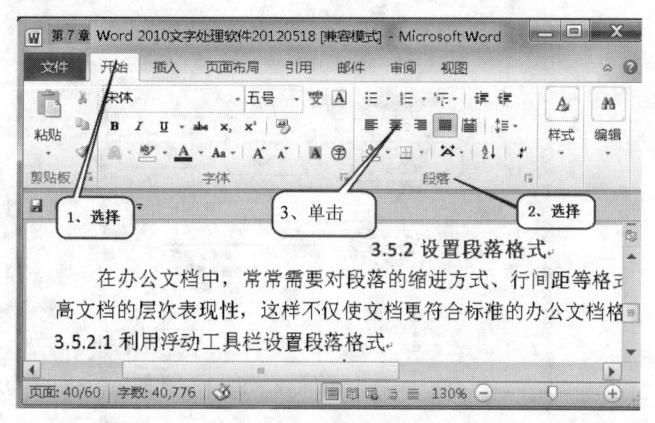

图 7-70 设置段落格式

（2）选择正文的第 2 行和第 3 行文本，在"开始"工作区"段落"组中单击"增加缩进量"按钮，如图 7-71 所示。

（3）选择文档的落款，在"开始"工作区的"段落"组中单击按钮，使其右对齐，单击"保存"按钮保存对文档所做的修改。

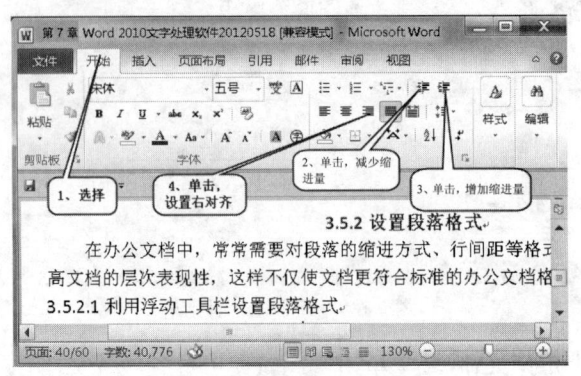

图 7-71　设置段落左右缩进

3. 使用"段落"对话框设置段落格式

除了通过浮动工具栏和"段落"组设置段落格式外，还可以使用"段落"对话框进行更详细的设置。

（1）打开要进行排版的文档，选择正文的前 3 行文本。单击"开始"工作区"段落"组右下角的按钮。

（2）弹出"段落"对话框，选择"缩进和间距"选项卡，在"间距"栏的"段前"和"段后"数值框中均输入"0.5 行"，单击"确定"按钮。

（3）选择正文需要进行排版的文本，打开"段落"对话框，选择"缩进和间距"选项卡，在"特殊格式"下拉列表框中选择"首行缩进"选项，单击"确定"按钮，如图 7-72 所示，最后保存对文档所做的修改。

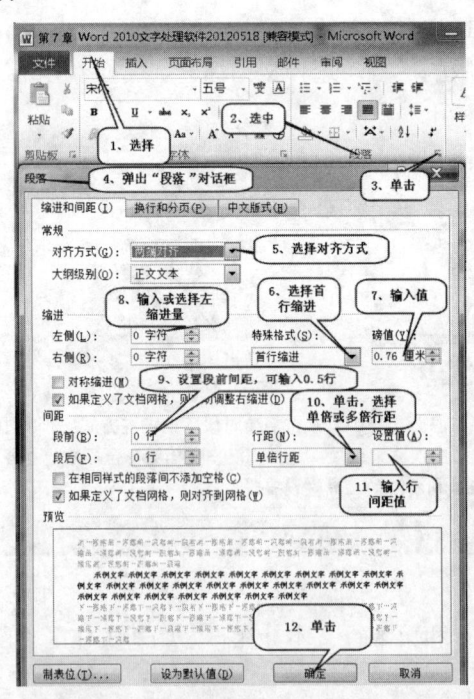

图 7-72　利用"段落"对话框进行设置

7.5.3 设置项目符号和编号

在文档中添加相应的编号或项目符号可以起到强调作用，使文档的层次结构更清晰，内容更醒目。

1. 设置项目符号样式

项目符号主要使用在具备并列关系的段落文本之前，起强调作用。在 Word 2010 文档中可以快速为文本设置项目符号。在打开的文档中，选中需要设置的内容，单击"开始"工作区"段落"组中"项目符号"按钮右侧的下拉按钮，在弹出的下拉列表中选择需要的项目符号样式，这里选择➢样式。

2. 设置编号

Word 2010 提供了多种预设的编号样式，包括 1，2，3，…、一，二，三，…、A，B，C，…等，用户在使用时可根据不同的情况选择编号，还可以根据自己的喜好自定义新编号格式。

（1）打开需要设置项目编号的文档，选择相关的段落文本。

（2）单击"开始"工作区"段落"组中"编号"按钮右侧的下拉按钮，在弹出的下拉列表中选择编号库中的"1），2），3）…"样式，如图 7-73 所示。

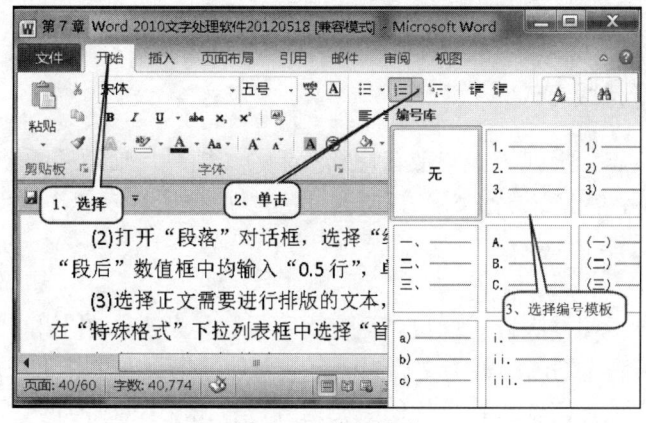

图 7-73 编号设置

（3）按 Ctrl+S 组合键保存对文档所做的修改。

3. 使用多级编号

在 Word 2010 文档中，用户可以通过更改编号列表级别来创建多级编号列表，使 Word 编号列表的逻辑关系更加清晰。

（1）打开待排版的文档，选择段落标题文本，单击"开始"工作区"段落"组中"多级列表"按钮右侧的下拉按钮，在弹出的下拉列表中选择编号库中的"1，1.1，1.1.1，…"样式。

（2）选择段落标题下的二级标题，单击"开始"工作区"段落"组中"多级列表"按钮右侧的下拉按钮，在弹出的下拉列表中选择"更改列表级别"→"2 级"选项。

（3）按照同样的方法为"总则"下方的另一段 2 级文本设置编号，右击选择设置的编号，在弹出的快捷菜单中选择"继续编号"命令自动更正编号。

（4）类似选择其他段落文本，按照和步骤（2）一样的方法为其设置 1 级编号，为其下方的文本设置 2 级编号。

（5）选择类似 1.1 下方的文本，为其设置 3 级编号，右击，在弹出的快捷菜单中选择"继续编号"命令自动更正编号,如图 7-74 所示。

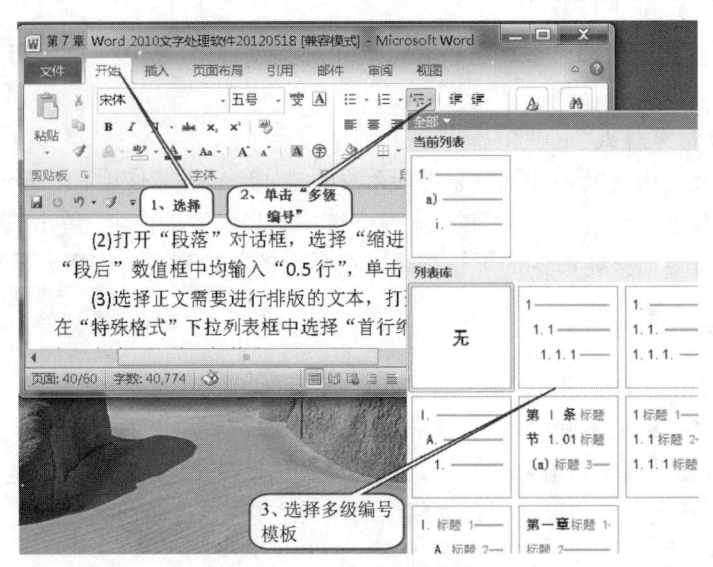

图 7-74 多级编号的输入

(6)保存对文档所做的修改。

7.5.4 其他重要排版方式

在编辑论文、杂志、报刊等一些带有特殊效果的文档时,通常需要使用一些特殊排版方式,如分栏排版、首字下沉、设置文字方向等,这些排版方式可以使文档更美观,使文档内容更生动醒目。

1. 分栏排版

分栏排版是一种新闻排版方式,被广泛应用于报刊、杂志、图书和广告单等印刷品中。使用分栏排版功能可制作别出心裁的文档版面,从而使整个页面更具可观性。

在打开的文档中选择需要进行分栏的文档内容,单击"页面布局"工作区"页面设置"组中的"分栏"右侧的下拉按钮,在弹出的下拉列表中选择需要的选项即可为选择的文本分栏。如果想要对分栏的宽度和间距进行更详细的设置,可选择"更多分栏"选项,在弹出的"分栏"对话框中对分栏的效果进行自定义设置,如图 7-75 和图 7-76 所示。

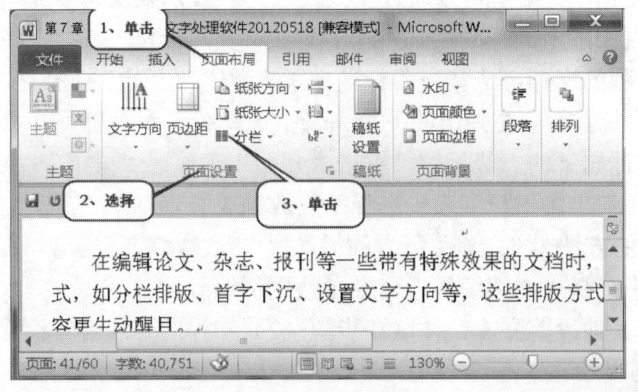

图 7-75 分栏排版

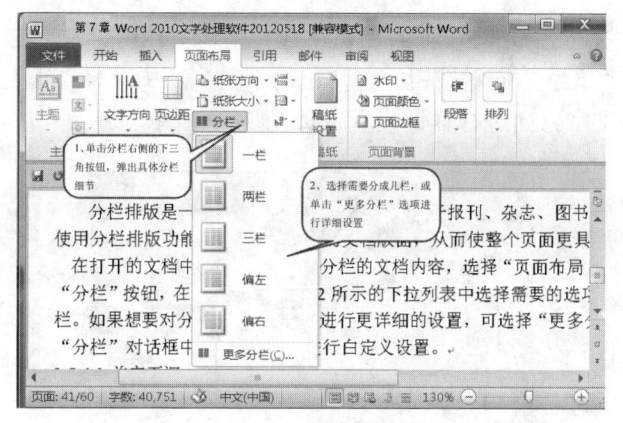

图 7-76　分栏选项

2. 首字下沉

在报刊、杂志等一些特殊文档中，为了突出段落中的第一个汉字，使其更醒目，通常会使用首字下沉的排版方式。将文本插入点定位在打开文档中所需设置首字下沉的位置,单击"插入"工作区"文本"组中的"首字下沉"按钮，在弹出的下拉列表中选择"下沉"选项，即可设置这种特殊的排版方式；单击"首字下沉"按钮，在弹出的下拉列表中选择"首字下沉选项"命令，弹出"首字下沉"对话框，在其中可对下沉位置、字体、下沉行数等进行设置，如图7-77 和图 7-78 所示。

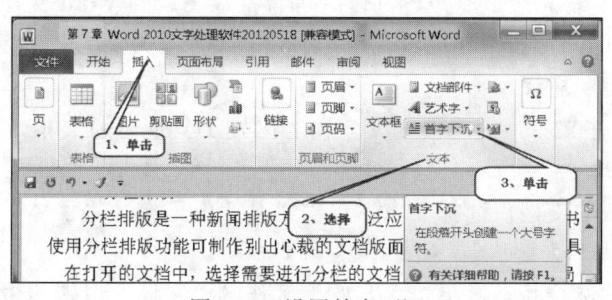

图 7-77　设置首字下沉

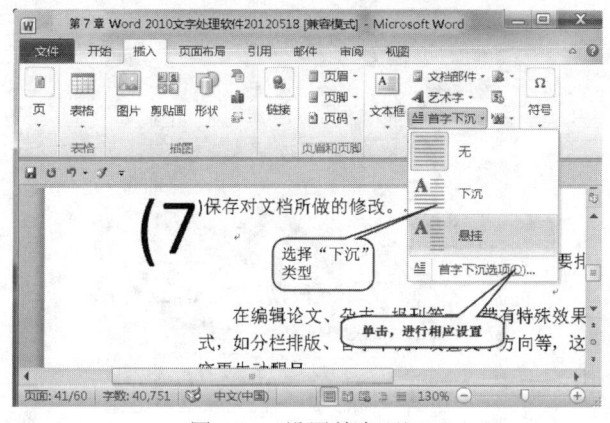

图 7-78　设置首字下沉

3. 设置文字方向

在 Word 2010 中可对文档进行各种水平、垂直、旋转等文字方向的设置。

（1）打开需要进行文字方向设置的文档，选择整篇文档内容，单击"页面布局"工作区"页面设置"组中的"文字方向"按钮，在弹出的下拉列表中选择"垂直"选项，单击"文字方向选项"命令可对文字方向进行详细设置，如图 7-79 所示。

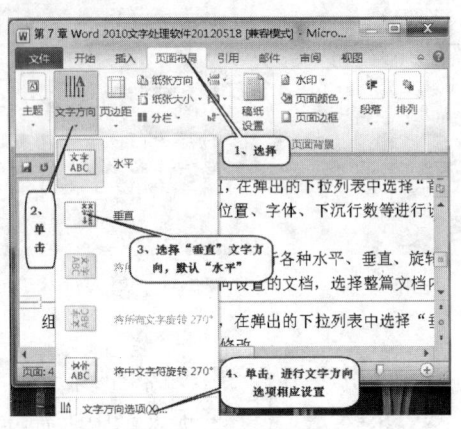

图 7-79 文字方向设置

（2）保存对文档所做的修改。

7.5.5 设置边框和底纹

在制作如邀请函、备忘录、海报、宣传画等有特殊用途的 Word 文档时，通过为文档中的文本、段落和整个页面添加边框和底纹，可以使文档更加美观，同时也突出重点。

1. 设置文字边框和底纹

为了突出显示某些文本，使重要的文本内容区别于其他普通文本，可以为文字添加边框和底纹。

（1）打开待排版的文档，选择文本，单击"开始"工作区"字体"组中的"字符边框"按钮，为文本添加边框。

（2）保持文本的选择状态，单击"开始"工作区"字体"组中的"字符底纹"按钮，为文本添加默认的底纹颜色，如图 7-80 所示，保存对文档所做的修改。

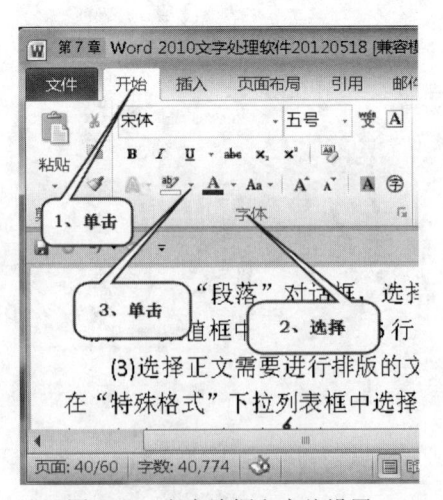

图 7-80 文字边框和底纹设置

2. 设置段落边框和底纹

利用"边框和底纹"对话框可以为所选段落设置各种样式的边框和底纹。

（1）打开待排版的文档，选择第一段正文文本。单击"开始"工作区"段落"组中"下框线"按钮右侧的下拉按钮，在弹出的下拉列表中选择"边框和底纹"选项。

（2）在弹出的"边框和底纹"对话框中选择"边框"选项卡，单击"设置"栏中的"方框"按钮，在"样式"列表框中选择第3种样式，在"颜色"下拉列表框中选择"深红"选项，在"宽度"下拉列表框中选择"1.0磅"选项，在"应用于"下拉列表框中选择"段落"选项，如图7-81所示。

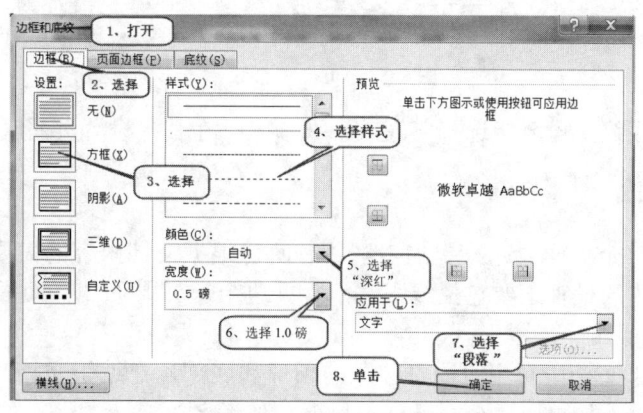

图7-81　段落边框设置

（3）选择"底纹"选项卡，在"填充"下拉列表框中选择最右列的"橙色，强调文字颜色6，深色25%"色块对应的选项，在"应用于"下拉列表框中选择"段落"选项，单击"确定"按钮，如图7-82所示。

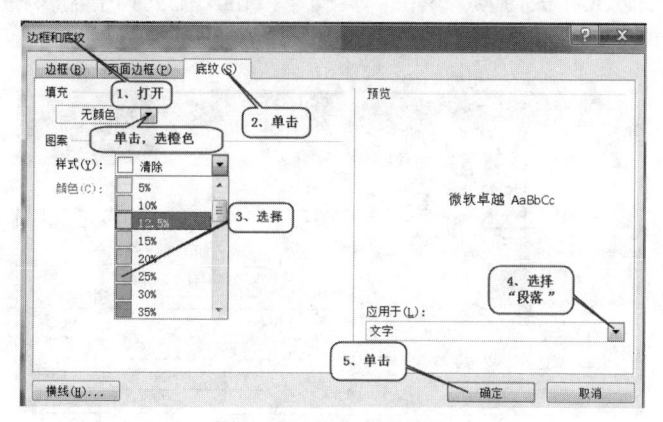

图7-82　段落底纹设置

3. 设置页面边框和底纹

设置页面边框和底纹的做法与设置段落边框和底纹的做法类似。将光标定位于需要设置边框和底纹的页面中，单击"开始"工作区"段落"组中"下框线"按钮右侧的下拉按钮，在弹出的下拉列表中选择"边框和底纹"选项，在弹出的"边框和底纹"对话框中选择"页面边框"选项卡，在"样式"、"颜色"、"宽度"下拉列表框中可对边框样式进行设置，单击"预览"栏中的各按钮可选择在页面的上、下、左、右方向添加边框；在"艺术型"下拉列表框中可对艺术型边框进行设置，如图7-83所示。

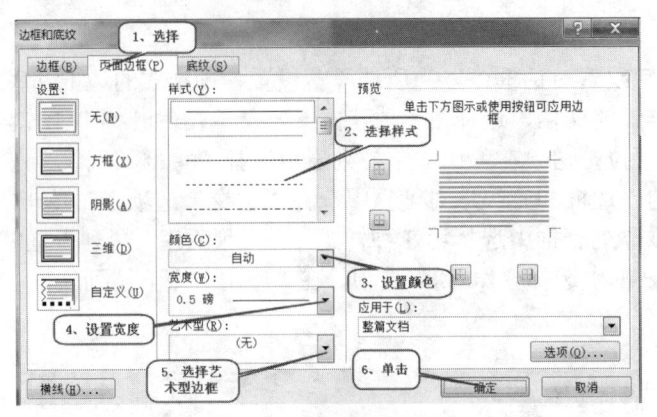

图 7-83　页面边框设置

要为页面设置底纹，可直接选择"底纹"选项卡，在其中设置页面底纹。

7.5.6　页面设置

为了让文档的整个页面看起来更加美观，有时可根据文档内容的需要自定义页面大小和页面格式。页面格式的设置主要包括纸张大小、页边距、页眉/页脚、页码等。

1. 插入页眉与页脚

页眉和页脚位于文档中每个页面页边距的顶部和底部，在编辑文档时，可以在页眉和页脚中插入文本或图形，如页码、公司徽标、日期、作者名等。

（1）打开待排版的文档，双击要插入页眉/页脚的位置，激活页眉和页脚工具的"设计"选项卡，进入页眉/页脚编辑状态。

（2）在页眉/页脚中可以插入页码和时间等，也可以直接输入页眉/页脚的内容，单击"页眉"按钮，在页眉中输入相关内容；单击"页脚"按钮，在页脚中输入相关内容，如图 7-84 和图 7-85 所示。

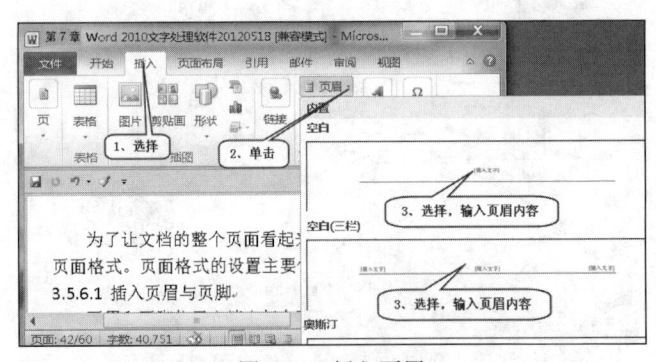

图 7-84　插入页眉

（3）在文档中双击鼠标退出页眉/页脚编辑状态，保存对文档所做的修改。

2. 插入页码

为便于查找，经常在一篇文档中添加页码来编辑文档的顺序。页码可以添加到文档的顶部、底部或页边距处。Word 2010 中提供了多种页码编号的样式库，可直接从中选择合适的样式将其插入，也可对其进行修改。

（1）打开需要插入页码的文档，单击"插入"工作区"页眉和页脚"组中的"页码"按钮，在弹出的下拉列表中选择"页面底端"→"椭圆形"选项，如图 7-86 所示。

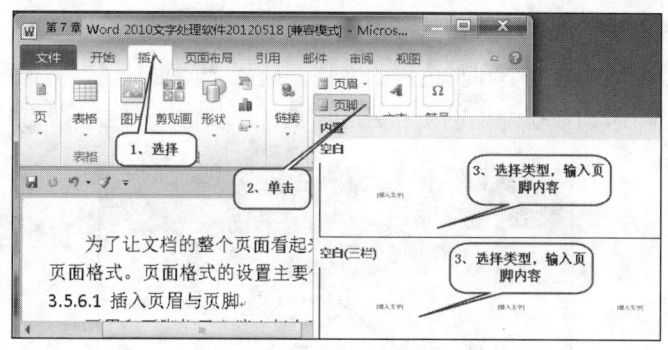

图 7-85 插入页脚

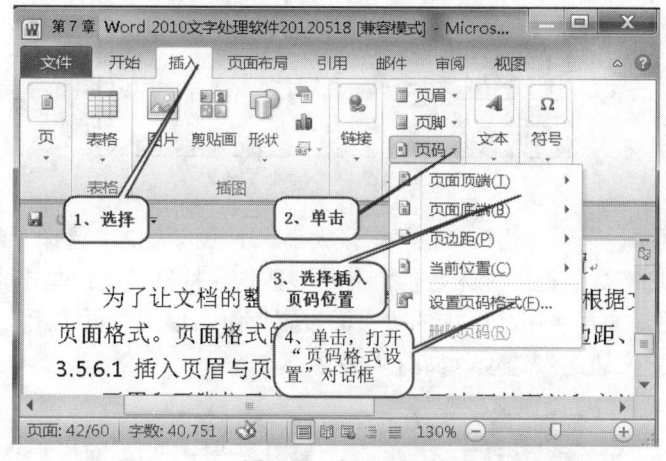

图 7-86 插入页码

（2）将所选页码样式插入到页面底端且激活页眉和页脚工具的"设计"选项卡，在"页眉和页脚"组中单击"页码"按钮，在弹出的下拉列表中选择"设置页码格式"选项。

（3）弹出"页码格式"对话框，在其中进行页码的设置和相关页码的输入，单击"确定"按钮，最后保存对文档所做的修改，如图 7-87 所示。

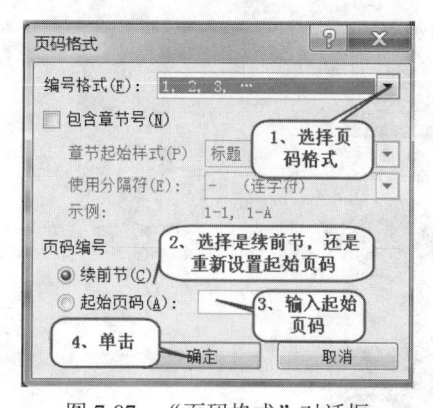

图 7-87 "页码格式"对话框

3．设置纸张大小和页边距

页边距是指页面四周的空白区域，即页面边线到文字的距离。常使用的纸张大小一般为 A4、16 开、32 开和 B5 等，不同文档要求的页面大小也不同，用户可以根据需要自定义设置纸张大小。

（1）打开需要设置纸张大小和页边距的文档，选择"页面布局"工作区中的"页面设置"组，单击"纸张大小"按钮，在弹出的下拉列表中选择"其他页面大小"选项，如图7-88所示。

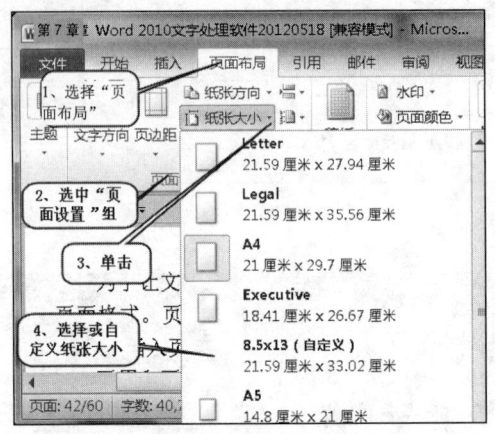

图 7-88 设置纸张大小

（2）弹出"页面设置"对话框，在"纸张大小"下拉列表框中选择"自定义大小"选项，在"宽度"和"高度"数值框中输入数值，其他参数均保持默认值，单击"确定"按钮。

（3）选择"页面布局"工作区中的"页面设置"组，单击"页边距"按钮，在弹出的下拉列表中选择"自定义边距"选项，如图7-89所示

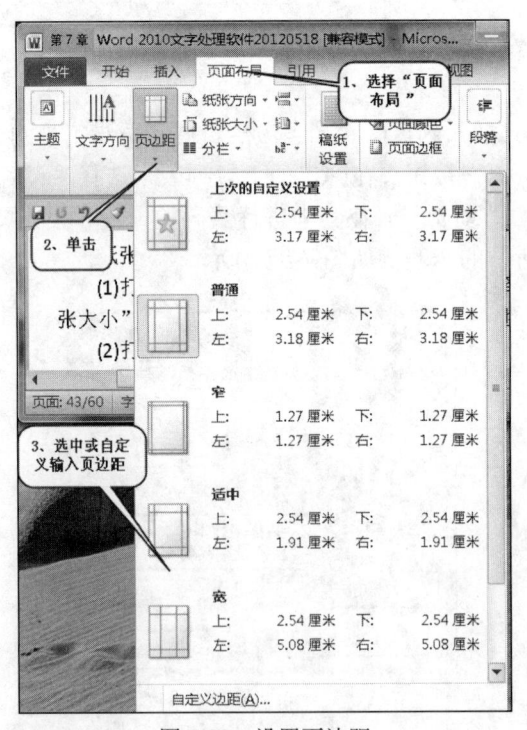

图 7-89 设置页边距

（4）弹出"页面设置"对话框，在"页边距"区域中的"上"、"下"数值框中均输入"2厘米"，在"左"、"右"数值框中均输入"2.5厘米"，单击"确定"按钮完成对页边距的设置。

（5）按 Ctrl+S 组合键保存对文档所做的操作。

7.6 表格制作

人们在日常生活中经常会遇到各种各样的表格，如统计数据表格、个人简历表格、学生信息表、各种评优奖励表、课程表等。表格作为显示成组数据的一种形式，用于显示数字和其他项，以便快速引用和分析数据。表格具有条理清楚、说明性强、查找速度快等优点，因此使用非常广泛。Word 2010 中提供了非常完善的表格处理功能，可以很容易地制作出满足需求的表格。

7.6.1 创建表格

Word 2010 提供了多种建立表格的方法，切换到"插入"工作区，单击"表格"按钮，弹出创建表格的下拉菜单，其中提供了创建表格的 6 种方式：用单元格选择板直接创建表格、使用"插入表格"命令、使用"绘制表格"命令、使用"文本转换成表格"命令、使用"Excel 电子表格"命令、使用"快速表格"命令。

1. 创建基本表格的方法

Word 2010 提供了多种创建基本表格的方法。

方法 1：使用下拉菜单中的单元格选择板直接创建表格。

操作步骤如下：

（1）单击"插入"工作区中的"表格"按钮，将鼠标移到下拉菜单中最上方的单元格选择板中，随着鼠标的移动系统会自动根据当前鼠标位置在文档中创建相应大小的表格。使用该单元格选择板能创建的表格大小最大为 8 行 10 列，每个方格代表一个单元格。单元格选择板上面的数字表示选择的行数和列数，如图 7-90 所示。

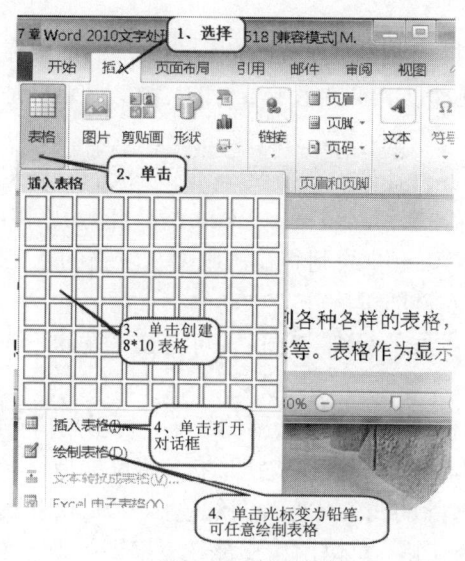

图 7-90 创建表格

（2）用鼠标向右下方拖动以覆盖单元格选择板，覆盖的单元格变为深颜色显示，表示被选中，同时文档中会自动出现相应大小的表格。此时单击鼠标左键，文档中插入点的位置会出现相应行列数的表格，同时单元格选择板自动关闭。

方法 2：使用"插入表格"命令可以创建任意大小的表格。

操作步骤如下：

（1）单击要创建表格的位置。

（2）单击"插入"工作区中的"表格"按钮，在打开的下拉菜单中选择"插入表格"命令，弹出"插入表格"对话框。

（3）在"表格尺寸"区域的相应输入框中输入需要的列数和行数，这里分别输入列数 6 和行数 8，创建 6 列×8 行的表格。

（4）在"自动调整操作"区域中设置表格调整方式和列的宽度。

- 固定列宽：输入一个值，使所有的列宽度相同。其中，选择"自动"选项可创建一个列宽值低于页边距，具有相同列宽的表格，等同于选择"根据窗口调整表格"选项。
- 根据内容调整表格：使每一列具有足够的宽度以容纳其中的内容。Word 会根据输入数据的长度自动调整行和列的大小，最终使行和列具有大致相同的尺寸。
- 根据窗口调整表格：本选项用于创建 Web 页面。当表格按照 Web 方式显示时，应使表格适应窗口的大小。

（5）如果以后还要制作相同大小的表格，则选中"为新表格记忆此尺寸"复选框。这样下次再使用这种方式创建表格时，对话框中的行数和列数会默认为此数值。

（6）单击"确定"按钮，在文档插入点处即可生成相应形式的表格。

方法 3：使用"绘制表格"命令创建表格。该方法常用来绘制更复杂的表格。

除了前两种利用 Word 2010 功能自动生成表格的方法外，还可以通过"绘制表格"命令来创建更复杂的表格。例如，单元格的高度不同或每行包含的列数不同的单元格，操作方法如下：

（1）在文档中准备创建表格的位置单击，将光标放置于插入点。

（2）单击"插入"工作区中的"表格"按钮，在弹出的下拉菜单中选择"绘制表格"命令。

（3）确定表格的外围边框，这里可以先绘制一个矩形：把鼠标移动到准备创建表格的左上角，按下左键并向右下方拖动，虚线显示了表格的轮廓，到达合适位置时放开左键，即在选定位置出现一个矩形框。

（4）绘制表格边框内的各行各列。在需要添加表格线的位置按下鼠标左键，此时鼠标变为笔形，水平、竖直移动鼠标，在移动过程中 Word 可以自动识别出线条的方向，放开左键则可以自动绘出相应的行和列。如果要绘制斜线，则要从表格的左上角开始向右下方移动，待 Word 识别出线条方向后松开左键即可。

（5）若希望更改表格边框线的粗细与颜色，可通过"设计"选项卡"绘图边框"组中的"笔颜色"和"表格线的磅值"微调框进行设置。

（6）如果绘制过程中不小心绘制了不必要的线条，可以单击"设计"选项卡"绘图边框"组中的"擦除"按钮，此时鼠标指针变成橡皮擦形状，将鼠标指针移到要擦除的线条上按鼠标左键，系统会自动识别出要擦除的线条（变为深红色显示），松开鼠标左键，则系统会自动删除该线条。如果需要擦除整个表格，可以用橡皮擦在表格外围画一个大的矩形框，待系统识别出要擦除的线条后松开左键，即可自动擦除整个表格。

方法 4：从文字创建表格。

Word 2010 提供了直接从文字创建表格的方法，即利用表格中的转换功能将文字转换成表格，这在本章的后面部分会有详细介绍。

方法 5：使用"快速表格"功能快速创建表格。

操作步骤如下：

（1）单击文档中需要插入表格的位置。

（2）单击"插入"工作区"表格"组中的"表格"按钮，在弹出的下拉菜单中选择"快速表格"选项，然后再选择需要使用的表格样式，如图 7-91 所示。

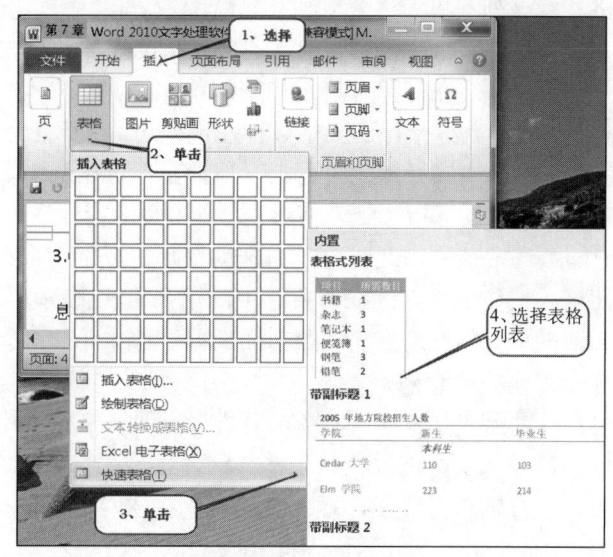

图 7-91　使用"快速表格"功能快速创建表格

方法 6：在文档中插入 Excel 电子表格。

Excel 电子表格具有强大的数据处理能力，在 Word 中可以使用插入"Excel 电子表格"命令将 Excel 电子表格嵌入到 Word 文档中。双击表格进入编辑模式，可以发现 Word 功能区会变成 Excel 的功能区，用户可以像操作 Excel 一样使用该表格。

2．表格嵌套

Word 2010 允许在表格中建立新的表格，即嵌套表格，创建嵌套表格可采用以下两种办法：

- 在文档中插入或绘制一个表格，然后再在需要嵌套表格的单元格内插入或绘制表格。
- 建立好两个表格，然后把一个表格拖到另一个表格中。

3．添加数据

在表格中输入数据与在文档中的其他地方输入数据一样简单。选择需要输入文本的单元格，把光标移动到相应的位置后单击即可直接输入任意长度的文本。用鼠标确定位置比较方便。

需要注意的是，若一个单元格中的文字过多，会导致该单元格变得过大，从而挤占别的单元格的位置；如果需要在该单元格中压缩多余的文字，则单击"布局"选项卡"表"组中的"属性"按钮，或者右击，在弹出的快捷菜单中选择"表格属性"命令，弹出"表格属性"对话框，选择"单元格"选项卡，单击"选项"按钮，然后选中"适应文字"复选框。

7.6.2　修改表格

用户创建的表格常常需要修改才能完全符合要求，另外由于实际情况的变更，表格也需要相应地进行一些调整。主要思路是：选中表格或单元格，然后再进行相应的操作。

1. 增加或删除表格的行、列和单元格

要增加或删除行、列和单元格必须要先选定表格。选定表格后右击,在弹出的快捷菜单中选择相应的选项即可完成对表格中单元格或行、列的增加与删除。

(1) 选定单元格。

- 单击"布局"工作区"表"组中的"选择"按钮,在弹出的下拉菜单中选择所需选取的类型:表格、行、列、单元格。
- 选定一个单元格:把鼠标指针放在要选定的单元格的左侧边框附近,指针变为斜向右上方的实心箭头➚时单击左键即可选定相应的单元格。
- 选定一行或多行:移动鼠标指针到表格该行左侧外边,指针变为斜向右上方的空心箭头⇗时单击左键即可选中该行,此时再上下拖动鼠标可以选中多行。
- 选定一列或多列:移动鼠标指针到表格该列顶端外边,指针变为竖直向下的实心箭头⬇时单击左键即可选中该列,此时再左右拖动鼠标可以选中多列。
- 选中多个单元格:按住鼠标左键在所要选中的单元格上拖动可以选中连续的单元格。如果要选择分散的单元格,则应先按照前面的办法选中第一个单元格,然后按住 Ctrl 键,再依次选中其他的单元格。
- 选中整个表格:将鼠标拖过表格,表格左上角将出现表格移动控点,单击该控点或者直接按住鼠标左键并将鼠标拖过整张表格。

选择了表格后就可以执行插入操作了,插入行、列和插入单元格的操作略有不同。

(2) 插入行、列。

1) 在表格中选择待插入行(或列)的位置,所插入行(或列)必须在所选行(或列)的上面或下面(左边或右边)。

2) 单击"布局"工作区"行和列"组中的相应按钮进行相应操作,或者右击,在弹出的快捷菜单中选择"插入"→"在左侧插入列"、"插入"→"在右侧插入列"或者"插入"→"在上方插入行"、"插入"→"在下方插入行"命令。

(3) 插入单元格。

1) 在表格中选择待插入单元格的位置。

2) 单击"布局"工作区"行和列"组中的对话框启动器(或者右击,在弹出的快捷菜单中选择"插入"→"插入单元格"命令),弹出"插入单元格"对话框。

3) 选择相应的操作方式,单击"确定"按钮。

(4) 删除行、列和单元格。

1) 在表格中选中要删除的行、列或单元格。

2) 单击"布局"工作区"行和列"组中的"删除"按钮,在弹出的下拉菜单中根据删除内容的不同选择相关的删除命令。选择"删除单元格"命令时会弹出"删除单元格"对话框。

3) 单击"确定"按钮。

2. 合并、拆分表格或单元格

合并单元格是指将同一行或同一列中的两个或多个单元格合并为一个单元格,拆分单元格与合并单元格的含义相反。

(1) 合并单元格。

1) 选中要合并的单元格。

2) 单击"布局"工作区"合并"组中的"合并单元格"按钮,或者右击,在弹出的快捷菜单中选择"合并单元格"命令。

如果合并的单元格中有数据，那么每个单元格中的数据都会出现在新单元格内部。

（2）拆分单元格。

1）选择要拆分的单元格，单元格可以是一个或多个连续的单元格。

2）单击"布局"工作区"合并"组中的"拆分单元格"按钮，或者右击，在弹出的快捷菜单中选择"拆分单元格"命令。

3）设置要将选定的单元格拆分成的列数或行数。

4）单击"确定"按钮。

（3）修改单元格大小。

1）选择要修改的单元格。

2）若要修改单元格的高度，可直接在"布局"工作区"单元格大小"组中的"高度"按钮旁的编辑框中输入所需高度的数值，或直接使用编辑框旁的上下按钮调节其高度；若修改单元格的宽度，可直接在"布局"工作区"单元格大小"组中的"宽度"按钮旁的编辑框中输入所需宽度的数值，或直接使用编辑框旁的上下按钮调节其宽度。

（4）拆分表格。

拆分表格可将一个表格分成两个表格，操作步骤如下：

1）单击要成为第二个表格的首行的行。

2）单击"布局"工作区"合并"组中的"拆分单元格"按钮或按 Ctrl+Shift+Enter 组合键。

如果要将拆分后的两个表格分别放在两页上，则在执行第 2 步后，使光标位于两个表格间的空白处，再按 Ctrl+Enter 组合键。如果希望将两个表格合并，只需删除表格中间的空白即可。

当然还可以利用表格边框把一张表格拆分为左右两部分，操作步骤如下：

1）选中表格中间的一列。

2）单击"设计"工作区"绘制边框"组中的对话框启动器，或者右击，在弹出的快捷菜单中选择"边框和底纹"命令，弹出"边框和底纹"对话框，单击"边框"选项卡。

3）在"设置"区域中选中"方框"选项，然后单击"预览"下面的图按钮，把"预览"区中表格的上下两条框线取消。

4）单击"确定"按钮，即可看到原表格被拆分成了左右两个表格。

7.6.3 设置表格格式

为了使创建完成后的表格达到所需的外观效果，需要进一步对边框、颜色、字体、文本等进行一定的排版，以美化表格，使表格内容更清晰。

1. 表格自动套用格式

Word 2010 内置了很多种表格格式，使用任何一种内置的表格格式都可以为表格应用专业的格式设计。

自动设置表格格式的操作步骤如下：

（1）选中要修饰的表格，出现"设计"工作区，可以看到"表格样式"组中提供了几种简单的表格样式。用鼠标在样式上滑动，在文档中可以预览到表格应用该样式后的效果。

（2）在预览效果满意的样式上单击，文档中的表格就会自动应用该样式。

（3）选择任一样式后，可以单击"设计"工作区"表格样式选项"组中的相应按钮来对样式进行调整，同时可以随时观察表格样式发生的变化。

2. 表格中文字的字体设置

表格中文字的字体设置与文本中的设置方法一样，参照字体的相关设置即可，这里只讨论文字对齐方式和文字方向两个方面。

（1）文字对齐方式。

Word 2010 提供了 9 种不同的文字对齐方式。在"布局"工作区"对齐方式"组中显示了这 9 种文字对齐方式。默认情况下，Word 2010 将表格中的文字与单元格的左上角对齐。

用户可以根据需要更改单元格中文字的对齐方式，操作步骤如下：

1）选中要设置文字对齐方式的单元格。

2）根据需要单击"布局"工作区"对齐方式"组中相应的对齐方式按钮；或者右击，在弹出的快捷菜单中选择"单元格对齐方式"，然后再选择相应的对齐方式命令；或者使用"开始"工作区"段落"组中的文字对齐方式按钮进行文字对齐方式的设置。

（2）文字方向。

默认情况下，单元格的文字方向为水平排列，可以根据需要更改表格单元格中的文字方向，使文字垂直或水平显示。

改变文字方向的操作步骤如下：

1）单击包含要更改方向的文字的表格单元格。如果要同时修改多个单元格，则选中所要修改的单元格。

2）单击"页面布局"工作区"页面设置"组中的"文字方向"按钮；或者右击，在弹出的快捷菜单中选择"文字方向"命令，弹出"文字方向"对话框。

3）设置所需的文字方向。

4）单击"确定"按钮。

3. 设置表格中的文字至表格线的距离

表格中每一个单元格中的文字与单元格的边框之间都有一定的距离。默认情况下，字号大小不同，距离也不相同。如果字号过大或者文字内容过多，影响了表格展示的效果，就要考虑设置单元格中的文字离表格线的距离。调整的操作步骤如下：

（1）选择要做调整的单元格。如果要调整整个表格，则选中整个表格。

（2）单击"布局"工作区"表"组中的"属性"按钮（或者右击，在弹出的快捷菜单中选择"表格属性"命令），弹出"表格属性"对话框。

（3）如果要针对整个表格进行调整，选择"表格"选项，单击"选项"按钮，弹出"表格选项"对话框，在"默认单元格边距"组中的"上"、"下"、"左"、"右"输入框中输入适当的值，单击"确定"按钮；如果只调整所选中的单元格，选择"单元格"选项卡，然后单击"选项"按钮，弹出"单元格选项"对话框，先取消选中"与整张表格相同"复选框，再在"单元格边距"组中的"上"、"下"、"左"、"右"输入框中输入适当的值。

（4）单击"确定"按钮。

4. 表格的分页设置

处理大型表格时，它常常会被分割成几页来显示。可以对表格进行调整，以便表格标题能显示在每页上（注：只能在页面视图或打印出的文档中看到重复的表格标题）。操作方法如下：

（1）选择一行或多行标题行。选定内容必须包括表格的第一行。

（2）单击"布局"工作区"数据"组中的"重复标题行"按钮。

5. 表格自动调整

表格在编辑完毕后，为了达到满意的效果，常常需要对表格的效果进行调整，Word 2010 提供了自动调整的功能，方法为：单击"布局"工作区"单元格大小"组中的"自动调整"按钮（或者右击，在弹出的快捷菜单中选择"自动调整"命令），弹出下拉菜单中给出了三种自动调整功能："根据内容调整表格"、"根据窗口调整表格"和"固定列宽"。另外，使用"布局"工作区"单元格大小"组中的"分布行"按钮和"分布列"按钮也可以对表格进行自动调整。

- 根据内容调整表格：自动根据单元格的内容调整相应单元格的大小。
- 根据窗口调整表格：根据单元格的内容以及窗口的大小自动调整相应单元格的大小。
- 固定列宽：单元格的宽度值固定，不管内容怎样变化，只有行高可变。
- 平均分布各行：保持各行行高一致，这个命令会使选中的各行行高平均分布，不管各行内容怎样变化，仅列宽可变。
- 平均分布各列：保持各列列宽一致，这个命令会使选中的各列列宽平均分布，不管各列内容怎样变化，仅行高可变。

6. 改变表格的位置和环绕方式

新建的表格默认情况下是沿着页面左端对齐的，根据需要可能要对表格的位置进行移动和改变。

（1）移动表格。

1）在页面视图上，将指针置于表格的左上角，直到表格移动控点⊞出现。

2）将表格拖动到新的位置。

（2）对齐表格。

1）单击"布局"工作区"表"组中的"属性"按钮（或者右击，在弹出的快捷菜单中选择"表格属性"命令），弹出"表格属性"对话框。

2）单击"表格"选项卡。

3）在"对齐方式"区域中选择所需的选项。例如选择"左对齐"，在"左缩进"文本框中输入数值，并选择"文字环绕"区域中的"无"选项。

（3）设置表格的文字环绕方式。

在"表格属性"对话框"表格"选项卡的"文字环绕"区域中选择"环绕"选项，可以直接设定文字环绕方式。如果对表格的位置及文字环绕的效果仍不满意，可以单击"定位"按钮，弹出"表格定位"对话框，在"水平"、"垂直"区域中的"位置"和"相对于"下拉列表框中根据需要进行选择，然后在"距正文"文本框中输入相应的数值。

7. 表格的边框和底纹

在表格建立之后，可以为整个表格或表格中的某个单元格添加边框或填充底纹。除了前面介绍的使用系统提供的表格样式来使表格具有精美的外观外，还可以通过进一步的设置来使表格符合要求。

Word 2010 提供了两种不同的设置方法：

（1）选中需要修饰的表格的某个部分，单击"设计"工作区"表格样式"组中的"底纹"按钮（或"边框"按钮）右端的小三角按钮，可以显示一系列的底纹颜色（或边框设置），选择相应的选项。

（2）选中需要修饰的表格的某个部分，单击"设计"工作区"绘图边框"组中的对话框启动器；或者右击，在弹出的快捷菜单中选择"边框和底纹"命令，弹出"边框和底纹"对话框,选择"边框"选项卡,在"设置"区域中选择"方框"选项,则仅仅在表格最外层应用选定格式,不给每个单元格加上边框;选择"全部"选项,则每个线条都应用选定格式;选择"虚框"选项,则会自动为表格内部的单元格加上边框。

8. 设置表格的列宽和行高

单击表格,可以直接对表格进行行、列的拖动以改变列宽和行高。若要进行精确的拖动,在单击表格的时候会出现相应的行、列标尺,通过标尺可以进行列宽和行高的精确调整。如果需要改变整个表格的大小,把鼠标指针移到表格的右下角,按住鼠标左键拖拉即可。

另外,也可以使用"表格属性"对话框来对表格的行高和列宽进行设置。

9. 制作具有单元格间距的表格

可以在建立表格之后,更改表格中单元格的间距来制作具有单元格间距的表格。操作步骤如下:

(1)选中表格。

(2)单击"布局"工作区"对齐方式"组中的"单元格边距"按钮(或者右击,在弹出的快捷菜单中选择"表格属性"命令,弹出"表格属性"对话框。选择"表格"选项卡,单击"选项"按钮,弹出"表格选项"对话框。选中"默认单元格间距"区域中的"允许调整单元格间距"复选框,并在其右边输入相应的间距值。

7.6.4 使用排序和公式

Word 2010 提供了将表格中的文本、数字或数据按"升"或"降"两种顺序排列的功能。升序:顺序为字母从 A 到 Z,数字从 0 到 9,或最早的日期到最晚的日期;降序:顺序为字母从 Z 到 A,数字从 9 到 0,或最晚的日期到最早的日期。

1. 对表格中的内容进行排序

在表格中对文本进行排序时,可以选择对表格中单独的列或整个表格进行排序。也可在表格的单独列中使用一个单词或域进行排序。例如,一列中包含名字,可以按名字进行排序。

Word 2010 提供了在表格列中使用多个单词或域进行排序的功能。例如,如果列中同时包含姓氏和名字,可以按照姓氏或名字进行排序,操作步骤如下:

(1)选择需要排序的列。

(2)单击"布局"工作区"数据"组中的"排序"按钮,弹出"排序"对话框。

(3)在"类型"区域中选择所需选项。

(4)单击"选项"按钮,弹出"排序选项"对话框,取消选中"仅对列排序"复选框。

(5)在"分隔符"区域中选择分隔要排序的单词或域的字符类型,然后单击"确定"按钮关闭"排序选项"对话框。

(6)在"排序"对话框的"主要关键字"文本框中输入包含要排序的数据的列,然后在"使用"框中选择要依据其排序的单词或域。

(7)在"排序"对话框的"次要关键字"文本框中输入包含要排序的数据的列,然后在"使用"框中选择要依据其排序的单词或域。

(8)如果希望依据另一列进行排序,请在"第三关键字"框中重复操作步骤(7)。

(9)单击"确定"按钮关闭"排序"对话框,完成排序。

2. 使用公式

Word 2010 的表格提供了强大的计算功能,可以帮助用户完成常用的数学计算。

计算行或列中数值的总和的操作步骤如下:

(1) 单击要放置求和结果的单元格。

(2) 单击"布局"工作区"数据"组中的"公式"按钮,弹出"公式"对话框。

(3) 如果选定的单元格位于一列数值的底端,将建议采用公式=SUM(ABOVE)进行计算;如果选定的单元格位于一行数值的右边,将建议采用公式=SUM(LEFT)进行计算。如果该公式正确,单击"确定"按钮即可完成相应的计算。

其他的计算如求平均值 AVERAGE 和上面的类似。

7.6.5 表格与文本之间的转换

Word 2010 中允许文本和表格间进行相互转换。当用户需要将文本转换为表格时,应先将需要进行转换的文本格式化,即把文本中的每一行用段落标记隔开,每一列用分隔符(如逗号、空格、制表符等)分开,否则系统将不能正确识别表格的行、列,从而导致不能正确地进行转换。

1. 将表格转换为文本

将表格转换为文本的操作步骤如下:

(1) 选择要转换为文本的表格或表格内的行。

(2) 单击"布局"工作区"数据"组中的"转换为文本"按钮,弹出"表格转换成文本"对话框。

(3) 在"文字分隔符"下单击所需的选项,例如可以选择"制表符"作为替代列边框的分隔符。

(4) 单击"确定"按钮。

2. 将文本转换成表格

将文本转换为表格时,使用逗号、制表符或其他分隔符标记新的列开始的位置,操作步骤如下:

(1) 选择要转换的文本。

(2) 在准备转换成表格的文本中,用逗号、制表符或其他分隔符标记新的列开始的位置。例如,在有两个字的一行中,在第一个字后插入逗号或制表符,从而创建一个两列的表格。

(3) 单击"插入"工作区"表格"组中的"表格"按钮,在弹出的下拉菜单中单击"文本转换成表格"命令,弹出"将文字转换成表格"对话框。

(4) 在"表格尺寸"区域中的"列数"文本框中输入所需的列数,如果选择的列数大于数据元组的列数,后面会添加空列;在"文字分隔位置"下单击所需的分隔符选项,如选择"制表符"。

(5) 单击"确定"按钮。

7.7 高级排版

为了提高工作效率,常常需要对长文档进行高级处理。本节将具体讲解样式的使用、长文档的编辑和邮件合并的方法。

7.7.1 样式的使用

办公人员日常处理的文档大部分格式都类似，用户可以将文档中具有代表性的文档格式定义为样式，在创建类似的文档时直接调用该类文档样式即可。

1. 应用自带样式

Word 2010 自带了一个样式库，为用户提供了丰富的样式，用户可以直接应用，也可以对标题、字体和背景等样式进行修改，得到新的样式。

（1）打开文档，选择标题文本，单击"开始"工作区"样式"组中的"快速样式"按钮，在弹出的下拉列表中选择"标题 1"样式。

（2）选择标题文本，单击"开始"工作区"样式"组中的"更改样式"按钮，在弹出的下拉列表中选择"样式集"→"简单"选项。

（3）按 Ctrl+S 组合键保存文档。

2. 修改样式

如果对 Word 2010 提供的样式不满意，可以重新创建或修改样式。修改样式的方法为：选择需要修改样式的文本，然后直接在"样式"任务窗格中选择需要的样式进行修改。重新创建样式可在"根据格式设置创建新样式"对话框中进行设置，具体操作步骤如下：

（1）打开文档，将文本插入点定位到正文第一段段落中，单击"开始"工作区"样式"组中的"扩展"按钮，打开"样式"任务窗格，单击"新建样式"按钮。

（2）弹出"根据格式设置创建新样式"对话框，在"名称"文本框中输入"新建样式"，在"格式"区域的"字体"下拉列表框中选择"宋体"选项，在"字号"下拉列表框中选择"小四"选项，单击"确定"按钮。

（3）将文本插入点定位到正文第二段段落中，在"样式"任务窗格中单击"新建样式"按钮，第三段段落应用相同的样式，依此类推，完成后单击 ✕ 按钮。

（4）按 Ctrl+S 组合键保存文档。

7.7.2 长文档的编辑

在科研报告、调研报告、毕业（论文）设计等的排版过程中，经常需要编排目录和索引，在文档中插入脚注、尾注和批注等说明性文字。

1. 插入目录

在长文档中插入目录可以更清楚地理解文档的内容，单击目录中的某个标题可快速跳转到相应位置。如果对插入的目录不满意，还可以根据自己的需要对其进行修改。

（1）打开文档，对各类标题进行设置，分别设置为一级标题、二级标题、三级标题等。将文本插入点定位到文档中标题下方的空行处，单击"引用"工作区"目录"组中的"目录"按钮，在弹出的下拉列表中选择"插入目录"选项，如图 7-92 所示。

（2）弹出"目录"对话框，在"制表符前导符"下拉列表框中选择第 2 种制表符，在"显示级别"数值框中输入 3，单击"选项"按钮。

（3）弹出"目录选项"对话框，设置目录选项，然后依次单击"确定"按钮应用设置，如图 7-93 所示。

（4）按 Ctrl+S 组合键保存对文档所做的修改。

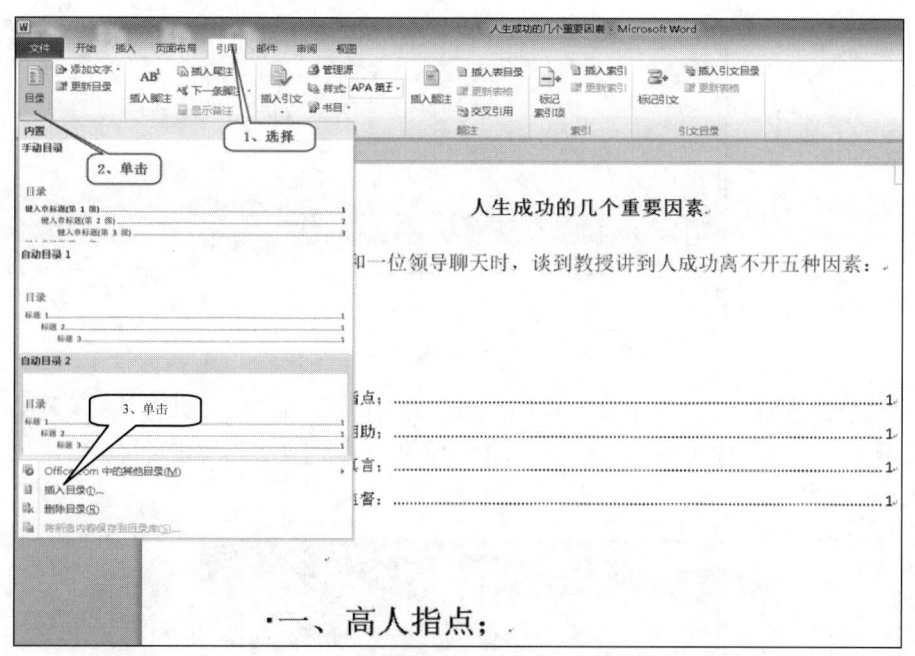

图 7-92　插入目录

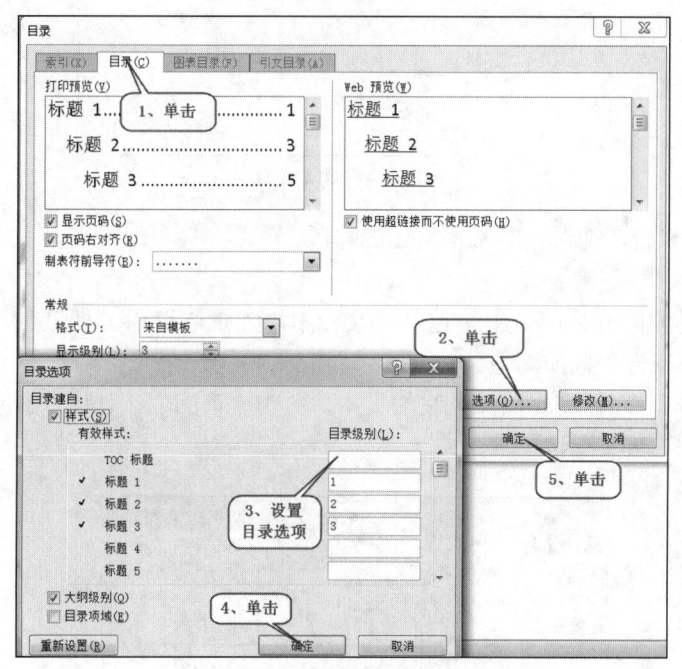

图 7-93　设置目录选项

2．插入脚注和尾注

脚注和尾注用于对文档中的一些文本进行解释、延伸等，其中脚注位于每一页的下方，尾注位于文档结尾。

（1）打开文档，选择需要创建脚注的文本，单击"引用"工作区"脚注"组中的"插入脚注"按钮。此时所选文本右上角将出现数字1，意为文档中的第一处脚注，同时当前页面下方将出现可编辑区域，如图7-94所示，在其中输入具体的脚注内容即可。

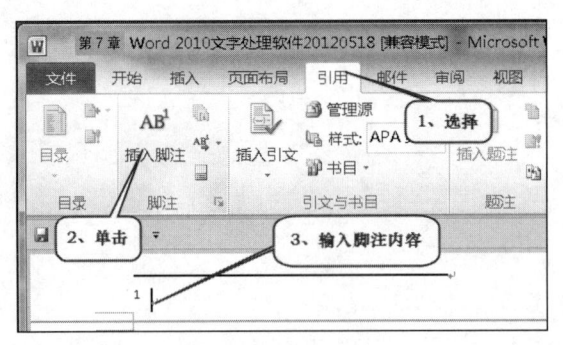

图 7-94 插入脚注

（2）选择需要创建尾注的文本，单击"引用"工作区"脚注"组中的"插入尾注"按钮，如图 7-95 所示，此时所选文本右上角将出现罗马字母 I，同时文档结尾出现可编辑区域，直接在其中输入尾注内容。

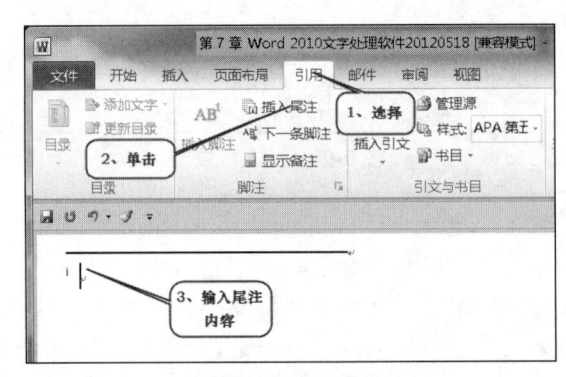

图 7-95 插入尾注

（3）按 Ctrl+S 组合键保存对文档所做的修改。

3. 添加批注

文档需要在不同的办公成员中传递，在文档中添加批注可以方便其他阅读者更好地理解批注者的用意，使双方更好的沟通。

（1）打开文档，选择需要插入批注的文本，单击"审阅"工作区"批注"组中的"新建批注"按钮，如图 7-96 所示。

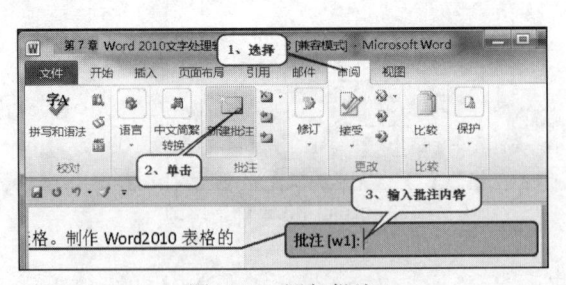

图 7-96 添加批注

（2）此时文档中将自动插入红色的文本框，在其中输入具体的批注内容，按照相同的方法便可为文档的多处文本添加需要的批注。

（3）在插入的批注上右击，在弹出的快捷菜单中选择"删除批注"命令可将该批注删除，如图 7-97 所示。

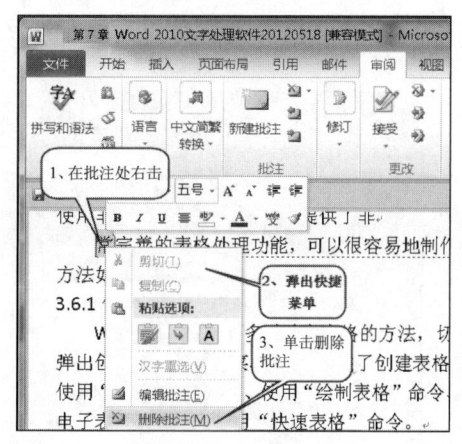

图 7-97　删除批注

（4）按 Ctrl+S 组合键保存对文档所做的修改。

7.7.3　邮件合并

邮件合并是一个非常有用的工具，正确地加以运用可以提高工作的质量和效率。

基本概念和功能："邮件合并"这个名称最初是在批量处理"邮件文档"时提出的。具体地说，就是在邮件文档（主文档）的固定内容中合并与发送信息相关的一组通信资料（数据源：如 Excel 表、Access 数据表等），从而批量生成需要的邮件文档，因此大大提高了工作效率。

适用范围：需要制作的数量比较大且文档内容可分为固定不变的部分和变化的部分（比如打印信封，寄信人信息是固定不变的，而收信人信息是变化的部分），变化的内容来自数据表中含有标题行的数据记录表。

基本的合并过程：邮件合并的基本过程包括三个步骤，只要理解了这些过程，就可以得心应手地利用邮件合并来完成批量作业。

1. 建立主文档

主文档是指邮件合并内容的固定不变的部分，如信函中的通用部分、信封上的落款等。建立主文档的过程就和平时新建一个 Word 文档一模一样，在进行邮件合并之前它只是一个普通的文档。唯一不同的是，如果你正在为邮件合并创建一个主文档，你可能需要考虑，这份文档要如何写才能与数据源更完美地结合，以满足要求（在合适的位置留下数据填充的空间）。

（1）建立空白文档，设置页面方向为横向，如图 7-98 所示。

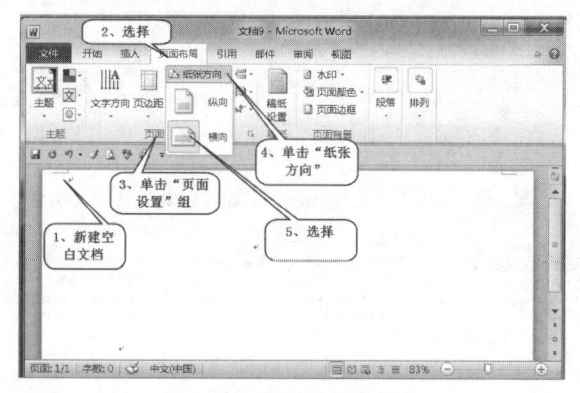

图 7-98　设置文档为横向

（2）选择信封的尺寸或自定义信封的大小，如图 7-99 所示。

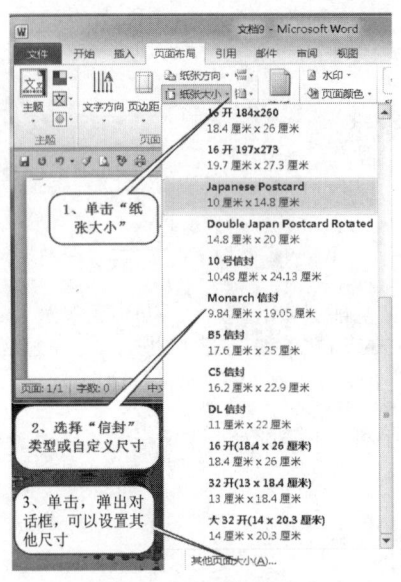

图 7-99 设置信封尺寸

（3）建立信封模板，输入不变的部分并排好版，变化部分留出空白，如图 7-100 所示。

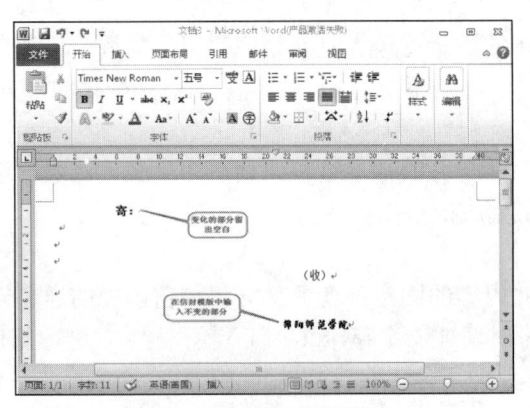

图 7-100 建立信封模板

2．准备数据源

新建一个 Excel 文件，在其中输入相关信息，如图 7-101 所示。

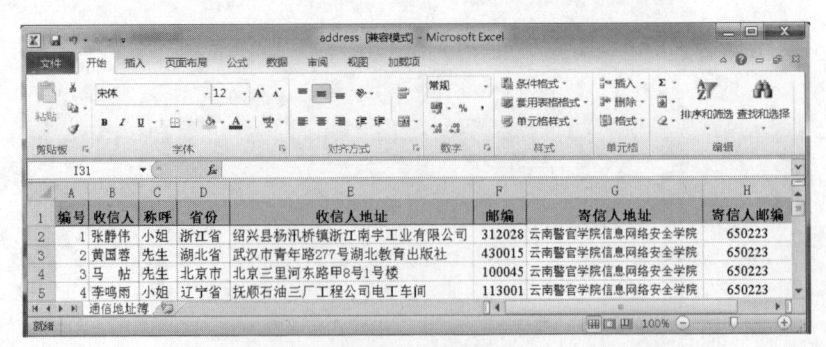

图 7-101 准备数据源

3. 连接数据源和信封模板

在默认情况下，在"选取数据源"对话框中连接至数据源。如果已有可使用的数据源（如 Microsoft Excel 数据表或 Microsoft Access 数据库），则可以直接从"邮件合并"任务窗格中连接至数据源。

如果没有现有的数据源，也可以直接从任务窗格中创建数据源。如果仅需要简单的地址列表，"邮件合并"任务窗格将指导您完成创建"Microsoft Office 地址列表"的过程。也可以从"选取数据源"对话框中创建更复杂的数据源，如图 7-102 所示。

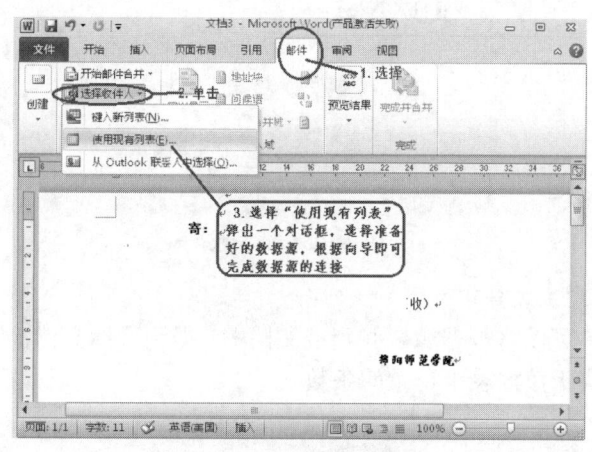

图 7-102　选择连接数据源

在"选择表格"对话框中单击"确定"按钮，完成数据源的连接，如图 7-103 所示。

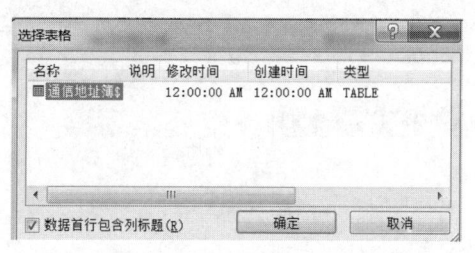

图 7-103　完成数据源的连接

4. 在信封模板中插入域

在信封模板中插入相应的域，如图 7-104 所示。

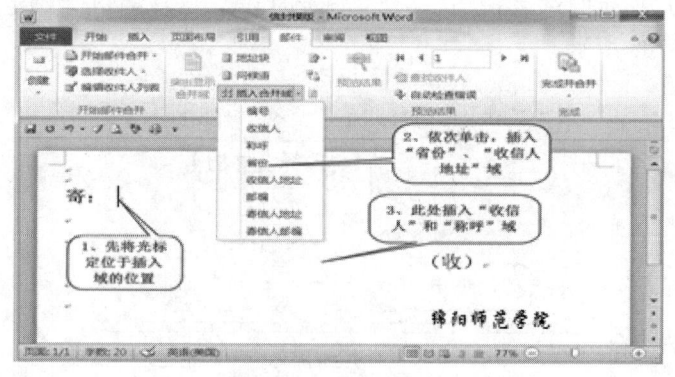

图 7-104　选择插入域

插入域后，可对插入的内容进行字体、字号等设置，效果如图 7-105 所示。

图 7-105　插入域

5. 将数据源合并到主文档中

利用邮件合并工具可以将数据源合并到主文档中，得到目标文档，如图 7-106 所示。合并完成的文档的份数取决于数据表中记录的条数。

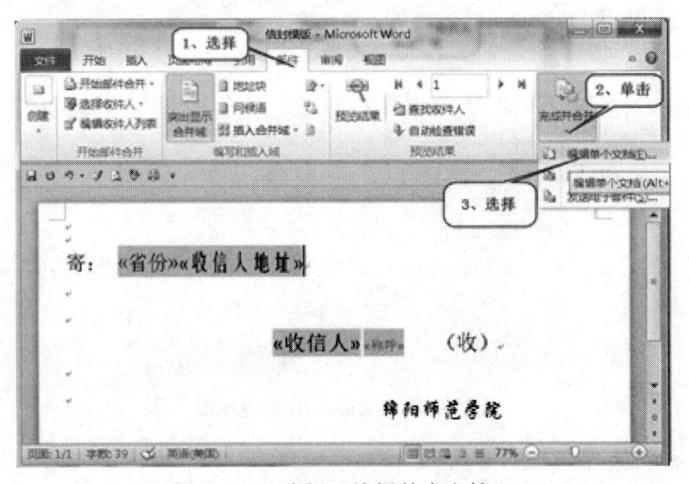

图 7-106　选择"编辑单个文档"

出现如图 7-107 所示的对话框，选择合并记录的方式，最后单击"确定"按钮完成邮件的合并，效果如图 7-108 所示。

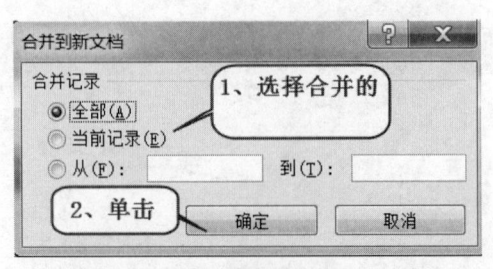

图 7-107　"合并到新文档"对话框

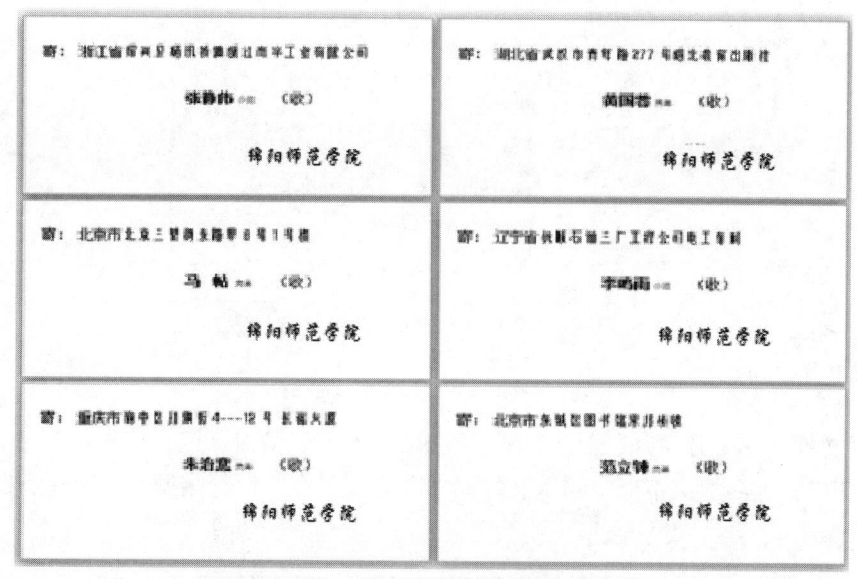

图 7-108　邮件合并结果

7.8　文档的保护与打印

文档编辑过程中或编辑完成后，对文档进行保护，以防止文档内容的丢失和他人非授权的打开和使用。最后对编辑完成的文档进行打印输出。

7.8.1　防止文档内容的丢失

1. 自动备份文档

在编辑和使用文档的过程中，应对文档进行定时保存，以确保在存储的文档中包括最新的更改，只有这样，在断电或计算机发生故障时才不会丢失文档内容。Word 2010 提供了文档自动备份功能，可以根据用户设定的自动保存时间自动保存文档。具体操作方法如下：

（1）单击"文件"→"选项"命令，弹出"Word 选项"对话框，如图 7-109 所示。

（2）单击"保存"选项，在右侧"保存文档"区域中单击"将文件保存为此格式"下拉列表框，选中自动保存文档的版本格式。

（3）选中"保存自动恢复信息时间间隔"复选框，并设置自动恢复信息时间间隔，系统默认时间为 5 分钟。

（4）选中"如果我没保存就关闭，请保留上次自动保留的版本"复选框。

（5）设置自动恢复文件位置及默认文件位置。

（6）单击"确定"按钮。

2. 为文档保存不同版本

Word 2010 提供了将同一个文档保存为不同版本的功能，文档可以保存为 Word 2007-Word 2010 文档格式、Word 97-Word 2003 格式，或者直接另存为 PDF 或 XPS 文档格式。这样可以很方便地在不同的 Word 版本下编辑、浏览文档。

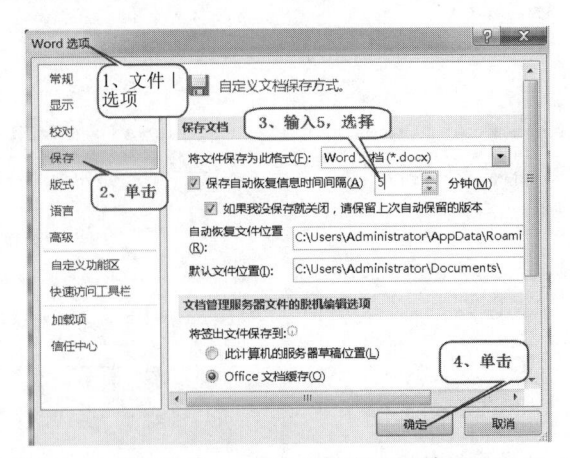

图 7-109 "Word 选项"对话框

单击"文件"→"另存为"命令，弹出如图 7-110 所示的对话框，在其中选择文档的"保存路径"，在"文件名"文本框中输入文件的保存名称，在"保存类型"下拉列表框中选择文件的保存类型。

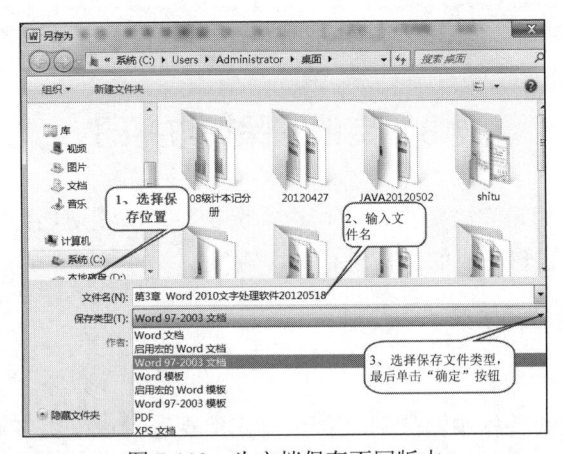

图 7-110 为文档保存不同版本

7.8.2 保护文档的安全

Word 2010 提供了对文档的加密方式，能够有效地防止文档被他人擅自修改和打开。

1. 防止他人擅自修改文档

Word 2010 提供了各种保护措施来防止他人擅自修改文档，从而保证文档的安全性。单击"文件"→"信息"选项，在右侧窗格中单击"保护文档"按钮，打开用于控制文件使用权限的"保护文档"下拉菜单，各菜单命令功能介绍如下：

- 标记为最终状态：将文档标记为最终状态，使其他用户知晓该文档是最终版本。该设置将文档标记为只读，不能额外进行输入、编辑、校对或修订操作。注意该设置只是建议项，其他用户可以删除"标记为最终状态"设置。因此，这种轻微保护应与其他更可靠的保护方式结合使用才更有意义。
- 用密码进行加密：需要使用密码才能打开此文档，具体操作为：选择"用密码进行加密"命令（如图 7-111 所示），弹出如图 7-112 和图 7-113 所示的对话框，要求输入密码，连续输入两次相同的密码，则密码设置成功，下次打开该文档时要求输入正确的密码才能打开。

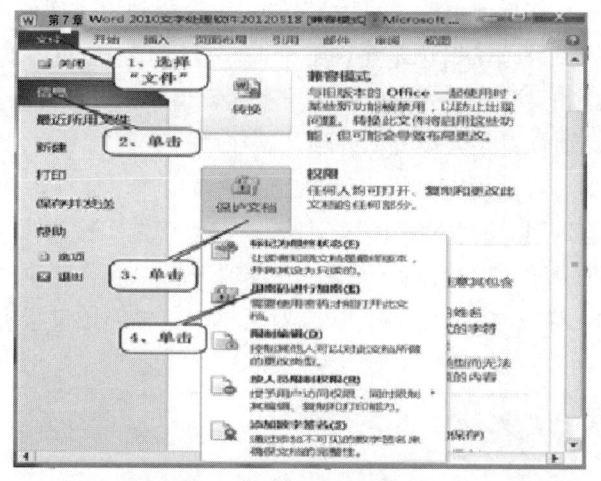

图 7-111　用密码进行加密

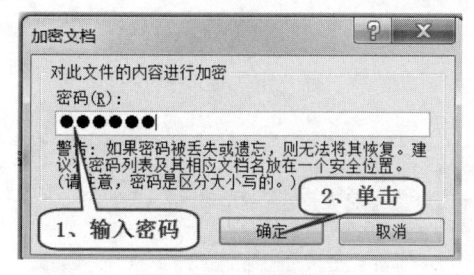

图 7-112　设置密码

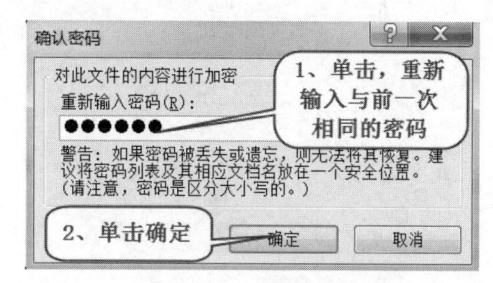

图 7-113　确认密码

- 限制编辑：控制其他用户可以对此文档所做的更改类型。单击该命令弹出"限制格式和编辑"窗格。
  - ➢ 格式设置限制：要限制对某种样式设置格式，请选中"限制对选定的样式设置格式"复选框，然后单击"设置"选项，弹出"格式设置限制"对话框，如图 7-114 所示。

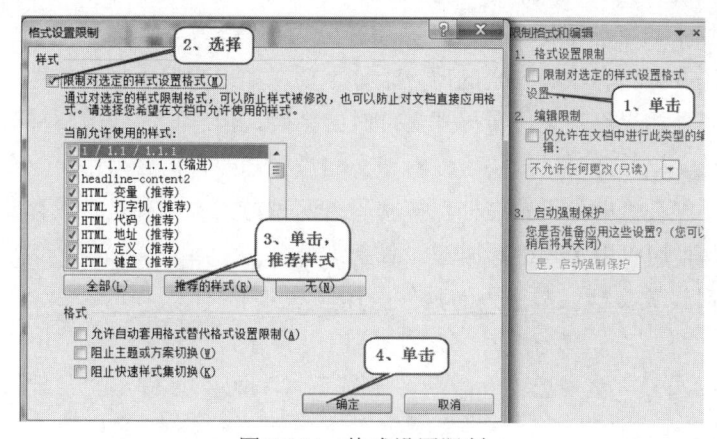

图 7-114　格式设置限制

➢ 编辑限制：要对文档进行编辑限制，请选中"仅允许在文档中进行此类型的编辑"复选框，然后在其下拉列表框中进行限制选项的选择。当在"编辑限制"下拉列表框中选择"不允许任何更改（只读）"选项时，会弹出"例外项"选项，如图 7-115 所示。要设置例外项，请选定允许某个人（或所有人）更改的文档，可以选取文档的任何部分。如果要将例外项用于每一个人，请单击"例外项"菜单中的"每个人"前的复选框。要针对某人设置例外项，若在"每个人"下拉列表框中已经列出某人，则选中该人即可；若没有列出，则单击"更多用户"选项，弹出"添加用户"对话框，在其中输入用户的 ID 或电子邮件，单击"确定"按钮。

➢ 启动强制保护：单击"启动强制保护"选项下的"是，启动强制保护"按钮（如图 7-116 所示），弹出"启动强制保护"对话框，可以通过设置密码的方式来保护格式设置限制。

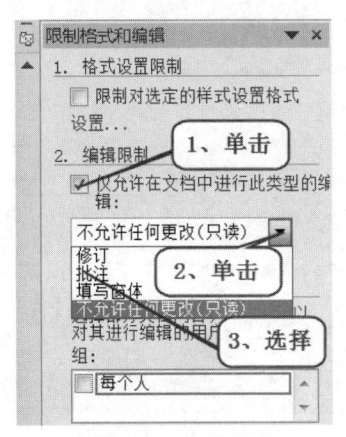

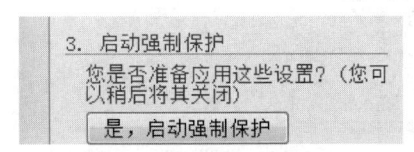

图 7-115 编辑限制　　　　　图 7-116 启动强制保护

● 按人员限制权限：授予用户访问权限，同时限制其编辑、复制和打印的能力。
● 添加数字签名：通过添加不可见的数字签名来确保文档的完整性。

2．防止他人打开文档

Word 2010 还提供了通过设置密码对文档进行保护的措施，这可以控制其他人对文档的访问或防止未经授权的查阅和修改。密码分为"打开文件时的密码"和"修改文件时的密码"，它是由一组字母加上数字的字符串组成，并且区分大小写。

记下所设密码并把它存放到安全的地方十分重要，如果忘记了打开文件时的密码，就不能再打开这个文档了。如果用户记住了打开文件时的密码，但忘记了修改文件时的密码，则可以以只读方式打开该文档，此时用户仍可以对该文档进行修改，但必须用另一个文件名保存。也就是说，原文档不能被修改。设置文档保护密码有两种方式：一种是在保存文档时设置文档保护密码，另一种是使用"用密码进行加密"命令。

在保存文档时设置文档保护密码的具体操作方法如下：

（1）单击"文件"→"另存为"命令，弹出"另存为"对话框，单击"工具"按钮，在弹出的下拉菜单中选择"常规选项"命令（如图 7-117 所示），弹出"常规选项"对话框，如图 7-118 所示。

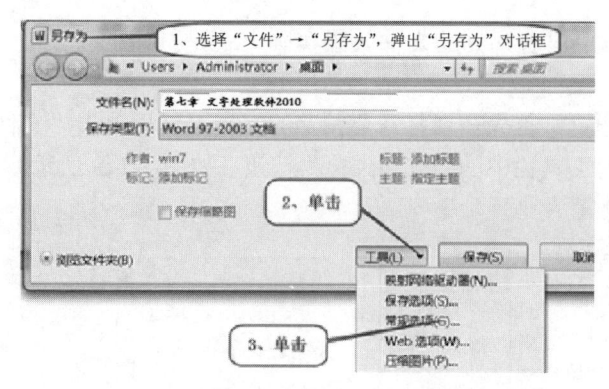

图 7-117　防止他人打开文档

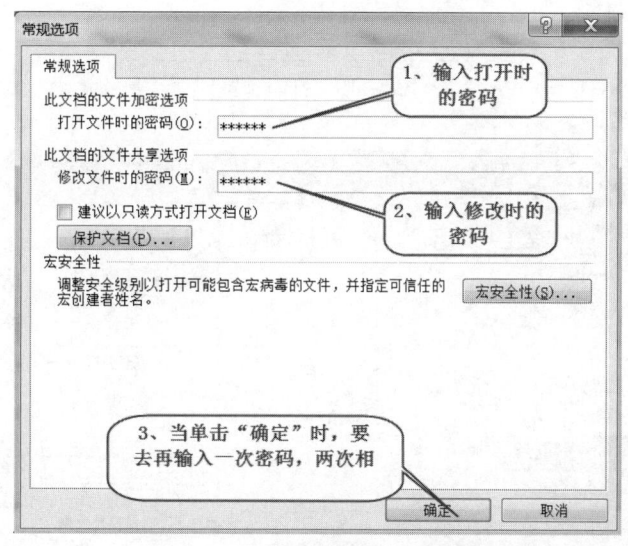

图 7-118　打开和修改密码的设置

（2）在"打开文件时的密码"文本框中输入一个限制打开文档的密码，密码以"*"形式显示。

（3）在"修改文件时的密码"文本框中输入一个限制修改文档的密码。

（4）单击"确定"按钮，在随后弹出的"确认密码"对话框中再次输入打开文件时的密码和修改文件时的密码，以核对所设置的密码。

（5）单击"确定"按钮，返回"另存为"对话框，单击"保存"按钮，密码立即生效。

7.8.3　打印文档

打印文档可以说是制作文档的最后一项工作，要想打印出满意的文档，就需要设置各种相关的打印参数。Word 2010 提供了一个非常强大的打印设置功能，利用它可以轻松地打印文档，可以做到在打印文档之前预览文档，选择打印区域，一次打印多份，对版面进行缩放和逆序打印，也可以只打印文档的奇数页或偶数页，还可以在后台打印，以节省时间，并且打印出来的文档和在打印预览中看到的效果完全一样。

1. 打印预览

在进行打印前，用户应该先预览一下文档打印的效果。打印预览是 Word 2010 的一个重要功能,利用该功能,用户观察到的文件效果实际上就是打印的真实效果,即"所见即所得"功能。

用户要进行打印预览,首先需要打开要预览的文档,然后单击"文件"→"打印"命令,或者直接单击快速访问工具栏中的"打印预览"按钮(如图 7-119 所示),打开"打印"窗口,如图 7-120 所示。

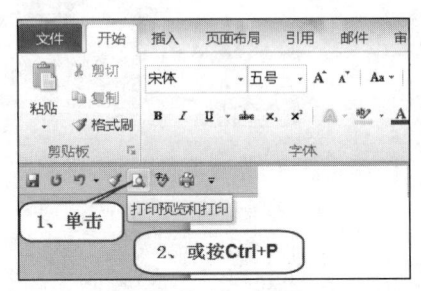

图 7-119　打印预览

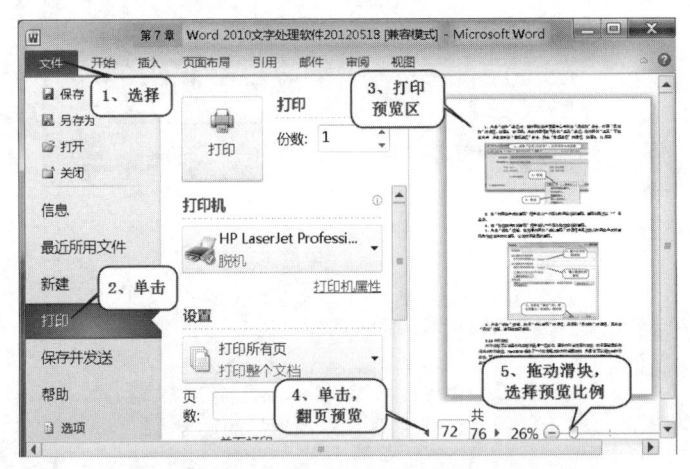

图 7-120　文档的打印预览

在打开窗口的右侧是打印预览区,用户可以从中预览文件的打印效果。在打开窗口的左侧是打印设置区,包含了一些常用的打印设置按钮及页面设置命令,用户可以使用这些按钮快速设置打印预览的格式。

在文档预览区中,可以通过窗口左下角的翻页按钮选择需要预览的页面,或移动垂直滚动条选择需要预览的页面。通过调节窗口右下角的显示比例滑块可以调节页面显示的大小。

2. 打印文档的一般操作

针对不同的文档,可以使用不同的方法来进行打印处理。如果已经打开了一篇文档,可以使用以下方法启动打印选项:

- 单击快速访问工具栏中的"快速打印"按钮,可以直接使用默认选项来打印当前文档。
- 单击"文件"→"打印"命令,或者单击快速访问工具栏中的"打印预览"按钮,再按 Ctrl+P 组合键或单击"打印"按钮。
- 直接单击快速访问工具栏中的"快速打印"按钮,可以按系统默认设置直接打印该文档,如图 7-121 所示。

3. 设置打印格式

在打印文档之前，通常要设置打印格式。在"打印"窗口左侧的"打印设置"区中可以设置打印文档的格式。

（1）在"打印"区域中，在"份数"数值框中设置文档的打印份数。

（2）在"打印机"区域中，单击下拉列表框选中一种打印机作为当前 Word 2010 的默认打印机，如图 7-122 所示。

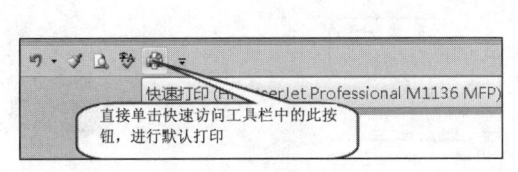

图 7-121　快速打印

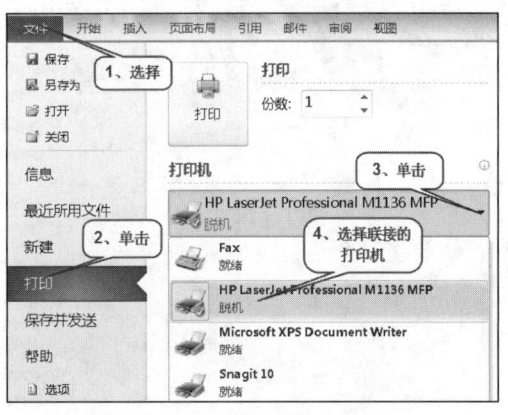

图 7-122　设置打印机

单击"打印机属性"按钮，弹出"打印机属性"对话框，设置打印机的各种参数，如图 7-123 所示。

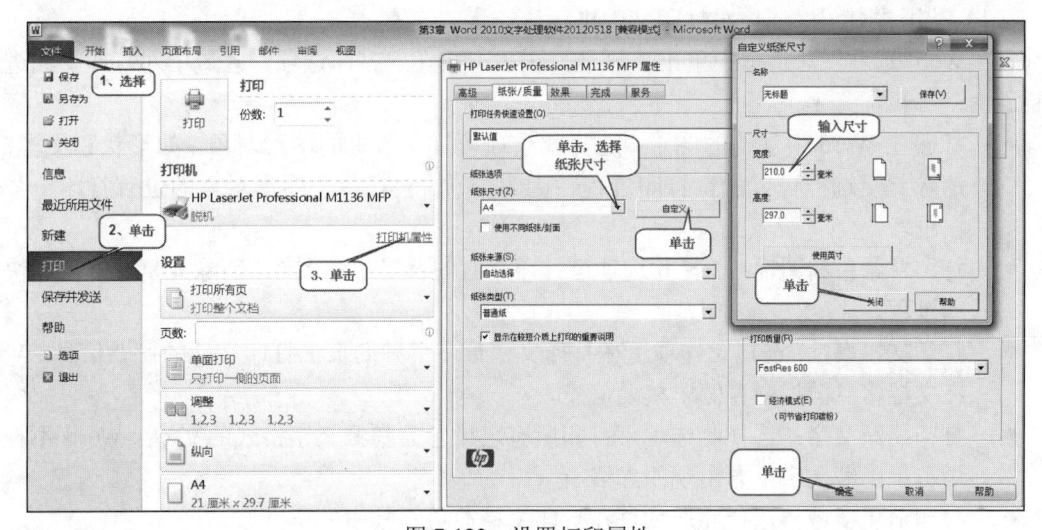

图 7-123　设置打印属性

（3）在"设置"区域中，可以对打印格式进行相关设置。

- 打印所有页：单击该选项的下拉列表框，在其中选择打印文档的指定范围。
- 单面打印：单击该选项的下拉列表框，在其中选择打印文档时是单面打印还是手动双面打印。
- 调整：单击该选项的下拉列表框，其中有"调整"和"取消排序"两个选项。
- 纵向：单击该选项的下拉列表框，其中有"纵向"和"横向"两个选项。

- 纸张设置：单击该选项的下拉列表框，在其中选择所需的纸张样式。
- 页边距设置：单击该选项的下拉列表框，在其中选择所需的页边距设置样式。若均不满意，单击"自定义边距"按钮，在弹出的"页面设置"对话框的"页边距"选项卡中根据需要进行页边距的设置。

4. 设置其他打印选项

用户还可以对打印文档进行其他打印选项的设置。

单击"文件"→"选项"命令，弹出"Word 选项"对话框，如图 7-124 所示。

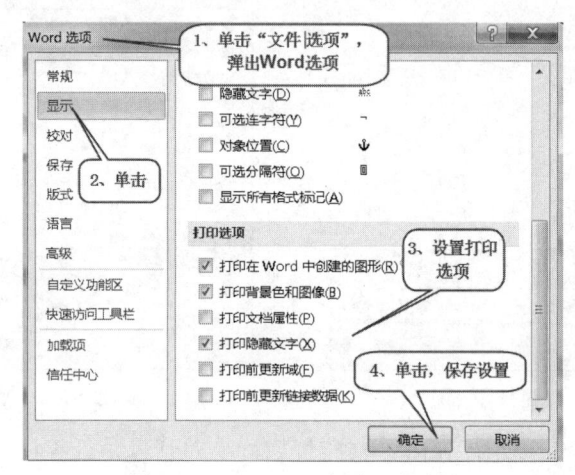

图 7-124 "Word 选项"对话框

（1）利用"显示"选项对打印文档进行进一步的设置。

在"Word 选项"对话框中单击"显示"选项卡，在"打印选项"区域中对打印文档进行设置。

- 打印在 Word 中创建的图形：选择此选项可打印所有的图形对象，如形状和文本框。清除此复选框可以加快打印过程，因为 Word 会在每个图形对象的位置打印一个空白框。
- 打印背景色和图像：选择此选项可打印所有的背景色和图像。清除此复选框可加快打印过程。
- 打印文档属性：选择此选项可在打印文档后在单独的页上打印文档的摘要信息。Word 在文档信息面板中存储了摘要信息。
- 打印隐藏文字：选择此选项可打印所有已设置为隐藏文字格式的文本。Word 不打印屏幕上隐藏文字下方出现的虚线。
- 打印前更新域：选择此选项可在打印文档前更新其中的所有域。
- 打印前更新链接数据：选择此选项可在打印文档前更新其中所有链接的信息。

（2）利用"高级"选项对打印文件的属性或其他信息进行设置。

在"Word 选项"对话框中选中"高级"选项卡，如图 7-125 所示，在"打印"和"打印此文档时"区域中对打印文档进行进一步的设置。

对"打印"区域中的部分选项说明如下：

- 使用草稿品质：选中此选项将用最少的格式打印文档，这样可能会加快打印过程。很多打印机不支持此功能。

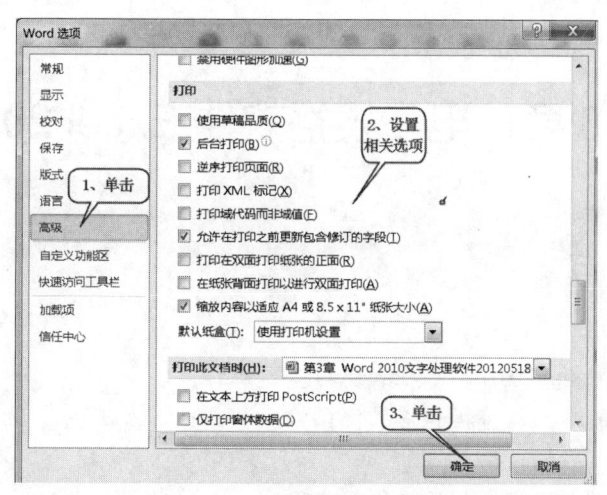

图 7-125　设置打印的高级选项

- 后台打印：选中此选项可在后台打印文档，它允许在打印的同时继续工作。此选项需要更多可用的内存以允许同时工作和打印。如果同时打印和处理文档使得计算机的运行速度非常慢，请关闭此选项。
- 逆序打印页面：选中此选项将以逆序打印页面，即从文档的最后一页开始。打印信封时不要使用此选项。
- 打印 XML 标记：选中此选项可打印应用于 XML 文档或 XML 元素的 XML 标记。必须具有附加到该文档的架构，并且必须应用由附加的架构提供的元素。这些标记出现在打印文档中。

本章小结

本章主要讨论了 Word 2010 的安装、启动与退出，以及 Word 2010 的特点和新增功能。重点讨论了在 Word 2010 环境下文档的编辑、文本的输入、排版、页面设置，以及在文档中进行表格制作等，最后讨论了如何保护文档和对文档进行打印。

总之，在对 Word 进行操作的基本思路是：启动或打开相关的 Word 文档，选中要编辑和操作的对象，对选中的对象进行编辑、排版等基本操作，再对所操作的对象进行保存。

第 8 章　电子表格软件 Excel 2010

学习目标

- 了解和掌握 Excel 2010 的基础知识与基本操作。
- 掌握工作表的建立、编辑和格式化操作。
- 掌握公式和函数的使用。
- 掌握图表处理与数据分析的操作及应用。

Excel 2010 是一种电子表格处理软件，它具有很强的表格处理、数据管理功能，除了完成基本的表格处理之外，还可以完成复杂的运算，建立丰富多样的图表。在其主要的数据处理方面，具有公式计算、函数应用、数据排序、筛选、分类汇总、数据透视表、生成图表等功能，常用于数学、演讲、会展、办公自动化、分析、统计和财务领域。

Excel 2010 与以往版本相比，除了其华丽的外表外，还增加了许多独具特色的新功能。

（1）改进的功能区。

Excel 2007 中首次引入了功能区，利用功能区可以轻松地查找以前隐藏在复杂菜单和工具栏中的命令与功能。在 Excel 2007 中，可以将命令添加到快速访问工具栏中，但无法在功能区上添加用户自己的选项卡或组。而在 Excel 2010 中，则不但可以创建自己的选项卡和组，还可以重命名或更改内置选项卡和组的顺序。

（2）Microsoft Office Backstage 视图。

Backstage 视图是 Microsoft Office 2010 中的新增功能，它是 Microsoft Office Fluent 用户界面的创新技术，并且是功能区的配套功能。单击"文件"即可访问 Backstage 视图，可在此打开、保存、打印、共享和管理文件以及设置程序选项。

（3）工作簿管理工具。

Excel 2010 提供了可帮助管理、保护和共享内容的工具。

（4）迷你图。

可以使用迷你图（适合单元格的微型图表）以可视化方式汇总趋势和数据。由于迷你图在一个很小的空间内显示趋势，因此对于仪表板或需要以易于理解的可视化格式显示业务情况的其他位置，迷你图尤其有用。

（5）改进的数据透视表。

可以更轻松、更快速地使用数据透视表。

（6）切片器。

切片器是 Excel 2010 中的新增功能，它提供了一种可视性极强的筛选方法来筛选数据透视表中的数据。一旦插入切片器，即可使用按钮对数据进行快速分段和筛选，以仅显示所需数据。此外，对数据透视表应用多个筛选器之后，不再需要打开一个列表来查看对数据所应用的筛选器，这些筛选器会显示在屏幕上的切片器中。可以使切片器与工作簿的格式设置相符，并且能够在其他数据透视表、数据透视图和多维数据集函数中轻松地重复使用这些切片器。

（7）改进的条件格式设置。

通过使用数据条、色阶和图标集，条件格式设置可以轻松地突出显示所关注的单元格或单元格区域、强调特殊值和可视化数据。Excel 2010 融入了更卓越的格式设置灵活性。

（8）性能改进。

Excel 2010 中的各种性能改进可帮助用户更有效地与数据进行交互。

（9）带实时预览的粘贴功能。

使用带实时预览的粘贴功能，可以使在 Excel 2010 中或多个其他程序之间重复使用内容时节省时间。可以使用此功能预览各种粘贴选项，例如"保留源列宽"、"无边框"或"保留源格式"。通过实时预览，可以在将粘贴的内容实际粘贴到工作表中之前确定此内容的外观。当将指针移到"粘贴选项"上方以预览结果时，将看到一个菜单，其中所含菜单项将根据上下文变化，以更好地适应要重复使用的内容。屏幕提示提供的附加信息可帮助做出正确的决策。

Excel 2010 还进行了很多改进，请读者在使用的过程中慢慢体验吧。

8.1　Excel 基本操作

启动 Excel 2010，其操作界面如图 8-1 所示。Excel 的窗口主要包括快速访问工具栏、功能区、编辑栏、工作表、状态栏等。其中，快速访问工具栏和功能区是 Excel 2010 的新增功能。

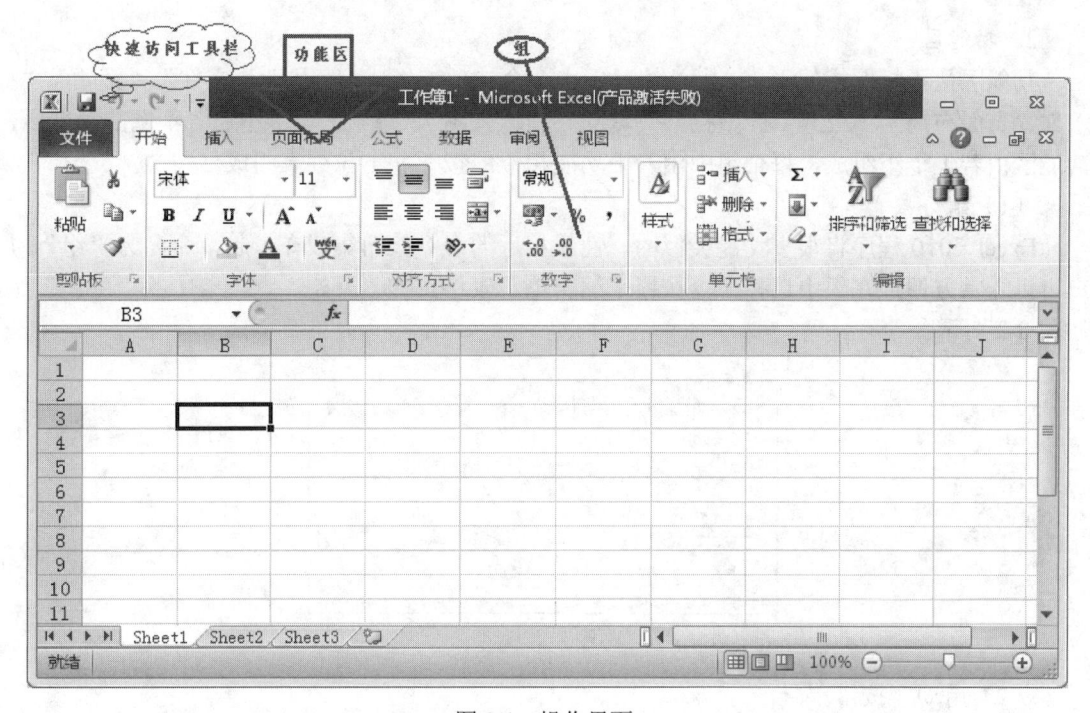

图 8-1　操作界面

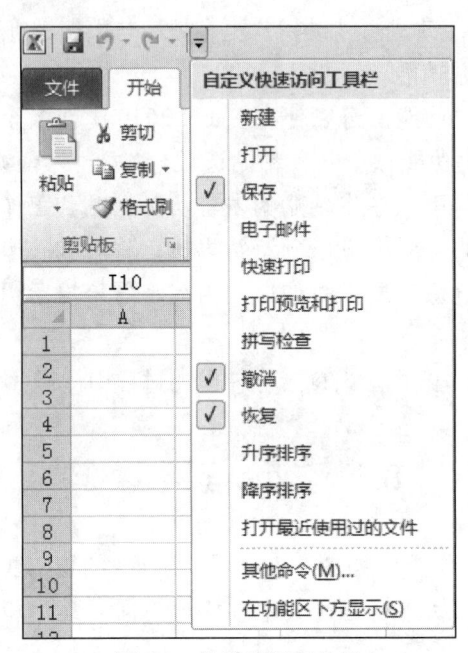

1. 快速访问工具栏

快速访问工具栏位于 Excel 2010 工作界面的左上方，用于快速执行一些操作。默认情况下，快速访问工具栏中包括 3 个按钮："保存"、"撤消"和"重复"。使用过程中用户可以根据工作需要单击快速访问工具栏中的 ▼ 按钮添加或删除快速访问工具栏中的工具，如图 8-2 所示。

图 8-2 快速访问工具栏

2. 功能区

功能区位于标题栏的下方，默认情况下由 8 个选项卡组成，分别为"文件"、"开始"、"插入"、"页面布局"、"公式"、"数据"、"审阅"和"视图"。每个选项卡中包含不同的功能区，功能区由若干个组组成，每个组中由若干功能相似的按钮和下拉列表组成。

（1）组。

Excel 2010 程序将很多功能类似的、性质相近的命令按钮集成在一起，命名为"组"。用户可以非常方便地在组中选择命令按钮来编辑电子表格，如"开始"选项卡中的"字体"组，如图 8-3 所示。

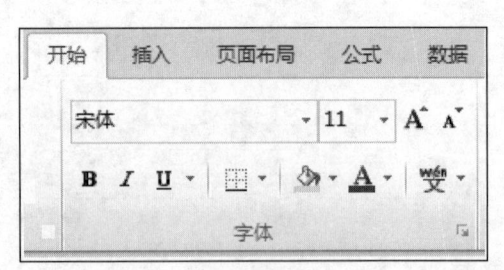

图 8-3 组

（2）启动器按钮。

为了方便用户使用 Excel 表格，在有些"组"的右下角还设计了一个启动器按钮，单击该按钮后，根据所在组的不同会弹出不同的命令对话框，用户可以在对话框中设置电子表格的格式或其他需要的功能，如图 8-4 所示。

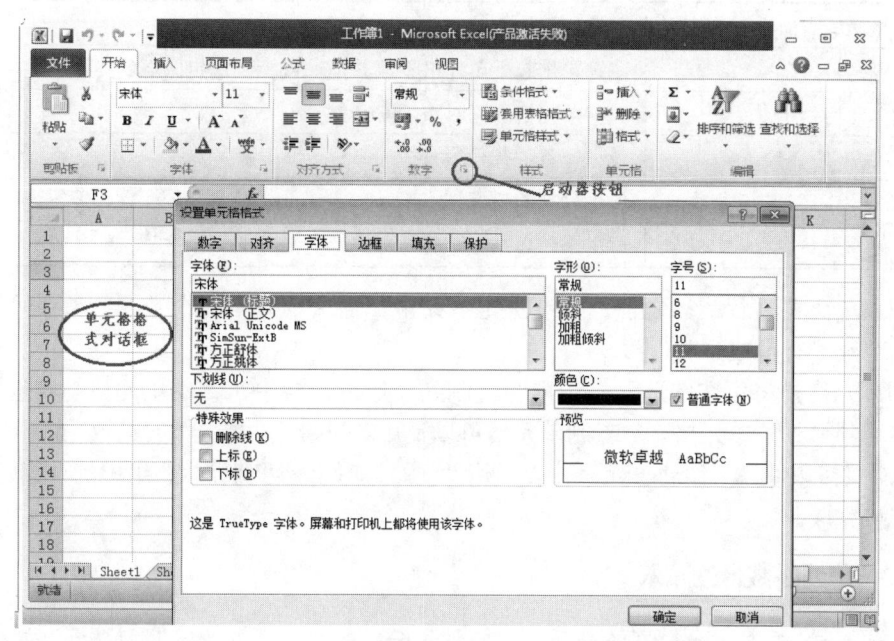

图 8-4　启动器按钮及"设置单元格格式"对话框

8.1.1　工作簿、工作表与单元格

1. 工作簿

在 Excel 中创建的文件叫做工作簿，其扩展名是.xlsx。启动 Excel 后，系统自动创建默认名称为 book1.xlsx 的工作簿。每一个工作簿包含若干张工作表，新创建的工作簿默认包含 3 张工作表：sheet1、sheet2、sheet3。用户可以根据需要继续添加。

2. 工作表

工作表位于工作簿窗口的中央区域，由行号、列标和网格线组成。位于工作表左侧区域的灰色编号区是各行的行号，位于工作表上方区域的灰色编号区是各列的列标。行和列相交形成单元格。一张工作表最多有 65536 行（行号为 1，2，3，…，65536）、256 列（列标为 A，B，C，…，AA，AB，…，ZY，ZZ）。工作表由工作表标签加以区别，系统默认是 sheet1、sheet2 等。

3. 单元格

每一张工作表由若干单元格组成。单元格是存放数据和公式以及进行计算的基本单位。在 Excel 中，用"列标行号"来表示单元格，称为单元格地址，例如 B9 表示第 9 行 B 列的单元格。光标所在由粗线包围的单元格就是活动单元格或当前单元格。鼠标单击某个单元格后，该单元格就成为活动单元格。此时，可以在编辑框中输入、修改或显示活动单元格的内容。

8.1.2　编辑单元格

在 Excel 中，可以选定、插入、删除、复制、移动单元格，还可以调整单元格的行高和列宽。选定单元格的方法如表 8-1 所示。

表 8-1　选定单元格

选定范围	操作方法
一个单元格	鼠标左键单击某个单元格
连续的单元格	左键单击起始单元格不放并拖动鼠标到选定区域的终止单元格
不连续的单元格	选定单元格的同时按下 Ctrl 键
选定整行	单击行首的行号
选定整列	单击列首的列标
选定整个工作表	单击工作表左上角行号和列标交汇处的“全选”按钮

在插入单元格、行或列之前，需要选定单元格。插入单元格的个数、行数或列数与选定单元格的个数、行数或列数一致。

复制单元格是将所选定单元格的内容复制到其他单元格中，移动单元格是将选定单元格的内容移动到另外的单元格中。复制单元格可以使用“开始”功能区“剪贴板”组中的“复制”和“粘贴”按钮来完成，移动单元格可以使用“开始”功能区“剪贴板”组中的“剪切”和“粘贴”按钮来完成。

8.1.3　单元格数据的输入

在 Excel 中，根据输入数据的性质可以将数据分为数值型数据、日期型数据、文本型数据、逻辑型数据等几种。

本节内容所需录入的数据是“某部门一月份的工资表”，工作簿的名称是“工资.xlsx”，工作表的名称是“工资汇总”，数据如图 8-5 所示。

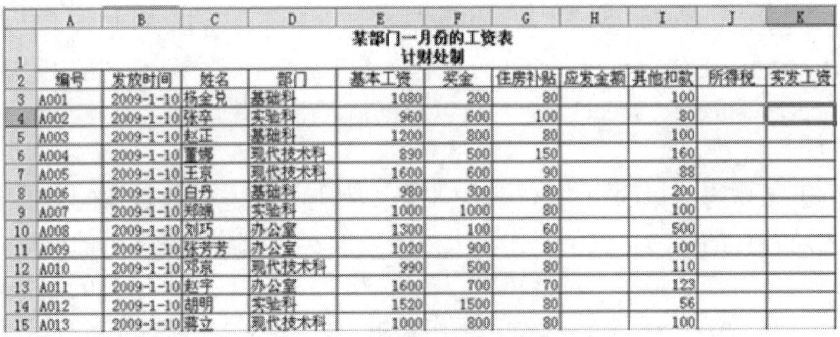

	A	B	C	D	E	F	G	H	I	J	K
1	某部门一月份的工资表 计财处制										
2	编号	发放时间	姓名	部门	基本工资	奖金	住房补贴	应发金额	其他扣款	所得税	实发工资
3	A001	2009-1-10	杨全兑	基础科	1080	200	80		100		
4	A002	2009-1-10	张卒	实验科	960	600	100		80		
5	A003	2009-1-10	赵正	基础科	1200	800	80		100		
6	A004	2009-1-10	董娜	现代技术科	890	500	150		160		
7	A005	2009-1-10	王京	现代技术科	1600	600	90		88		
8	A006	2009-1-10	白丹	基础科	980	300	80		200		
9	A007	2009-1-10	郑涵	实验科	1000	1000	80		100		
10	A008	2009-1-10	刘巧	办公室	1300	100	60		500		
11	A009	2009-1-10	张芳芳	办公室	1020	900	80		100		
12	A010	2009-1-10	邓京	现代技术科	990	500	80		110		
13	A011	2009-1-10	赵宇	办公室	1600	700	70		123		
14	A012	2009-1-10	胡明	实验科	1520	1500	80		56		
15	A013	2009-1-10	蒋立	现代技术科	1000	800	80		100		

图 8-5　某部门一月份的工资表

1. 输入数据的一般过程

在 Excel 中，输入数据的方法如下：

（1）选定要输入数据的单元格。

（2）输入数据（如果要在单元格内部换行，则按 Alt+Enter 组合键），也可以在编辑栏中直接输入数据。

（3）按 Enter 键或者单击编辑栏中的“确定”按钮 ✓ 后确定输入；如果按 Esc 键或者单击编辑栏中的“取消”按钮 × 可以取消输入。

在输入数据时，应考虑数据的类型：

- 数值型数据。数值型数据包括数字、正号、负号和小数点。科学记数法数据表示形式的输入格式是"尾数E指数",分数的输入形式是"=分子/分母"。注意,一般情况下采用"=分子/分母"这种形式输入的时候,系统会自动计算出结果,如"=4/5",显示的结果为"0.8";如果要保留分数的形式,应该采用"0+空格+4/5"这种方法输入,如"0 4/5"。

- 文本型数据。字符文本应逐个输入,数字文本以"=数字"的格式输入或者直接输入。例如直接输入=32 或'32。也可以通过更改单元格的"数字"格式来输入不同数据类型的数据。注意数值型数据 32 和文本型数据 32 是有区别的,前者可以进行算术运算,后者只表示字符 32。
- 日期型数据。日期型数据的输入格式是:yy-mm-dd 或 mm-dd,例如 06-12、3-6,通过格式化得到其他形式的日期,可以减少数据的输入。注意对日期型数据格式化时是以计算机系统时间为准的。
- 逻辑型数据。逻辑型数据的输入只有 TRUE 和 FALSE:TRUE 表示"真",FALSE 表示"假"。

2. 输入相同的数据

可以使用填充柄在一行或一列中输入相同的数据。

【例 8-1】在"工资.xlsx"的"工资汇总"工作表中,在 B3 单元格到 B15 单元格内输入数据"2009-1-10"。

操作步骤如下:

(1)在单元格 B3 中输入数据"2009-1-10"。

(2)将鼠标放在 B3 单元格右下角的填充柄处 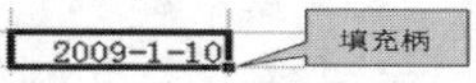 2009-1-10 填充柄 ,等鼠标变成"+"形状后按住 Ctrl 键,将鼠标向下拖动到 B15 单元格,松开鼠标左键,此时就完成了数据填充,使 B3 到 B15 具有了相同的内容"2009-1-10"。

3. 采用自定义序列自动填充数据

在 Excel 中,可以使用自定义序列填充数据。系统中有一些默认的自定义序列。单击"文件"功能区中的"选项"命令,在弹出的对话框中单击"高级"选项卡,在"常规"区域中单击"编辑自定义列表"按钮,弹出"自定义序列"对话框,用户可以根据需要选择相应的数据进行填充,如图 8-6 所示。

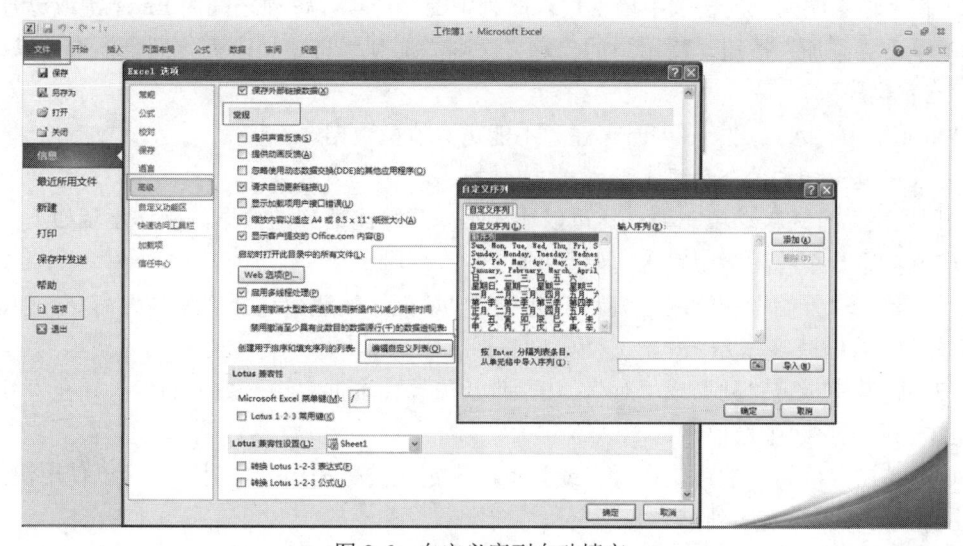

图 8-6 自定义序列自动填充

(1) 使用默认自定义序列。

1) 在单元格中输入自定义序列中的一项数据，例如"一月"。

2) 将鼠标放在单元格的右下角，鼠标变成实心的**+**（即填充柄）时拖动鼠标，即可在拖动范围内的单元格中依次输入自定义序列的数据，如图8-7所示。

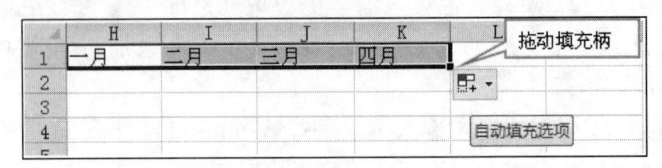

图8-7 系统默认自定义填充

(2) 用户自定义序列。

单击"文件"功能区中的"选项"命令，选中"高级"选项卡，在"常规"区域中单击"编辑自定义列表"按钮，弹出"自定义序列"对话框，如图8-8所示。

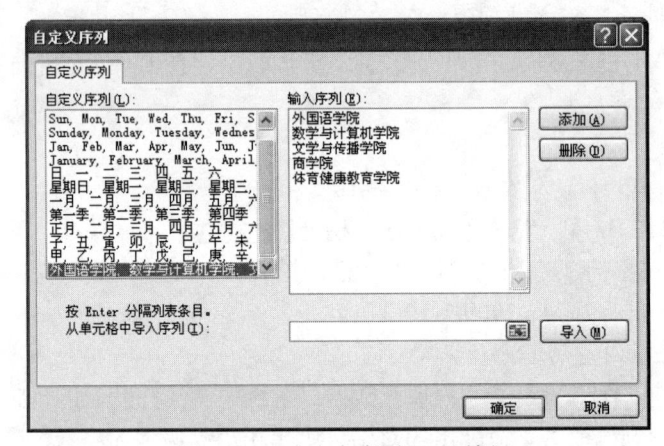

图8-8 "自定义序列"对话框

1) 在"自定义序列"列表框中单击"新序列"。

2) 在"输入序列"列表框中依次输入序列中的每一项，每项之间用 Enter 键或逗号分隔。

3) 单击"添加"按钮，将用户的自定义序列添加到"自定义序列"列表框中。以后即可使用该自定义序列。

从单元格中导入自定义序列时，注意不能是数值型数据。

4. 采用填充柄方式自动填充数据

采用填充柄方式自动填充数据，可以输入等差或等比数列的数据，操作步骤如下：

(1) 在第一个单元格中输入起始数据。

(2) 单击"开始"功能区"编辑"组中的"填充"按钮，选择"系列"命令，弹出"序列"对话框，如图8-9所示。

(3) 在其中指定"列"或"行"，在"步长值"文本框中输入数列的步长，在"终止值"文本框中输入最后一个数值。

(4) 单击"确定"按钮，在行上或列上产生定义的数据序列。另外，可以使用快捷方式来产生步长为1的等差序列。

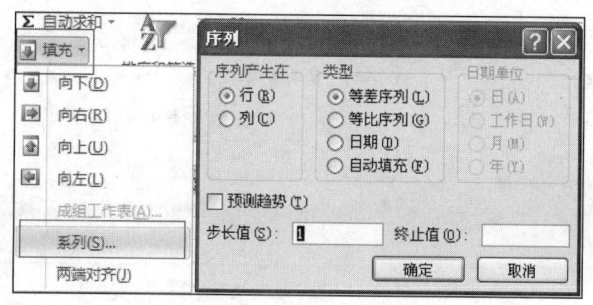

图 8-9 "序列"对话框

【例 8-2】在"工资.xlsx"的"工资汇总"工作表中输入 A3 单元格到 A15 单元格的数据"A001,A002,A003,……",如图 8-5 所示。

操作步骤如下：

（1）在第一个单元格 A3 中输入起始数据 A001。

（2）鼠标定位在第一个单元格右下角的填充柄处，等鼠标变成+形状时按住 Ctrl 键并拖动鼠标到 A15 单元格，松开鼠标，完成数据填充，此时从 A3 单元格到 A15 单元格就产生了序列"A001,A002,A003,……"。

5. 清除单元格数据

清除单元格数据是指删除选定单元格的数据，方法是：选定单元格，按 Del 键。

注意：清除单元格的数据和删除单元格是不同的。

8.1.4 修饰单元格

1. 设置标题

在 Excel 中，标题一般位于表格数据的正上方，可以采用"合并居中"功能来制作标题。

【例 8-3】设置"工资.xls"的"工资汇总"工作表的标题，如图 8-5 所示。

操作步骤如下：

（1）选定要制作标题的单元格，本例中选择 A1~K1 单元格区域，单击"开始"功能区"对齐方式"组中的"合并后居中"旁的小三角按钮，在弹出的下拉菜单中选择"合并单元格"，将所选的单元格变成一个单元格 A1，如图 8-10 所示。

（2）在合并后的单元格 A1 中输入标题"某部门的一月份工资表"，并设置文本格式。

（3）如果文本需要换行，则在需要换行的位置按 Alt+Enter 组合键。本例中，将光标定位在"某部门的一月份工资表"的最后，然后按 Alt+Enter 组合键，则光标换行，再输入"计财处制"。

如果要取消合并居中格式，可以进行如下操作：单击"开始"功能区"对齐方式"组中的"合并后居中"旁的小三角按钮，在弹出的下拉菜单中选择"取消单元格合并"选项，取消刚才的合并操作，如图 8-10 所示。

2. 单元格数据的格式化

在 Excel 中，可以使用"开始"功能区中的命令对单元格数据进行格式化处理。"开始"功能区中的按钮功能如图 8-11 所示。

另外，单击"字体"组、"对齐方式"组、"数字"组中任何一个组右下方的"启动器"按钮都会弹出与之相对应的"设置单元格格式"对话框，在其中也可以对单元格的数据进行格式化处理。

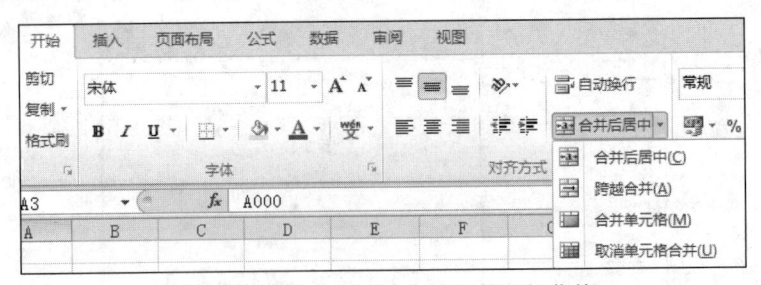

图 8-10 "合并后居中"按钮的下拉菜单

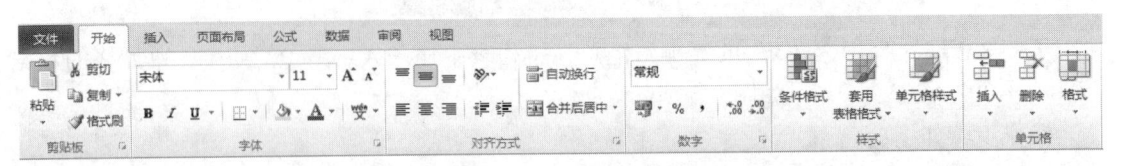

图 8-11 "开始"功能区

在"设置单元格格式"对话框（如图 8-12 所示）中，单击"数字"选项卡，在"分类"列表框中选择"数值"，可以设置数值型数据的小数位数、千位分隔符、负数的显示格式；在"分类"列表框中选择"货币"，可以设置货币型数据的小数位数、货币符号、负数的显示格式；在"分类"列表框中选择"日期"，可以设置日期型数据的显示格式。

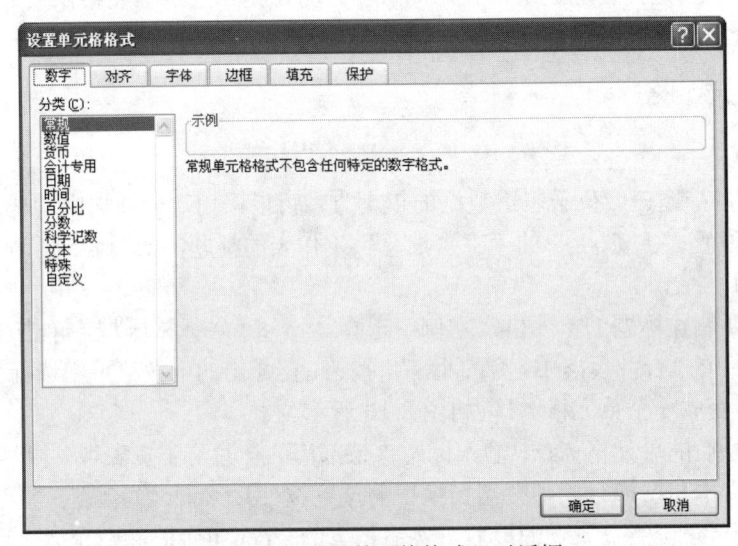

图 8-12 "设置单元格格式"对话框

另外，还可以在"设置单元格格式"对话框的"数字"选项卡中设置会计专用的数据格式、时间格式、百分比格式、分数格式等。

3．设置边框和底纹

在"设置单元格格式"对话框中，选择"边框"选项卡，可以设置单元格的边框格式；选择"填充"选项卡，可以设置单元格的底纹样式，如图 8-13 所示。

【例 8-4】将"工资.xlsx"的 sheet1 工作表格式化为如图 8-14 所示的表格格式。

操作步骤如下：

（1）选中 A2～K2 单元格区域，单击"开始"功能区"字体"组中的"填充颜色"按钮的下拉箭头，在"颜色"列表框中选择"红色"，设置第 2 行单元格的底纹为"红色"。

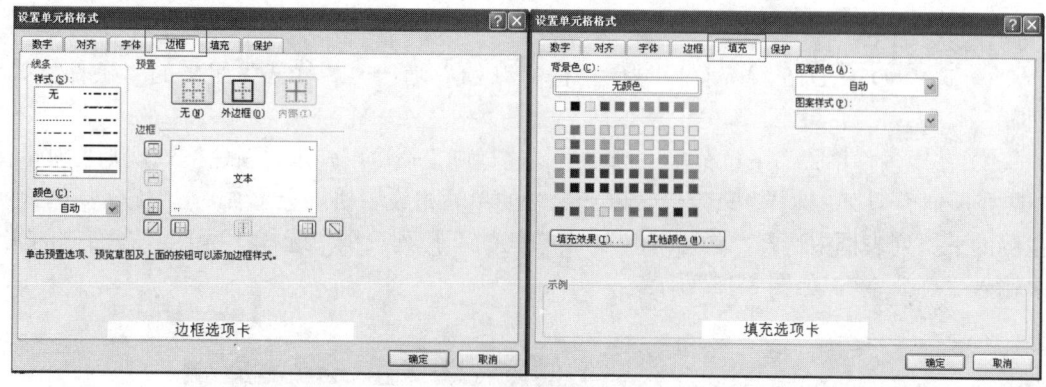

图 8-13　"边框"选项卡和"填充"选项卡

图 8-14　格式化单元格的效果

（2）选中 A2~K15 单元格区域，单击"开始"功能区"字体"组右下方的"启动器"按钮，弹出"设置单元格格式"对话框，选择"边框"选项卡，选择"预置"区域中的"外边框"和"内部"，颜色选择为"红色"。

（3）选中 A2~A15 单元格区域，单击"对齐方式"组中的"水平居中"按钮，将 A 列数据设置为"水平居中"。

（4）选中 B3~B15 单元格区域，单击"开始"功能区"字体"组右下方的"启动器"按钮，弹出"设置单元格格式"对话框，选择"数字"选项卡，在"分类"列表框中选择"日期"，在"类型"列表框中选择"2001 年 3 月 14 日"样式，单击"确定"按钮，将所有"发放时间"数据格式设为如图 8-14 所示。

（5）选中 E3~E15 单元格区域，单击"开始"功能区"字体"组右下方的"启动器"按钮，弹出"设置单元格格式"对话框，选择"数字"选项卡，在"分类"列表框中选择"货币"，设置"小数位数"为 2，设置"货币符号"为￥，单击"确定"按钮，将所有"基本工资"数据格式化为如图 8-14 所示。

4. 条件格式

条件格式是指当指定条件为真时，Excel 自动应用于单元格的格式，例如单元格底纹或字体颜色等。

【例 8-5】在"工资.xlsx"的"工资汇总"工作表中，将部门为"办公室"的单元格设置为灰色底纹，如图 8-14 所示。

操作步骤如下：

（1）选中 D3~D15 单元格区域，单击"开始"功能区"样式"组中的"条件格式"按钮。

（2）在"条件格式"下拉菜单中选择"新建规则"命令，弹出"新建格式规则"对话框，在"选择规则类型"中选择"只为包含以下内容的单元格设置格式"选项，在"编辑规则说明"中左侧的下拉列表框中选择"单元格值"，在中间的下拉列表框中选择"等于"，在右侧的文本框中输入"办公室"，如图 8-15 所示。

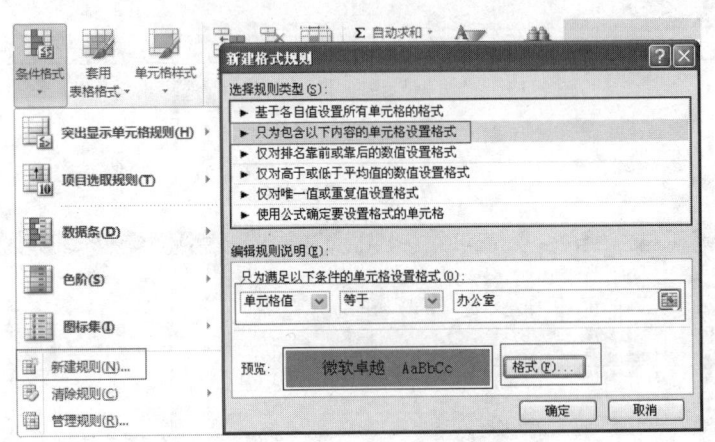

图 8-15　条件格式

（3）单击"格式"按钮，弹出"设置单元格格式"对话框，单击"填充"选项卡，选中"灰色"，单击"确定"按钮返回到"新建格式规则"对话框。再单击"确定"按钮，此时在工作表中可以看到，在 D3:D15 单元格区域中部门为"办公室"的单元格加上了灰色底纹。

8.1.5　工作表操作

在 Excel 中，可以插入、删除、重命名、复制或移动工作表，操作步骤如表 8-2 所示。

表 8-2　工作表的操作

操作要点	操作步骤
工作表的插入	右击某个工作表的标签，在弹出的快捷菜单中选择"插入"，在弹出的"插入"对话框中单击"工作表"，单击"确定"按钮，则在选定的工作表之前插入一个新的工作表，如图 8-16 所示
工作表的删除	右击要删除的工作表标签，在弹出的快捷菜单中选择"删除"，则删除该工作表
工作表的重命名	右击要重命名的工作表标签，在弹出的快捷菜单中选择"重命名"，"标签"反白显示，在其中输入工作表新的名称即可
工作表的复制、移动	右击要复制或移动的工作表，在弹出的快捷菜单中选择"移动或复制工作表"，在弹出的对话框中选择工作表的目的位置，如图 8-16 所示。如果选择"建立副本"复选框，则进行复制，否则进行移动，单击"确定"按钮完成
删除行	单击"开始"功能区"单元格"组中的"删除"按钮，在下拉菜单中选择"整行"
删除列	单击"开始"功能区"单元格"组中的"删除"按钮，在下拉菜单中选择"整列"

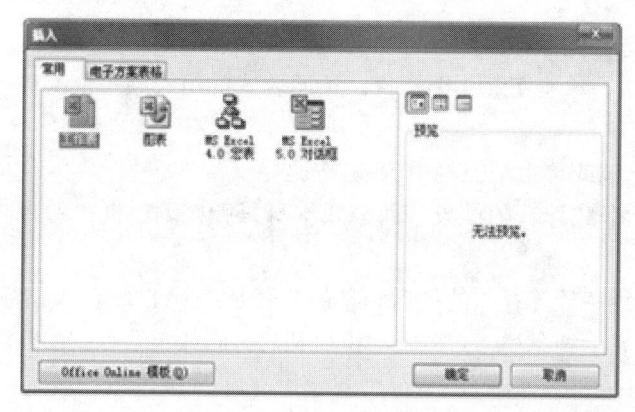

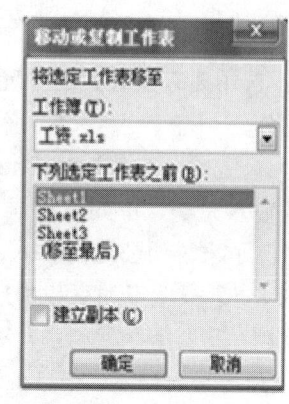

图 8-16　"插入"对话框和"移动或复制工作表"对话框

【例 8-6】在"工资.xlsx"中将"工资汇总"工作表的标签命名为"工资表",将 Sheet2 工资表标签命名为"税率表"。

操作步骤如下:

(1) 右击"工资汇总"工作表的标签,在弹出的快捷菜单中选择"重命名"命令,在反白的"标签"中输入工作表新的名称"工资表"。

(2) 右击 Sheet2 工作表的标签,在弹出的快捷菜单中选择"重命名"命令,在反白的"标签"中输入工作表新的名称"税率表"。

8.2　公式的应用

在 Excel 中,利用公式可以实现表格的自动计算。Excel 中的函数是预定义的公式,Excel 提供了数字、日期、查找、统计、财务等多种函数,供用户使用。

8.2.1　公式的组成

Excel 的公式以"="开头,"="后面可以包括 5 种元素:运算符、单元格引用、数值、文本、函数和括号。

Excel 中包含算术运算符、比较运算符、文本运算符和引用运算符 4 种类型。

- 算术运算符:包括+(加)、-(减)、*(乘)、/(除)、%(百分比)、^(乘方)。
- 比较运算符:包括=(等于)、>(大于)、<(小于)、>=(大于等于)、<=(小于等于)、<>(不等于)。
- 文本运算符:文本运算符&用来连接两个文本,使之成为一个文本。例如 "micro"&"soft"的计算结果是"microsoft"。
- 引用运算符:引用运算符用来引用单元格区域,包括区域引用符(:)、联合引用符(,)和交集引用符(空格)。例如"B1:D5"表示 B1~D5 的矩形区域内的所有单元格引用,"B5,B7,D5,D6"表示 B5、B7、D5、D6 这 4 个单元格引用,"A1:B2　B1:C2"表示两个区域相交部分的 B1 和 B2 两个单元格。

8.2.2　公式的输入

Excel 的公式以"="或"+"开头,公式中所有的符号都必须是英文半角符号。

公式输入的操作方法如下：

（1）选中要存放公式的单元格，单击 Excel 编辑栏，按照公式的组成顺序依次输入公式的各个部分。

（2）公式输入完成后按 Enter 键或单击编辑栏中的 ✓ 按钮。

公式输入完毕，单元格将显示公式计算的结果，而公式本身只能在编辑框中看到。下面通过一个例子来说明公式的输入。

【例 8-7】根据年利率和利息税率计算存款的税后利息的公式是：R=T*C*(1-V)，其中 T 表示存款额，C 表示存款利率，V 表示利息税率，R 表示税后利息。假如一笔存款的存款额是 20 万，年利率是 5.13%，利息税率是 20%，试用 Excel 计算该笔存款的利息。

操作步骤如下：

（1）在 Excel 中输入相关数据，如图 8-17 所示：分别在 A1、A2、A3、A4 单元格中输入"存款额（元）"、"年利率"、"利息税率"、"税后利息"，分别在 B1、B2、B3 单元格中输入 200000、5.13%、20%。

	A	B
1	存款额（元）	200000.00
2	年利率	5.13%
3	利息税率	20%
4	税后利息	8208

图 8-17　公式的输入

（2）在 B4 单元格中输入计算税后利息的公式"=B1*B2*(1-B3)"，按 Enter 键，即可计算出该笔存款的税后利息。

8.2.3　公式的复制

为了提高输入效率，可以对单元格中输入的公式进行复制。复制公式的方法有两种：一种是使用"复制"和"粘贴"命令；另一种是使用填充柄，具体操作为：将鼠标指针放在要复制单元格的右下角，变成填充柄的形状时拖动鼠标到同行或同列的其他单元格。

如果公式中包含有单元格地址的引用，则在复制的时候根据不同的情况使用不同的单元格引用。

8.2.4　单元格地址的引用

单元格地址的引用包括绝对引用、相对引用、混合引用和三维引用 4 种。

1. 绝对引用

绝对引用是指在公式复制或移动时，公式中的单元格地址引用相对于目标单元格不发生改变的地址。绝对引用的格式是"$列标$行号"，例如$A$1、$B$3。

2. 相对引用

相对引用是指在公式复制或移动时，公式中的单元格地址引用相对于目标单元格发生相对改变的地址。相对引用的格式是"列标行号"，例如 A3、B8。

下面通过例子来说明绝对引用和相对引用的应用。

【例 8-8】已知一个班的学生成绩表如表 8-3 所示，计算这个班学生的总分和平均分。

表 8-3　外国语学院 2008 级 3 班 2008 年秋季期末成绩表

学号	姓名	语文	数学	英语	计算机	总分	平均分
1	甲	85	66	74	63		
2	乙	95	75	71	99		
3	丙	67	73	66	92		
4	丁	87	68	69	85		
5	戊	95	82	67	62		
6	己	94	89	75	67		
7	庚	76	91	77	66		
8	辛	61	76	75	68		
9	壬	69	72	76	71		
10	癸	70	81	81	78		

操作步骤如下：

（1）在工作表中选定 A1～H1 单元格区域，单击“格式”组中的“合并居中”按钮，输入“外国语学院 2008 级 3 班 2008 年秋季期末成绩表”。

（2）在 A2～H2 单元格中依次输入列标题，如图 8-18 所示。

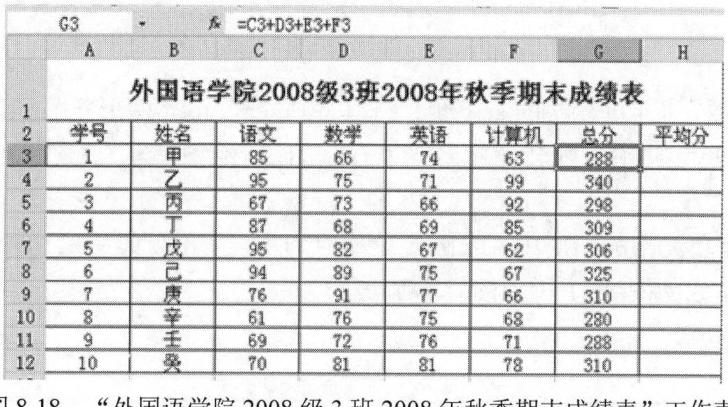

G3　fx =C3+D3+E3+F3

外国语学院2008级3班2008年秋季期末成绩表

学号	姓名	语文	数学	英语	计算机	总分	平均分
1	甲	85	66	74	63	288	
2	乙	95	75	71	99	340	
3	丙	67	73	66	92	298	
4	丁	87	68	69	85	309	
5	戊	95	82	67	62	306	
6	己	94	89	75	67	325	
7	庚	76	91	77	66	310	
8	辛	61	76	75	68	280	
9	壬	69	72	76	71	288	
10	癸	70	81	81	78	310	

图 8-18　“外国语学院 2008 级 3 班 2008 年秋季期末成绩表”工作表

（3）在 A3 单元格中输入数字 1，将鼠标放在 A3 单元格的右下角，待其变成“+”填充柄形状后拖动鼠标到 A12 单元格再放开，则系统自动在 A3～A12 单元格中填充数据“1，2，3，…，10”。

（4）依次在 B3～B12 单元格中输入学生姓名。

（5）在 G3 单元格中输入公式“=C3+D3+E3+F3”并按 Enter 键，计算出第一个学生的总分。

（6）将 G3 单元格选中，将鼠标放在此单元格的右下角，待其变成“+”填充柄形状后向下拖动鼠标到 H12 单元格后放开，则在 G4～G12 的单元格中计算出其他学生的总分。

【例 8-9】根据图 8-19 所示的数据计算每笔存款的税后年利息。

分析：先计算 E4 单元格的税后年利息，根据例 8-7 的计算方法，我们得到 E4 的计算公式是“=C4*D4*(1-C2)”。因为对于每笔存款，存款额各年利率是不同的，而利息税是不变的，为了使公式能够被正确地复制，因此公式中的 C4 和 D4 单元格的引用采用相对引用，而 C2 采用绝对引用。

	计算税后利息表			
	利息税率		0.20	
编号	类型	存款额（元）	年利率	税后年利息
1	一年定期	50000.00	3.19%	
2	二年定期	60000.00	4.12%	
3	三年定期	75000.00	4.56%	
4	四年定期	90000.00	4.93%	
5	五年定期	150000.00	5.89%	

图 8-19 计算税后年利率的数据

操作步骤如下：

（1）选择 A1～E1 单元格区域并右击，选择"合并后居中"命令，输入"计算税后利息表"。

（2）按照图 8-19 所示输入各个单元格中的数据。

（3）在 E4 单元格中输入公式"=C4*D4*(1-$C$2)"，如图 8-20 所示。

	A	B	C	D	E
1			计算税后利息表		
2		利息税率		0.20	
3	编号	类型	存款额（元）	年利率	税后年利息
4	1	一年定期	50000.00	3.19%	1276
5	2	二年定期	60000.00	4.12%	1977.6
6	3	三年定期	75000.00	4.56%	2736
7	4	四年定期	90000.00	4.93%	3549.6
8	5	五年定期	150000.00	5.89%	7068

图 8-20 输入计算税后利息的公式

（4）将鼠标放在 E4 单元格的右下角，待其变成"+"填充柄形状后拖动鼠标到 E8，将公式复制到 E5～E8 单元格中，则会计算出各笔存款的税后年利率。

3．混合引用

混合引用是指单元格的引用中，一部分是相对引用，一部分是绝对引用，例如 A$2、$C7。

【例 8-10】生成如图 8-21 所示的算术加法表。

	算术加法表								
	1	2	3	4	5	6	7	8	9
1	2	3	4	5	6	7	8	9	10
2	3	4	5	6	7	8	9	10	11
3	4	5	6	7	8	9	10	11	12
4	5	6	7	8	9	10	11	12	13
5	6	7	8	9	10	11	12	13	14
6	7	8	9	10	11	12	13	14	15
7	8	9	10	11	12	13	14	15	16
8	9	10	11	12	13	14	15	16	17
9	10	11	12	13	14	15	16	17	18

图 8-21 算术加法表

操作步骤如下：

（1）选择 A1～J1 单元格区域，单击"格式"组中的"合并居中"按钮，输入"算术加法表"。

（2）按照图 8-21 所示输入 A2～A11 单元格中的数据。

(3) 在 B3 单元格中输入公式 "=B$2+$A3"。

(4) 将鼠标放在 B3 单元格的右下角,待其变成 "+" 填充柄形状后拖动鼠标到 J3,将公式复制到 C3~J3 单元格中。

(5) 选择 B3~J3 单元格,将鼠标放在 J3 单元格的右下角,待其变成 "+" 填充柄形状后拖动鼠标到 J11 单元格,将公式复制到 B4~J11 单元格中,即可产生如图 8-22 所示的算术加法表。

图 8-22 输入计算加法表的公式

4. 三维引用

三维引用是在一个工作表中引用另一个工作表的单元格地址,引用的方法是 "工作表标签名!单元格地址引用",例如 Sheet1!A1、工资表!$B1、税率表!$E$2。

5. 名称

为了更加直观地引用标识单元格区域,可以给它们赋予一个名称,从而在公式和函数中直接引用。

例如,给 A1 单元格命名为 "数学成绩"。

给单元格或单元格区域命名的方法有:

- 选中要命名的单元格或单元格区域,在 "名称" 框(参见图 8-1)中输入名称,按 Enter 键确认。
- 选中要命名的单元格或单元格区域,单击 "公式" 功能区 "定义的名称" 组中的 "定义名称" 按钮,弹出 "新建名称" 对话框,在 "名称" 文本框中输入名称,如图 8-23 所示。

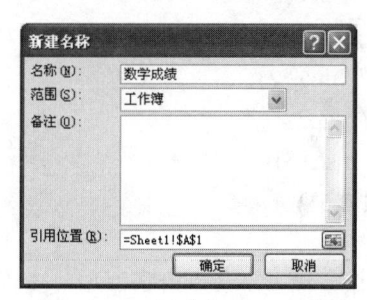

图 8-23 "新建名称" 对话框

删除单元格或单元格区域名称的方法是:单击 "公式" 功能区 "定义的名称" 组中的 "名称管理器",弹出 "名称管理器" 对话框,如图 8-24 所示,选中要删除的名称,单击 "删除" 按钮。

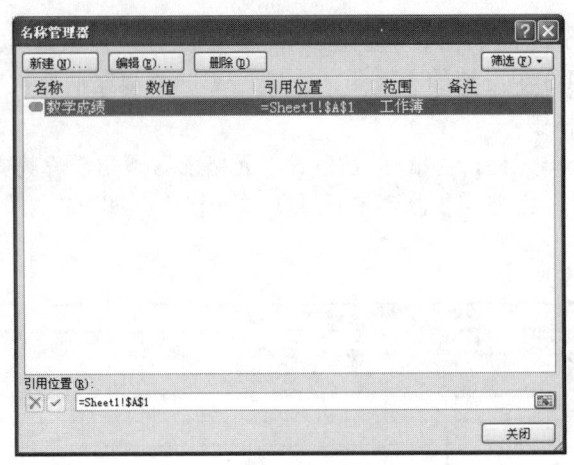

图 8-24 "名称管理器"对话框

8.3 函数的使用

Excel 2010 提供了大量已经定义好的函数，用户可以直接使用。根据函数的功能，可以将函数分为以下几种：日期时间函数、文本函数、财务函数、逻辑函数、数学和三角函数、查找和引用函数、自动求和函数、统计函数、工程函数、多维数据集函数、信息函数、兼容性函数。

8.3.1 函数的组成与输入

1. 函数的格式

Excel 函数的基本格式是：函数名(参数 1,参数 2,…,参数 n)。其中，函数名是引用每个函数的唯一标识，它决定了函数的功能和用途。参数是一些可以变化的量，参数用圆括号"()"括起来，参数与参数之间用逗号分隔（注意必须是英文半角符号）。函数的参数可以是数字、文本、逻辑值、单元格引用、名称等，也可以是公式或函数。例如求和函数 SUM 的格式是 SUM(n1,n2,…)，功能是对所有参数值求和。

函数的参数有以下几种情况：
- 不带参数：Today()。
- 用名称作参数：Sum(scores)。
- 整行或整列作参数：Average(C)。
- 用值作参数：left(A1,2)。
- 用文本作参数：Right("china",2)。
- 表达式作参数：Power(2+3,2)。
- 函数作参数：Cos(Radians(A5))。
- 数组作参数：Or(a1={1,3,5})。

2. 函数的输入方法

函数的输入方法有两种：使用"插入函数"对话框输入函数和在编辑栏中直接输入函数。

（1）使用"插入函数"对话框输入函数。

下面通过一个具体的例子来说明使用"插入函数"对话框输入函数的方法。

【例 8-11】在表 8-3 中计算学生的平均成绩。计算结果如图 8-25 所示。

图 8-25 计算学生的平均成绩

操作步骤如下：

1）选定存放计算结果的单元格 H3，单击编辑栏中的 fx 按钮，表示公式开始的"="出现在单元格和编辑栏中，弹出"插入函数"对话框，如图 8-26 所示。

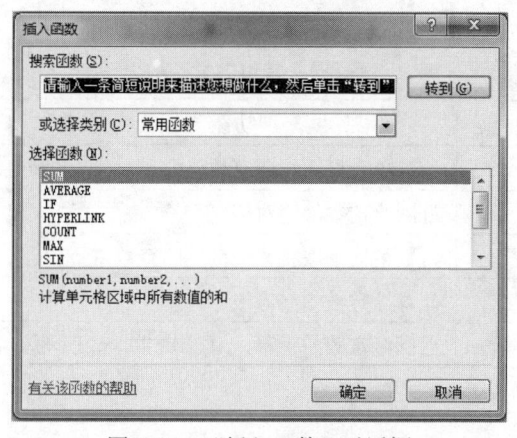

图 8-26 "插入函数"对话框

2）在"选择类别"下拉列表框中选择"常用函数"，在"选择函数"列表框中选择 AVERAGE 函数，单击"确定"按钮，弹出"函数参数"对话框，如图 8-27 所示。

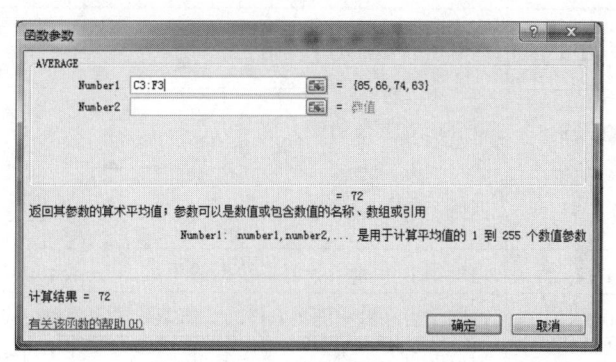

图 8-27 "函数参数"对话框

3）将鼠标定位在 Number1 文本框中，在成绩表中用鼠标拖动以选中要引用的区域（即 C3～F3 单元格），此时在 Number1 文本框中自动输入 C3:F3，或者直接在 Number1 文本框中输入 C3:F3，单击"确定"按钮返回工作表，在 H3 中出现计算结果。

4）将鼠标指向 H3 单元格的右下角，待其变成"+"填充柄形状后拖动鼠标到 H12，将公式复制到 H4～H12 单元格，在 H4～H12 单元格中显示出计算结果，如图 8-25 所示。

采用此方法的最大优点是：引用区域准确，特别是三维引用时不容易发生工作表或工作簿名称输入错误的问题。

（2）在编辑栏中输入函数。

如果用户要套用某个现成的公式或者输入一些嵌套关系复杂的公式，利用编辑栏输入更加快捷，操作步骤如下：

1）选中要存放计算结果的单元格。

2）单击 Excel 编辑栏，按照公式的组成顺序依次输入各个部分，例如=SUM(E4:G4)，公式输入完毕后按 Enter 键。

8.3.2 常用函数

1. 数学函数

常用数学函数如表 8-4 所示。

表 8-4 常用数学函数

函数	格式	功能	举例
SUM	SUM(n1,n2,…)	计算单元格区域所有数值的和	SUM(A1:A3)、SUM(2,5)
ABS	ABS(n)	返回给定数的绝对值	ABS(-99)、ABS(B3)
INT	INT(n)	将数值向下取整为最接近的整数	INT(3.14)、INT(B12)
SQRT	SQRT(n)	计算给定数的平方根	SQRT(16)、SQRT(C3)
POWER	POWER(n1, n2)	返回给定数的乘幂，n1 为底数，n2 为幂	POWER(2,3)

2. 统计函数

常用统计函数如表 8-5 所示。

表 8-5 常用统计函数

函数	格式	功能	举例
AVERAGE	AVERAGE(n1,n2,…)	返回所有参数的平均值	AVERAGE(A1:A7) AVERAGE(7,9)
MAX	MAX(n1,n2,…)	返回所有参数的最大值	MAX(B2:B3) MAX(1,9)
MIN	MIN(n1,n2,…)	返回所有参数的最小值	MIN(A3:B9) MIN(1,9)
COUNT	COUNT(v1,v2,…)	返回所有参数中数值型数据的个数	COUNT(A1:B10)
COUNTIF	COUNTIF(v1,v2,…)	返回所有参数中满足条件的数值型数据的个数	COUNTIF(A1:A10,">60")
RANK	PANK(n,r)	返回数字 n 在数字列表 r 中的排位	RANK(B3,A1:B10)
LARGE	LARGE(array,k)	返回指定区间的第 k 个最大值	LARGE(A1:A10,3)

3. 日期函数

常用日期函数如表 8-6 所示。

表 8-6　常用日期函数

函数	格式	功能	举例
TODAY	TODAY()	返回当前日期	TODAY()
NOW	NOW()	返回当前日期时间	NOW()
YEAR	YEAR()	返回日期 d 的年份	YEAR(TODAY())
MONTH	MONTH(d)	返回日期 d 的月份	MONTH(TODAY))
DAY	DAY(d)	返回日期 d 的天数	DAY(TODAY())
DATE	DATE(y,m,d)	返回由年份 y、月份 m、天数 d 设置的日期	DATA(2009,2,12)

【例 8-12】在表 8-3 中完成下列操作：

- 根据各个学生的总成绩和平均成绩计算学生的名次。
- 计算语文、数学、英语、计算机各科的平均成绩、最高分和最低分。
- 计算学生的总人数。
- 增加制表时间为当前的日期。

结果如图 8-28 所示。

	B	C	D	E	F	G	H	I	J
3	表8-3外国语学院2008级3班2008年秋季期末表								
4	姓名	语文	数学	英语	计算机	总分	平均分	排名	评定
5	甲	85	66	74	63	288	72.0	8	合格
6	乙	95	75	71	99	340	85.0	1	优
7	丙	67	73	66	92	298	74.5	7	合格
8	丁	87	68	69	85	309	77.3	5	良
9	戊	95	82	67	62	306	76.5	6	良
10	己	94	89	75	67	325	81.3	2	良
11	庚	76	91	77	66	310	77.5	3	良
12	辛	61	76	75	68	280	70.0	10	合格
13	壬	69	72	76	71	288	72.0	8	合格
14	癸	70	81	81	78	310	77.5	3	良
15	平均分	79.9	77.3	73.1	75.1			总人数	10
16	最高分	95	91	81	99			优生人数	1
17	最低分	61	66	66	62			制表时间	2009-2-12

图 8-28　学生成绩表的数据计算

操作步骤如下：

（1）计算名次：在 I3 单元格中输入公式“=RANK(G3,$G3:$G12)”，将鼠标放在 I3 单元格的右下角，待其变成“+”填充柄形状后拖动鼠标到 I12 松开，将公式复制到 I4～I12 单元格，计算出所有学生的名次。

（2）计算各科的平均分：在 B13 单元格中输入“平均分”，在 C13 单元格中输入公式“=AVERAGE(C3:C12)”，然后拖动填充柄到 F13 单元格。

（3）计算各科的最高分：在 C14 单元格中输入公式“=MAX(C3:C12)”，采用拖动填充柄的方法将公式复制到 D14～F14 单元格。

（4）计算各科的最低分：在 C15 单元格中输入公式“=MIN(C3:C12)”，采用拖动填充柄的方法将公式复制到 D15～F15 单元格。

（5）计算总人数：在 I13 单元格中输入“总人数”，在 J13 单元格中输入公式“=COUNT(C3:C12)”。

(6) 在 I15 单元格中输入"制表时间",在 J15 单元格中输入公式"=TODAY()"。

4. 逻辑函数

常用逻辑函数如表 8-7 所示。

表 8-7 常用逻辑函数

函数	格式	功能	举例
AND	AND(v1,v2,…)	检查所有参数是否为真,如果全为真,则返回 TRUE	AND(A1:A3)
OR	OR(v1,v2,…)	检查所有参数是否为假,如果全为假,则返回 FALSE	OR(B3:B7)
IF	IF(v1,v2,v3)	判断条件 V1 是否为真,为真则执行 V2,否则执行 V3	IF(A1,C1+C2,C3)

【例 8-13】在学生成绩表中增加"评定"以反映学生的评价,计算方法如下:如果学生平均成绩大于等于 85,则评为"优秀";如果平均成绩大于等于 75 而小于 85,则评为"良",如果平均成绩小于 75,则评为"合格"。评定所有学生的成绩,结果如图 8-28 所示。

操作步骤如下:

(1) 评定学生成绩:在 J3 单元格中输入公式"=IF(H3>=85,"优",IF(H3>=75,"良","合格"))",然后用拖动填充柄的方法将公式复制到 J4~J12 单元格。

(2) 计算评定为"优"的学生的人数:在 J14 单元格中输入公式"=COUNTIF(J3:J12,"优")"。

8.3.3 财务和统计函数的应用

Excel 在财务、会计和审计工作中有着广泛的应用。Excel 提供的函数能够满足大部分的财务、会计和审计工作的需求。下面通过几个例子来说明 Excel 在这些方面的应用。

1. 投资理财

格式:FV(rate,nper,pmt,pv,type)

功能:计算基于固定利率及等额分期付款方式返回某固定投资的未来值。

说明:rate 为各期利率;nper 为总投资期,即该项目的付款期总数;pmt 为各期所应支付的金额,其数值在整个期间保持不变。通常 pmt 包括本金和利息,但不包括其他费用及税款。如果忽略 pmt,则必须包括 pv 参数。pv 为现值,即从该项目投资开始计算时已经入账的款项,或一系列未来付款的当前值的累计和,也称为本金。如果省略 pv,则假设其值为 0,此时必须包括 pmt 参数。type 数字为 0 或 1,用以指定各期的付款时间是在期初或期末,0 表示期末,1 表示期初。如果省略 type,则假设其值为 0。

说明:以上参数中,若现金流入,以正数表示;若现金流出,以负数表示。

【例 8-14】如果一对夫妇为 1 岁的子女准备上大学的费用,计划从现在起每月存 200 元,如果按年利率 3.98%计算,按月计息(月利率是 3.98%/12),利用 Excel 计算 18 年后该账户的存款额。

操作步骤如下:

(1) 在工作表中输入标题和数据。如图 8-29 所示,在 B2、B3、B4、B5 单元格中分别输入 3.98%(年利率)、216(存款期限,即 18 年的月份数)、-200(每月存入金额,存入为负数)、1(月初存入)。

(2) 在 B6 单元格中输入公式"=FV(B2/12,B3,B4,B5)",即可计算出该项投资的未来值。

B6　=FV(B2/12,B3,B4,B5)

	A	B
1	利用FV函数计算投资未来值	
2	年利率	3.98%
3	存款期限	216
4	每月存款金额	-200
5	月初存入	1
6	投资未来值	￥62,990.44

图 8-29　FV 函数的应用

2. 还贷金额

PMT 函数可以计算为偿还一笔贷款，要求在一定周期内支付完成时，每次需要支付的偿还额，即通常所说的“分期付款”。

格式：PMT(rate,nper,pv,fv,type)

功能：计算基于固定利率及等额分期付款方式返回投资或贷款的每期付款额。

说明：rate 为各期利率，是一固定值；nper 为总投资（或贷款）期，即该项目（或贷款）的付款总数；pv 为现值或一系列未来付款当前值的累计和，也称为本金；fv 为未来值或在最后一次付款后希望得到的现金余额，如果省略 fv，则默认值是 0；type 数字为 0 或 1，用以指定各期的付款时间是在期初或期末，0 表示期末，1 表示期初。如果省略 type，则假设其值为 0。

说明：以上参数中，若现金流入，以正数表示；若现金流出，以负数表示。

【例 8-15】某人计划分期付款购买商品房，预计贷款 20 万元，按 20 年分期付款，银行贷款年利率是 6.98%，如果每月月末还款，试在 Excel 中计算每月还款额。

（1）在工作表中输入标题和数据。如图 8-30 所示，在 B2、B3、B4、B5 单元格中分别输入数据 6.98%（年利率）、240（贷款期限，即 20 年的月份数）、200000（贷款金额）、0（月末还款）。

B6　=PMT(B2/12,B3,B4,B5)

	A	B
1	利用PMT函数计算房贷问题	
2	年利率	6.98%
3	贷款期限	240
4	贷款金额	200000
5	月末还款	0
6	每月还款金额	￥-1,548.20

图 8-30　PMT 函数的应用

（2）在 B6 单元格中输入公式“=PMT(B2/12,B3,B4,B5)”，即可计算出该笔贷款每月的还款额。

3. 保险收益

在 Excel 中，RATE 函数返回投资的各期利率。

格式：RATE(nper,pmt,pv,fv,type,guess)

功能：计算某项投资的收益。

说明：nper 为总投资期，即该项目的付款期总数；pmt 为各期所应支付的金额，其数值在整个期间保持不变。通常 pmt 包括本金和利息，但不包括其他费用及税款。如果忽略 pmt，则必须包括 pv 参数。pv 为现值，即从该项目投资开始计算时已经入账的款项或一系列未来付款的当前值的累计和，也称为本金。如果省略 pv，则假设其值为 0，此时必须包括 pmt 参数。fv 为未来值或在最后一次付款后希望得到的现金余额，如果省略 fv，则默认值是 0。type 数字为 0 或 1，用以指定各期的付款时间是在期初或期末，0 表示期末，1 表示期初。如果省略 type，则假设其值为 0。guess 为预期利率，默认是 10%。

【例 8-16】保险公司有一种险种，具体办法是一次性缴费 30000 元，保险期是 20 年。如果保险期限内没有出险，每年返还现金 2500 元。请问在没有出险的前提下，它与现在银行的利率相比，收益如何？

操作步骤如下：

（1）在工作表中输入数据。如图 8-31 所示，在 B2、B3、B4、B5 单元格中分别输入 20（保险年限）、2500（年返还金额）、-30000（保险本金）、1（年底返还）。

B6 fx =RATE(B2, B3, B4, , B5)

	A	B
1	利用RATE函数计算保险收益	
2	保险年限	20
3	每年返还金额	2500
4	保险金额	-30000
5	年底返还	1
6	保险收益率	6%

图 8-31　RATE 函数的应用

（2）在 B6 单元格中输入公式“=RATE(B2,B3,B4,B5)”，即可计算出保险收益的年利率是“6%”。

通过计算我们知道该项保险投资的收益是略高于银行的利率的。

4. 经济预测

格式：TREND(known_y’s,known_x’s,new_x’s,const)

功能：返回一条线性回归拟合线的值，即找到适合已知数组 known_y’s 和 known_x’s 的直线（用最小二乘法），并返回指定数组 new+x’s 在直线上对应的 y 值。

说明：known_y’s 是关系表达式 y=mx+b 中已知的 y 值的集合；known_x’s 是关系表达式 y=mx+b 中已知的可选 x 值的集合；new_x’s 为函数 trend 返回对应 y 值的新 x 值；const 为一逻辑值，用于指定是否将常量 b 强制设为 0。

【例 8-17】假设某书店一月到七月的月销售额如图 8-32 所示，试用 Excel 的 Trend 函数预测八月份的销售额。

I3 fx =TREND(B3:H3)

	A	B	C	D	E	F	G	H	I
1		已知的实际数据							预测数据
2	月份	一月	二月	三月	四月	五月	六月	七月	八月
3	销售额	1800	2500	2900	2200	1650	2460	2280	2244

图 8-32　TREND 函数的应用

操作步骤如下：

（1）在工作表中输入如图 8-32 所示的数据，在 B3～H3 单元格中输入一月到七月的销售额。

（2）在 I3 单元格中输入公式 "=TREND(B3:H3)"，预测该书店八月份的销售额。

8.3.4 查找函数的使用

查找函数可以帮助我们在特定的范围内查找特定的数值，从而实现在大量的数据中快速找到所需要的数据。

1. 整表查找 LOOKUP

格式：LOOKUP(Lookup_value,Lookup_vector,result_vector)

功能：在整张数据表中按照指定的条件找到结果并返回指定的值。

【例 8-18】如图 8-28 所示，使用 LOOKUP 函数完成学生成绩的评定。

在 J3 单元格中输入公式 "=LOOKUP(H3,{0,75,85,100},{"合格","良好","优秀"})"。

2. 按列查找 VLOOKUP

格式：VLOOKUP(Lookup_array,Table_array,Col_index_number,Range_lookup)

功能：在指定数据区域中的第一列按照指定的条件找到结果并返回指定列的值。

【例 8-19】如图 8-28 所示，使用 VLOOKUP 查找第 3 位的计算机成绩。

首先选择一空白单元格用来存放计算结果，然后在公式编辑栏中输入公式 "=VLOOKUP(3,a2:h12,6,false)"，其中参数 3 表示在数据区域 a2:h12 中的第一列查找满足条件 "=3" 的第一个值，然后在这一行向右查找第 6 列的内容（也就是 "计算机" 所在的列），参数 false 表示模糊查找。最后得到结果 "92"。

3. 按行查找 HLOOKUP

格式：HLOOKUP(Lookup_array,Table_array,Col_index_number,Range_lookup)

功能：在指定数据区域中的第一行按照指定的条件找到结果并返回指定行的值。

【例 8-20】如图 8-28 所示，使用 HLOOKUP 查找学号是 3 的学生的平均分。

首先选择一空白单元格用来存放计算结果，然后在公式编辑栏中输入公式 "=HLOOKUP("平均分",a2:h12,4,true)"，其中参数"平均分"表示在数据区域 a2:h12 中的第一行查找满足条件：="平均分"的列，然后在这一列向下查找第 4 行的内容（也就是学号是 "200503" 的学生所在行），参数 true 表示精确查找。最后得到结果 "74.5"。

【例 8-21】根据学生成绩表，使用查找函数生成学生期末成绩单。学生成绩表如图 8-33 所示。

A	B	C	D	E	F	G	H	I	J
\multicolumn{10}{c}{学生成绩}
学号	姓名	性别	数学	英语	计算机	总成绩	平均分	优秀	综合评定
200501	罗亮	F	89	89	85	263	87.7	优秀	1.该生热爱劳动，能够团结同学。
200502	李立	F	77	56	86	219	73.0	合格	
200503	王珂	T	79	33	68	180	60.0	合格	
200504	谢楚	T	97	44	70	211	70.3	合格	
200505	周洪涛	F	66	76	78	220	73.3	合格	

图 8-33　学生成绩表

现在要生成如图 8-34 所示的学生期末成绩单。

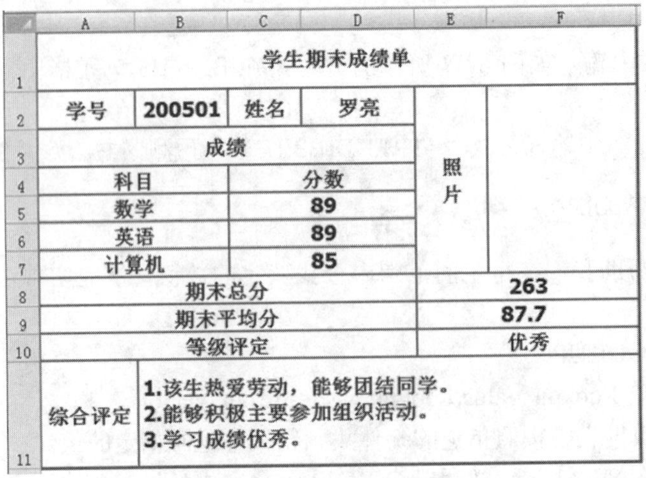

图 8-34 学生期末成绩单

操作步骤如下：

（1）建立空白"学生期末成绩单"，如图 8-35 所示。

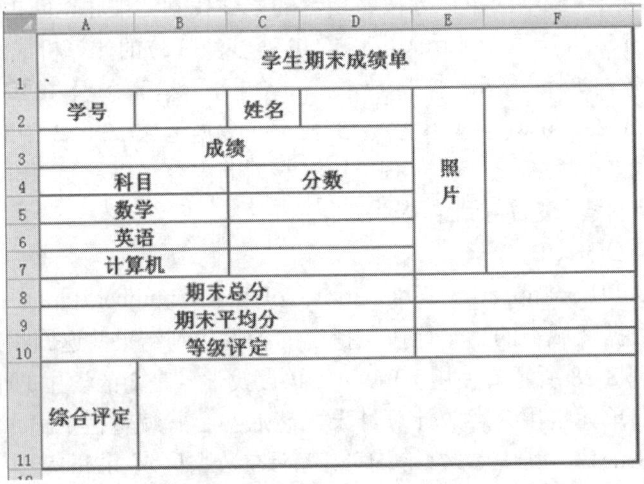

图 8-35 空白"学生期末成绩单"

（2）将学生成绩表的学号字段 A3:A7 单元格区域命名为 number，如图 8-36 所示。

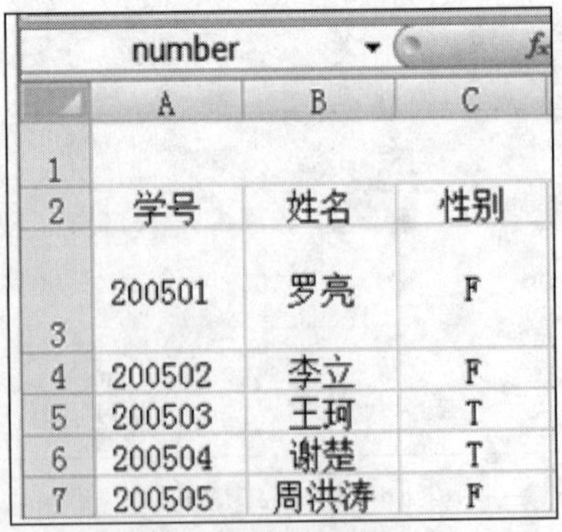

图 8-36 设置单元格区域名称

（3）在图 8-35 中选择"学号"单元格 B2，再设置数据有效性：单击"数据"功能区中的"数据有效性"，在弹出的对话框中单击"设置"选项卡，在"允许"下拉列表框中选择"序列"，在"来源"文本框中输入"=number"，如图 8-37 所示。

图 8-37　"数据有效性"对话框

（4）在学生期末成绩单 D2 单元格中输入公式"=IF(ISERROR(VLOOKUP(B2,学生成绩表!A3:J7,2,TRUE)),"",VLOOKUP(B2,学生成绩表!A2:J7,2,TRUE))"，ISERROR()函数表示未查找到对应值时用空字符填充，否则执行 VLOOKUP()函数，VLOOKUP()函数的执行过程是：首先用学生期末成绩单 B2 单元格中的内容去和学生成绩表的 A3:J7 单元格中的内容做匹配，如果找到，则返回该行第 2 列的内容，参数 true 表示精确匹配。

结果如图 8-38 所示。

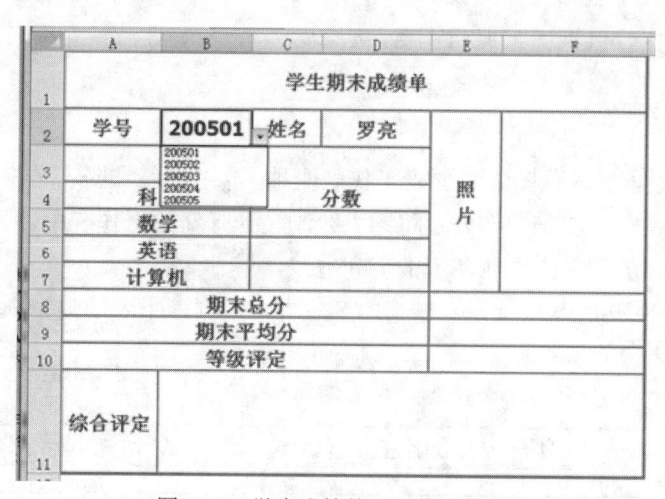

图 8-38　学生成绩单设置查询条件

（5）分别输入：在 D5 单元格中输入公式"=IF(ISERROR(VLOOKUP(B2,学生成绩表!A3:J7,4,TRUE)),"", VLOOKUP(B2,学生成绩表!A2:J7,4,TRUE))"；在 D6 单元格中输入公式" =IF(ISERROR(VLOOKUP(B2, 学 生 成 绩 表 !A3:J7,5,TRUE)),"",VLOOKUP(B2, 学 生 成 绩表!A2:J7,5,TRUE))"；在 D7 单元格中输入公式"=IF(ISERROR(VLOOKUP(B2,学生成绩

表!A3:J7,6,TRUE)),"", VLOOKUP(B2,学生成绩表!A2:J7,6,TRUE))"；在 E8 单元格中输入公式"=IF(ISERROR(VLOOKUP(B2,学生成绩表!A3:J7,7,TRUE)),"",VLOOKUP(B2,学生成绩表!A2:J7,7,TRUE))"；在 E9 单元格中输入公式"=IF(ISERROR(VLOOKUP(B2,学生成绩表!A3:J7,8,TRUE)),"",VLOOKUP(B2,学生成绩表!A2:J7,8,TRUE))"；在 E10 单元格中输入公式"=IF(ISERROR(VLOOKUP(B2,学生成绩表!A3:J7,9,TRUE)),"",VLOOKUP(B2,学生成绩表!A2:J7,9,TRUE))"；在 B11 单元格中输入公式"=IF(ISERROR(VLOOKUP(B2,学生成绩表!A3:J7,10,TRUE)),"", VLOOKUP(B2,学生成绩表!A2:J7,10,TRUE))"。

结果图 8-34 所示。

在函数的使用过程中，可能会遇到各种问题，这里列出常见的几种计算出错信息：
- #DIV/0!：不能除以 0。
- #N/A：数据无效或没有定义。
- #NAME?：包含了没有定义的范围或单元格。
- #NULL!：试图引用没有重叠区域的两个单元格区域。
- #NUM!：无效参数或者返回的数值超出了 Excel 定义范围。
- #REF!：无效的单元格引用。
- #VALUE!：数据类型错误或在输入函数时出现输入错误。

8.4 图表的使用

Excel 2010 提供了丰富的图表功能，为用户提供更直观和全面的图形数据显示效果。Excel 2010 的图表类型包括：柱形图、条形图、折线图、饼图、XY 散点图、面积图、圆环图、雷达图、曲面图、气泡图、股价图等。

8.4.1 建立图表

Excel 2010 提供了嵌入式图表和图表工作表两种图表。嵌入式图表是将图表直接绘制在原始数据所在的工作表中，图表工作表是将图表绘制在一张新的工作表中。

下面以一个具体的例子来说明图表的创建方法。

【例 8-22】图 8-39 所示是一张农作物的产量表，根据这张表的数据创建三维柱状图。

	A	B	C	D	E	F
1	2009-2013年主要农作物亩产（千克）表
2	年份	小麦	玉米	高粱	花生	大豆
3	2009年	400	505	288	255	287
4	2010年	416	521	275	265	286
5	2011年	388	498	304	270	250
6	2012年	430	485	280	288	310
7	2013年	120	165	321	291	330

图 8-39 农作物产量表

操作步骤如下:

(1)按照图 8-39 所示输入数据,然后选定 A2~F7 单元格,在"插入"功能区中单击"图表",弹出"插入图表"对话框,如图 8-40 所示。

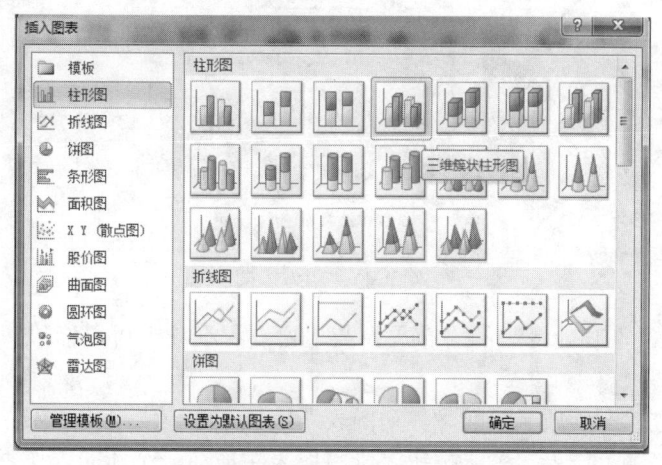

图 8-40 "插入图表"对话框

(2)选择"模板"列表框中的"柱形图",在"子图表类型"中选择"三维簇状柱形图",单击"确定"按钮,系统会根据选择的数据区域在当前工作表中生成对应的图表,如图 8-41 所示。

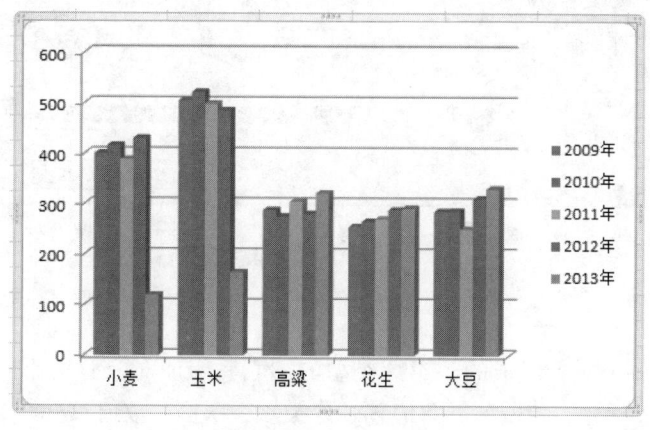

图 8-41 生成的图表

(3)图表产生的同时,功能区中会显示出"图表工具"功能区,如图 8-42 所示。在"图表工具/设计"功能区"数据"组中单击"切换行/列"可以决定序列产生于行还是列。本例中选择序列产生在行上。

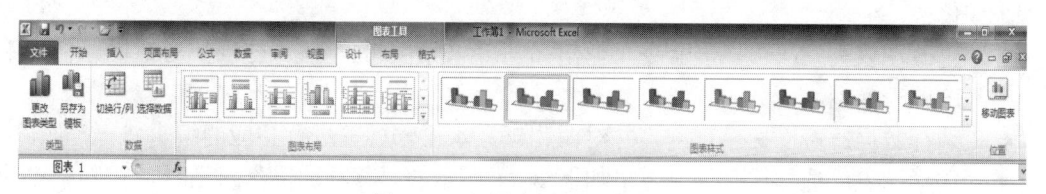

图 8-42 "图表工具"功能区

(4)在"图表工具/布局"功能区中可以设置图表的属性。在"图表标题"处输入"农作物产量表",在"坐标轴标题"处输入"农作物名称",在 Y 方向"坐标轴标题"处输入"产量",最终生成图表如图 8-43 所示。

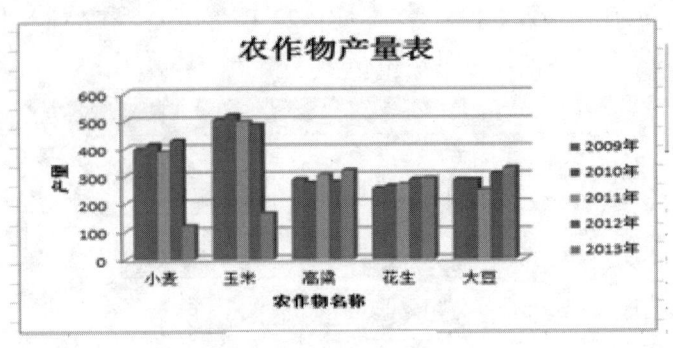

图 8-43 图表示例

(5)"图表工具"功能区中的"布局"与"格式"选项卡可以修改图表区与图列区的相关属性。

(6)单击"位置"选项卡中的"移动图表"按钮,弹出"移动图表"对话框(如图 8-44 所示),如果单击"新工作表"单选按钮,则将图表生成在一个新的工作表中;如果单击"对象位于"单选按钮,则将图表生成在数据所在的工作表中。

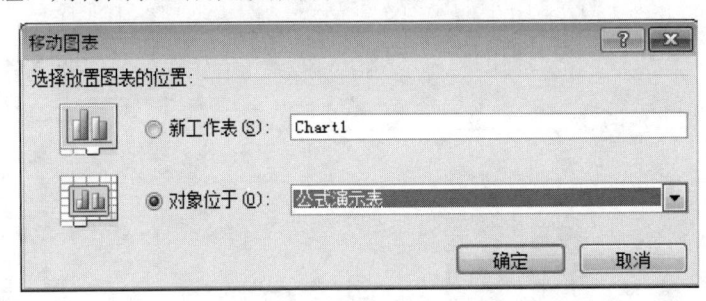

图 8-44 "移动图表"对话框

8.4.2 编辑图表

一个图表是由多个对象组成的,不同类型的图表其组成对象有所不同。例如一个柱形图包含图表区域、图表标题、绘图区、数值轴、分类轴、图例、数值轴标题、分类轴标题、数据序列、数据点、网格线等,如图 8-45 所示。对图表的编辑就是对图表中各个对象进行一些必要的修饰。

1. 图表区的编辑

右击图表区的空白区域,弹出如图 8-46 所示的快捷菜单,利用其中的命令可以对图表进行编辑和修改。

- 更改图表类型:选择该命令,弹出如图 8-40 所示的"插入图表"对话框,在其中修改图表类型。
- 选择数据:可以切换行列,并对图列项、水平轴标签进行相应的编辑。
- 移动图表:选择该命令,弹出如图 8-44 所示的"移动图表"对话框,在其中更改图表的位置。
- 三维旋转:选择该命令,弹出如图 8-47 所示的"三维旋转"对话框,可以灵活地调节三维图表的视觉角度,以获得不同的视觉效果。

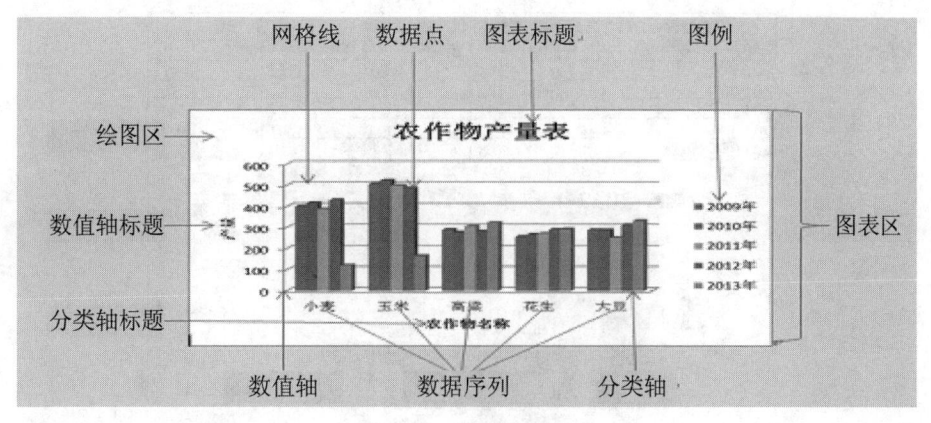

图 8-45 图表的组成

图 8-46 图表格式设置快捷菜单

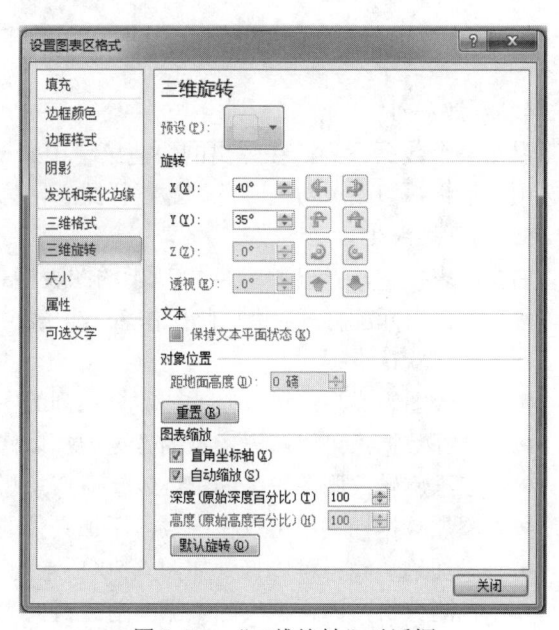

图 8-47 "三维旋转"对话框

- 设置图表区域格式：选择该命令，弹出如图 8-47 所示的"设置图表区域格式"对话框，在其中修改图表的格式。

2. 图表标题

右击图表标题，在弹出的快捷菜单中选择"图表标题格式"命令，可以修改标题的填充效果、边框颜色与样式、阴影、发光和柔滑边缘、三维格式与对齐方式。

如果需要将图表标题的内容同数据表的标题保持一致，可以进行如下操作：单击图表标题，在工作表的"名称"框中显示"图表标题"，在编辑栏中输入"="，然后用鼠标选定工作表数据的标题，例如 A1 单元格，则在编辑栏中生成图表标题的公式"=sheet1!$A$1"，即图表标题同工作表数据区域的标题相同，如图 8-48 所示。如果修改数据表中 A1 单元格的标题，则图表的标题会随之改变。

3. 坐标轴格式

右击分类轴或数值轴，在弹出的快捷菜单中选择"设置坐标轴格式"命令，可以调整坐标轴选项、数字、填充效果、线条颜色、线性、阴影、发光和柔化边缘、三维格式等。

图 8-48 设置图表标题同工作区中数据的标题一致

4. 数据系列

右击某个数据系列，在弹出的快捷菜单中选择"设置数据系列格式"命令，可以调整系列选项、形状、填充、边框颜色、边框样式、阴影等。

5. 图表格式化

右击图表位置，弹出如图 8-49 所示的图表格式化快捷菜单。

- 重设以匹配样式：执行此操作后，线条样式宽度和其他数据系列设置将被重置为图表样式默认设置。
- 更改图表类型：可以修改该数据系列的图表类型。
- 选择数据：可以图表依据的数据源加以修改。
- 三维旋转：同图表区的三维旋转命令意思一样。
- 添加数据标签：可以在图表旁添加具体的数据。
- 添加趋势线：可以打开如图 8-50 所示的"设置趋势线格式"对话框，该命令应用于预测分析，即根据实际数据向前或者向后模拟数据的趋势。

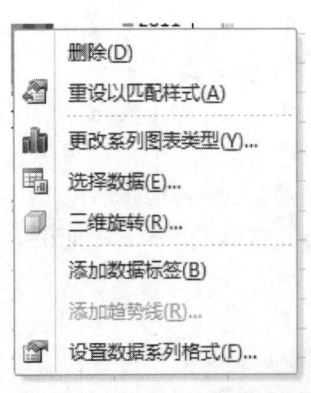

图 8-49 图表格式化快捷菜单

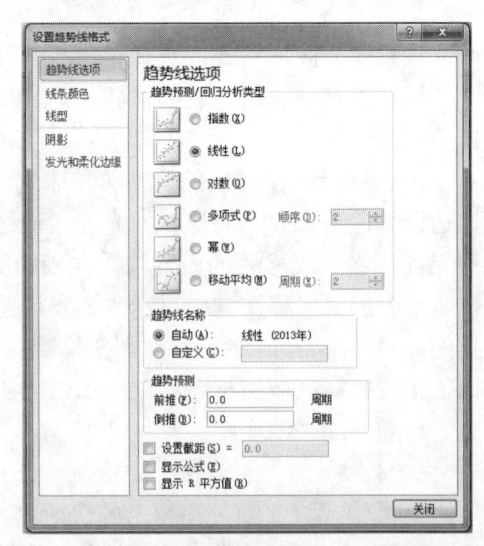

图 8-50 "添加趋势线格式"对话框

【例 8-23】编辑例 8-22 中如图 8-43 所示的图表，完成下列操作：
- 修改"绘图区"，设置绘图区边框"样式"为实线、红色、圆形，"区域"填充色为"茶色背景 2"。
- 设置图表"字体"为黑体，字形为"加粗 倾斜"，"字号"为 10，"颜色"为"蓝色"，"背景填充"白色并设置透明度为 100%。
- 修改"图表标题"为"2009-2013 年主要农作物亩产"。
- 设置"图例"的填充色为红色。
- 修改"图表类型"为"三维柱形图"。

完成后的效果如图 8-51 所示。

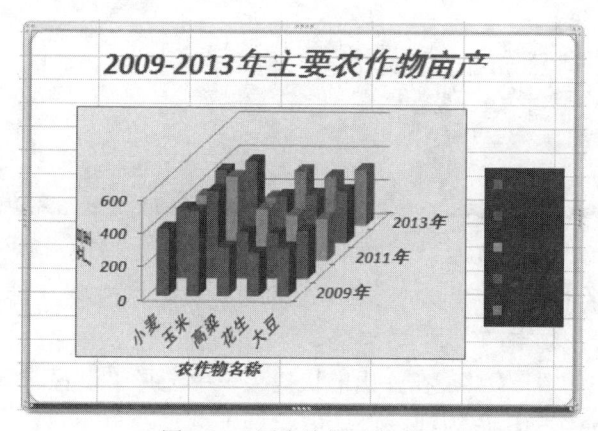

图 8-51　图表编辑后的效果

操作步骤如下：

（1）右击图表区的空白区域，在弹出的快捷菜单中选择"设置图表区格式"命令，弹出"设置图表区格式"对话框，如图 8-52 所示。选择"边框颜色"区域中的"实线"单选项，在"颜色"下拉列表框中选择为红色，选中"边框样式"中的"圆角"复选框，在"填充"中选择"纯色填充"，颜色为"茶色背景 2"，透明度设置为 100%。

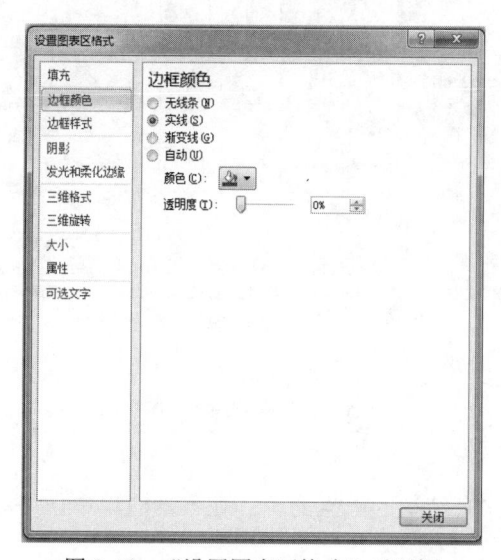

图 8-52　"设置图表区格式"对话框

（2）右击图表区的空白区域，在弹出的快捷菜单中选择"字体"命令，弹出"字体"对话框，如图 8-53 所示。在"中文字体"下拉列表框中选择"黑体"，在"字体样式"下拉列表框中选择"加粗 倾斜"，在"大小"数值框中选择 10，在"字体颜色"下拉列表框中选择"蓝色"。

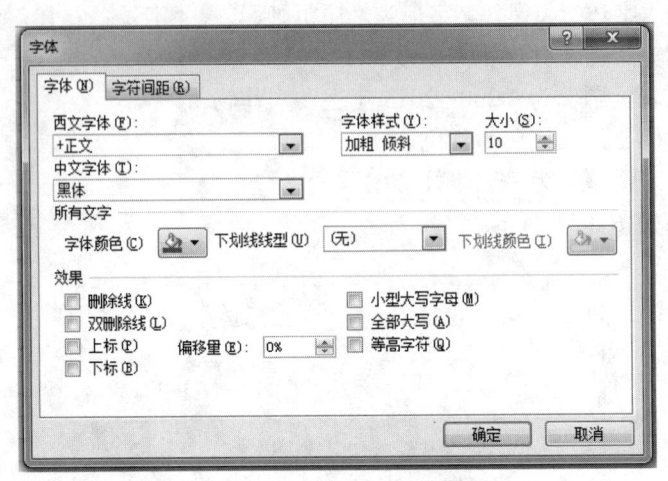

图 8-53　"字体"对话框

（3）右击图表区的图表标题处，在弹出的快捷菜单中选择"编辑文字"命令，输入"2009-2013 年主要农作物亩产"。

（4）右击图表中的"图例"，在弹出的快捷菜单中选择"设置图例格式"命令，在"填充"中选择"纯色填充"的颜色为红色。

（5）右击簇状柱形图任意的位置，在弹出的快捷菜单中选择"更改系列图表类型"命令，在"柱形图"中选择"三维柱形图"，如图 8-54 所示。

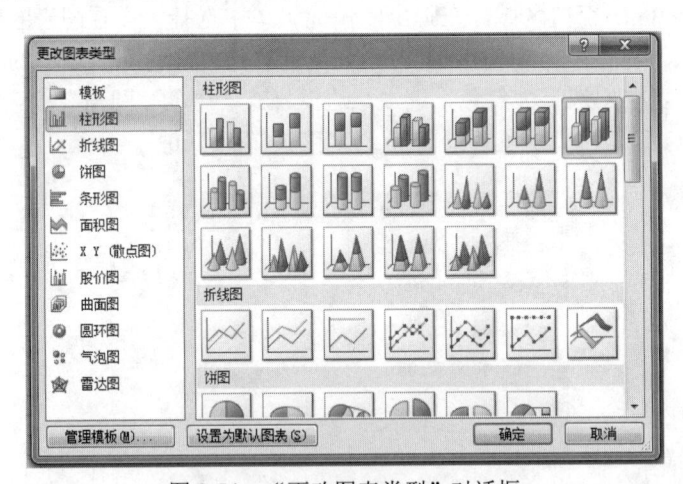

图 8-54　"更改图表类型"对话框

8.5　数据处理

在 Excel 中，可以建立有结构的数据清单。在数据清单中，可以进行数据的查询、排序、筛选、分类汇总和数据透视等操作。

8.5.1 数据清单

在 Excel 中，用来管理数据的结构称为数据清单。数据清单是一个二维表。表中包含多行多列，其中第一行是标题行，其他行是数据行。一列称为一个字段，一行称为一个记录。在数据清单中，行和行之间不能有空行，同一列的数据具有相同的类型和含义。图 8-55 所示的"东方商场一九九八年十二月家电销售列表"工作表中的 A2～F14 单元格区域就是一个数据清单。

可以用在工作表中输入数据的方法来建立数据清单。如果在工作表中已经输入了标题行和部分数据，可以用"记录单"的方式来输入数据清单的记录，由于"记录单"命令默认情况下是隐藏的，所以需要先将它显示出来。

操作步骤如下：

（1）单击"文件"功能区中的"选项"按钮。

（2）弹出"Excel 选项"对话框，在左侧选择"自定义功能区"，在"自定义功能区"左侧的下拉菜单中选择"不在功能区中的命令"。

（3）在菜单中找到"记录单"命令并选中，在右侧的"自定义功能区"中选择"主选项卡"，在"主选项卡"菜单中选择"数据"。

（4）单击"新建组"命令，并重命名为"记录单"。

（5）单击"添加"按钮，把"记录单"添加到功能区中。

（6）选定数据清单所在的某个单元格。

（7）选择"数据"菜单中新建的"记录单"命令，弹出"数据清单演示"对话框，如图 8-56 所示。单击"新建"按钮，出现新空白记录单，即可进行新记录的添加。

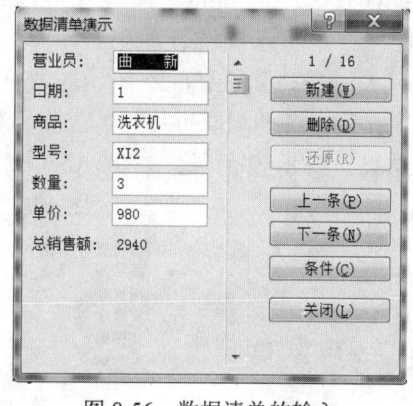

图 8-55　数据清单示例　　　　　　　　图 8-56　数据清单的输入

（8）完成数据输入后单击"关闭"按钮，可以在工作表中添加一个新的记录。

在"数据清单演示"对话框中，单击"上一条"或"下一条"按钮，可以在对话框中显示上一条或下一条记录；单击"条件"按钮，可以查找满足条件的记录。

8.5.2 排序

排序是指将数据按照某一特定方式排列顺序（升序或降序）。在 Excel 中，可以使用功能区中的"排序"按钮进行单一条件的排序。另外，还可以使用菜单命令进行多重条件排序。

排序的规则是：数字型数据按照数字大小排序；日期型数据按照日期先后排序；文本型

数据的排序规则是将文本数据从左向右依次进行比较，比较到第一个不相等的字符为止，此时字符大的文本的顺序大，字符小的文本的顺序小。对于单个字符的比较，按照字符的 ASCII 码顺序，基本规则是：空格<数字<大写英文字母<小写英文字母<所有汉字。

1．简单排序

简单排序是指排序的条件是数据清单的某一列。光标定位在要排序列的某个单元格上，单击功能区中的“升序”按钮或“降序”按钮，可以对光标所在的列进行排序。图 8-57 所示是按照“日期”升序排列的结果，图 8-58 所示是按照“总销售额”降序排列的结果。

	A	B	C	D	E	F	G
1	东方商场一九九八年十二月家电销售列表						
2	营业员	日期	商品	型号	数量	单价	总销售额
3	柯夏令	1	电视机	CY5	11	10390	114290
4	柯夏令	1	电视机	CY5	7	10390	72730
5	曲　新	1	洗衣机	XI2	3	980	2940
6	文微微	2	电视机	CC7	3	9020	27060
7	励为何	3	洗衣机	XI1	2	1290	2580
8	文微微	5	电冰箱	JJI	1	2080	2080
9	曲　新	8	洗衣机	XI1	4	1290	5160
10	励为何	8	洗衣机	XI1	2	1290	2580
11	高娃娃	12	洗衣机	XI2	12	980	11760
12	文微微	15	电冰箱	JJI	2	2080	4160
13	曲　新	18	洗衣机	XI1	3	1290	3870
14	高娃娃	20	洗衣机	XI2	2	980	1960
15	柯夏令	22	电冰箱	JJI	9	2080	18720
16	高娃娃	25	洗衣机	XI2	5	980	4900
17	柯夏令	29	电冰箱	JJI	3	2080	6240
18	励为何	31	电视机	CC6	5	8090	40450

图 8-57　按照“日期”升序排列的结果

	A	B	C	D	E	F	G
1	东方商场一九九八年十二月家电销售列表						
2	营业员	日期	商品	型号	数量	单价	总销售额
3	柯夏令	1	电视机	CY5	11	10390	114290
4	柯夏令	1	电视机	CY5	7	10390	72730
5	励为何	31	电视机	CC6	5	8090	40450
6	文微微	2	电视机	CC7	3	9020	27060
7	柯夏令	22	电冰箱	JJI	9	2080	18720
8	高娃娃	12	洗衣机	XI2	12	980	11760
9	柯夏令	29	电冰箱	JJI	3	2080	6240
10	曲　新	8	洗衣机	XI1	4	1290	5160
11	高娃娃	25	洗衣机	XI2	5	980	4900
12	文微微	15	电冰箱	JJI	2	2080	4160
13	曲　新	18	洗衣机	XI1	3	1290	3870
14	曲　新	1	洗衣机	XI2	3	980	2940
15	励为何	3	洗衣机	XI1	2	1290	2580
16	励为何	8	洗衣机	XI1	2	1290	2580
17	文微微	5	电冰箱	JJI	1	2080	2080
18	高娃娃	20	洗衣机	XI2	2	980	1960

图 8-58　按照“总销售额”降序排列的结果

2．自定义排序

在排序时，可以自定义多个排序条件，即多个排序的关键字。先按照“主要关键字”排序；对主要关键字相同的记录，再按照“次要关键字”排序；对主要关键字和次要关键字相同的记录，还可以按照第三关键字排序。

【例 8-24】将图 8-55 所示的“东方商场一九九八年十二月家电销售列表”先按照“日期”升序排列，日期相同再按照“营业员”升序排列，姓名相同再按照“总销售额”降序排列。排列结果如图 8-59 所示。

东方商场一九九八年十二月家电销售列表						
营业员	日期	商品	型号	数量	单价	总销售额
曲　新	1	洗衣机	XI2	3	980	2940
柯夏令	1	电视机	CY5	11	10390	114290
柯夏令	1	电视机	CY5	7	10390	72730
文微微	2	电视机	CC7	3	9020	27060
励为何	3	洗衣机	XI1	2	1290	2580
文微微	5	电冰箱	JJI	1	2080	2080
曲　新	8	洗衣机	XI1	4	1290	5160
励为何	8	洗衣机	XI1	2	1290	2580
高娃娃	12	洗衣机	XI2	12	980	11760
文微微	15	电冰箱	JJI	2	2080	4160
曲　新	18	洗衣机	XI1	3	1290	3870
高娃娃	20	洗衣机	XI2	2	980	1960
柯夏令	22	电冰箱	JJI	9	2080	18720
高娃娃	25	洗衣机	XI2	5	980	4900
柯夏令	29	电冰箱	JJI	3	2080	6240
励为何	31	电视机	CC6	5	8090	40450

图 8-59　“自定义排序”的结果

操作步骤如下：

（1）选中 A3:G18 单元格并右击，选择“排序”→“自定义排序”命令，弹出“排序”对话框，如图 8-60 所示。

图 8-60　"排序"对话框

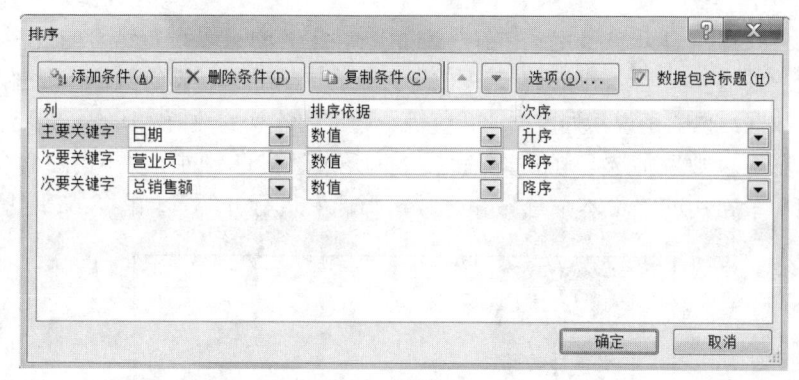

（2）在"主要关键字"下拉列表框中选择"日期"，排序方式选择"升序"；单击"添加条件"按钮，添加"次要关键字"，在下拉列表框中选择"营业员"，排序方式选择"升序"；单击"添加条件"按钮，添加"次要关键字"，在下拉列表框中选择"总销售额"，排序方式选择"降序"，单击"确定"按钮退出，完成排序。

8.5.3　筛选数据

筛选是指按照一定条件从数据清单中提取满足条件的数据，暂时隐藏不满足条件的数据。在 Excel 中，可以采用自动筛选和高级筛选两种方式来筛选数据。

1. 自动筛选

自动筛选的步骤如下：

（1）进入筛选清单环境。光标定位在数据清单的某个单元格上，单击"数据"功能区中的"筛选"按钮进入筛选环境。此时数据清单的列标题上出现下拉箭头，如图 8-61 所示。

图 8-61　数据清单筛选环境

（2）筛选清单。单击该箭头，出现筛选条件列表，选择筛选条件（包括升序、降序、按颜色排序、文本筛选以及该列中的所有项等）。

各个筛选条件的含义如下：

- 升序：对筛选清单中的所有记录进行升序排列。
- 降序：对筛选清单中的所有记录进行降序排列。

- 按颜色排序：打开"自定义排序"对话框，在其中可以设定组合的排序条件。
- 全选：显示全部记录，如果在某列的下拉列表中选定某一特定数据，则列出与该数据相符的数据，也就是说其列数据的数值等于选定的该列的数值的所有记录将会被列出来。
- 文本筛选（数字筛选）：此选项命令根据所选记录的不同出现不同的命令与子菜单。这里对最常用的"文本筛选"和"数字筛选"进行介绍，如图 8-62 所示。

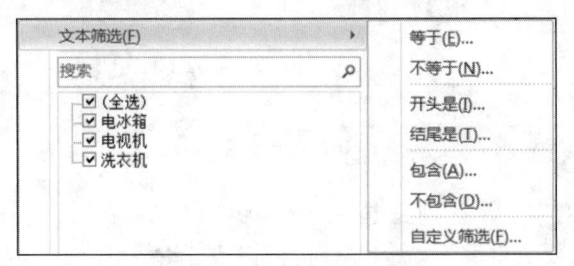

图 8-62 "文本筛选"子菜单

单击某个筛选命令，打开"自定义自动筛选方式"对话框，如图 8-63 所示。

图 8-63 "自定义自动筛选方式"对话框

"自定义自动筛选方式"对话框根据用户选择的不同，"显示行"下拉列表框出现不同的命令，当选择"文本筛选"或"数字筛选"时，显示效果如图 8-64 和图 8-65 所示。

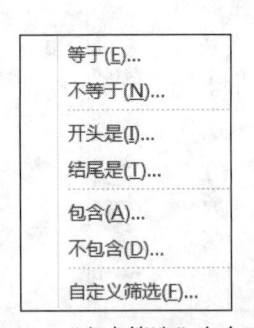

图 8-64 "文本筛选"命令列表　　　图 8-65 "数字筛选"命令列表

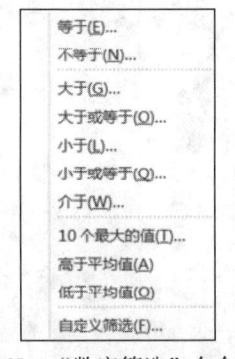

【例 8-25】采用自动筛选，筛选出"东方商场一九九八年十二月家电销售列表"中"营业员"为"柯夏令"，销售的电视机"型号"为 CY5 的销售记录，如图 8-66 所示。

2. 高级筛选

用户在使用电子表格数据时，经常需要查询和显示满足多重条件的信息，使用"高级筛选"功能通过对"筛选条件"区域进行组合查询以弥补自动筛选功能的不足。

	A	B	C	D	E	F	G
1	东方商场一九九八年十二月家电销售列表						
2	营业员	日期	商品	型号	数量	单价	总销售
4	柯夏令	1	电视机	CY5	11	10390	114290
5	柯夏令	1	电视机	CY5	7	10390	72730

图 8-66　自定义筛选后的数据

"筛选条件"区域其实是工作表中一部分单元格形成的表格。表格中的第一行输入数据清单标题行中的列名，其余行上输入条件。同一行列出的条件是"与"的关系，不同行列出的条件是"或"的关系。例如图 8-67 所示筛选条件的含义是：营业员为"柯夏令"或营业员为"曲新"，图 8-68 所示筛选条件的含义是：营业员为"柯夏令"且产品型号为 CY5。

营业员
柯夏令
曲　新

营业员	型号
柯夏令	CY5

图 8-67　"或"筛选条件输入格式　　　　　图 8-68　"与"筛选条件输入格式

输入筛选条件后，可以利用"高级筛选"功能来筛选满足条件的记录。下面通过一个具体的例子来说明高级筛选的使用。

【例 8-26】利用高级筛选，显示"东方商场一九九八年十二月家电销售列表"中"营业员"为"柯夏令"销售型号为 CY5 的记录或"营业员"为"曲新"销售型号为 XI2 的记录。筛选结果如图 8-69 所示。

	A	B	C	D	E	F	G
1	东方商场一九九八年十二月家电销售列表						
2	营业员	日期	商品	型号	数量	单价	总销售额
3	曲　新	1	洗衣机	XI2	3	980	2940
4	柯夏令	1	电视机	CY5	11	10390	114290
5	柯夏令	1	电视机	CY5	7	10390	72730
19							
20	筛选条件						
21	营业员	型号					
22	柯夏令	CY5					
23	曲　新	XI2					

图 8-69　"高级筛选"的结果

操作步骤如下：

（1）在工作表 A20:B23 单元格区域中输入如图 8-69 所示的筛选条件。

（2）光标定位在数据清单的某个单元格区域，单击"数据"功能区中的"高级"命令，弹出"高级筛选"对话框，如图 8-70 所示。

（3）在"列表区域"组合框中显示数据清单的区域是$A$2:$G$18。光标定位在"条件区域"的文本框中，用鼠标拖动的方式在工作表中选择 A21～B23 单元格区域，或直接在文本框中输入$A$21:$B$23，如图 8-70 所示。

（4）单击"确定"按钮。

3．撤消筛选

对工作表数据清单的数据进行筛选后，为了显示所有的记录，需要撤消筛选。操作方法为：单击"数据"功能区中的"清除"命令。

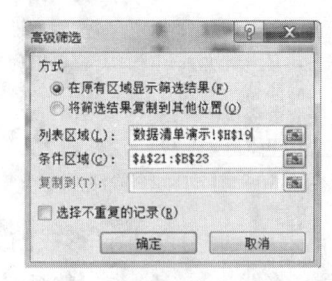

图 8-70 "高级筛选"对话框

8.5.4 数据分类汇总

分类汇总是将数据清单中的数据按某列（分类字段）排序后分类，再对相同类别的记录的某些列（汇总项）进行汇总统计（求和、求平均、计数、求最大值、求最小值）。

1. 插入分类汇总

插入分类汇总就是在数据清单中插入分类汇总的数据。插入分类汇总之前，需要对分类字段进行排序（升序或降序）。

【例 8-27】在"东方商场一九九八年十二月家电销售列表"中，统计每个营业员的销售总额和总销售数量，并显示出产品单价的最大值，如图 8-71 所示。

图 8-71 "分类汇总"结果

操作步骤如下：

（1）对"营业员"进行排序。将光标定位在工作表的某个单元格中，单击"降序"按钮 ↓, 即可将数据清单按姓名升序排列。

（2）插入分类汇总记录。单击"数据"功能区中的"分类汇总"按钮，弹出"分类汇总"对话框，如图 8-72 所示。在"分类字段"下拉列表框中选择"营业员"，在"汇总方式"下拉列表框中选择"求和"，在"选定汇总项"列表框中选择"数量"和"总销售额"，其他采用默认值，单击"确定"按钮。

（3）添加分类汇总记录。单击"数据"功能区中的"分类汇总"按钮，弹出"分类汇总"

对话框，如图 8-73 所示。在"分类字段"下拉列表框中选择"营业员"，在"汇总方式"下拉列表框中选择"最大值"，在"选定汇总项"列表框中选择"单价"，取消选中"替换当前分类汇总"复选框，其他采用默认值，单击"确定"按钮。

图 8-72　"分类汇总"对话框　　　　图 8-73　添加"分类汇总"对话框

2. 查看分类汇总

在显示分类汇总数据的时候，分类汇总数据左侧会自动显示一些级别按钮。图 8-74 所示是查看分类汇总的汇总数据和部分明细数据的结果。

图 8-74　"分类汇总"的分级显示

3. 删除分类汇总

在"分类汇总"对话框中，单击"全部删除"按钮，可以删除分类汇总，显示数据清单原有的数据。

8.5.5　数据透视表

数据透视功能是通过重新组合表格数据并添加算法，能够快速提取与管理目标相应的数据信息。

1. 建立数据透视表

数据透视表是交互式报表，可快速合并和比较大量数据。用户可以修改其行和列以显示源数据的不同汇总，而且可以显示感兴趣的明细数据。

【例 8-28】根据数据清单建立反映每个营业员销售各个产品的销售总额汇总的数据透视

表，如图 8-75 所示。

图 8-75 数据透视表

操作步骤如下：

（1）由于"数据透视表和数据透视图"命令不在"数据"功能区中，需要用户手工添加，添加的方法和 8.5.1 节中添加"记录单"的方法一样，请参考。光标定位在数据清单的某个单元格上，选择"数据"功能区中的"数据透视表和数据透视图向导"命令，弹出"数据透视表和数据透视图向导--步骤 1"对话框，如图 8-76 所示。

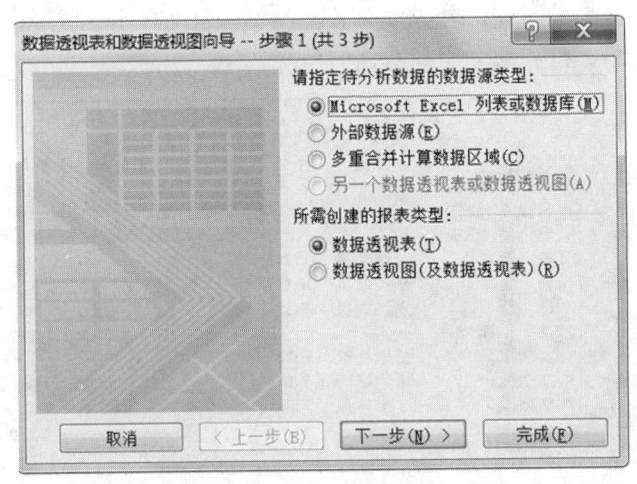

图 8-76 "数据透视表和数据透视图向导--步骤 1"对话框

（2）保持默认设置，单击"下一步"按钮，弹出"数据透视表和数据透视图向导--步骤 2"对话框，如图 8-77 所示。

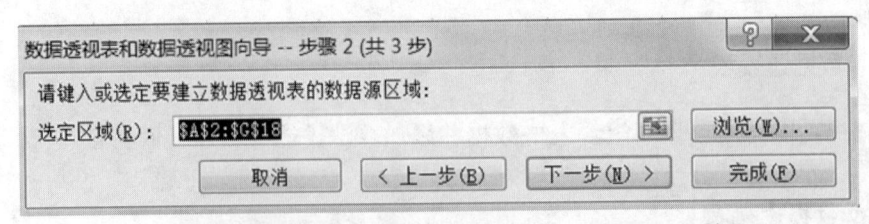

图 8-77 "数据透视表和数据透视图向导--步骤 2"对话框

（3）步骤 2 的目的是确定数据源，"请键入或选定要建立数据透视表的数据源区域："下面的"选定区域"右边文本框中的单元格区域地址与数据序列的单元格区域地址一致。单击"下一步"按钮,弹出"数据透视表和数据透视图向导--步骤3"对话框,如图 8-78 所示。

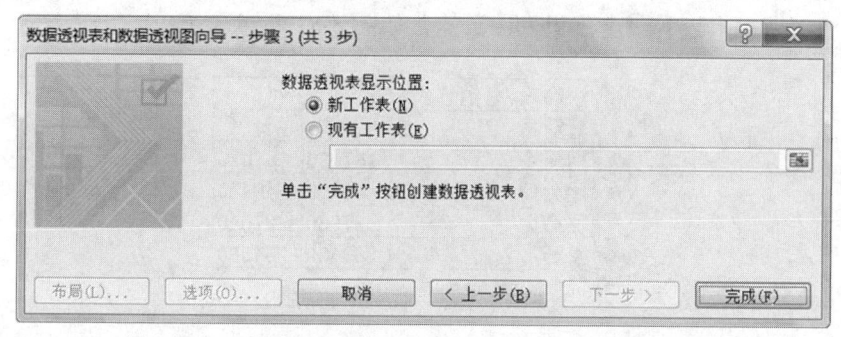

图 8-78 "数据透视表和数据透视图向导--步骤3"对话框

(4)单击"完成"按钮,进入新工作表,对数据透视表进行布局,如图 8-79 所示。

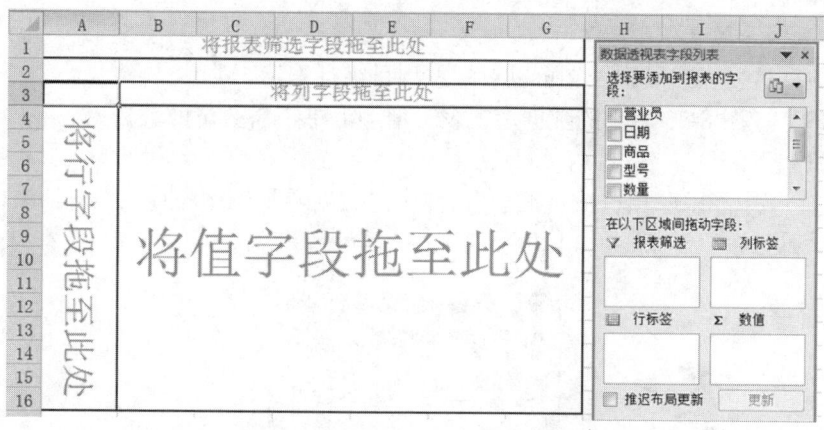

图 8-79 "数据透视表"布局界面

(5)在"数据透视表"布局界面中,将"营业员"拖动到"行"区域,将"商品"拖动到"列"区域,将"总销售额"拖动到"数据"区域,如图 8-80 所示。

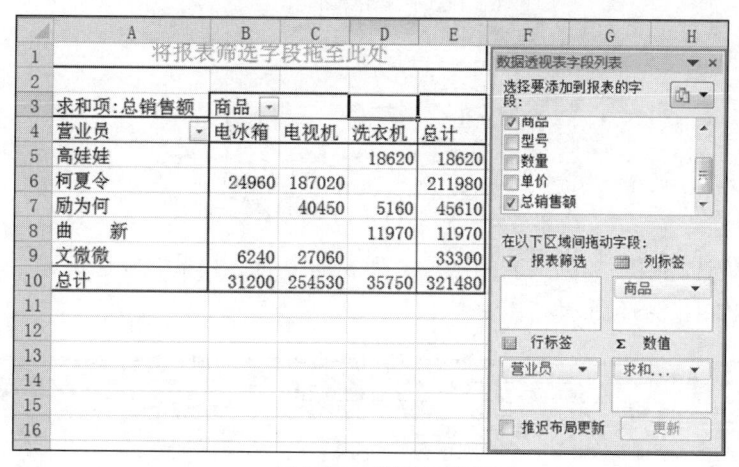

图 8-80 设置布局

2. 查看数据透视表

生成数据透视表后,可以在表中选择部分数据显示。例如在图 8-80 所示的数据透视表中,

可以单击 ![求和项:总销售额 商品] 中的下拉箭头，在下拉列表中选择"电视机"，单击"确定"按钮，即可只查看"电视机"的数据，如图 8-81 所示。

3	求和项:总销售额	商品	
4	营业员	电视机	总计
5	柯夏令	187020	187020
6	励为何	40450	40450
7	文微微	27060	27060
8	总计	254530	254530

图 8-81　数据透视表中的数据

同样，可以选择行或列的下拉箭头进行部分数据查看。选定数据表中的一个单元格数据，单击"数据透视表"工具栏中的"隐藏明细数据"或"显示明细数据"按钮可以隐藏或显示该单元格的具体数据。

3. 编辑数据透视表

编辑"数据透视表字段列表"可以对汇总项目进行编辑。

【例 8-29】在图 8-75 所示的数据透视表上增加汇总销售数量的数据。

操作步骤如下：

（1）选定某个"求和项：数量汇总"，弹出"数据透视表字段列表"对话框，如图 8-82 所示。

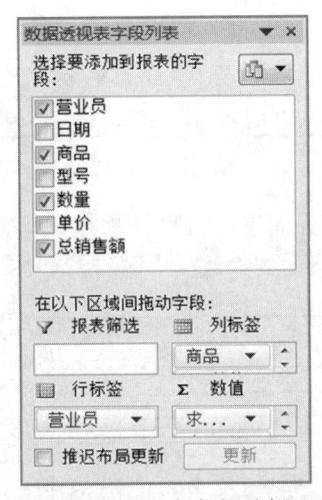

图 8-82　"数据透视表字段列表"对话框

（2）单击"选择要添加到报表的字段"列表框中的"数量"复选框。

汇总的结果如图 8-83 所示。

图 8-83　数据透视表

4. 生成数据透视图

生成数据透视表之后，利用数据透视表生成图表，对刚才建立的数据透视表可以生成数据透视图，如图 8-84 所示。

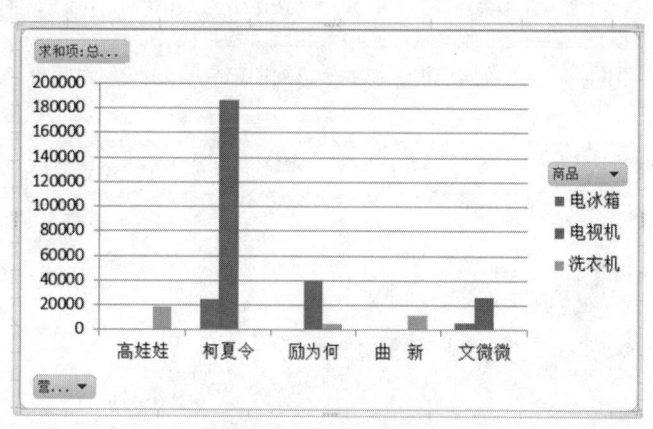

图 8-84　数据透视图

操作步骤如下：

（1）选中清单中的任意一个单元格，单击"数据"功能区中的"数据透视表和数据透视图向导"命令，弹出"数据透视表和数据透视图向导--步骤 1"对话框，如图 8-85 所示。

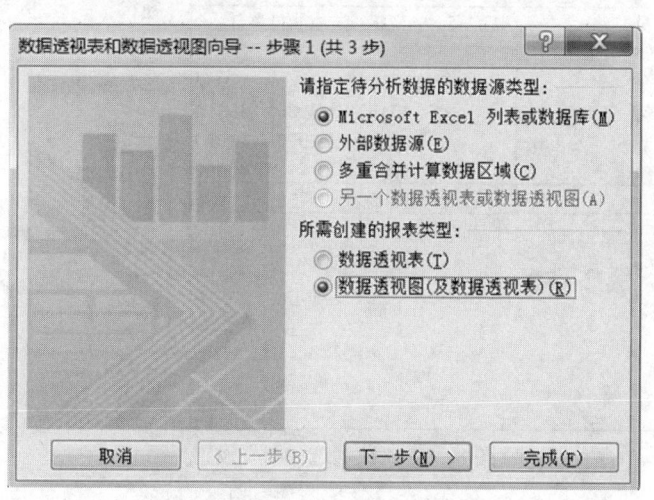

图 8-85　"数据透视表和数据透视图向导--步骤 1"对话框

（2）选中"数据透视图（及数据透视表）"单选项，单击"下一步"按钮。

（3）弹出"数据透视表和数据透视图向导--步骤 2"对话框，设置"选定区域"为"$A$2:$G$18"，单击"下一步"按钮，如图 8-86 所示。

（4）弹出"数据透视表和数据透视图向导--步骤 3"对话框，选中"新工作表"单选按钮，单击"完成"按钮，如图 8-87 所示。

（5）进入"数据透视图"设置界面，将"营业员"、"商品"、"总销售额"拖动至如图 8-88 所示的区域。

图 8-86 "数据透视表和数据透视图向导--步骤 2"对话框

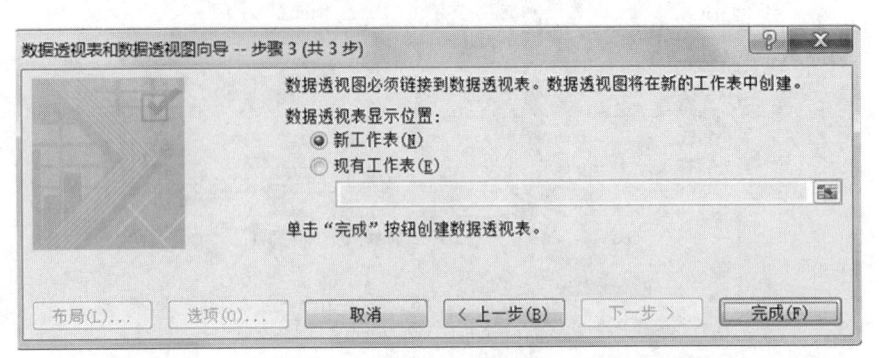

图 8-87 "数据透视表和数据透视图向导--步骤 3"对话框

图 8-88 "数据透视图"设置界面

最终结果如图 8-84 所示。

本章小结

本章详细介绍了 Excel 2010 的基础知识和基本操作，包括工作簿、工作表、单元格的概念、数据的类型、单元格的引用，重点介绍了 Excel 2010 的计算功能，包括公式和函数的概念、组成与使用。特别是对一些常见函数的使用做了详细的说明。在 Excel 2010 数据处理中介绍了利用表格生成图表、对表格数据进行数据管理操作、建立数据分类汇总和数据透视图的方法。

第 9 章　演示文稿软件 PowerPoint 2010

学习目标

- 掌握演示文稿的概念和基本操作，掌握视图的概念。
- 掌握幻灯片的基本操作以及母版、模板、版式、背景的设置。
- 掌握制作幻灯片动画效果和超链接的方法。
- 掌握演示文稿的放映设置。
- 掌握演示文稿的打包和打印。

9.1　PowerPoint 使用基础

9.1.1　PowerPoint 简介

PowerPoint 和 Word、Excel 等应用软件一样，都属于 Microsoft 公司推出的 Office 系列产品之一，主要用于设计制作广告宣传、产品演示的幻灯片。随着办公自动化的普及，PowerPoint 的应用也越来越广泛。本章以 PowerPoint 2010 为例，介绍 PowerPoint 的使用方法。

Office PowerPoint 2010 与以前的版本相比，除了新增了更多幻灯片切换特效、图片处理特效之外，还增加了更多视频功能和分区特性功能，更加体现了网络、多媒体和幻灯片有机结合的特征。

9.1.2　PowerPoint 的启动和退出

PowerPoint 属于 Microsoft 公司推出的 Office 系列产品之一，因此该软件的启动和退出与前面介绍的 Word、Excel 应用软件的启动和退出大同小异。

1. PowerPoint 的启动
- 单击桌面任务栏最左端的"开始"按钮，选择"程序"→Microsoft Office→Microsoft Office PowerPoint 2010 命令。
- 双击桌面上的快捷图标 。
- 在"我的电脑"或"资源管理器"中浏览演示文稿的文件，找到 PowerPoint 的文档并双击。

2. PowerPoint 的退出
- 单击"文件"功能区中的"退出"命令。
- 单击 PowerPoint 窗口标题栏右端的"关闭"按钮 。
- 双击 PowerPoint 窗口标题栏左端的程序名图标 。

9.1.3 PowerPoint 的窗口组成

和其他的微软产品一样，PowerPoint 拥有典型的 Windows 应用程序的窗口结构，其组成部分从上至下依次为：标题栏、功能区、工具栏、大纲窗格、编辑区、任务窗格、视图切换按钮和状态栏。用户可以同时使用多个 PowerPoint 窗口打开多个演示文稿文件，操作方便并且可以自由切换。图 9-1 所示是标准的 PowerPoint 2010 主窗口界面。

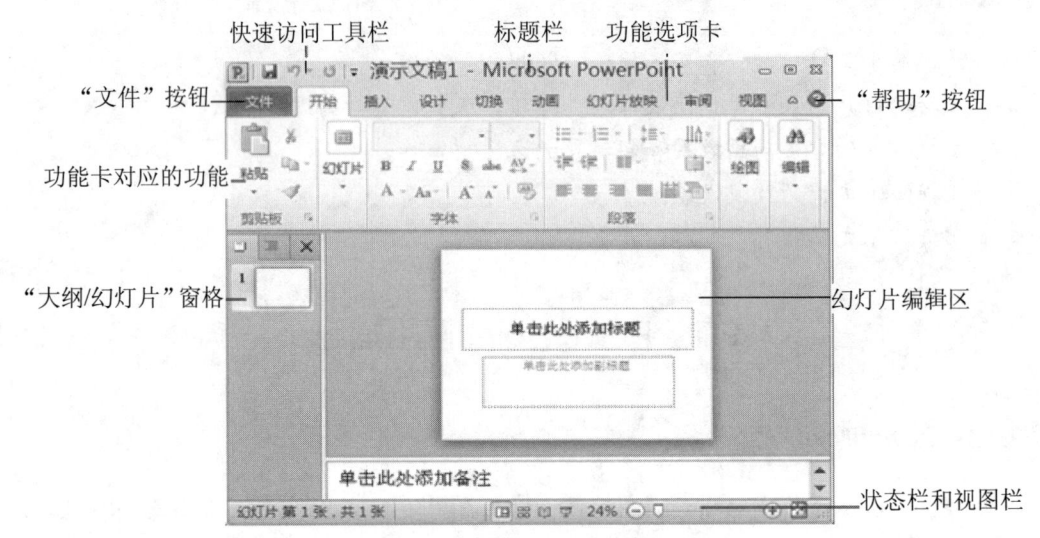

图 9-1 PowerPoint 2010 主窗口界面

1. 快速访问工具栏

快速访问工具栏位于主窗口左上角按钮的右侧，默认有 3 种最常用的工具："保存"、"撤消"和"恢复"按钮。单击按钮，打开"自定义快速访问工具栏"下拉菜单，用户可以根据需求添加常用工具按钮，如图 9-2 所示。

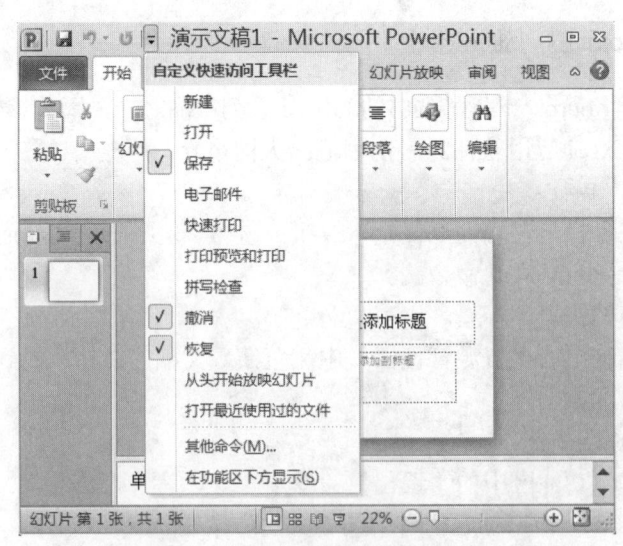

图 9-2 自定义快速访问工具栏

说明：快速访问工具栏的位置可以通过下拉菜单中的"在功能区下方显示"命令进行改变。

2. 标题栏

标题栏位于快速访问工具栏的右侧，显示正在使用的文档名称、程序名称及窗口控制按钮等。

3. "文件"按钮

"文件"按钮位于工作界面的左上角，单击"文件"按钮弹出下拉菜单，其中有针对"文件"的各种操作命令，如图 9-3 所示。

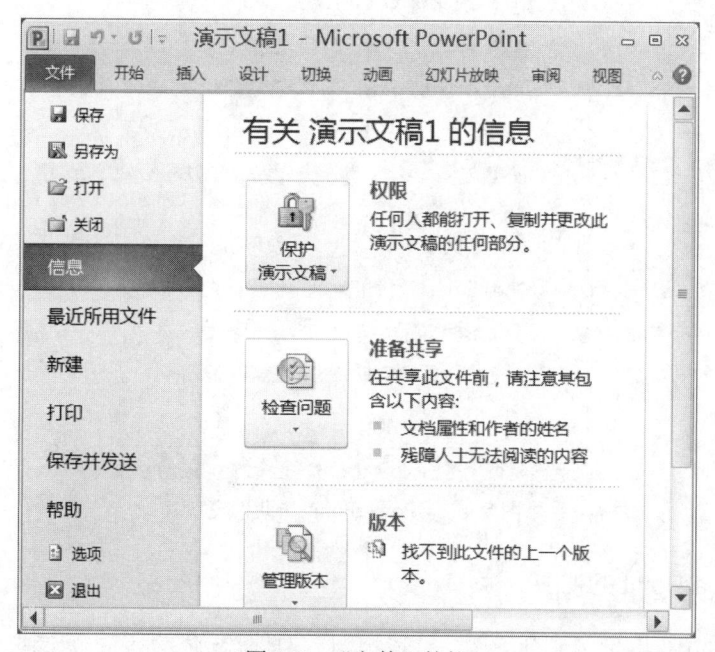

图 9-3 "文件"按钮

提示：通过"文件"中的"选项"命令能打开"PowerPoint 选项"对话框，在其中可以进行 PowerPoint 2010 的高级设置，如自定义文档保存方式和校对属性等。

4. 功能选项卡和功能区

在 PowerPoint 2010 中，传统的菜单栏被功能选项卡取代，工具栏被功能区取代。

功能选项卡位于"文件"按钮的右侧，一共有 8 个：开始、插入、设计、切换、动画、幻灯片放映、审阅、视图。

功能区位于功能选项卡的下方。选择一个功能选项卡，功能区对应其相应的工具组、常用命令、按钮、列表框等。

5. "大纲/幻灯片"窗格

"大纲/幻灯片"窗格位于"幻灯片编辑"窗格的左侧，用于显示当前演示文稿的幻灯片数量和位置，它包括"大纲"和"幻灯片"两个选项卡，单击选项卡名称能实现两种状态的切换。

说明："大纲/幻灯片"窗格可以暂时关闭。需要时可以通过单击"视图"选项卡对应功能区中的"普通视图"按钮进行恢复。

6. "帮助"按钮

"帮助"按钮位于功能选项卡的最右侧。单击"帮助"按钮，可以打开"PowerPoint 帮助"窗口，从中可以查找所需要的帮助信息，如图 9-4 所示。

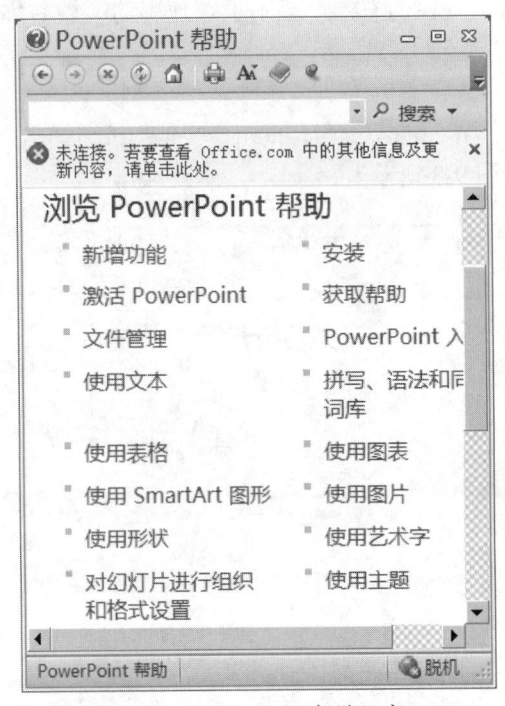

图 9-4 "PowerPoint 帮助"窗口

9.1.4 PowerPoint 的视图

PowerPoint 2010 提供了 4 种视图：普通视图、幻灯片浏览视图、阅读视图和备注页视图。选择不同的视图，显示文稿的方式不同，并可以对文稿进行不同的加工。

1. 普通视图

单击"视图"选项卡切换到"视图"功能区，在"演示文稿视图"组中单击"普通视图"按钮，则打开普通视图的界面。普通视图在左侧有任务窗格，其中包括了"大纲"和"幻灯片"两个选项卡，如图 9-5 所示。

普通视图包含三种窗格：大纲窗格、幻灯片窗格和备注窗格。这些窗格使用户可以在同一位置使用演示文稿的各种特征操作。拖动窗格边框可调整三种窗格的大小。

大纲窗格中只显示文本，主要用于组织和开发演示文稿中的内容。可以键入演示文稿中的所有文本，然后重新排列项目符号点、段落和幻灯片。

幻灯片窗格用于编辑每张幻灯片中的文本外观、图形、影片和声音，并创建超级链接以及向其中添加动画。此窗格还可以按照由大到小的顺序显示所有文稿中全部幻灯片的缩小图像。

备注窗格只能显示文本，主要用于添加与观众共享的演说者备注或一些信息。如果需要在备注中添加图形，必须使用备注页视图添加备注。

2. 幻灯片浏览视图

打开"视图"功能区，在"演示文稿视图"组中单击"幻灯片浏览"按钮，则打开幻灯片浏览视图的界面，如图 9-6 所示。

图 9-5　普通视图

图 9-6　幻灯片浏览视图

在幻灯片浏览视图中，可以在屏幕上同时看到演示文稿中的所有幻灯片，这些幻灯片都是按缩略图的样式显示的。这样，就更方便实现批量幻灯片之间的添加、删除和移动以及选择动画切换效果，还可以预览多张幻灯片上的动画。

3. 备注页视图

打开"视图"功能区，在"演示文稿视图"组中单击"备注页"按钮，则打开备注页视图的界面，如图 9-7 所示。备注页视图在屏幕的上半部分显示幻灯片，下半部分用于添加备注。

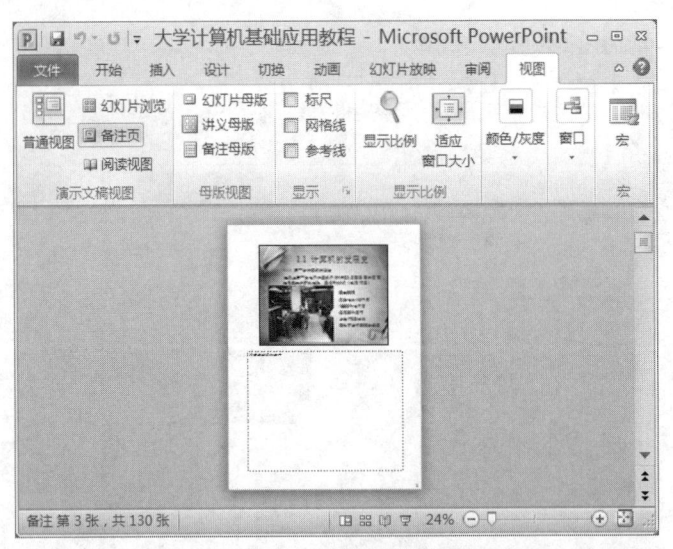

图 9-7　备注页视图

4. 阅读视图

打开"视图"功能区,在"演示文稿视图"组中单击"阅读视图"按钮,则显示阅读视图的界面,如图 9-8 所示。

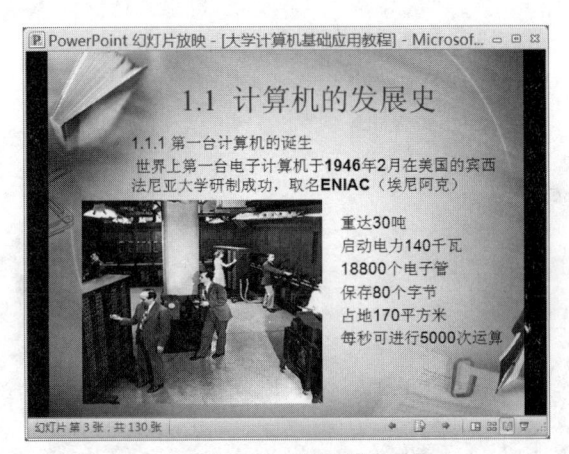

图 9-8　阅读视图

在幻灯片阅读视图下,演示文稿中的幻灯片内容以全屏的方式显示出来,如果用户设置了动画效果、画面切换效果等,在该视图方式下将全部显示出来。

说明: 如果要退出幻灯片阅读视图,则按 Esc 键。

9.2　演示文稿的创建和保存

9.2.1　演示文稿的创建

1. 创建空演示文稿

用户可以从空演示文稿开始进行幻灯片的设计。使用"空演示文稿"的方式创建演示文稿方法如下:

（1）单击"开始"功能区"幻灯片"组中的"新建幻灯片"按钮或按 Ctrl+M 组合键，可以创建新的空白幻灯片。

（2）在"幻灯片"组中单击"幻灯片版式"按钮，打开"Office 主题"下拉列表框，如图 9-9 所示，可在其中选择一种合适的版式应用于新建的空白幻灯片。

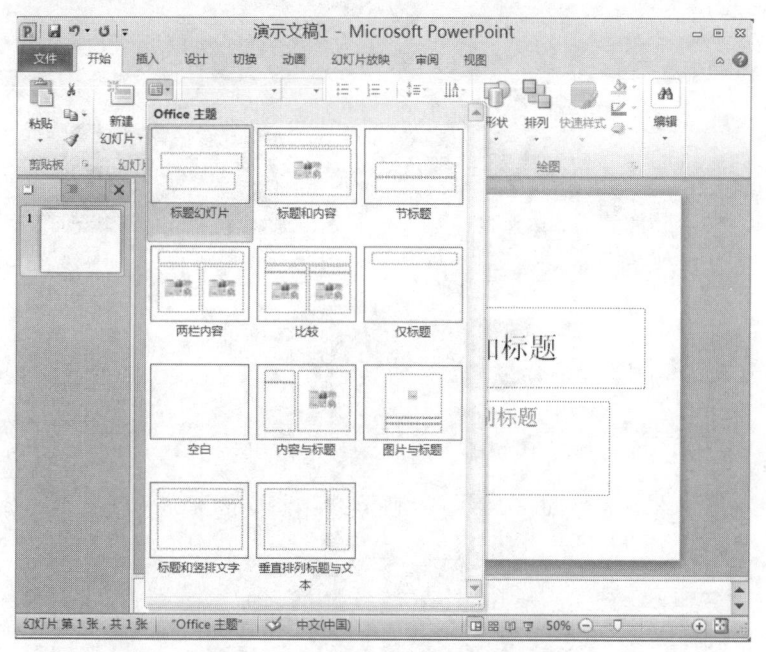

图 9-9 "Office 主题"下拉列表框

2. 通过"可用的模板和主题"创建新演示文稿

在 PowerPoint 2010 中，提供了很多样本模板和设计模板用于新幻灯片的创建，创建方法如下：

（1）单击"文件"→"新建"命令，打开"可用的模板和主题"窗格，如图 9-10 所示。

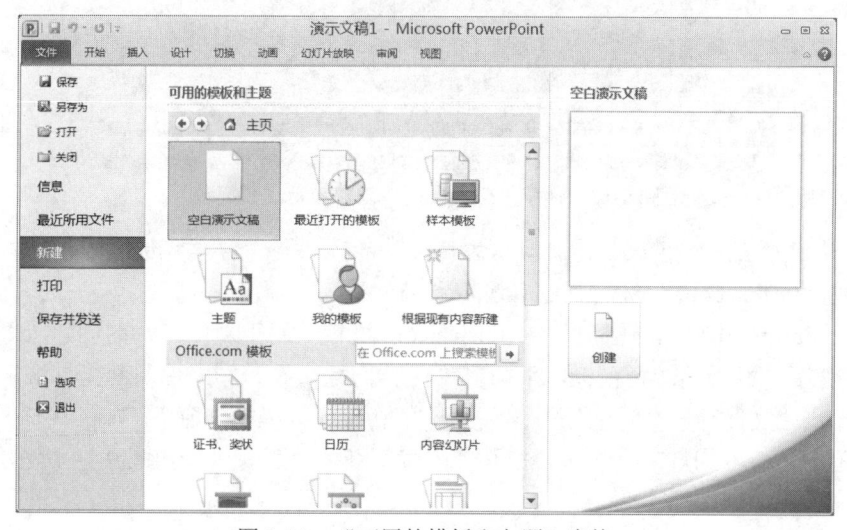

图 9-10 "可用的模板和主题"窗格

（2）单击"样本模板"按钮，打开"样本模板"列表区，如图 9-11 所示，选择需要的模板。

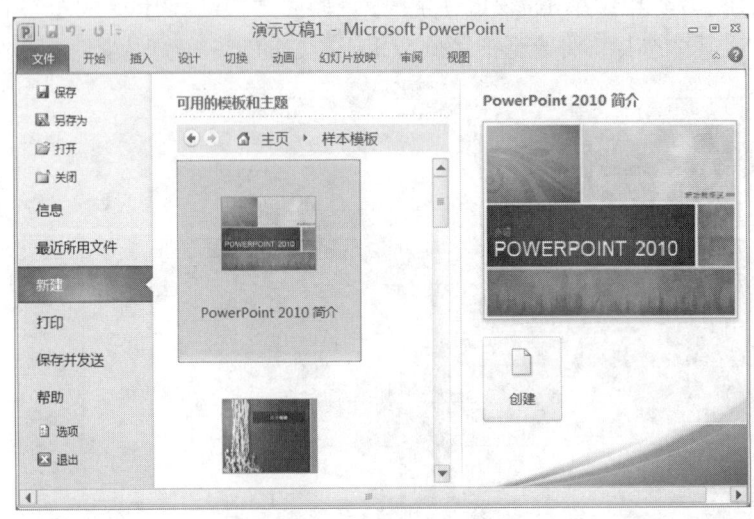

图 9-11 "样本模板"列表区

（3）单击右边窗格中的"创建"按钮，则创建相对应的演示文稿文件，如图 9-12 所示。

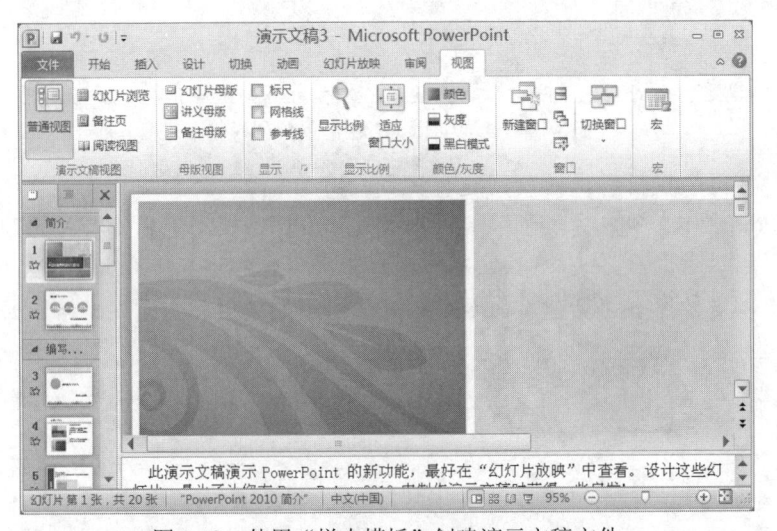

图 9-12 使用"样本模板"创建演示文稿文件

说明：使用"主题"模板创建新演示文稿文件的方法与"样本模板"的相同。

3. 通过"Office.com 模板"创建新演示文稿

在 PowerPoint 2010 中，还提供了"Office.com 模板"用于新幻灯片的创建，"Office.com 模板"中包含了分好类的各种模板，下面以"内容幻灯片"为例来说明创建方法。

（1）单击"文件"→"新建"命令，打开"Office.com 模板"窗格，如图 9-13 所示。

（2）单击"内容幻灯片"按钮，打开"内容幻灯片"列表区，如图 9-14 所示，选择需要的模板。

（3）单击右边窗格中的"下载"按钮，等待进度条框显示下载完毕后创建相对应的演示文稿文件，如图 9-15 所示。

第 9 章 演示文稿软件 PowerPoint 2010 311

图 9-13 使用"Office.com 模板"创建演示文稿文件

图 9-14 "Office.com 模板"选择区

图 9-15 使用"内容幻灯片"创建演示文稿文件

说明："Office.com 模板"中还包含了各种报表、表单表格、幻灯片背景等各种模板，使用这些模板创建新的演示文稿文件的方法同使用"内容幻灯片"模板是相类似的。

9.2.2 演示文稿的保存

PowerPoint 2010 的保存方法与前面介绍的 Word、Excel 应用软件一样，也有三种方法：保存未命名的文件、保存已命名的文件、自动保存文件。只是 PowerPoint 2010 的文件保存时要注意，文件的保存类型要选择"PowerPoint 演示文稿"，即扩展名为.ppt 的文件。

9.3 幻灯片的编辑

9.3.1 演示文稿的基本操作

1. 插入新幻灯片

演示文稿文件是由一张张幻灯片组成的，在已建立的演示文稿中插入新的幻灯片的操作步骤如下：

（1）打开要插入新幻灯片的演示文稿，在"普通视图"或"幻灯片浏览视图"中选择要插入新幻灯片的位置。

（2）单击"开始"功能区中的"新建幻灯片"按钮的向下箭头，打开"Office 主题"下拉列表框，根据需要选择某种版式，例如选择第二种版式"标题和内容"，如图 9-16 所示。

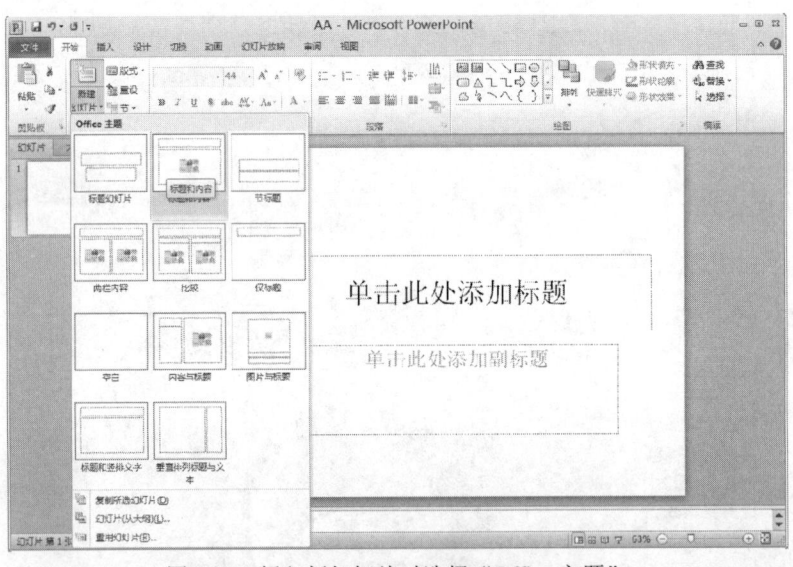

图 9-16　插入新幻灯片时选择"Office 主题"

（3）单击按钮或按 Ctrl+M 组合键，即可插入一张版式为"标题和内容"的新幻灯片，如图 9-17 所示。

新建的幻灯片中有多个虚线方框，虚线方框中有诸如"单击此处添加标题"、"单击此处添加文本"、"双击此处添加剪贴画"等文字提示信息。这些方框称为占位符，只要单击这些区域，其中的文字提示信息就会消失，用户即可添加标题、文本、图标、表格、组织结构图和剪贴画等对象。

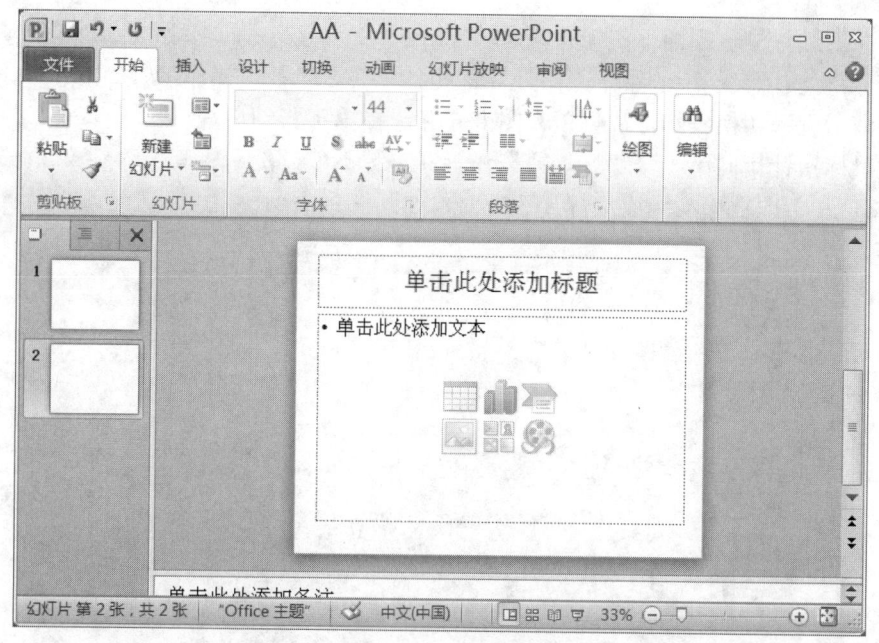

图 9-17 插入一张新幻灯片

说明：选择某一版式后按 Enter 键，可以快速插入一张相同版式的幻灯片，但标题幻灯片除外。

2. 移动幻灯片

在 PowerPoint 2010 中可以非常方便地在不同视图方式下实现幻灯片的移动。

（1）在普通视图中实现移动。

例如，要将演示文稿中的第 1 张幻灯片移动到第 3 张之前，操作步骤如下：

1）在大纲窗格中单击第 1 张幻灯片的图标。

2）将鼠标指针指向第 1 张幻灯片并按住鼠标左键不放，然后将其拖动到第 3 张之前，释放鼠标，幻灯片 1 即被移动到原幻灯片 3 之前，如图 9-18 所示。

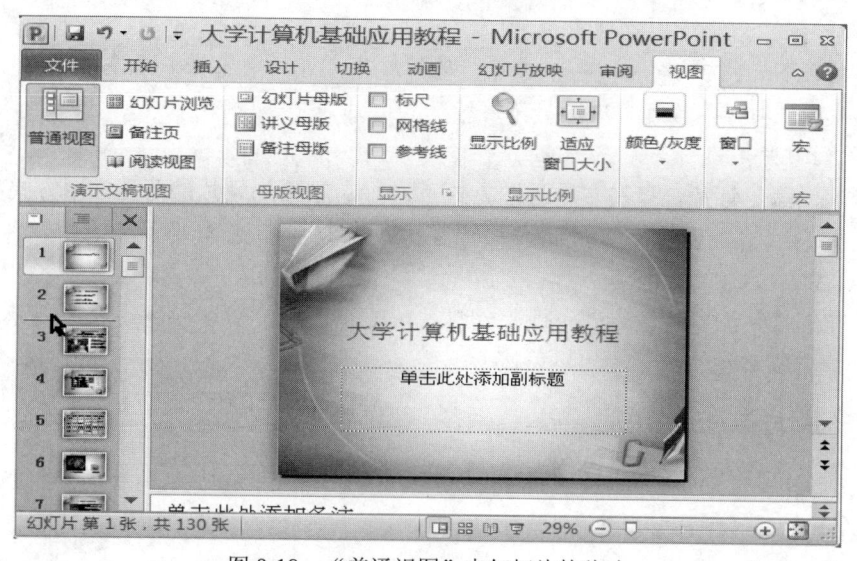

图 9-18 "普通视图"中幻灯片的移动

(2)在幻灯片浏览视图下实现移动。

例如,要将演示文稿中的第 1 张幻灯片移动到第 3 张之前,操作步骤如下:

1)将演示文稿切换到幻灯片浏览视图方式并选择第 1 张幻灯片。

2)将鼠标指针指向第 1 张幻灯片并按住鼠标左键不放,然后将其拖动到第 3 张之前,释放鼠标,幻灯片 1 即被移动到原幻灯片 3 之前,如图 9-19 所示。

图 9-19 "幻灯片浏览视图"中幻灯片的移动

3. 复制幻灯片

例如,要将演示文稿中的第 1 张幻灯片复制到第 3 张幻灯片的位置上,操作步骤如下:

(1)将演示文稿切换到幻灯片浏览视图方式,单击第 1 张幻灯片。

(2)按住鼠标左键的同时按下 Ctrl 键,将鼠标拖动到第 3 张幻灯片的位置上,这时光标旁出现一条竖线,同时鼠标指针旁有一个"+"号。

(3)释放鼠标,幻灯片复制成功。

注意: 按住 Shift 键的同时,再单击首、尾幻灯片,可一次选择多张连续的幻灯片;按住 Ctrl 键,依次单击幻灯片,可一次选择不连续的幻灯片。

4. 删除幻灯片

若要删除一张幻灯片,可在多种视图方式下进行,删除幻灯片的两种常用方式如下:

- 在大纲窗格中删除幻灯片时,只需在大纲窗格中单击需要删除的幻灯片,然后按 Del 键。
- 要在幻灯片浏览视图方式下删除幻灯片,先将演示文稿切换到幻灯片浏览视图方式,再单击要删除的幻灯片,然后按 Del 键。

9.3.2 幻灯片中对象的添加

1. 在幻灯片中添加文本

(1)在新幻灯片中添加文本。

操作步骤如下:

1）单击幻灯片中的"单击此处添加标题"位置，此处出现一个空白的文本框并进入编辑状态，在文本框中输入标题内容，例如"1.1 计算机的发展史"，如图 9-20 所示。

图 9-20　在"文本占位符"处输入文本

2）单击幻灯片中的"单击此处添加文本"位置，输入正文。
3）单击标题和文本位置以外的地方，表示输入完毕。
（2）在其他幻灯片中添加文本。
在其他幻灯片中添加文本必须先插入文本框，操作步骤如下：

1）单击"插入"功能区"文本"组中的"文本框"按钮，在弹出的下拉列表中选择"横排文本框"或"竖排文本框"命令，如图 9-21 所示。

图 9-21　插入文本先插入"文本框"

2）鼠标指针在幻灯片上变为"↓"，在所需位置单击或按住鼠标左键并拖动形成一个虚线框，松开鼠标，即插入一个文本框，这时用户可以在出现的光标处输入文本。

2. 在幻灯片中插入图片

在幻灯片中插入图片的操作步骤如下：

（1）单击"插入"功能区"图像"组中的"剪贴画"按钮，打开对应的"剪贴画"任务窗格，如图9-22所示。

图9-22　打开"剪贴画"任务窗格

（2）单击"结果类型"下拉列表框并选择"所有媒体文件类型"，单击"搜索文字"文本框右侧的"搜索"按钮。

（3）在下方的列表框中出现收藏夹中所有图片的缩略图，单击需要的图片，该图片即插入文档中光标所在的位置。

注意：在"插入"功能区的"图像"组中还有3个按钮：图片、屏幕截图、相册。单击"图片"按钮会弹出"插入图片"对话框，可通过绝对路径找到需要的图片文件；单击"相册"按钮会弹出"相册"对话框，等待用户插入需要的图片文件；单击"屏幕截图"按钮可以插入屏幕截图。

3. 在幻灯片中插入一个表格

在幻灯片中插入一张表格的操作步骤如下：

（1）单击"插入"功能区"表格"组中的"表格"按钮，打开下拉列表，如图9-23所示。

（2）选择"插入表格"命令，弹出对话框。

（3）在对话框中输入行数和列数，单击"确定"按钮，即在幻灯片中插入一张表格。

注：在"表格"下拉列表中还有3种命令，选择任意一种都可插入一张表格。

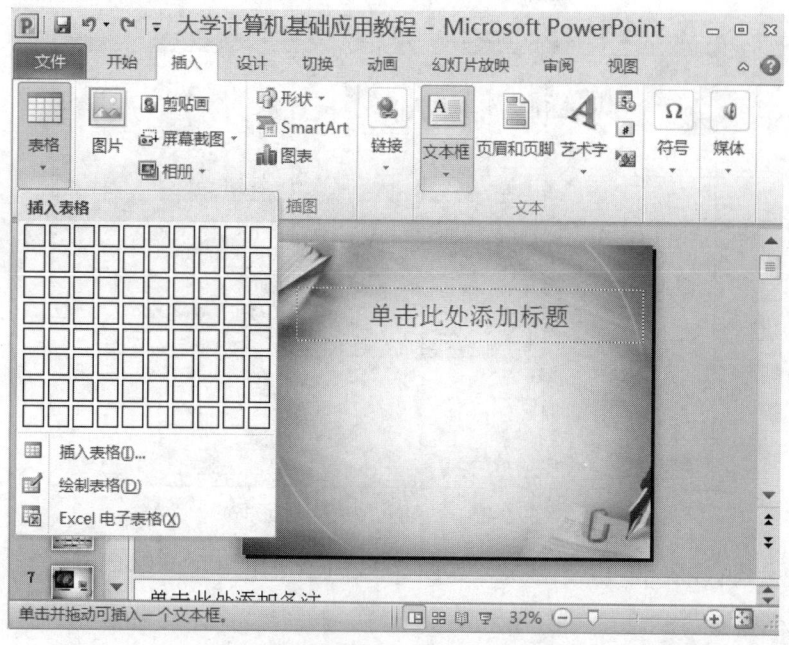

图 9-23　在幻灯片中插入一张表格

4. 在幻灯片中插入一个图表

在幻灯片中插入一张图表的操作步骤如下：

（1）单击"插入"功能区"插图"组中的"图表"按钮，如图 9-24 所示。

图 9-24　在幻灯片中插入一个图表

（2）弹出"插入图表"对话框，如图 9-25 所示，选择需要的图表类型，单击"确定"按钮。

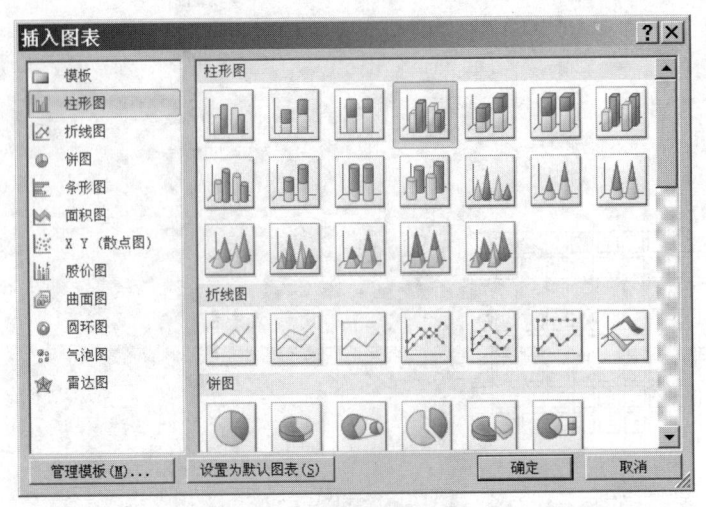

图 9-25 "插入图表"对话框

（3）打开 Excel 表格的数据区域，如图 9-26 所示，用户在"数据区域"中输入需要的数据，如图 9-27 所示。

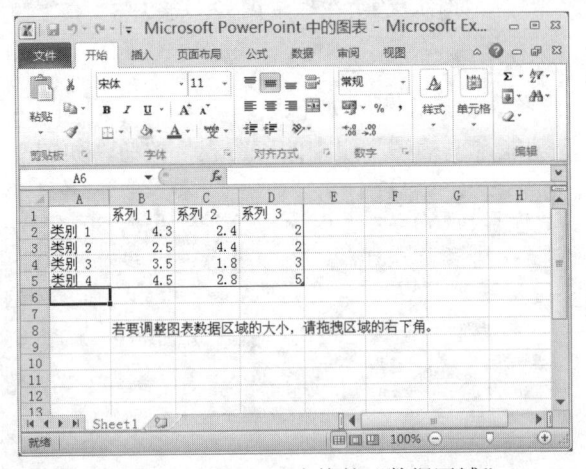

图 9-26 打开 Excel 表格的"数据区域"

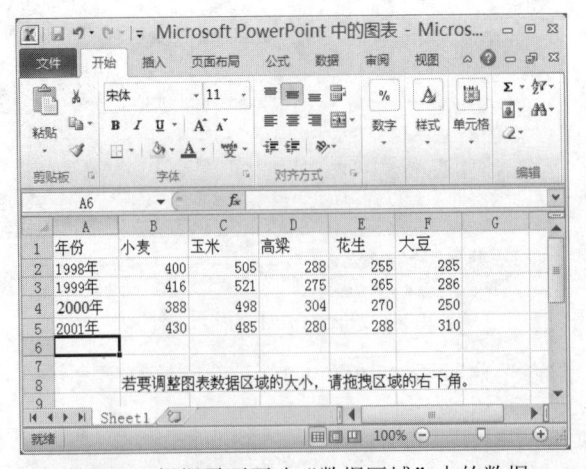

图 9-27 根据需要更改"数据区域"中的数据

PowerPoint 会根据"数据区域"中的数据自动生成一个图表,如图 9-28 所示。

图 9-28　根据数据生成图表

9.3.3　幻灯片中对象的格式设置

1. 文本格式设置

(1) 设置文本的字体、字号和颜色。

在幻灯片中对文本的字体、字号和颜色进行设置的方法同前面介绍的 Word、Excel 应用软件中是一样的。

选定需要设置的文本(包括需要设置的占位符)并右击,在弹出的快捷菜单中选择"字体"命令,弹出"字体"对话框,如图 9-29 所示,在其中可根据需要设置所需的字体、字号和颜色;或者单击选定的文字,会出现"字体"工具栏,直接使用"字体"工具栏中的"字体"、"字号"、"字体颜色"按钮选择需要的设置。

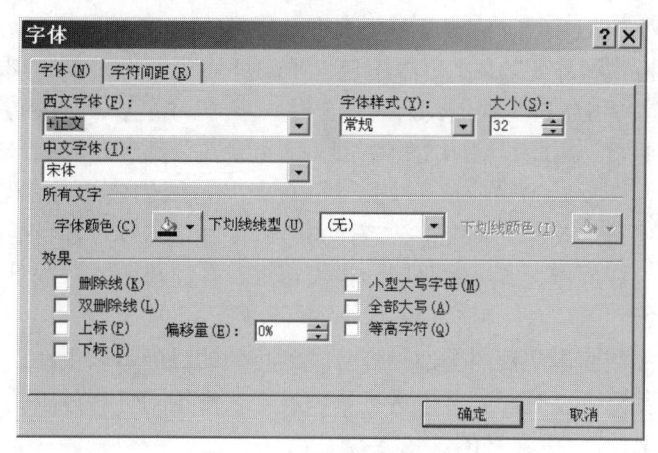

图 9-29　"字体"对话框

(2) 设置段落格式。

选定需要设置的段落并右击,在弹出的快捷菜单中选择"段落"命令,弹出"段落"对话框，如图 9-30 所示，在其中可根据需要设置所需的段落对齐方式、缩进、段前和段后间距、行间距等。

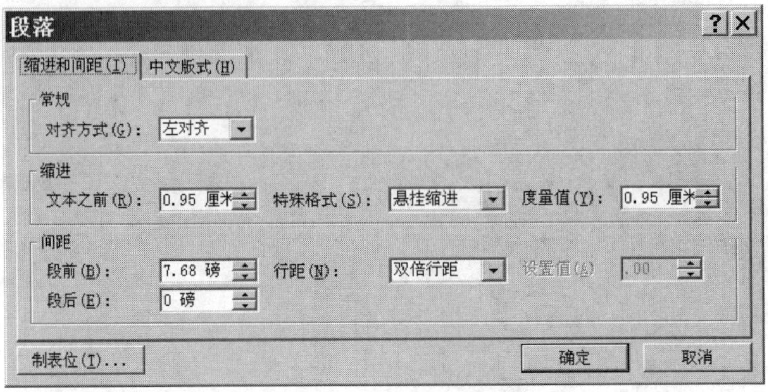

图 9-30　"段落"对话框

（3）设置项目符号。

选定需要设置项目符号的位置并右击，在弹出的快捷菜单中选择"项目符号"，在其子菜单中选择需要的项目符号。

2．其他对象的格式设置

幻灯片都是由文本、图像、表格、图表等对象组成，对除文字以外的这些对象的格式化主要包括大小、在幻灯片中的位置、填充颜色、边框线等。这些对象格式的设置跟文字处理软件 Word 中的格式设置是一样的，先选中要格式化的对象，再选择"格式"功能区中的设置选项即可。

9.4　幻灯片外观的设置

9.4.1　母版的设置

母版是一种特殊的幻灯片，它是制作其他幻灯片的起点。在母版中可以定义整份演示文稿的幻灯片的版面格式和外观效果。母版中包含了幻灯片文本和页脚（如日期、时间和幻灯片编号）等占位符，这些占位符是控制幻灯片的字体、字号、颜色（包括背景色）、阴影和项目符号样式等版式的要素。因此，演示文稿中每一个主要部分都有对应的母版。

对母版的操作，会反映到当前演示文稿中由幻灯片母版创建的所有幻灯片中，会改变各种占位符的特征，但只是改变了表现特征，而不会改变每张幻灯片各自的内容。

母版通常包括幻灯片母版、标题母版、讲义母版、备注母版 4 种类型。

1．幻灯片母版

通过母版可以控制演示文稿的全部幻灯片，幻灯片的母版可以更改，如字体、段落格式、页眉页脚信息等，甚至可以对母版背景进行重新设定。设置幻灯片母版的操作方法如下：

（1）进入"幻灯片母版"视图。

单击"视图"功能区"母版视图"组中的"幻灯片母版"按钮，打开"母版视图"编辑界面，选择区出现母版的各种设置按钮，如图 9-31 所示。

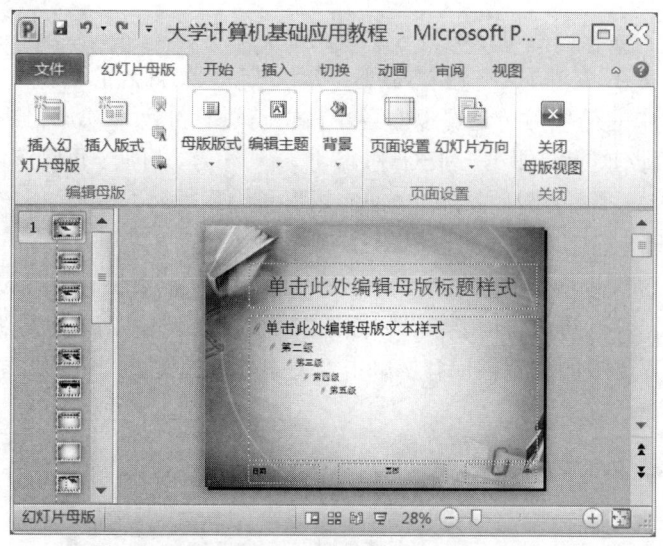

图 9-31 "幻灯片母版"编辑界面

"母版视图"编辑界面包含两个窗格。选择左侧窗格中的第一种版式,即幻灯片母版视图,右侧窗格对应出现默认的 5 个占位符(标题区、正文区、日期区、页脚区、数字区),用户可以根据需要对这 5 个区域进行更改设置。

(2) 更改文本格式。

在幻灯片母版中选择对应的占位符,例如标题样式或文本样式等,可以设置字符格式、段落格式等。母版中某个对象的格式被修改,就同时修改了幻灯片以外的所有幻灯片对应对象的格式。

(3) 设置页眉、页脚和幻灯片编号。

在幻灯片母版视图中,单击"插入"功能区"文本"组中的"页眉和页脚"按钮,弹出"页眉和页脚"对话框,如图 9-32 所示。

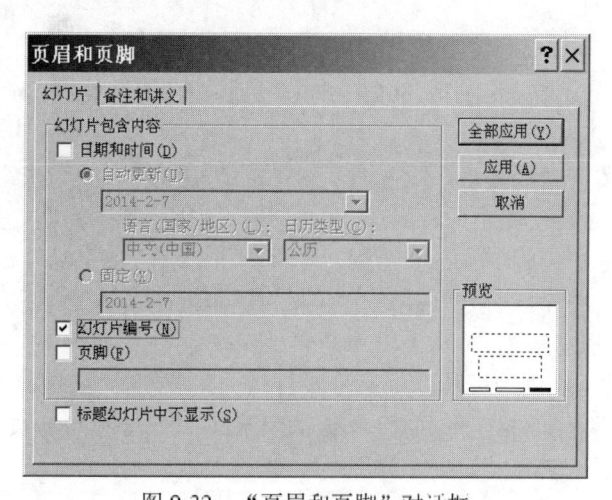

图 9-32 "页眉和页脚"对话框

"日期和时间"选项,表示在"日期区"显示日期和时间。若选择"自动更新"单选按钮,"时间区"会随着日期和时间的变化而变化,可以在下拉列表框中选择一种喜欢的形式;若选择"固定"单选按钮,则输入固定的日期和时间。

"幻灯片编号"选项,给每张幻灯片上自动加上编号。

"页脚"选项,在"页脚区"输入内容,作为每一张幻灯片的页脚。

设置好对话框中的选项后,还可以对各个占位符进行拖动,摆放合适的位置,甚至格式化。如果不想在标题幻灯片(即第一张幻灯片)上看到编号、日期、页脚等内容,可以选择"标题幻灯片中不显示"选项。最后单击"全部应用"按钮。

(4)保存和退出幻灯片母版的设置。

更改好幻灯片母版视图中的设置后,PowerPoint 2010 需要保存这些设置。在"文件"功能卡右边会出现"幻灯片母版"功能卡,如图 9-33 所示。单击"幻灯片母版"功能区中的"保留"按钮,即幻灯片母版的设置被保存;单击"关闭母版视图"按钮,即退出母版视图的编辑界面。

图 9-33 保存和退出幻灯片母版设置

2. 标题母版

标题母版控制的是演示文稿的第一张幻灯片。由于第一张幻灯片相当于所有幻灯片的封面,所以需要单独设计。在 PowerPoint 2010 中,标题母版是包含在幻灯片母版中的。设置幻灯片标题母版的操作步骤如下:

(1)单击"视图"功能区"母版视图"组中的"幻灯片母版"按钮。打开"母版视图"编辑界面,选择左侧窗格中的第二种版式,即打开标题母版视图界面,如图 9-34 所示。

(2)幻灯片的标题母版中"日期区"、"页脚区"和"数字区"的设置与幻灯片母版中的设置相同。

3. 讲义母版

讲义母版主要用于控制幻灯片以讲义形式打印的格式,如添加页码、页眉和页脚等,可利用"讲义母版"工具栏控制在每页纸中打印几张幻灯片,如在每一页设置打印 2、6 和 9 张幻灯片。"讲义母版"编辑界面如图 9-35 所示。

4. 备注母版

PowerPoint 为每张幻灯片设置了一个备注页,供用户添加备注。备注母版用于控制注释的显示内容和格式,使注释有统一的外观。这种母版格式在普通视图的备注窗格中不能看到,只有进入备注页视图才能看到,并且可以打印出来。"备注母版"编辑界面如图 9-36 所示。

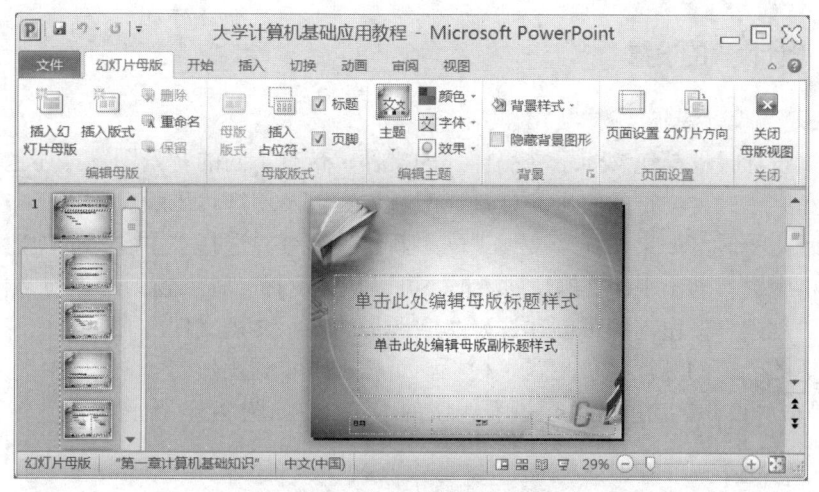

图 9-34 "标题母版"编辑界面

图 9-35 "讲义母版"编辑界面

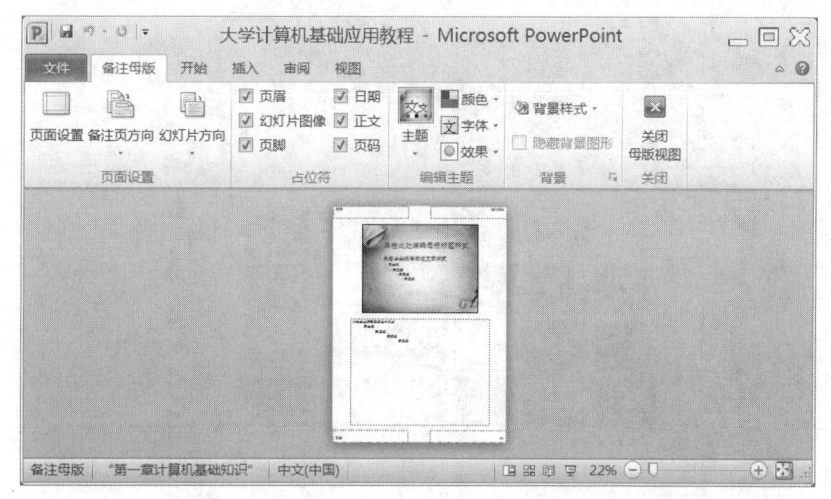

图 9-36 "备注母版"编辑界面

说明："讲义母版"编辑界面和"备注母版"编辑界面的打开方式与幻灯片母版是相同的。

9.4.2 设计模板的设置

1. "主题"设计模板

"主题"设计模板是包含演示文稿样式的文件,带有不同的背景图案,还包括项目符号、字体的类型和大小、占位符的大小和位置、配色方案以及幻灯片母版。

创建演示文稿时,如果选择"文件"→"新建"命令,选择"主题"选项建立演示文稿,则在中间窗格中会自动出现"主题"列表框,可以从中选择一种主题用于当前文件,再单击右侧窗格中的"创建"按钮,即可创建选好"主题"的演示文稿文件。

如果要更改当前幻灯片的"主题"模板,可按以下步骤操作:

(1)单击"设计"功能区"主题"组中的 ▼ 按钮,如图 9-37 所示。

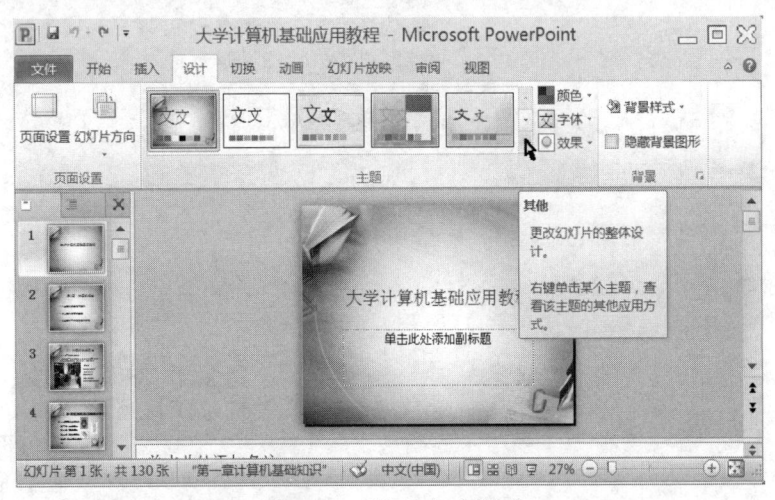

图 9-37 "设计"功能区

(2)在"设计"功能区中出现"所有主题"列表框,其中有 PowerPoint 2010 的所有主题模板,如图 9-38 所示。

图 9-38 "所有主题"列表框

(3)根据需要选择一种主题应用于当前演示文稿,单击"保存当前主题"按钮。

2. 创建自己的设计模板

PowerPoint 2010 除了提供了各种专业的"主题"设计模板外,还可以自行添加模板。如果为某份演示文稿创建了特殊的外观,可将它存为模板,以便需要时应用。存为模板的演示文稿可以包含自定义的备注母版或讲义母版。

利用用户演示文稿创建新的设计模板的具体操作步骤如下:

(1)新建空白演示文稿,单击"视图"功能区中的"幻灯片母版"按钮,打开"幻灯片母版"编辑界面。

(2)编辑、更改"幻灯片母版"中的设置以符合需求。例如,修改文本占位符的字符、字号和字形,更改背景,添加图片等。

(3)单击"文件"→"另存为"命令,弹出"另存为"对话框。

(4)在"文件名"文本框中键入新模板的名称,在"保存类型"下拉列表框中选择"PowerPoint 模板",如图 9-39 所示,单击"保存"按钮。

图 9-39 "另存为"对话框

(5)单击"文件"→"新建"命令,单击"我的模板"选项,在弹出对话框的"个人模板"列表框中选择自定义的模板名称,如图 9-40 所示,单击"确定"按钮,即可看到新建的演示文稿中显示了模板中的内容。

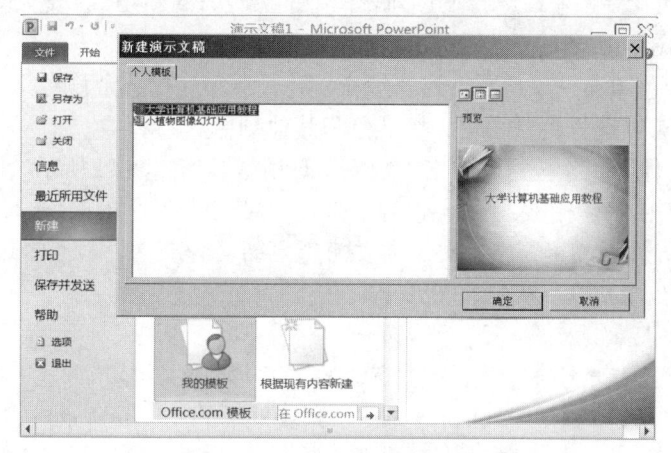

图 9-40 使用自定义设计模版

9.4.3 更改幻灯片版式

幻灯片的版式是一种常规排版的格式，通过幻灯片版式的应用可以对文字、图片等进行更加合理简洁的布局。PowerPoint 2010 提供了 12 种幻灯片版式。

如果要对现有的幻灯片版式进行更改，操作步骤如下：

(1) 在普通视图或幻灯片浏览视图中，选择需要更改版式的幻灯片。

(2) 单击"开始"功能区"幻灯片"组中的"版式"按钮，打开"版式"下拉列表框，如图 9-41 所示。

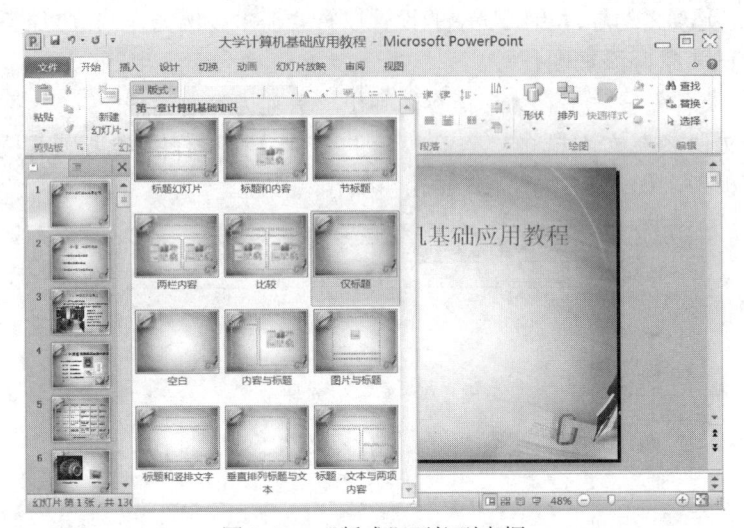

图 9-41 "版式"下拉列表框

(3) 在"版式"列表框中单击选择另一种版式，则更改了当前幻灯片的版式，然后在这张幻灯片中对标题、文本和图片的位置及大小作适当调整。

9.4.4 更改幻灯片背景

1. 更改背景颜色

(1) 选定要更改背景颜色的幻灯片，在"普通视图"显示方式下单击"设计"功能区"背景"组中的"背景设计"按钮，选择下拉列表框中的"设置背景格式"选项，弹出"设置背景格式"对话框，如图 9-42 所示。

(2) 选择"纯色填充"单选项，在"填充颜色"区域中单击"颜色"下拉列表框，如图 9-43 所示，在其中可以选择主题颜色、标准色和其他颜色。

(3) 单击"其他颜色"按钮，弹出"颜色"对话框，如图 9-44 所示。根据需要选择一种颜色，然后单击"确定"按钮回到"设置背景格式"对话框中，单击"关闭"按钮。

提示： 如果演示文稿中的所有幻灯片都要用选定的同种颜色，则在回到"设置背景格式"对话框中后单击"全部应用"按钮。

2. 更改填充效果

(1) 选定要更改背景填充效果的幻灯片，在"普通视图"显示方式下单击"设计"功能区"背景"组中的"背景设计"按钮，选择下拉列表框中的"设置背景格式"选项，弹出"设置背景格式"对话框。

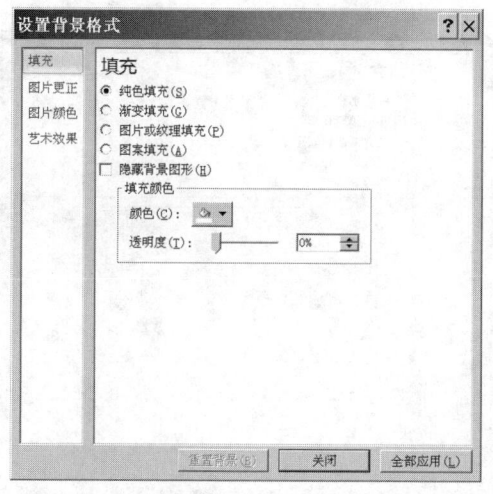

图 9-42 "设置背景格式"对话框

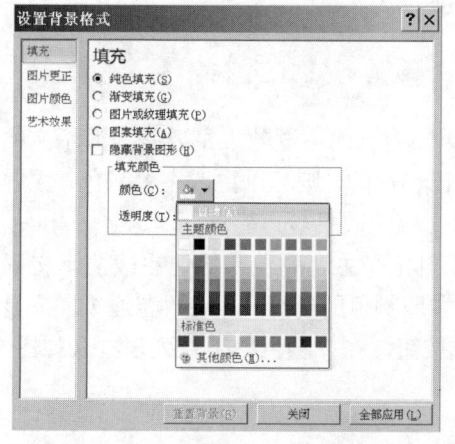

图 9-43 "颜色"下拉列表框

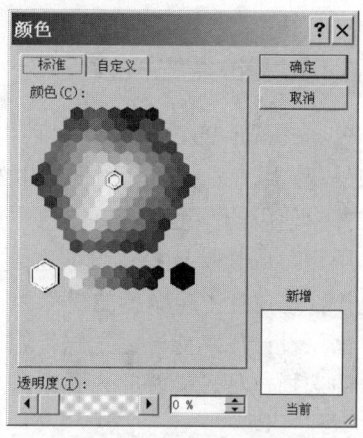

图 9-44 "颜色"对话框

（2）选择"渐变填充"或"图案填充"单选项，"设置背景格式"对话框分别出现对应的设置选项，如图 9-45 和图 9-46 所示，设置好后单击"关闭"或"全部应用"按钮。

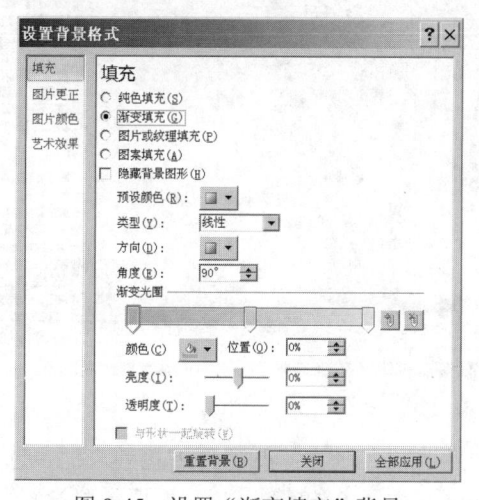

图 9-45 设置"渐变填充"背景

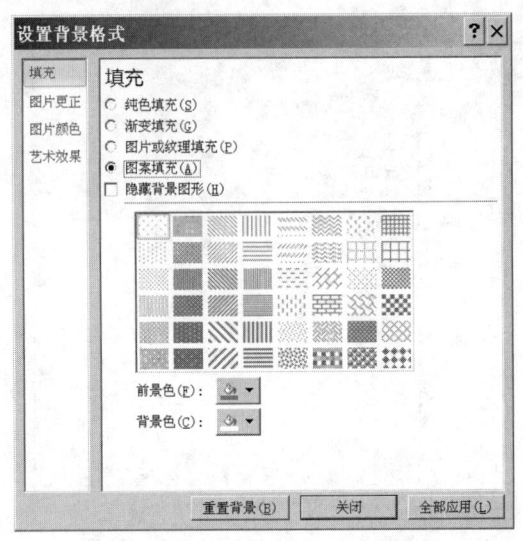

图 9-46 设置"图案填充"背景

9.4.5 更改内置主题颜色

PowerPoint 2010 提供了多种内置的主题效果，内置的主题效果主要是为演示文稿设置统一的外观。用户觉得所套用样式中的颜色不是自己喜欢的，则可以更改主题颜色。主题颜色是指文件中使用的颜色集合，更改主题颜色对演示文稿的效果最为显著。

用户可以直接选择预设的主题颜色，也可以自定义主题颜色来快速更改演示文稿的主题颜色。更改内置主题颜色的操作为：选定要更改主题颜色的幻灯片，在"普通视图"显示方式下单击"设计"功能区"主题"组中的"颜色"按钮，在"颜色"下拉列表框（如图 9-47 所示）中选择一种预设好的内置主题颜色。

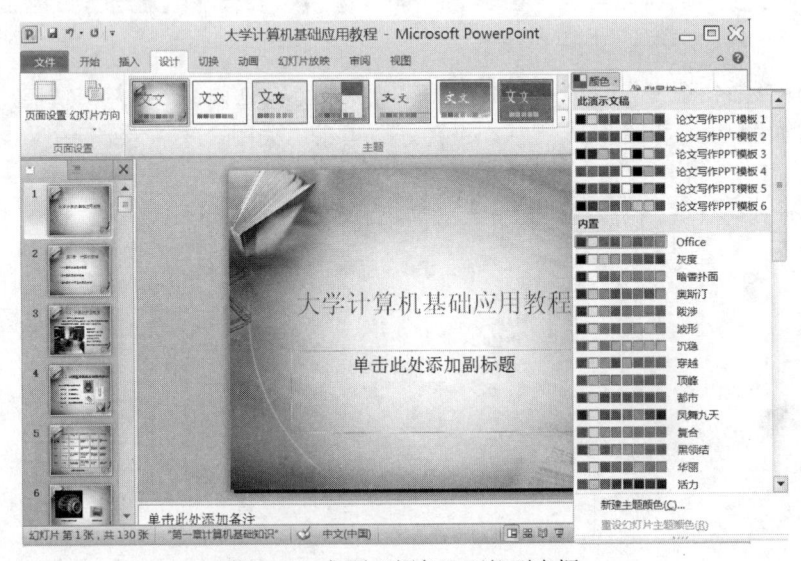

图 9-47 主题"颜色"下拉列表框

如果用户需要自定义主题颜色，则在"颜色"下拉列表框中选择"新建主题颜色"命令，弹出"新建主题颜色"对话框（如图 9-48 所示），根据需要设置各项颜色，最后在"名称"

文本框中输入主题名称，单击"保存"按钮。

图 9-48 "新建主题颜色"对话框

注意：更改内置主题的字体和效果的操作步骤与更改内置主题颜色的类似。

9.5 制作多媒体演示文稿

9.5.1 在幻灯片中插入声音

幻灯片中可以插入并播放音频文件，使得演示文稿在放映时有声有色。PowerPoint 2010 支持的音频文件有 .aiff、.au、.mid、.midi、.mp3、.wav、.wma。

1. 插入音频文件

在幻灯片中插入一个文件中的声音的操作步骤如下：

（1）将演示文稿切换到"普通视图"方式，选择需要插入音频文件的幻灯片。

（2）单击"插入"功能区"媒体"组中的"音频"按钮，在下拉列表中选择"文件中的音频"命令，弹出"插入音频"对话框，如图 9-49 所示。

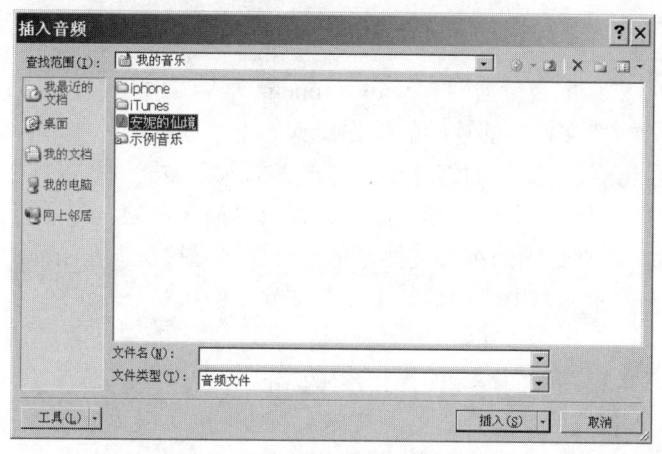

图 9-49 "插入音频"对话框

（3）在其中选择需要插入的音频文件，单击"插入"按钮，在当前幻灯片中可以看到声音图标，表示在演示文稿中成功插入了音频文件。

2. 插入剪贴画音频

在幻灯片中插入剪贴画中的声音的操作步骤如下：

（1）选定要插入声音的幻灯片，单击"插入"功能区"媒体"组中的"音频"按钮，在下拉列表中选择"剪贴画音频"命令，打开"剪贴画音频"任务窗格，如图 9-50 所示。

图 9-50 "剪贴画音频"任务窗格

（2）单击"搜索"按钮，在列表框中出现可以插入的所有声音文件，鼠标指针指向音频文件时即可显示该文件的名称、大小、格式等信息。

（3）选择需要的音频文件并双击，在当前幻灯片中可以看到声音图标，表示在演示文稿中成功插入了音频文件。

提示：PowerPoint 2010 中还提供了对音频文件的设置和编辑功能，用户可以根据需求分别在"动画"功能区和"播放"功能区中进行相应的设置。

9.5.2 在幻灯片中插入视频

1. 插入视频文件

PowerPoint 2010 支持的视频文件有.wmv、mpeg-1（VCD 格式）、.avi。

在幻灯片中插入一个文件中的视频的操作步骤如下：

（1）选择需要插入视频文件的幻灯片，单击"插入"功能区"媒体"组中的"视频"按钮，在下拉列表中选择"文件中的视频"命令，弹出"插入视频"对话框。

（2）在其中选择需要插入的视频文件，单击"插入"按钮，在当前幻灯片中可以看到一个视频图标，表示在演示文稿中成功插入了视频文件。

2. 插入剪贴画视频

在幻灯片中插入剪贴画中的视频的操作步骤如下：

（1）选定要插入视频的幻灯片，单击"插入"功能区"媒体"组中的"视频"按钮，在下拉列表中选择"剪贴画视频"命令，打开"剪贴画视频"任务窗格。

（2）单击"搜索"按钮，在列表框中出现可以插入的所有视频文件，鼠标指针指向视频文件时即可显示该文件的名称、大小、格式等信息。

（3）选择需要的视频文件并双击，在当前幻灯片中可以看到视频图标，表示在演示文稿中成功插入了视频文件。

注意：插入视频文件后，"播放"功能区"视频选项"组中的"开始"选项可以设置视频文件的自动播放。

9.5.3 幻灯片内的动画设置

幻灯片内的设计动画效果是指在演示一张幻灯片时，随着演示的进展，逐步显示片内不同的层次、对象的内容等。例如，首先显示第一层次的内容标题，然后一条一条地显示正文，这时可以使用不同的动画效果来显示下一层内容，这种方法称为片内动画。

1. 使用"动画"组设置幻灯片内动画效果

"动画"功能区中的"动画"组是预先设置好的动画组合，根据不同的效果进行分类，如"出现"、"淡出"、"飞入"，如图 9-51 所示。

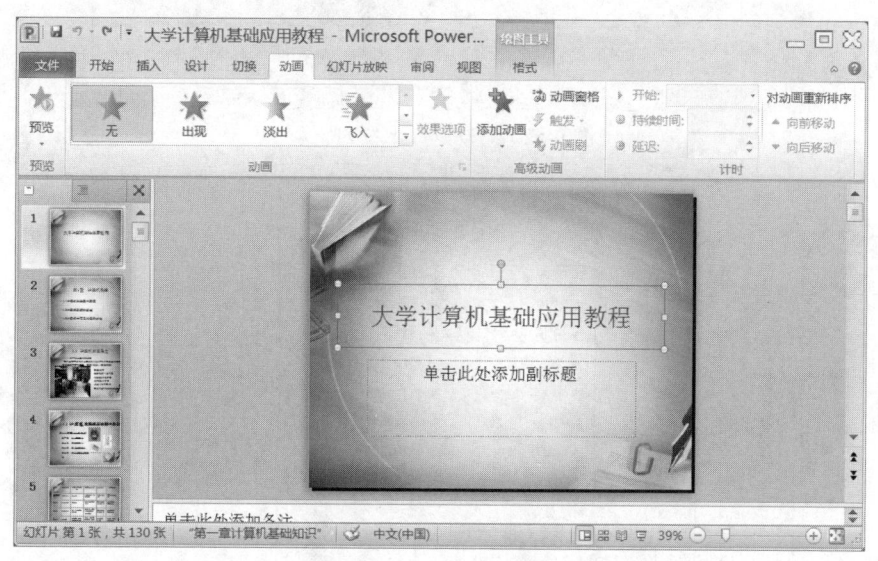

图 9-51 "动画"功能卡

具体操作步骤如下：

（1）选择需要添加动画的幻灯片，在普通视图中单击"动画"功能区右侧的下拉箭头按钮，打开"动画"下拉列表框，如图 9-52 所示。

（2）其中包含更多的动画效果选项，用户可以根据需要选择一项，也可以根据需要打开对应分类的动画对话框进行选择。如选择"更多进入效果"，则弹出"更多进入效果"对话框，如图 9-53 所示。

（3）选择一种动画后单击"确定"按钮，即完成对对象的动画设置。如果取消所设动画效果，只需单击"动画"列表框中的"无"。

2. 使用"高级动画"组设置幻灯片内动画效果

PowerPoint 2010 增加了动画效果高级设置选项，用户可以对对象的动画效果进行更高级的设置。

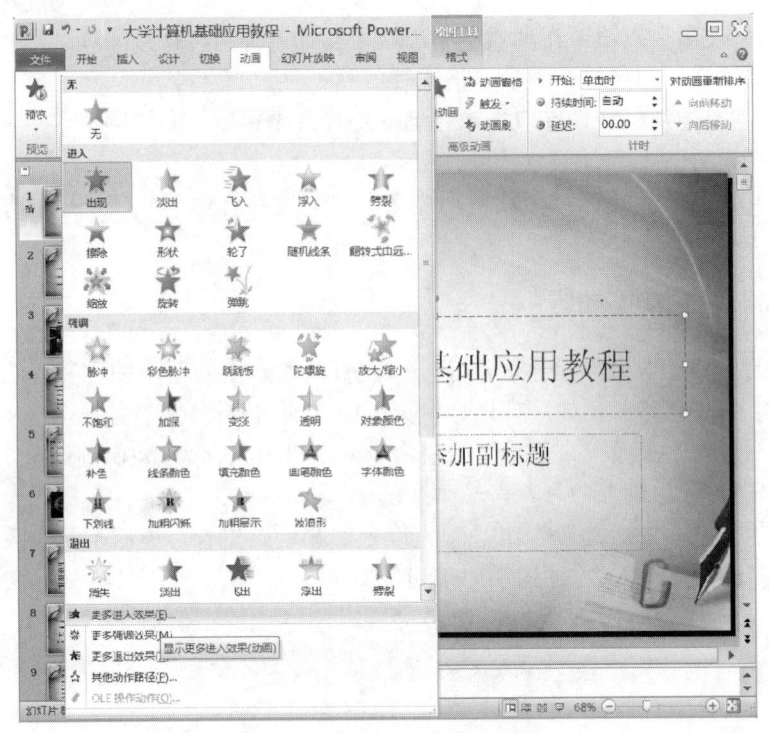

图 9-52 "动画"下拉列表框

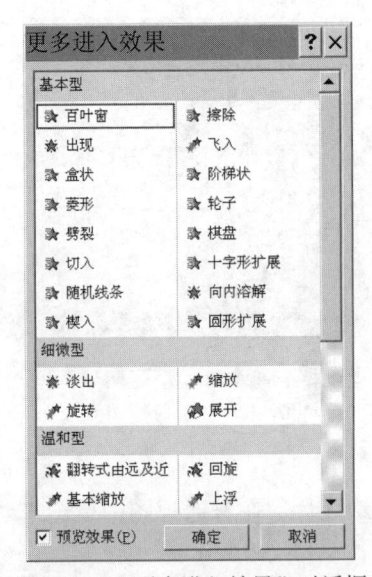

图 9-53 "更多进入效果"对话框

(1) 使用"动画窗格"设置动画。

1) 给对象添加动画后,单击"动画"功能区"高级动画"组中的"动画窗格"按钮,在幻灯片编辑窗口的右侧出现"动画窗格"任务窗格,其中有当前幻灯片中所有动画的列表。

2) 选择需要设置的动画并右击,在弹出的快捷菜单中选择"效果选项"命令,弹出动画对应的效果对话框,如图 9-54 所示,用户可在其中根据需要进行设置,最后单击"确定"按钮。

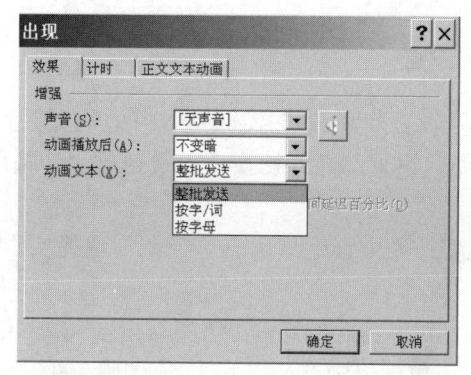

图 9-54 "出现"对话框的"效果"选项卡

（2）使用"动画刷"复制动画。

在 PowerPoint 2010 中，如果用户需要为其他对象设置相同的动画效果，则可以在设置了一个对象动画后通过"动画刷"功能来复制动画。具体操作步骤如下：

1）在普通视图中，选择一个设置好动画效果的对象，单击"动画"功能区"高级动画"组中的"动画刷"按钮，该对象的动画效果即被复制。

2）选择另一张幻灯片，将鼠标移动到需要复制动画效果的对象，会发现鼠标指针变成了形状，单击对象，则将被复制对象的动画效果复制到了该对象上。

注意：如果复制一种动画效果需要多次使用，则用同样的方法，只是要双击"动画刷"按钮。

（3）重新排序动画。

如果一张幻灯片中设置了多个动画对象，还可以重新排序动画，即调整各动画出现的顺序。具体操作步骤如下：

1）选择设置好动画的幻灯片，单击"动画"功能区"高级动画"组中的"动画窗格"按钮，打开"动画窗格"任务窗格。

2）选择需要移动顺序的动画，在"计时"组中单击"向前移动"按钮或"向后移动"按钮，如图 9-55 所示，完成所选动画顺序的移动。

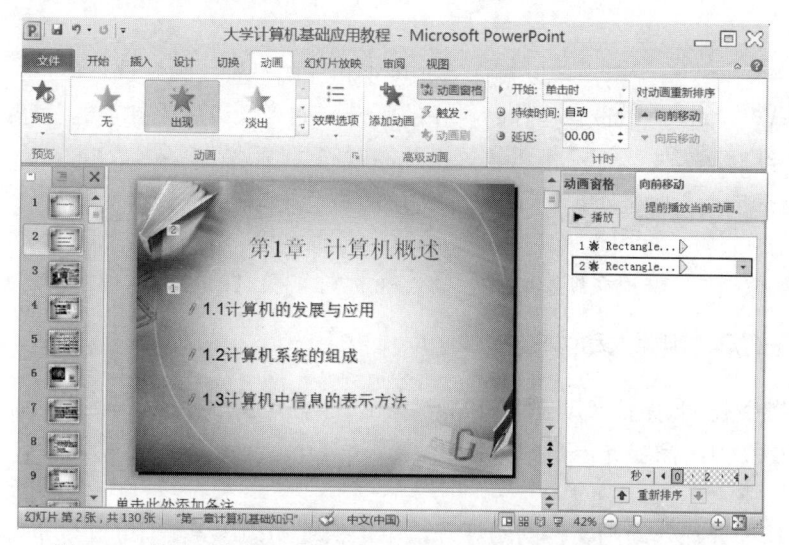

图 9-55 使用"向前移动"按钮和"向后移动"按钮更改动画顺序

9.5.4 幻灯片间的动画设置

幻灯片间的动画效果是指幻灯片放映时两张幻灯片之间切换时的动画效果，即切换动画效果。在 PowerPoint 2010 中，设置幻灯片切换效果是通过"切换"功能区实现的，具体操作步骤如下：

（1）打开演示文稿，在普通视图或幻灯片浏览视图中选择要进行切换效果设置的连续（或不连续）的多张幻灯片。

（2）在"切换"功能区"切换到此幻灯片"组中有很多动画样式，选择一种如"百叶窗"，单击"效果选项"按钮，在下拉列表中选择"水平"选项，如图 9-56 所示。

图 9-56 "切换"功能区

提示：单击"切换到此幻灯片"组右侧的下拉按钮可打开列表框，其中提供了更多切换动画供用户选择。

（3）在"计时"组中用户可以根据需要进行相应的设置，设置选项如下：

- "声音"框：可以设置换片时衬托的声音，如"风铃"、"打字机"等。
- "持续时间"文本框：可以设置换片的时间长度。
- "全部应用"按钮：单击后，演示文稿的每一张幻灯片将统一成用户设置的切换动画效果。
- "换页方式"框：系统默认是"单击鼠标时"换页，也可以输入幻灯片放映的时间。

9.5.5 在幻灯片中插入动画文件

在幻灯片中还可以插入动画（.SWF 格式的动画文件）以提高演示的趣味性。在 PowerPoint 2010 中，需要先添加"开发工具"功能卡，再进行插入动画文件的设置，具体操作步骤如下：

（1）选择需要插入动画文件的幻灯片，单击快速访问工具栏中的 按钮，打开"自定义快速访问工具栏"列表框,如图 9-57 所示。

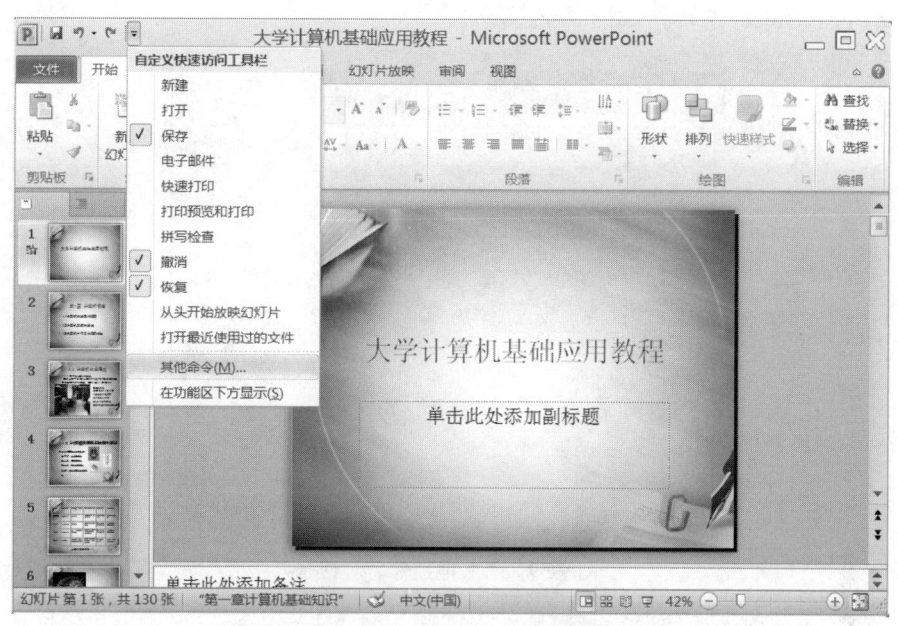

图 9-57 "自定义快速访问工具栏"列表框

(2)选择"其他命令"选项,弹出"PowerPoint 选项"对话框,如图 9-58 所示。在右侧的列表框中找到"开发工具"选项并选中,然后单击"确定"按钮,即添加了"开发工具"功能卡。

图 9-58 "PowerPoint 选项"对话框

（3）单击"开发工具"功能区"控件"组中的 按钮，弹出"其他控件"对话框，选择 Shockwave Flash Object 选项，如图 9-59 所示。

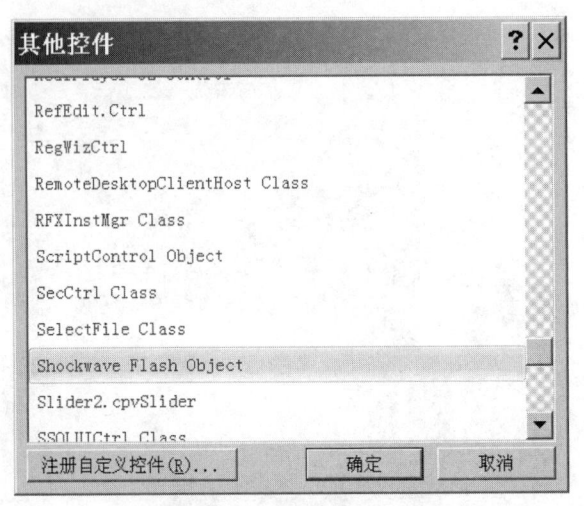

图 9-59 "其他控件"对话框

（4）单击"确定"按钮，这时鼠标在幻灯片上变成十字形光标形式，在幻灯片上拖出一块 Flash 动画播放的屏幕空间（即内有交叉线的方框），如图 9-60 所示，方框的四周会出现 8 个控制点，用户可根据需要调整方框的大小和位置。

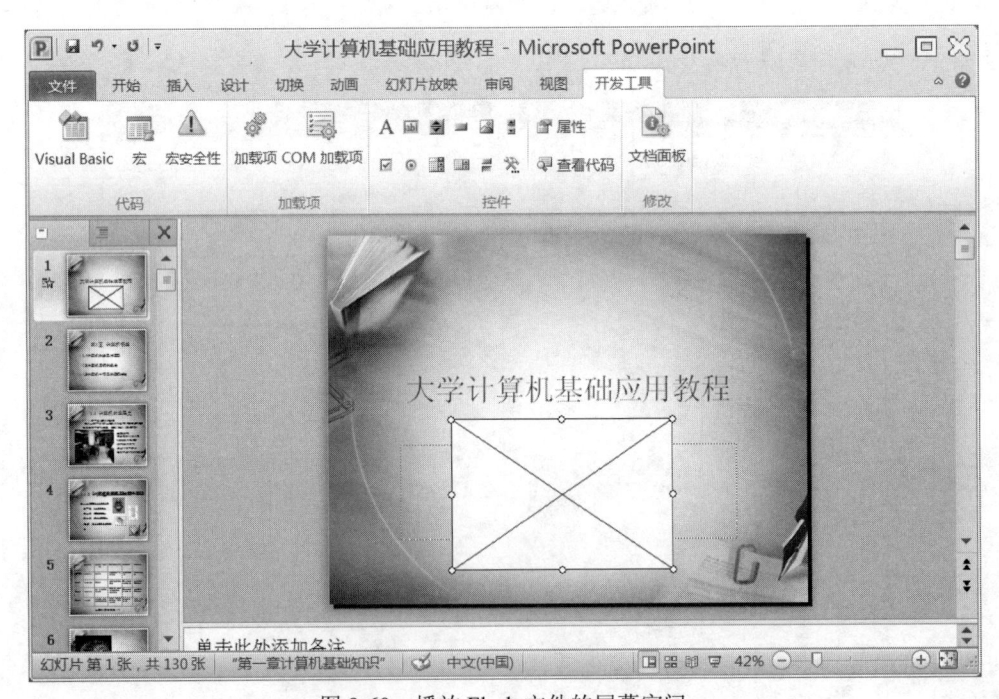

图 9-60 播放 Flash 文件的屏幕空间

（5）右击该方框，在弹出的快捷菜单中选择"属性"命令，弹出"属性"对话框，在 Movie 项右侧的框中输入扩展名为.SWF 的动画文件，如图 9-61 所示。注意.SWF 动画文件应同演示文稿文件在同一目录下。

图 9-61 "属性"对话框

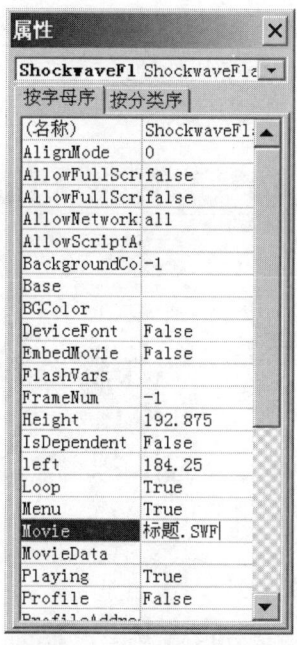

9.5.6 在幻灯片中添加超级链接

在演示文稿中添加超级链接，可以利用它跳转到不同的位置。用户可以通过任何对象（包括文本、形状、表格、图形和图片）在演示文稿中创建超级链接，然后通过该超级链接跳转到演示文稿内特定的幻灯片或另一个演示文稿上，甚至是 Word 文档、Excel 电子表格、公司地址等。

如图 9-62 所示，在幻灯片上已经设置了指向一个文件的超级链接，幻灯片放映时当鼠标移到下划线处时就会出现一个超级链接表示（鼠标变成小手形式），单击鼠标，跳转到超级链接设置的相应位置。

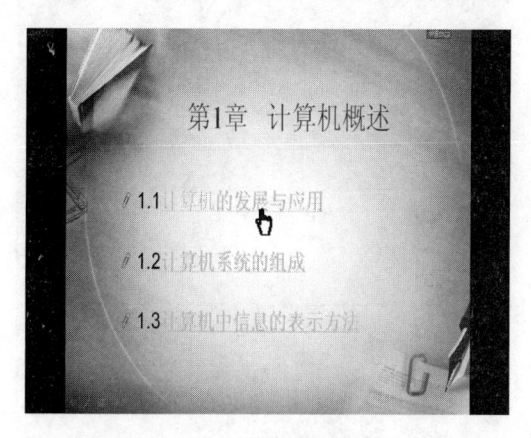

图 9-62 插入"超级链接"的幻灯片

1. 使用"超级链接"命令创建超级链接

使用"超级链接"命令创建超级链接的操作步骤如下：

（1）在幻灯片视图中选择代表超级链接起点的文本对象。

（2）单击"插入"功能区"链接"组中的"超链接"按钮，弹出"插入超链接"对话框,如图9-63所示。对话框左侧的"链接到"框中有4个按钮:"现有文件或网页"、"本文档中的位置"、"新建文档"和"电子邮件地址",可以链接到不同位置的对象。按下左侧不同的按钮,右侧就会出现不同的内容。

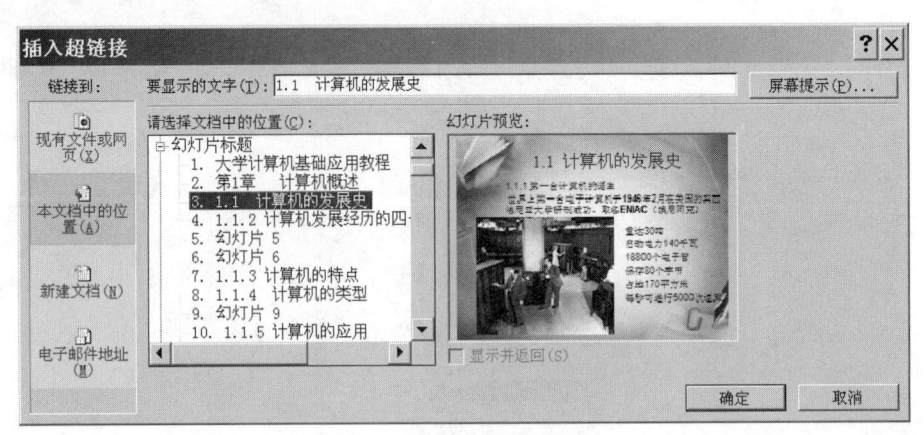

图9-63 "插入超链接"对话框

(3)单击"链接到"框中的"本文档中的位置"按钮,用户可直接在"要显示的文字"文本框中输入文字,如"1.1 计算机的发展史",或在"请选择文档中的位置"列表框中选择要链接到的幻灯片的位置,单击"屏幕提示"按钮,输入在超链接处显示的文本。最后单击"确定"按钮,完成超链接的设置。

2. 使用动作按钮创建超级链接

利用动作按钮也可以创建超级链接,操作步骤如下:

(1)单击"插入"功能区"链接"组中的"动作"按钮,弹出"动作设置"对话框,如图9-64所示。

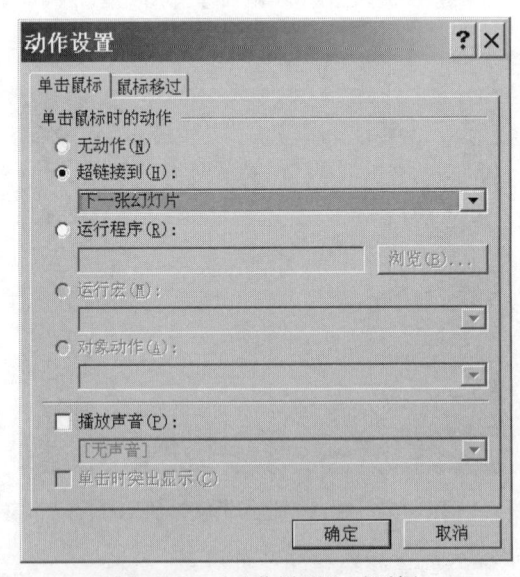

图9-64 "动作设置"对话框

(2)在"单击鼠标"选项卡中选中"超链接到"单选项,在其下拉列表框中选择需要跳转到的位置,最后单击"确定"按钮。

3. 更改和删除超级链接

如果用户要更改超级链接的目标，则选定需要编辑超级链接的对象并右击，在弹出的快捷菜单中选择"编辑超链接"命令，或按 Ctrl+K 键，弹出"编辑超链接"对话框或"动作设置"对话框，在其中选择新的目标地址或跳转位置，单击"确定"按钮。

删除超级链接的方法与更改超级链接的方法相同，只是要在"编辑超链接"对话框中单击"删除链接"按钮或在"动作设置"对话框中选择"无动作"选项。

4. 更改超级链接的文本颜色

为了突出显示超级链接文本，超级链接的文本可以设置不同的颜色，设置步骤如下：

（1）选择超级链接的文本，单击"设计"功能区"主题"组中的"颜色"按钮，在下拉列表框中选择"新建主题颜色"命令，弹出如图 9-65 所示的对话框。

图 9-65　"新建主题颜色"对话框

（2）用户可根据需要在其中对"超级链接"和"已访问的超级链接"进行颜色的更改设置，最后单击"保存"按钮。

9.6　演示文稿的播放

9.6.1　设置演示文稿的放映方式

单击"幻灯片放映"功能区"设置"组中的"设置幻灯片放映"按钮，弹出"设置放映方式"对话框，如图 9-66 所示。

1. "放映类型"区域

"放映类型"区域提供了 3 种放映方式选项。

- 演讲者放映（全屏幕）：幻灯片以全屏幕形式显示。在幻灯片放映时，可单击鼠标左键，按 N 键、Enter 键、PgDn 键、→或↓键实现顺序播放。若要回到上一个画面，可按 P 键、PgUp 键、←或↑键。可以在幻灯片放映时右击，在弹出的快捷菜单中选择相应的命令。其中"帮助"命令可以打开"幻灯片放映帮助"对话框，如图 9-67 所示。

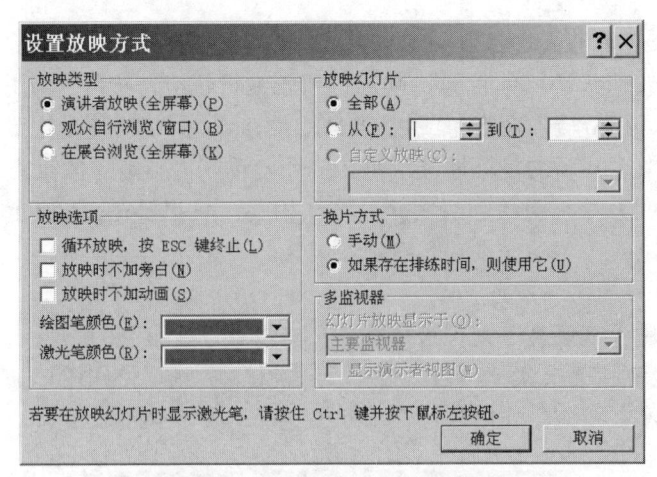

图 9-66 "设置放映方式"对话框

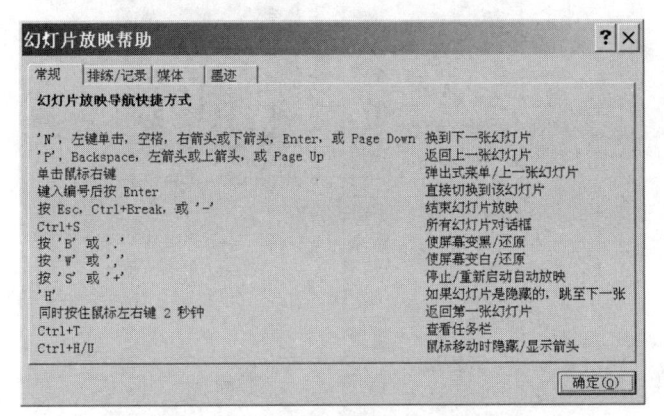

图 9-67 "幻灯片放映帮助"对话框

- 观众自行浏览（窗口）：幻灯片以窗口形式显示。在幻灯片放映时右击，在弹出的快捷菜单中选择"编辑幻灯片"或"复制幻灯片"命令，可将当前幻灯片重新编辑或将幻灯片图像复制到 Windows 的剪贴板上，选择"打印预览和打印"命令，则可打印幻灯片。
- 在展台浏览（全屏幕）：幻灯片以全屏幕形式在展台上演示。放映前，一般先单击"幻灯片放映"功能区"设置"组中的"排练计时"按钮，规定每张幻灯片放映的时间。在放映过程中，除了保留鼠标指针用于选择屏幕对象外，其余功能全部失效，甚至终止也要按 Esc 键。

2. "放映幻灯片"区域

"放映幻灯片"区域提供了幻灯片放映的范围（全部、部分或自定义放映）。

如果要选择"自定义放映"，放映前应先单击"幻灯片放映"功能区"开始放映幻灯片"组中的"自定义幻灯片放映"按钮，在弹出的"自定义放映"对话框中逻辑地组织演示文稿中的某些幻灯片以某种顺序组成，并以一个自定义放映名称命名。然后再在"自定义幻灯片"下拉列表框中选择自定义放映的名称，只放映该组幻灯片。

3. "换片方式"区域

"换片方式"区域可让用户选择幻灯片的切换方式是手动的还是自动的。

4. "放映选项"区域

"放映选项"区域提供放映时的3种情况选项。如果选中"循环放映，按 Esc 键终止"，可使演示文稿自动放映，一般用于在展台上自动重复地放映演示文稿。

9.6.2 设置"排练计时"

自动播放实际上是用时间来控制放映的过程，这个时间可以是人工设置的时间也可以是利用排练计时的时间，幻灯片放映时自动按定义好的时间顺序连续地进行播放，而不需要人工干预。

排练计时是经常使用的一种设定时间的方法，使用它能避免人工设置时间不准而带来的尴尬局面。进行排练计时的具体步骤如下：

（1）在演示文稿中，单击"幻灯片放映"功能区"设置"组中的"排练计时"按钮，幻灯片将进入放映模式。

（2）放映过程中，将弹出一个"录制"控制条，如图 9-68 所示，其中记录了用户在当前幻灯片所需的时间。单击"下一项"按钮 ➡ 会转入下一个幻灯片，也可以单击"暂停"按钮 ⏸ 暂时停止计时，还可以查看整个演示文稿所需的时间。

图 9-68 "录制"控制条

（3）当设置完幻灯片的计时操作后，右击幻灯片，在弹出的快捷菜单中选择"结束放映"命令或直接按 Esc 键，此时弹出一个提示对话框提示该幻灯片放映所需的时间，并询问是否保留新的幻灯片排练时间，如图 9-69 所示，用户可根据实际情况选择单击"是"或"否"按钮。

图 9-69 选择是否保留排练时间

9.6.3 设置"录制幻灯片演示"

PowerPoint 2010 增加了录制演示文稿的功能，并且还能给整个演示文稿配上解说词进行录制，具体操作如下：

（1）打开需要添加旁白的幻灯片，单击"幻灯片放映"功能区"设置"组中的"录制幻灯片演示"按钮，弹出如图 9-70 所示的对话框。

（2）用户根据需要选择录制时需要的选项，单击"开始录制"按钮，则进入演示文稿的录制状态，并且在屏幕的右上方出现"录制"控制条。

（3）录制完毕后直接按 Esc 键退出录制状态。

（4）用户还可以将录制的演示文稿生成视频文件：单击"文件"→"保存并发送"选项，

在右侧窗格中选择"创建视频"命令（如图 9-71 所示），弹出"另存为"对话框，在其中选择存储路径并为视频文件取名，单击"确定"按钮。

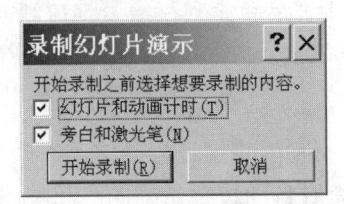

图 9-70 "录制幻灯片演示"对话框

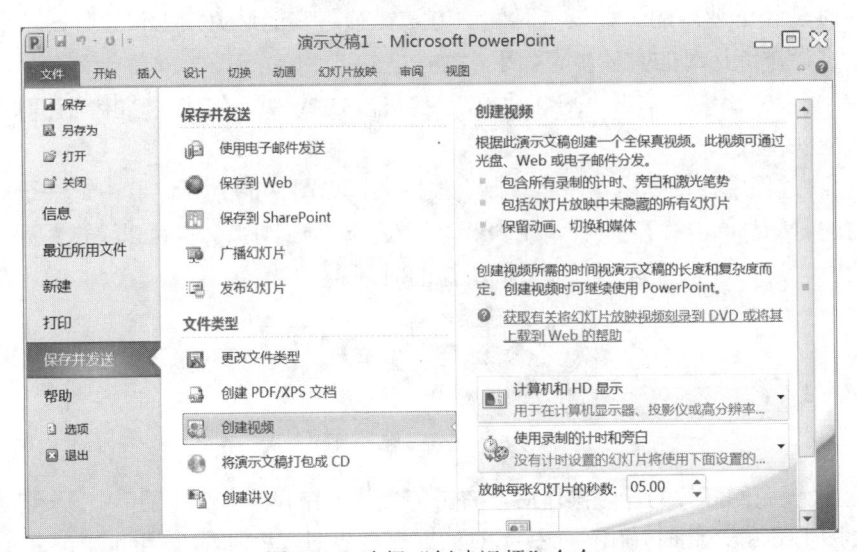

图 9-71 选择"创建视频"命令

9.6.4 演示文稿的播放方式

有以下 3 种方法可以使演示文稿进入幻灯片放映演示状态：
- 直接在演示文稿的编辑状态下按 F5 键。
- 单击"幻灯片放映"功能区"开始放映幻灯片"组中的"从头开始"或"从当前幻灯片开始"按钮，幻灯片可以从演示文稿的第一张幻灯片或当前幻灯片开始放映。
- 单击编辑窗口左下方的"放映"按钮，从当前幻灯片开始播放。

在放映时，演讲者可以通过鼠标指针为观众指出幻灯片的重点内容，也可以右击并选择"指针选项"命令后在屏幕上画线或加入文字的方法来增强表达效果。

演讲者可以按 Esc 键或右击并选择"结束放映"命令结束放映。结束放映后，屏幕回到原来幻灯片所在的状态。

9.7 演示文稿的打印与打包

9.7.1 演示文稿的打印

演示文稿还可以通过打印设备打印出来，PowerPoint 2010 支持打印幻灯片、大纲、演讲者备注、观众讲义等多种形式的演示文稿。打印演示文稿可以在普通视图、大纲视图、幻灯片视图、幻灯片浏览视图等方式下进行。

如果用户要打印演示文稿中的幻灯片、讲义或大纲，操作步骤如下：

（1）单击"视图"功能区"母版视图"组中的"讲义母版"按钮，打开"讲义母版"编辑界面。选择"页面设置"组中的"页面设置"命令，弹出"页面设置"对话框，如图 9-72 所示。

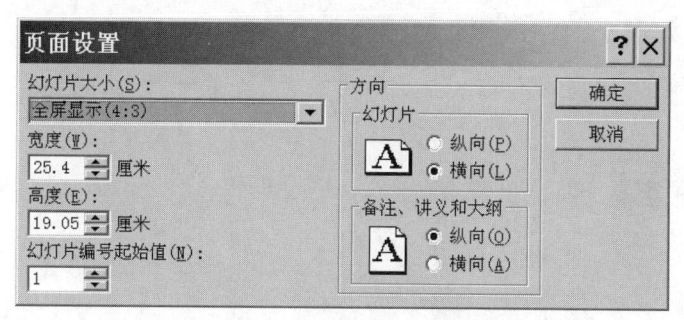

图 9-72　"页面设置"对话框

（2）在其中对幻灯片的大小、宽度、高度、幻灯片编号起始值、方向等参数进行设置，然后单击"确定"按钮。

（3）选择"文件"→"打印"命令，打开"打印"任务窗格，如图 9-73 所示

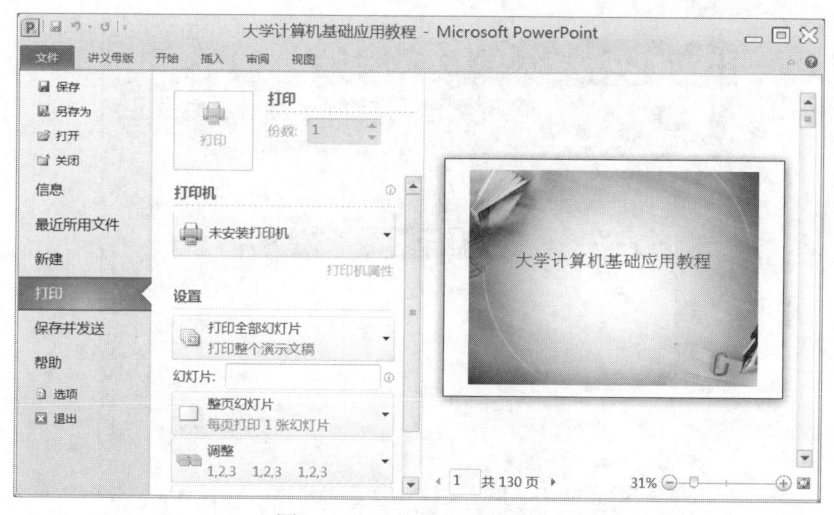

图 9-73　"打印"任务窗格

（4）在其中设置当前要使用的打印机名称、打印范围、打印份数、一页打印幻灯片的张数等参数，设置完成后单击"打印"按钮开始打印。

9.7.2　演示文稿的打包

演示文稿制作完毕后，如果把它拿到没有安装 PowerPoint 软件或缺少幻灯片中使用的字体的计算机上播放，会发现无法播放演示文稿或放映效果不佳。如果把演示文稿打包，然后使用 PowerPoint 的播放器 pptview.exe 播放，则不会出现上述情况。

将制作好的演示文稿打包的操作步骤如下：

(1)打开准备打包的演示文稿,选择"文件"→"保存并发送"命令,在打开的任务窗格中选择"将演示文稿打包成 CD"命令,再单击"打包成 CD"按钮,如图 9-74 所示。

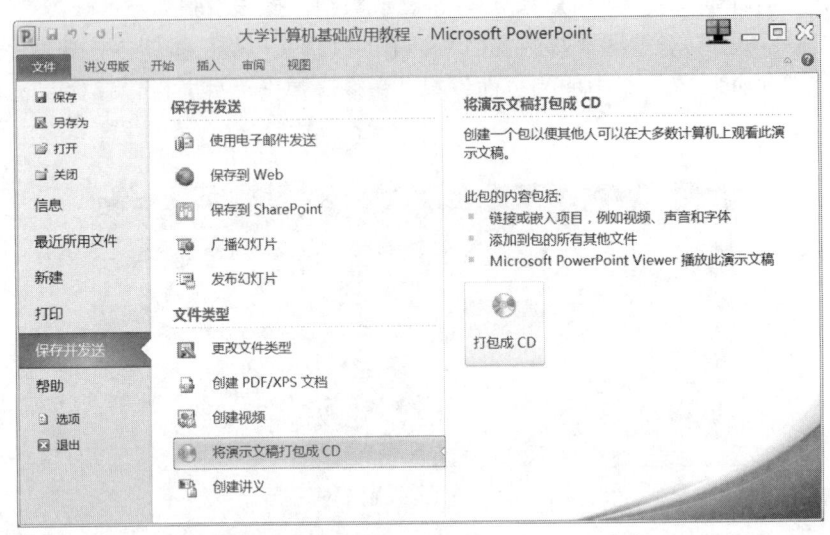

图 9-74 选择"将演示文稿打包成 CD"命令

(2)弹出"打包成 CD"对话框,如图 9-75 所示。用户可以通过"添加"和"删除"按钮自由添加或删除演示文稿,通过 ⬆ 和 ⬇ 按钮改变演示文稿的播放顺序。

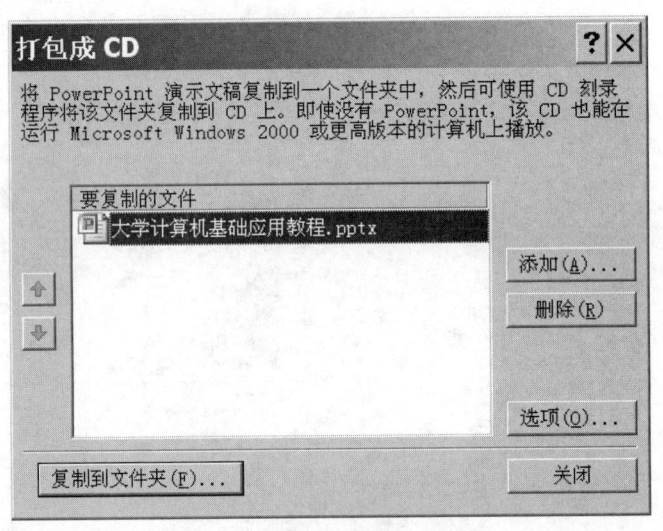

图 9-75 "打包成 CD"对话框

(3)如果用户需要更改链接文件和字体,或者设置保护文件的密码,可单击"选项"按钮打开"选项"对话框,如图 9-76 所示,设置好后单击"确定"按钮。

(4)在"打包成 CD"对话框中单击"复制到文件夹"按钮,弹出"复制到文件夹"对话框,如图 9-77 所示。根据提示填好内容后单击"确定"按钮,系统会自动运行打包复制到文件夹程序,在完成后自动弹出打包好的 PPT 文件夹,在其中可看到一个 AUTORUN.INF 自动运行文件,如图 9-78 所示。如果是打包到 CD 光盘,那么它是具备自动播放功能的。

图 9-76 "选项"对话框

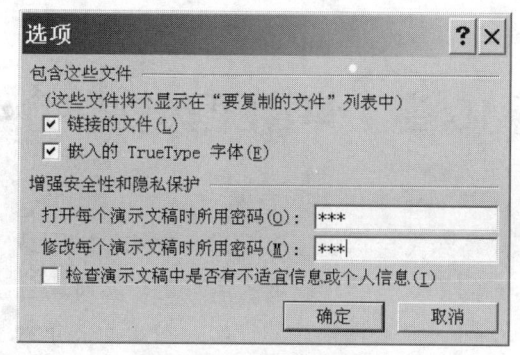

图 9-77 "复制到文件夹"对话框

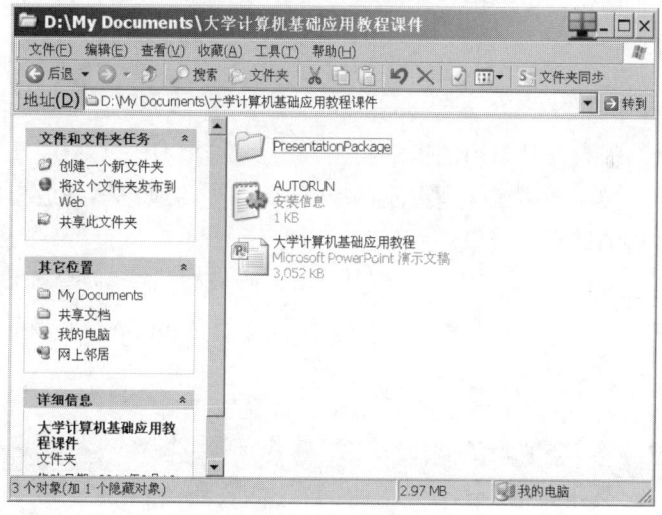

图 9-78 打好包的文件夹

本章小结

　　PowerPoint 2010 是 Office 2010 办公套件中的一个重要组成部分，具有强大的多媒体演示文稿制作功能。本章针对 PowerPoint 2010 的新特点，介绍了如何利用设计模板和母版新建幻灯片，为幻灯片添加音频、视频和动画效果，以及对幻灯片进行播放设置、打印和打包的方法。

第 10 章 常用工具软件介绍

在使用计算机的过程中，经常会遇到很多问题，如文件的下载上传、压缩与解压缩、音视频格式的处理、驱动程序的重新安装、垃圾的清理等。如何让自己使用的计算机保持良好的运行状态，这常常要涉及到一些工具软件的使用。本章就来介绍一些常规工具软件的使用方法。

10.1 压缩和解压缩工具

随着计算机技术的不断发展，文件占用的空间越来越大，使得数据的保存和传输耗时过长且极为不便。通过对文件进行压缩和解压缩处理来解决这种矛盾就显得十分实用和必要。一般而言，压缩软件的工作过程是把一个或几个文件通过一定的算法压缩后存放在一特定后缀的管理文件中，以便于存储和交换。常用的数据压缩软件有 WinZip、WinRAR、WinACE、FastZip、TurboZIP、ZipMagic 等。

10.1.1 WinZip

1. WinZip 简介

WinZip 作为一款强大并且易用的压缩实用程序，支持 ZIP、CAB、TAR、GZIP、MIME 以及更多格式的压缩文件。其特点是紧密地与 Windows 资源管理器拖放集成。它包括 WinZip 向导和 WinZip 自解压缩器个人版本。

WinZip 安装后会弹出一个使用向导（如图 10-1 所示），在该向导中单击"WinZip 标准"按钮，即进入程序的主界面，如图 10-2 所示。下面就以 WinZip 8.1 汉化版为例来体验一下 WinZip。

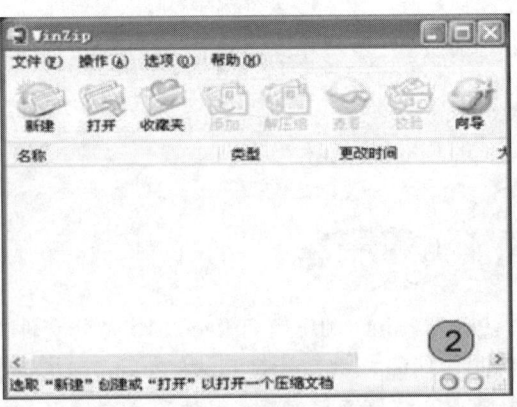

图 10-1 WinZip 向导   图 10-2 WinZip 的主界面

2. WinZip 功能介绍

（1）新建压缩文档的操作。

1）要创建压缩文档，应单击"文件"→"新建压缩文件"命令或单击工具栏中的"新建"按钮，弹出如图 10-3 所示的"新建压缩文件"对话框。

2）在其中选择建立压缩文件的路径，输入新建的文件名 test，然后单击"确定"按钮，弹出如图 10-4 所示的"添加"对话框。

图 10-3 "新建压缩文件"对话框

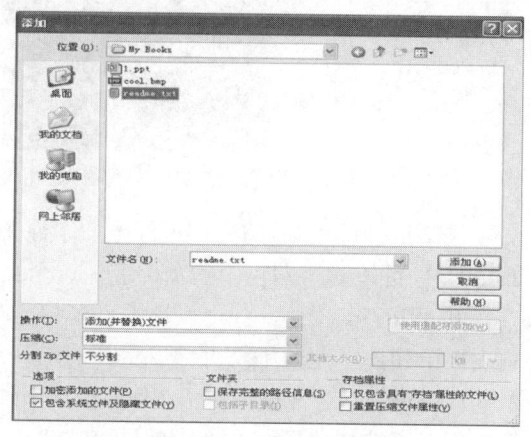

图 10-4 "添加"对话框

操作：该项中提供了多种压缩文件的添加方式，如替换原有文件、保存原有文件、移到文件、更新添加文件等，在此可以根据需要进行选择。

压缩：WinZip 在该项中提供了多种压缩比例：最大压缩、标准压缩、快速压缩、最快压缩、无损压缩，通过此项设置可以提高对文件的压缩程度。程序默认为标准压缩，以后也可以根据需要选择文件的压缩比例。

加密：选择"加密添加的文件"复选框，以后打开该压缩文件时只有输入正确的密码才能打开。

3）选择要压缩的文件（按 Ctrl 或 Shift 键的同时单击可一次选择多个文件），单击"添加"按钮即可将所选的文件全部压缩到文件名为 Test.zip 的压缩包文件中。通过 WinZip 的"文件"菜单中的相应命令还可以完成移动文件、复制文件、文件重命名、删除文件等操作。

（2）快速压缩文件。

由于 WinZip 支持鼠标右键快捷菜单功能，几乎所有的操作都可以使用右键完成。因此在压缩文件时只需在资源管理器中右击要压缩的文件或文件夹，会弹出一个快捷菜单，在此 WinZip 提供了多种压缩方式（如图 10-5 所示），选择其中的"添加到<文件名>.zip"命令，WinZip 就可以快速地将要压缩的文件在当前目录下创建成一个 ZIP 压缩包。

（3）邮件压缩。

WinZip 提供了一个非常体贴的邮件压缩功能，通过此项功能可以直接对需要邮寄的文件以压缩包的形式快速输送到邮件的附件中，方便以后邮寄。使用时在右键快捷菜单中选择"压缩并邮寄<文件名>.ZIP"命令，将要邮寄的文件压缩后会弹出一个"新邮件"窗口（如图 10-6 所示），在该窗口中输入收件人地址和主题即可。

（4）解压缩包文件。对一个已打开的压缩包内的文件的操作是通过"操作"菜单或工具栏中的对应按钮来实现的，主要操作有解压缩、添加新文件和查看等。

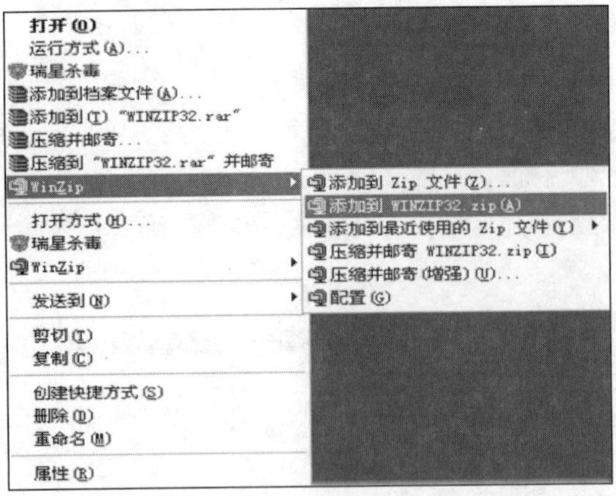

图 10-5　右键快捷菜单中的压缩选项 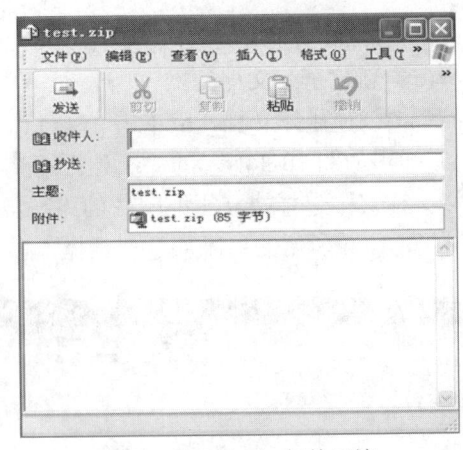　　　　　　图 10-6　WinZip 邮件压缩

经过 WinZip 压缩后的文件已经改变了原来的格式，所以使用压缩文件之前首先要解压缩。WinZip 软件可以对压缩包中的全部或任意个文件进行解压缩。

打开 WinZip 软件，弹出压缩文件窗口，单击"打开"按钮，打开压缩包 Test.zip，在文件列表区中列出了此压缩文件包含的所有被压缩文件，单击"解压缩"按钮，弹出如图 10-7 所示的"解压缩"对话框。在"文件"区域中选择解压缩的文件，如果要将压缩包中的全部文件解压缩，可选择"压缩文件中的所有文件/文件夹"单选按钮；如果仅将光标所在处的文件解压缩，可选择"选择的文件/文件夹"单选按钮；也可在"文件"文本框中输入要解压缩的文件名。选择好要解压缩的文件后，在"解压缩到"组合框中输入解压缩文件的路径或新建存放解压缩文件的文件夹，然后单击"解压缩"按钮即可将压缩包中的文件解压缩到选定的文件夹中。

对于解压缩，WinZip 还提供了简单的方法：在系统资源器中右击压缩包文件，系统弹出快捷菜单（如图 10-8 所示），其中"解压缩到"表示自定义解压缩文件存放的路径和文件名称；"解压缩到这里"表示释放压缩包文件到当前路径；"解压缩到文件夹 XXX\"表示在当前路径下创建与压缩包名字相同的文件夹，然后将压缩包文件解压到这个路径下；"解压缩到文件夹"表示释放该压缩包文件到最近访问过的文件夹。可见无论使用哪个，都是很方便的。

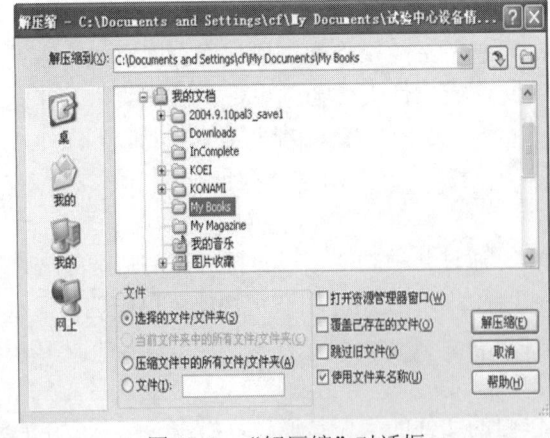

图 10-7　"解压缩"对话框 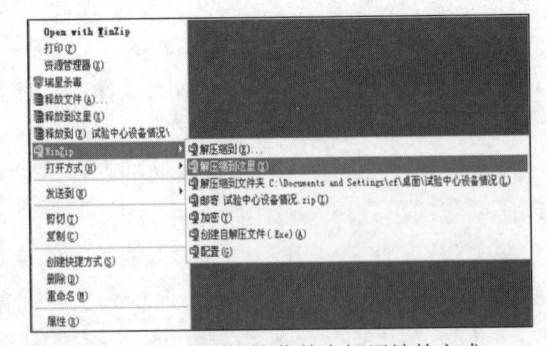　　　　　　　　　图 10-8　右键快捷菜单中解压缩的方式

(5) 压缩包的管理性操作。

在"操作"和"选项"菜单中还有一些功能选项可以对压缩文件进行病毒扫描、制作.EXE 文件、文件分割、文件测试、文件加密、文件校检等管理操作。

1) 制作.EXE 文件。

自解压文件的扩展名为.EXE，是一个压缩后的可执行文件，此文件可在无解压缩软件的环境下运行，运行此压缩文件即可获得解压缩后的文件。制作一个自解压缩文件时，首先要打开一个经过压缩的 ZIP 文件，然后从"操作"菜单中单击"制作.EXE 文件"命令，或者在"资源管理器"窗口选择要制作的自解压缩包的文件，在其上单击鼠标右键，从快捷菜单中选择"制作 EXE 文件"命令，程序会弹出一个 WinZip 解压缩软件个人版对话框，（如图 10-9 所示）。单击"确定"按钮，WinZip 就会将压缩包文件转换成具有自解压能力的 EXE 可执行文件。此时，程序会提示用户测试刚刚建立的自解压文件，单击"确定"按钮，则自解压缩文件被运行，程序弹出 WinZip 自解压对话框，（如图 10-10 所示）。设置好解压缩路径，单击"Unzip"按钮，压缩包中的文件将会自动被解压缩而不需要运行 WinZip；如果单击"Run WinZip"按钮，则使用 WinZip 打开该 EXE 压缩文件。

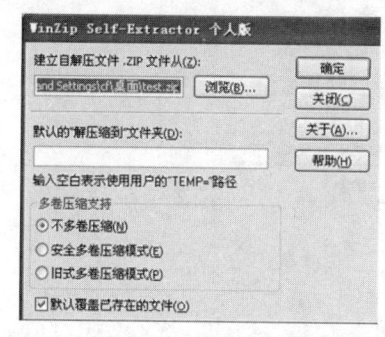

图 10-9　自解压文件

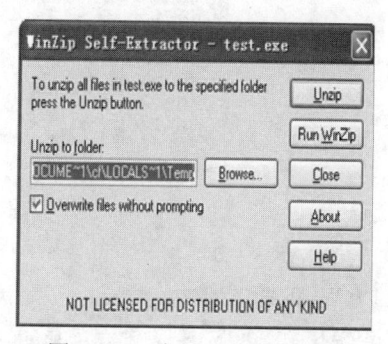

图 10-10　自解压文件的测试

2) 文件分割。

WinZip 可将一个较大的.ZIP 文件切割成多个指定大小的文件，这个"分割"对话框内有一个下拉列表框，其中列有预先设置好的每一部分文件的大小，可供选择，以便能够让分拆后的文件可以装入相应容量的存储介质中，如图 10-11 所示。当然，用户也可以自定义分拆文件的大小。

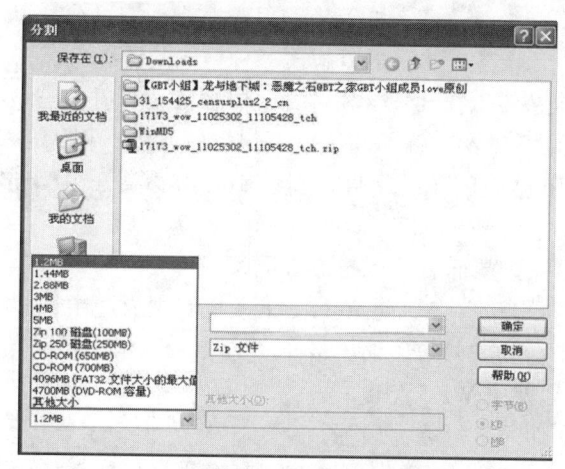

图 10-11　"分割"对话框

10.1.2 WinRAR

1. WinRAR 简介

WinRAR 是目前流行的压缩工具，界面友好、使用方便，在压缩率和速度方面都有很好的表现。其压缩率比较高，3.x 采用了更先进的压缩算法，是现在压缩率较大、压缩速度较快的格式之一。提供了 RAR 和 ZIP 文件的完整支持，能解压 ARJ、CAB、LZH、ACE、TAR、GZ、UUE、BZ2、JAR、ISO 格式文件。WinRAR 的功能包括强力压缩、分卷、加密、自解压模块等，其软件界面如图 10-12 所示。

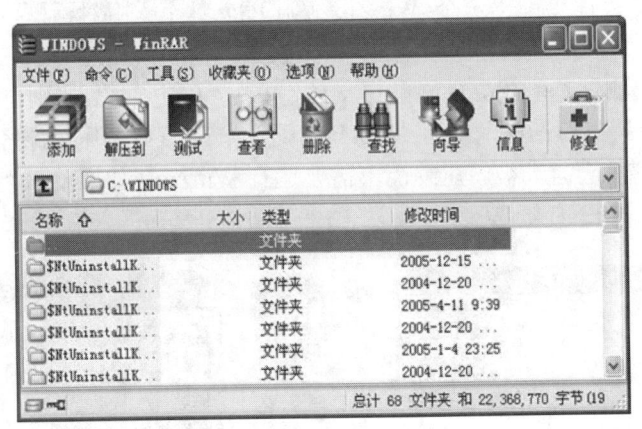

图 10-12　WinRAR 主界面

2. WinRAR 的功能特点

（1）WinRAR 压缩率更高。

WinRAR 在 DOS 时代就一直具备这种优势，经过多次实验证明，WinRAR 的 RAR 格式一般要比 WinZIP 的 ZIP 格式高出 10%～30%的压缩率，尤其是它还提供了可选择的、针对多媒体数据的压缩算法。

（2）对多媒体文件有独特的高压缩率算法。

WinRAR 对 WAV、BMP 声音及图像文件可以用独特的多媒体压缩算法，大大提高了压缩率，虽然也可以将 WAV、BMP 文件转化为 MP3、JPG 等格式节省来存储空间，但 WinRAR 的压缩是标准的无损压缩。

（3）能完善地支持 ZIP 格式并且可以解压多种格式的压缩包。

虽然 WinZIP 也能支持 ARJ、LHA 等格式，但却需要外挂对应软件的 DOS 版本，使用起来有一定的局限。但 WinRAR 就不同了，不但能解压多数压缩格式，而且不需要外挂程序支持即可直接创建 ZIP 格式的压缩文件，所以不必担心离开了 WinZIP 如何处理 ZIP 格式的问题。

（4）设置项目非常完善，而且可以定制界面。

可通过"开始"→"程序"来启动 WinRAR，在其主界面中选择"选项"→"设置"命令打开"设置"对话框，分为常规、压缩、路径、文件列表、查看器、综合六大类，非常丰富，通过修改它们可以更好地使用 WinRAR。

（5）对受损压缩文件的修复能力极强。

在网上下载的 ZIP、RAR 类的文件往往因头部受损的问题而导致不能打开，而用 WinRAR

调入后，只需单击界面中的"修复"按钮即可轻松修复，成功率极高。

（6）能建立多种方式的全中文界面的全功能（带密码）多卷自解包。

启动 WinRAR 进入主界面，选择好压缩对象后选择"文件"→"密码"命令，输入密码，单击"确定"按钮后单击主界面中的"添加"按钮，弹出"压缩文件名和参数"对话框，在"常规"选项卡中选中"创建自解压缩包"复选项，在"压缩分卷大小"组合框内输入每卷大小；在"高级"选项卡中单击"自解压缩包"选项，选择"图形模块"方式，并可在"高级自解压缩包选项"中设置自解包运行时显示的标题、信息、默认路径等项目，单击"确定"按钮开始压缩。

（7）辅助功能设置全面。

可以在"压缩文件名和参数"对话框的"备份"选项卡中设置压缩前删除目标盘文件；可以在压缩前单击"估计"按钮对压缩先评估一下；可以为压缩包添加注释；可以设置压缩包的防受损功能等。

（8）压缩包可以锁定，避免被更改。双击进入压缩包后，单击"命令"→"锁定压缩包"命令即可防止人为的添加、删除等操作，保持压缩包的原始状态。除了 32 位的 Windows 版本，WinRAR 还有 DOS、OS/2、UNIX 等操作系统的版本。

10.2　图形图片浏览工具

常用的图片浏览软件有 ACDSee 8、AIPict、Private Pix 等，下面以 ACDSee 8 为例进行介绍。

ACDSee 是目前最流行的数字图像处理软件，它能广泛地应用于图片的获取、管理、浏览、优化甚至和他人的分享，其操作界面如图 10-13 所示。使用 ACDSee，可以从数码相机和扫描仪高效地获取图片，并进行便捷的预览，是一款不错的查找看图软件，它能快速、高质量地显示图片，再配以内置的音频播放器，我们就可以享用它播放出来的精彩幻灯片了。ACDSee 还能处理如 MPEG 之类的常用视频文件。此外，ACDSee 可以轻松处理数码影像，拥有的功能有去除红眼、剪切图像、锐化、浮雕特效、曝光调整、旋转、镜像等。

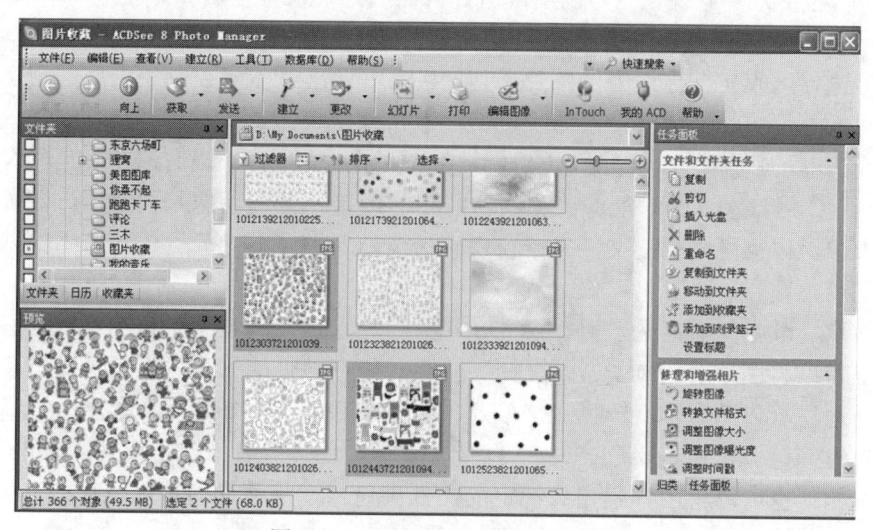

图 10-13　ACDSee 8 的操作界面

下面介绍一下 ACDSee 8 的主要功能。

（1）立刻观看图片、声音及影像文件。

ACDSee 可以快速地查看影像。一次能看遍所有的数字影像，并从缩略图中选出您所要的影像。用缩略图预览轻松地徜徉在图片及影像之间。瞬间即可重定义影像的尺寸。只需双击一个缩略图，就能迅速观看到完整尺寸的图片。同时观看多张高分辨率的影像，可以逐一比较后再选择最佳的影像，或者是在媒体窗口中播放动态影片。ACDSee 还可以播放音乐和声音文件。

（2）快速的自定义浏览方式。

ACDSee 的限制较以往的图片管理软件更少，而且它会记得您在何处作业。浏览及查看图片收藏的速度比以往更快，转眼间即可让您从大小不等的数千张图片中找出您要的那一张。并通过调整评等、类别、日期等设定值更有效地管理您的珍藏。

ACDSee 允许你自行定义浏览图片时的记忆设定。你可以自定义多种程序选项，包括：缩图尺寸、预览尺寸、图片集合类别和档案排序方法。

（3）动态功能：观看、浏览、选择。

ACDSee 的选择性浏览可以让您一次使用数种条件搜寻影像。可供立即选择的项目有：文件夹、类别、日期，以上任一或所有项目，要用自定义的类别来整理数字图片时，也变得更快速了，完全随心所欲。例如要观看或比较一群分属不同文件夹的图片时，也无需再特别制作另一个新文件夹，只需将选定的影像指定给某一类别，然后切换到该类别当中，便可浏览所有同类的影像。这样就不必再将文件搬来搬去，还要当心文件重复的问题了。

ACDSee 软件不受图片尺寸的影响。再大张的图片也像处理低分辨率的小型影像般轻松。ACDSee 支持 50 种以上的图片与多媒体格式，包括 JPEG、GIF、TIFF、BMP、PSD、WAV、MP3、MOV、MPG、RAW、WMV 等。

（4）方便整理图片。

与以往任何一种图片管理软件相比，ACDSee 的图片管理工具都让你能够更快速地查看和整理图片。你完全可以将省下来的时间用来改善图片的质量。以 Acquire Wizard 自动化工具为例，可以利用它从各种装置里快速取得图片。只要将图片读进计算机后，就可以迅速将任意数量的图片进行批处理和存储，也可以用最适合自己的方式来管理影像文件。如今，ACDSee 也可以读取相机里的 RAW 文件格式。也可以自行将文件转换成 JPEG 2000 的格式。

- 迅速导入来自其他地方的图片。现在 ACDSee 已经能够控制相机里的记忆卡存储空间。而且从其他地方读取图片也变得非常简单，无论是数码相机、扫描仪、在线图片、电子邮件、移动电话、USB 存储媒体还是光盘，都没有问题。当影像装置连接到 PC 时，ACDSee 能够监测到新装置的连接，并提示您是否要从该装置自动取得影像。你也可以利用文件夹子窗口直接浏览某些离线装置，先行查看影像，再决定是否下载。
- 简单、顺畅又省时的工具。ACDSee 的图片管理工具可说是短小精悍，只要一转眼就可以将图片分门别类。ACDSee 能够对任意数量的影像进行批处理。用户可以轻易地进行以下操作：转换文件格式、旋转/翻阅影像、重定义影像尺寸、调整影像曝光时间等。可以在 ACDSee 里直接产生新文件夹或者修改已有的 Windows 文件夹结构；也可以将图片配置到特定的文件夹里，或是筛选出重复的数据，并制作完整的文件清单。

（5）妥善保管图片。

可以用 ACDSee 将珍贵的数字图片刻录到 CD 或 DVD 光盘里以便永久保存。ACDSee 能够协助整理为数庞大的收藏，也可以将您要以电子邮片与他人分享的图片进行分类，以 ZIP 压缩格式备存。可以使用其他各种常见的压缩格式来保存文件，如 LZH、TAR、GZIP 和 TGZ 等，而其中有些规格甚至还可以支持密码保护的功能。

（6）程序编辑图片及转换图片文件格式。

ACDSee 简单易用的图片编辑工具可以让您制作出前所未有的精彩图片。可以利用 ACDSee 内建的图片编辑工具来消除红眼、强化影像轮廓、切割图片、调整曝光、加强色彩与光线、消除噪声、重定义尺寸、旋转、转换文件格式，也可以进行如复古调、漩涡、膨胀、油画效果等特效处理。可以事先预览修改后的效果，再决定是否要修改。

10.3　电子阅读工具

网上可供阅读的电子读物越来越多，计算机用户也越来越习惯于用计算机来阅读，另外在家中购买大量藏书不仅要消耗大量资金和占用大量建筑空间，而且还难以查找和长期保存。如果在计算机中建立一个庞大的图书馆，则十分简单易行，同时还有占用空间小，投入资金少，收藏、整理、查找容易等优点。目前常用的阅读器有 AdobeReader、方正 ApabiReader、书香门第、Z-BOOK 超级阅读引擎、SSReader 超星图书浏览器、百博阅读软件（BBook Reader）、中国数图浏览器、ReadBook、ReadSonic、电子小说阅读器等。

最常用的是 PDF 文件读取软件 Adobe Reader，许多 PDF 文件需要它来开启读取，可以在网上浏览由 Adobe Acrobat 制作的 PDF 格式资料，如图 10-14 所示。

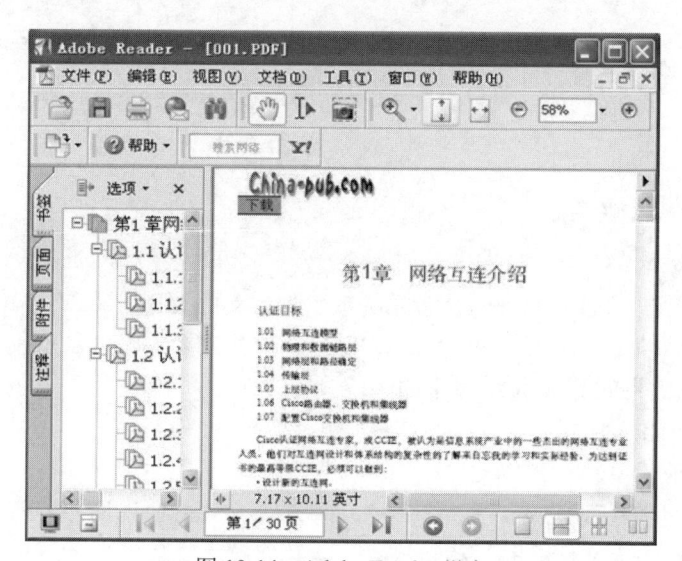

图 10-14　Adobe Reader 界面

Acrobat 有两个版本：Plug-in 版本（供用户在网页上直接阅读 PDF）和一般的应用软件版（用户可以把 PDF 文件存起来，然后用 Acrobat 来阅读）。有一点一定要特别注意，Acrobat Reader 只能读取和打印 PDF 文件，但不能制作 PDF 文件。

这套程序拥有各种方便阅读的功能：
- 放大与缩小可以查看文件内部的细节。
- 翻页与超文件索引让用户的浏览习惯与网页浏览差不多。
- 打印时，提供了完整的打印方式，可以打印单页、全打印或者打印一个区段。
- 根据自己的喜好设定查看 PDF 文件的重要资料。
- PDF 格式转换。

为了方便编辑 PDF，可以转换为 Word 格式来进行编辑。

从网上搜索下载一个绿色软件 Solid Converter PDF，运行 SolidConverterPDF.exe，其运行界面如图 10-15 所示。单击"转换"按钮，运行界面共分三步，第一步是版面设置和格式化；第二步是文件格式和输出路径；第三步是页面设置，一般默认第一页可以选择页面或全部，最后完成设置后开始转换，如图 10-16 所示。

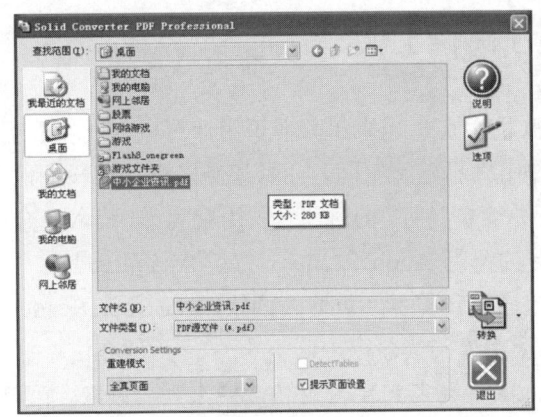

图 10-15　Solid Converter PDF 运行界面　　　　图 10-16　转换设置界面

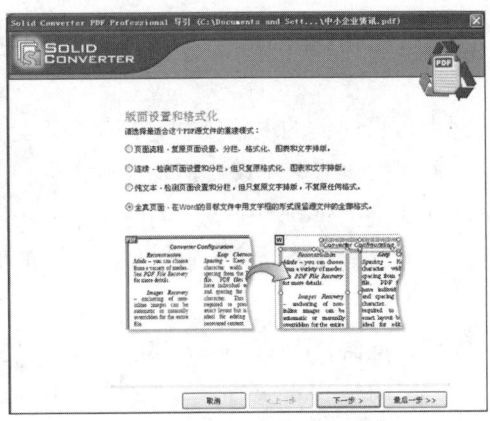

10.4　影音播放软件

10.4.1　Winamp 5.24

1. Winamp 简介

Winamp 是一个非常著名的高保真音乐播放软件，支持 MP3、MP2、MOD、S3M、MTM、ULT、XM、CD-Audio、Line-In、WAV、VOC 等多种音频格式，可以定制界面皮肤，支持增强音频视觉和音频效果的 Plug-ins，如图 10-17 所示。

2. Winamp 功能介绍

（1）编辑播放清单。

可以将你喜欢听的统统点选，存成一个*.mp3 的清单，想听的时候点选这个清单即可（当然播放清单也要跟 MP3 文件的路径相符才行）。首先按下播放清单的选单，会出现编辑清单编辑器，然后用鼠标按住➕按钮，就会出现 3 个按钮，从左到右的作用为：添加文件、删除文件、全选、排序和建新清单。当然在它们的选单中也有 3 个选项，其意义和这里所说的作用相同。

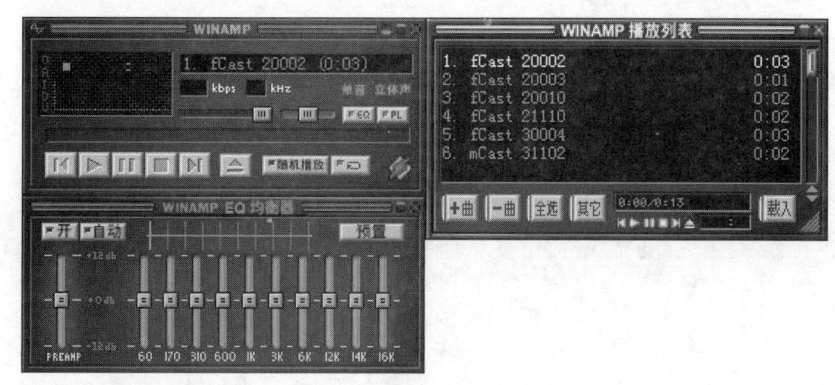

图 10-17 Winamp 的界面

需要注意的是，如果要再编辑另一个播放清单，在编辑之前一定要先打开新的文件，这样才不会跟前面的播放清单文件混淆在一起（也就是最右边的按钮）。

至于播放播放清单，那就更不用说了，只要用鼠标按下"播放"按钮，再选一个*.mp3 的播放清单文件，就可以开始听了。

（2）播放窗口。

Winamp 窗口具有一切最基本的控制歌曲播放的功能，并能显示正在播放音乐的信息。如果在"播放清单编辑器"窗格中有文件，单击 Play 按钮即可播放，其他按钮的使用方法和日常家电的使用习惯是一致的。在这个窗口的左上角有一个小图标，单击它会出现 Winamp 的菜单，通过这个菜单可以控制 Winamp 播放器的任何功能。其实在 Winamp 任何一个窗格的任意位置右击，都能得到这个菜单，用户通过这个菜单显示的热键也可以控制播放器。

（3）EQ 均衡器。

大家都知道音响有调节重音的地方，而 Winamp 的 EQ 均衡器是 Winamp 的一大特点，它可以让你调节它的音符，从而让它的声音更容易让耳朵接受。

关于它的调节方法，在这里就不做说明了，只要拖动其中的滑块挑选你喜欢的方式即可。

（4）Winamp 插件。

Winamp 最大的特点是可以通过第三方插件的帮助来扩展自身的功能。比如安装了插件之后，Winamp 可以支持 MIDI、VQF、WMA、RA、MP4、MP3PRO 等音频格式的音乐文件，也可以播放 AVI、MPEG、RM 等格式的视频文件以及 VCD 和 DVD，也就是说目前各种主流的媒体文件基本上都可以通过它来进行播放。另外，Winamp 中还内置了多种模拟音效，如现场演唱会、摇滚、古典、流行乐、舞曲、超重低音等，可以用来突出不同的歌曲风格，以便获得更为逼真的音乐效果。

3. 音频格式转换

当搜集到音频素材后，有时需要进行格式转换。例如当我们利用录音机录制音频时，其格式为 WAV，其占用磁盘空间较大；有时为了需要还必须把 CD 音乐进行压缩。可以从网上搜索音频格式转换器和音频全能音频大师转换器等。

音频格式转换器能够将几种常用的音频文件格式转换为指定的音频文件格式。源音频文件包括 MP3、WMA，目标音频文件包括 MP3、WMA、VOX、WAV 等。能对转换为指定音频文件格式的参数进行任意设置，支持批量转换，操作简单。

音频格式转换器安装后，其运行界面如图 10-18 所示。

单击添加需要转换的音频文件，在界面左下方的"转换为"下拉列表框中选择转换后的格式。单击"选项"按钮，弹出如图 10-19 所示的界面，可以根据需要对常规选项、输出路径进行选择，对 WAV、APE、FLAC、AGG、VQF、MP3 等格式的采样率、采样位数、声道、压缩级别等相关参数进行设置。

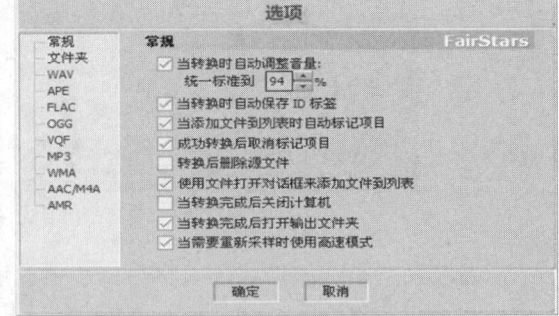

图 10-18　音频格式转换器的界面　　　　图 10-19　音频格式转换器设置界面

10.4.2　RealPlayer 10

RealPlayer 受到广大网友的喜爱，因为它不仅能帮助收听在线的广播和音乐，还可以收看在线的视频播放。而现在有很多人用 RealPlayer 播放电影，这种以 RM 格式制作的电影比其他视频压缩格式制作的文件要小很多，在许多网吧中深受欢迎。RealPlayer 支持所有最新的格式，包括音频 CD、MP3、MPEG、Sony 记忆棒等。在播放实况音频或视频剪辑时可以暂停、快退和快进。RealPlayer 除了能够帮助处理流式媒体和下载的 QuickTime、Windows Media 或 MPEG 音频和视频文件外，还可以播放 DVD 和 VCD。无论哪种 Internet 连接：窄带或宽带，新型的 RealPlayer 10 都可以提供最优的视频品质，以不低于 500kb/s 的速度观看和下载 DVD 品质的视频。调整浏览器就像调整电视机一样，轻松领略清晰画质。方便使用的滑块让您轻松地调节亮度、对比度和色调视频控制，还可以记忆您的设置。多声道立体声、5 声道音频和专用的超重低音声道，享受由声音系统为您带来的播放乐趣。通过其 10 波段图形均衡器对声音进行优化，效果很不错。

10.4.3　Windows Media Player 10

使用 Microsoft Windows Media Player 10 可以播放和组织计算机及 Internet 上的数字媒体文件。此外，可以使用播放机播放、翻录和刻录 CD；播放 DVD 和 VCD；将音乐、视频和录制的电视节目同步到便携设备（如便携式数字音频播放机、Pocket PC 和便携媒体中心）中。Windows Media Player 的主界面如图 10-20 所示。

这是微软公司基于 DirectShow 之上开发的媒体播放软件。它提供最广泛、最具可操作性、最方便的多媒体内容。可以播放更多的文件类型，包括 Windows Media（以前称为 NetShow）、ASF、MPEG-1、MPEG-2、WAV、AVI、MIDI、VOD、AU、MP3 和 QuickTime 文件，所有这些都用一个操作简单的应用程序来完成。Favorites 菜单会让你保存最喜欢的网站，以后可以更快速简便地重放。这个菜单甚至还能直接让你连接到一些网站。Windows Media Player 能播放从低带宽的声音文件到全屏的图像文件，还可以重设图像窗口，甚至设成全屏，以便更好地播放。当选定了声像地址后，Windows Media Player 会查看是否安装了所需的 codec 文件。如果没有安装，它会自动下载 codec，然后播放文件。网上的内容（可从不同的服务器或是不同的媒体类型文件）在播放时中间不需要停顿，传输到 WindowsMedia Player 的内容会自动调整至最佳播放状态。

图 10-20 Windows Media Player 主界面

10.4.4 狸窝全能视频转换器

狸窝全能视频转换器是一款免费的且功能强大、界面友好的全能型音视频转换及编辑工具。有了它，可以在几乎所有流行的视频格式之间任意相互转换同，如 RM、RMVB、VOB、DAT、VCD、MKV、DVD、SVCD、ASF、MOV、QT、MPEG、WMV、MP4、3GP、DivX、XviD、AVI 等视频文件编辑转换为手机、MP4 机等移动设备支持的音视频格式。

狸窝全能视频转换器不单提供多种音视频格式之间的转换功能，它还是一款简单易用却功能强大的音视频编辑器。利用全能视频转换器的视频编辑功能，DIY 你自己拍摄或收集的视频，让它独一无二、特色十足。在视频转换设置中，可以对输入的视频文件进行可视化编辑，例如裁剪视频、截取部分视频转换、不同视频合并成一个文件输出、调节视频亮度和对比度等。

下载解压安装 videoconverter_install_chs.zip，其运行界面如图 10-21 所示。

图 10-21 狸窝全能视频转换器的界面

其运行界面上有使用与操作向导，可很方便地进行相关操作。

狸窝全能视频转换器转换及编辑功能特色如下：

- 可根据需求选择合适的视频参数，如输出视频质量、尺寸、分辨率等。
- 支持批量转换，可以处理多个文件。
- 视频编辑功能：视频裁剪、视频拆分、截取单一视频中的任意部分进行转换、视频合并（把不同的多个视频文件合并成一个文件进行转换）。

10.5 下载工具

1. 网际快车 FlashGet 简介

网际快车 FlashGet 通过把一个文件分成几个部分并且可从不同的站点同时下载，可以成倍地提高速度，下载速度可以提高 100%～500%。网际快车可以创建不限数目的类别，每个类别指定单独的文件目录，不同的类别保存到不同的目录中去，强大的管理功能包括支持拖动、添加描述、更名、查找、文件名重复时可自动重命名等。而且下载前后均可容易地管理文件。网际快车 FlashGet 的主界面如图 10-22 所示。

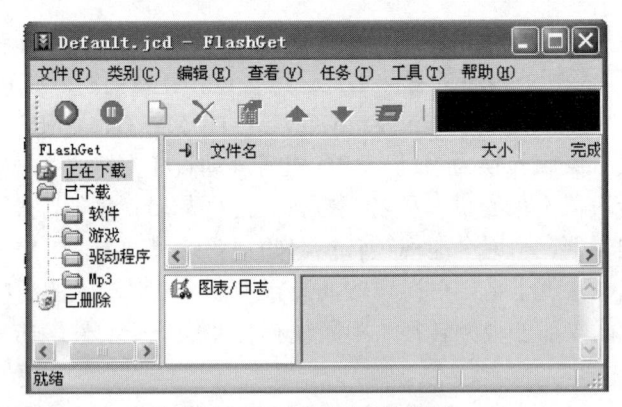

图 10-22 FlashGet 的界面

2. 网际快车的主要功能

最多可把一个软件分成 10 个部分同时下载，而且最多可以设定 8 个下载任务。通过多线程、断点续传、镜像等技术最大限度地提高下载速度。支持镜像功能（多地址下载）——通常网站对要下载的文件都会列出多个地址（即文件分布在不同的站点上），只要文件大小相同，FlashGet 就可同时连接多个站点并选择较快的站点下载该文件。优点在于保证更快的下载速度，即使某站点断线或错误，都不会影响。一个任务可支持不限数目的镜像站点地址，并且可通过 FTP Search 自动查找镜像站点。可创建不同的类别，把下载的软件分门别类地存放。它的功能有：可管理以前下载的文件、可检查文件是否更新或重新下载、支持自动拨号、下载完毕可自动挂断和关机、充分支持代理服务器、可定制工具条和下载信息的显示、下载的任务可排序、重要文件可提前下载、多语种界面、支持包括中文在内的十几种语言界面并且可随时切换、计划下载以避开网络使用高峰时间或者在网费较便宜的时段下载、捕获浏览器点击、完全支持 IE 和 Netscape、速度限制等，方便浏览。

10.6 系统维护工具

随着网络的大面积普及，我们接触的软件也越来越多，更多的人喜欢在自己的机器上安装各种软件来尝鲜。在装删的过程中，不少垃圾文件也驻留在了系统中，严重影响了系统性能的发挥，这时就需要请个清洁员——系统维护软件来帮我们清理系统这是很有必要的。

1. Windows 优化大师简介

计算机买回家后，如果有朋友问你是何种配置，你可能说 CPU 是 AMD2800+、内存是 512M 等。但你的 CPU 是 64 位的还是 32 位的呢？是 939 针的还是 754 针的呢？你的内存频率是 333MHz 还是 400MHz？你的计算机是否配置合适，能够发挥最大的性能？这些问题对于一般计算机用户来说都是一些非常高深的知识。不过你只要安装了 Windows 优化大师，这些问题都会迎刃而解，无需专业知识，你也可以掌握自己计算机的全部系统信息。

打开 Windows 优化大师，依次单击左侧的"系统信息检测"→"系统信息总揽"标签，在这里可以看到你的计算机系统信息的大体情况，如 CPU 的型号、频率、内存大小、装的何种操作系统等，如图 10-23 所示。

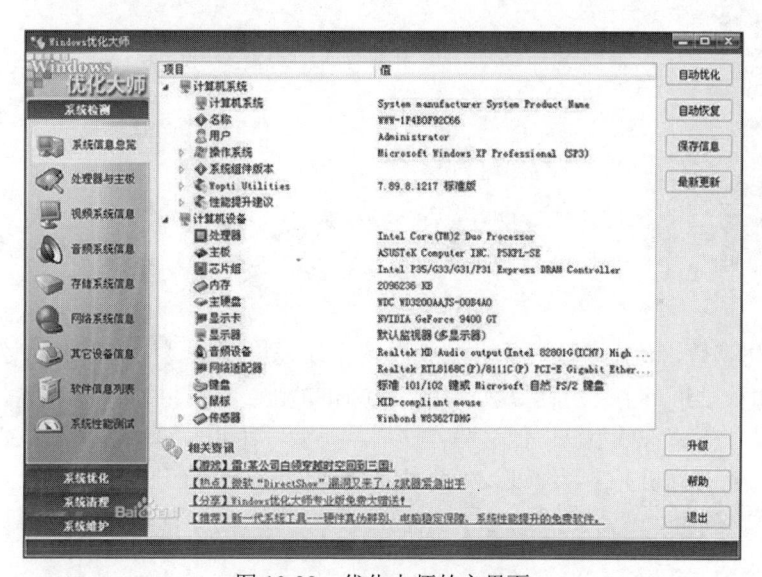

图 10-23 优化大师的主界面

要想进一步了解计算机的配置情况，则需要分别单击下面的"处理器与主板"、"视频系统信息"、"音频系统信息"、"存储系统信息"、"网络系统信息"和"其他外部设备"等相应的标签，在对应的标签中会详细地显示出机器的硬件情况以及使用情况。

计算机使用一段时间后，就会在不知不觉中安装许多软件，究竟安装了哪些软件呢？只要单击"软件信息列表"，就可以轻松地看到计算机中安装的所有软件，单击列表中的一个软件名称，就可以在下面看到软件的版本号、发布商、安装日期、卸载信息等，单击下面的"删除"或"卸载"按钮即可对软件进行卸载操作。

2. Windows 优化功能介绍

（1）全面优化系统。

你的计算机性能如何呢？是配置合理还是哪方面欠缺一些，可以使用 Windows 优化大师的系统性能测试功能来对计算机进行打分，同时与其他相近配置进行比较。单击"系统性能测试"标签，再单击"测试"按钮，即可对计算机进行全方位的测试，同时在新版本中还增加了对 DirectX9 的测试模块，测试完成后，可以看一下自己的计算机性能能够打多少分，如图 10-24 所示。

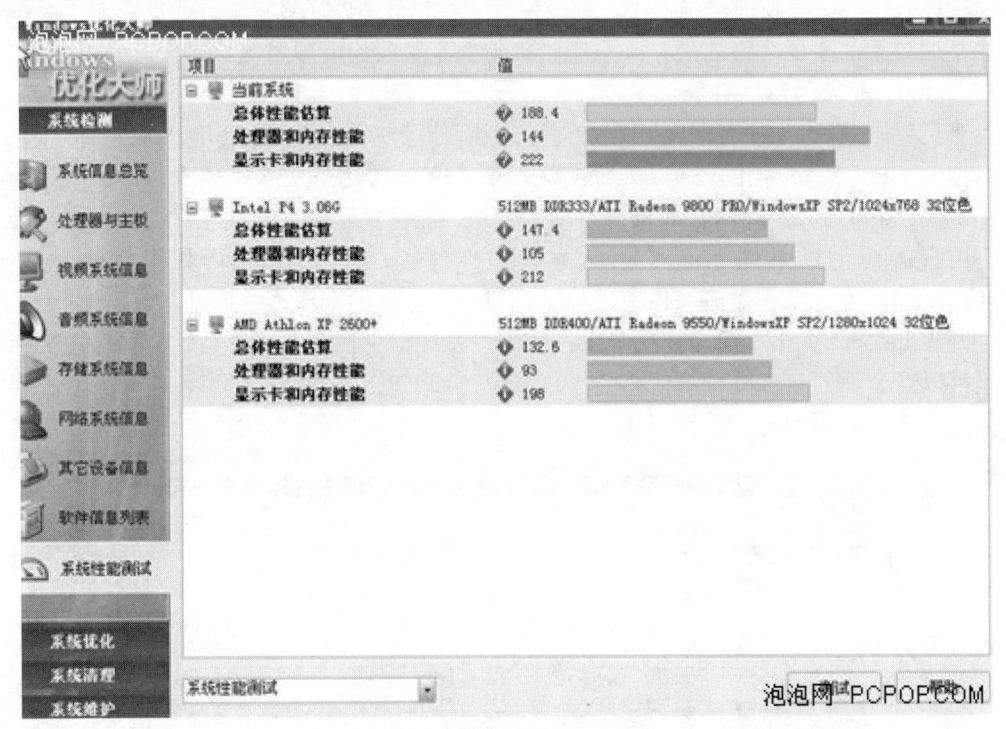

图 10-24　Windows 优化大师系统性能测试

计算机买回家后，使用一段时间，就会发现系统速度越来越慢，如何让计算机达到最快的运行速度，相信是每一个使用计算机的用户最大的心愿。虽然报纸杂志上介绍过一些修改注册表、修改系统配置文件的方法，但这些方法通常是要手工进行修改，一不小心，会使系统瘫痪。同时即使你是计算机高手，经过设置会使系统速度进一步提升，但这样设置太过复杂、麻烦，会浪费大量的时间。其实对系统优化来说，可是 Windows 优化大师的强项，它可以对系统进行全方位的优化。

打开 Windows 优化大师的主界面，然后单击"系统性能优化"标签，在这里可以对"磁盘缓存"、"桌面菜单"、"文件系统"、"网络系统"、"开机速度"、"系统安全"等进行全面优化，只要单击相应的标签项，然后根据实际情况对其进行设置即可，软件设置非常简单，只需用鼠标选择或是取消设置项前面的复选框即可，如图 10-25 所示。同时软件具有强大的恢复功能，如果设置后发现效果不尽人意，可以单击每个界面中的"恢复"按钮来恢复到 Windows 的默认设置，这样就能保证系统正常运行了。

（2）打造个性系统。

大家有时需要制作品牌机 OEM 厂商信息，这可以通过修改系统文件来实现，但这种方法费时费力，有时效果还不好。有了 Windows 优化大师，这一切都变得非常简单，只需用鼠标单击几下即可。而且还可以对 Windows 系统的其他地方进行设置，如输入法顺序、文件夹图标、快捷方式、右键菜单等，所有这一切，都可以通过单击几下鼠标实现。

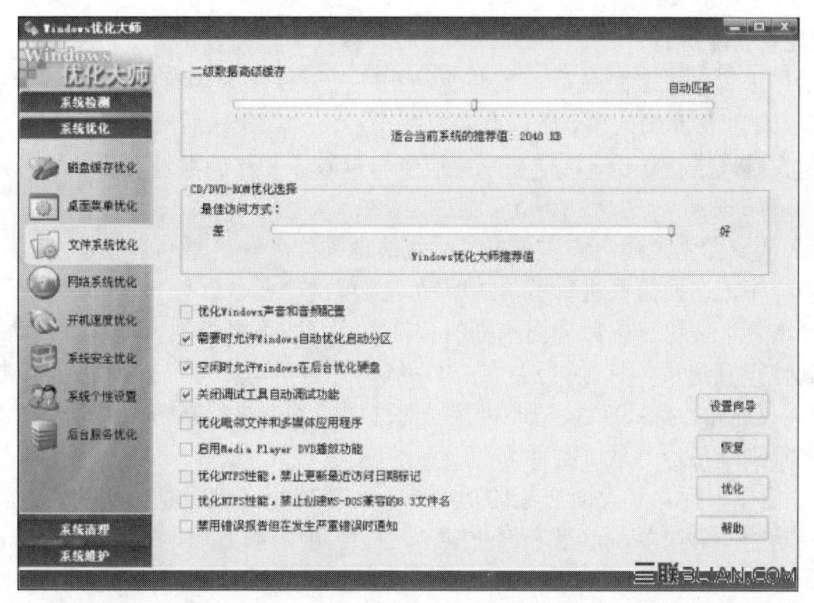

图 10-25　Windows 优化大师的"系统性能优化"设置界面

（3）系统维护。

计算机在运行过程中会产生一些垃圾文件或是一些垃圾 DLL 链接文件，这也是导致计算机系统速度变慢的重要原因，所以有必要对这些垃圾信息进一步进行清理。这里我们以清理系统垃圾文件来进行说明。

打开 Windows 优化大师，依次单击"系统清理维护"→"垃圾文件清理"标签，这时即可打开系统垃圾文件清理窗口，在上面的窗格中选择要进行扫描的磁盘驱动器，接着对扫描选项、文件类型、删除选项等信息进行设置，然后单击右上角的"扫描"按钮，即可对设置的磁盘驱动器进行扫描并清除垃圾，如图 10-26 所示。

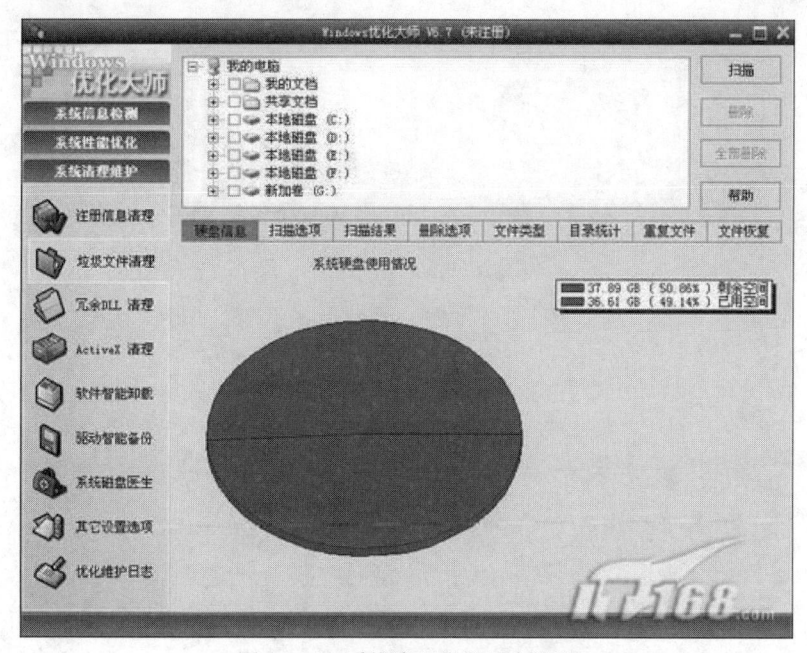

图 10-26　系统清理维护基本设置

(4）智能备份驱动程序。

对一般用户来说，重装系统后，安装驱动程序是一件十分困难的事情，如果驱动光盘找不到了，更是一件非常麻烦的事，所以有必要在安装完驱动程序后对其进行备份。另外也需要对系统文件和收藏夹进行备份，这样在系统遭受病毒破坏后才能够及时修复系统，使损失降到最低。

打开 Windows 优化大师，依次单击"系统清理维护"→"驱动智能备份"标签，可以看到所有的驱动程序，选择需要进行备份的驱动，再单击"备份"按钮。如果以后要进行恢复，则只需单击"恢复"按钮，然后选择刚刚的备份文件，即可轻松地恢复所有驱动。

单击"其他设置选项"标签，然后在"系统文件备份与恢复"窗口中选择要进行备份的文件名，再单击右侧的"备份"按钮即可轻松对选中的文件进行备份。同样的道理，单击"恢复"按钮可恢复刚刚备份的系统文件。

Windows 优化大师除了上面介绍的功能外，还有其他一些功能，如系统磁盘医生、维护日志等，这些功能非常简单，这里不再介绍了。从使用中可以看出 Windows 优化大师把复杂的设置变成简单的事情，在我们对系统进行优化的时候，只需单击鼠标就可以轻松完成，而不是面对繁杂的注册表键值。同时所有的设置都是可以进行恢复的，如发现设置错误，只需单击"恢复"按钮即可轻松恢复到 Windows 的默认状态。